数字共焦显微技术

陈 华 聂 雄 韦 巍 何华光 ◎ 著

DIGITAL CONFOCAL MICROSCOPY

北京理工大学出版社
BEIJING INSTITUTE OF TECHNOLOGY PRESS

图书在版编目（CIP）数据

数字共焦显微技术/陈华等著．—北京：北京理工大学出版社，2018.8
ISBN 978-7-5682-5605-6

Ⅰ.①数…　Ⅱ.①陈…　Ⅲ.①共焦-显微术　Ⅳ.①TH742

中国版本图书馆CIP数据核字（2018）第155086号

出版发行／北京理工大学出版社有限责任公司
社　　址／北京市海淀区中关村南大街5号
邮　　编／100081
电　　话／（010）68914775（总编室）
（010）82562903（教材售后服务热线）
（010）68948351（其他图书服务热线）
网　　址／http：//www.bitpress.com.cn
经　　销／全国各地新华书店
印　　刷／保定市中画美凯印刷有限公司
开　　本／787毫米×1092毫米　1/16
印　　张／17.5
字　　数／404千字
版　　次／2018年8月第1版　2018年8月第1次印刷
定　　价／58.00元

责任编辑／封　雪
文案编辑／封　雪
责任校对／周瑞红
责任印制／王美丽

前　言

PREFACE

本书关于数字共焦显微技术的研究，开始于本书作者参与2002年北京理工大学承担的教育部高校博士点专项基金项目“基于多画幅图像的超分辨率图像复原技术研究（20020007006）”，以“数字共焦显微图像复原方法及其系统实现研究”为子项目开展研究。北京理工大学金伟其教授和苏秉华教授指导开展该子项目的研究。2005年作者在广西大学继续开展该项研究至2017年12月。

本书的主要内容包含三部分：第一部分为三维显微图像去卷积复原算法的研究，包括复原处理效果评价的研究，内容包括第3章至第8章；第二部分对3D-PSF（三维点扩散函数）空间大小和密度与复原效果和速度的关系，3D-PSF的构建以及3D-PSF的选取方法进行研究，内容包括第2章、第9章至第17章、第24章；第三部分对压电陶瓷驱动器控制技术方面进行了若干研究，内容包括第18章至第23章。

本书内容的研究受国家自然基金项目“三维点扩散函数与图像复原关系模型及优化选取方法（61164019）”、教育部高校博士点专项基金项目“基于多画幅图像的超分辨率图像复原技术研究（20020007006）”、广西区科学基金项目“数字共焦显微图像超分辨率复原方法研究（0728034）”、广西区科学基金项目“数字共焦三维点扩散函数优化选取方法（2012jjAAG0002）”、广西区科技开发计划“数字共焦显微仪研究与开发（桂科攻0992002-23）”、南宁市科技开发计划“数字共焦显微系统研究与开发（200801028A）”以及“数字共焦显微仪产业化研究（20155179）”的经费资助。项目组成员包括陈华、聂雄、韦巍、何华光、黄福莹等教师，参加研究的还有张喜、贺斌、谢红霞、董钊明、杨凤娟、蔡熠、林广升、梁日柳、莫春球、邓文波、刘胜、刘方可、黄世玲等研究生，本书的大部分章节来自他们的学位论文。陈婷、香钦清、郭伟林、杨淼、石旭、李友军、韦静静、陈丹、何双燕、蒙东阳、林万晓、韦彩霞、吴瑛梅、马颜亮等本科生也参与了项目的研究。

项目研究过程中发表了研究论文40多篇，获发明专利授权2项，计算机软件著作权3项，广西壮族自治区科技成果登记1项，制定企业标准1项。

本书中的项目研究内容难免存在错误，敬请读者指正。

作者　陈华
2018年1月20日

前言

目 录
CONTENTS

第1章
绪　　论

光学显微镜自500年前诞生以来[1]，为人类探索微观世界提供了有力的工具。人们通过对传统光学显微镜不断的改进，使其空间分辨率不断提高，功能不断增加，用途遍及生物、医学、半导体制造工艺、材料分析、固体表面检测等诸多领域。荧光光学显微镜使人们在生物医学的观察研究中获得了更为清晰的图像。随着科学研究的不断深入，人们越来越需要研究微细结构的信息，如在生物学和医学领域，不但需要观察生物样本的组织和结构，还需要观察生物样本内细胞的组织和结构，以及遗传基因学中的基因排序、医学中病变组织的诊断等，这都需要更为清晰的高分辨率图像信息。

1.1　光学显微镜分辨率极限

传统的宽场光学显微镜包括荧光光学显微镜，已难以满足高分辨率的要求。其主要原因有以下两点：

(1) 光学显微镜光学系统存在着光学衍射效应[2]，系统物面上的一个点经过系统后，在像面上的像不再是一个点，而是一个被称为艾里斑的斑点。这是光学显微镜分辨率的理论极限。通常，普通可见光光学显微镜的分辨率最高只能达到200 nm，即根据普通光学显微镜的工作原理，难以获得分辨率突破200 nm的光学显微镜。

(2) 光学显微镜在生物医学众多邻域中观察的样本都是三维的。在使用光学显微镜观察透明的生物样本时，只有在焦平面上的样本才能在像面上形成清晰的焦面像，离焦平面上的所有样本物平面则在像面上形成各自离焦模糊图像。这些模糊图像叠加到焦面像上，就形成一幅模糊的图像，使分辨率降低[3]。解决离焦模糊的办法通常是采用物理切片方式，将样本切为一系列薄片，再分别进行观察研究。但切片有两个主要的缺点：当切片各部分分开后，结构间的对准信息会丧失；同时切片时存在不可避免的几何变形，并且有些样本是不可进行切片的。因此普通光学显微镜在观察三维厚样本的实际应用中受到很大限制。

为此，人们另辟途径，相继研究提出了干涉显微镜、偏振光显微镜、全息成像、立体显微镜、激光共焦扫描显微镜、多光子显微镜等新方法。特别是激光共焦扫描显微镜已成为生物学和医学领域强有力的分析仪器，广泛应用于工业探测、计量学、材料科学、半导体材料学和地质学等领域[4]。

1.2 激光共焦扫描显微镜

激光共焦扫描显微镜是以光学为基础，融光学、机械和电子计算机为一体的高精度显微测试仪器。与普通光学显微镜相比，虽然成像机理仍是光学成像，但不同于普通光学显微镜的宽场照明和成像，激光共焦扫描显微镜采用共轭焦点技术[5,6]，使光源、被照物和探测器前的探测针孔处在彼此对应的共轭位置上。激光光源经过物镜后会聚照射在焦平面上样本中的采样点，激发该点产生荧光，再经过物镜在像平面上形成像点。样本中的采样点与探测针孔重合，形成共焦，如图 1-1 所示。

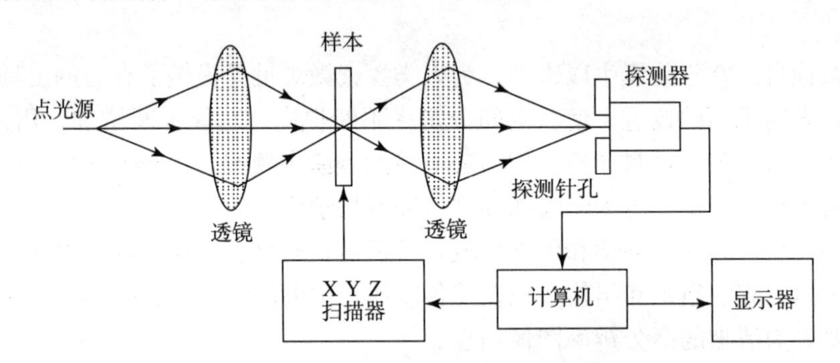

图 1-1　激光共焦扫描显微镜原理图

激光共焦扫描显微镜优点是只有焦平面上样本中的采样点被激光照射时才激发荧光，而离焦平面由于不受光源照射，不产生荧光。同时探测针孔只接收来自焦平面采样点的荧光，而阻拦离焦光及杂散光进入。这样通过扫描得到的图像只是样本中焦平面上的图像，去除了来自离焦平面虚像及杂散光的干扰，因此克服了普通荧光光学显微镜图像模糊和层析性差的缺点。将得到的图像信息数字化，通过计算机进行图像处理，可以得到相当高的横向分辨率（100 nm）和纵向分辨率（50 nm）[7]。由于纵向分辨率高即层析性好的特性，人们可以利用它去记录厚样本特定截面像，从而获得样本的三维图像。然而，激光共焦扫描显微镜也存在以下缺点[8,9]：由于激光作为光源聚焦在样本上，在观察荧光生物样本时，为激发荧光所需的大功率激光会造成对荧光物质的漂白作用，不仅会影响观察，而且也会造成对生物细胞的毒化作用，因此不宜长时间静态观察。此外，其成像原理是激光束逐点扫描，三维成像时间长，不适宜作高速动态观察。另外，激光共焦扫描显微系统结构复杂，采用了精密的硬件系统，整个系统价格昂贵。

对于在激光共焦显微技术的基础上发展的多光子显微镜[10,11]，由于激发区域被精确地限制在激光束聚焦的焦平面区域，可克服激光共焦光漂白问题，减小了光损伤，增加了样本的使用寿命，但其价格更为昂贵。

1.3 数字共焦显微技术

20 世纪 80 年代出现了一种后来被称为数字共焦的显微技术。开始人们用探测器将光学显微镜的样本图像采集到计算机中进行存储和显示，并进行一些简单的图像处理。

数字图像处理技术和计算机性能的不断发展，使得人们有可能对采集到的图像作进一步大运算量的处理，包括图像去卷积复原、图像增强、几何纠正、图像分割、模式识别、三维重构、伪彩色加工以及分析测量等一系列图像处理功能，其中图像复原又形成了一系列针对三维显微图像的去卷积算法，逐渐形成了以数字算法为核心的数字共焦显微技术。

数字共焦显微技术以普通光学显微镜为基础，与CCD相机、步进驱动装置、计算机以及图像处理软件一起构成数字共焦光学显微系统[12,13]。与激光共焦扫描显微技术不同，数字共焦显微技术不是通过物理的手段，而是采用数学的方法对从光学显微镜中采集的图像进行去卷积处理，去除离焦模糊信息而实现“共焦”，以此获取更高质量和高分辨率的二维、三维图像。图1-2所示为数字共焦光学显微系统原理图。

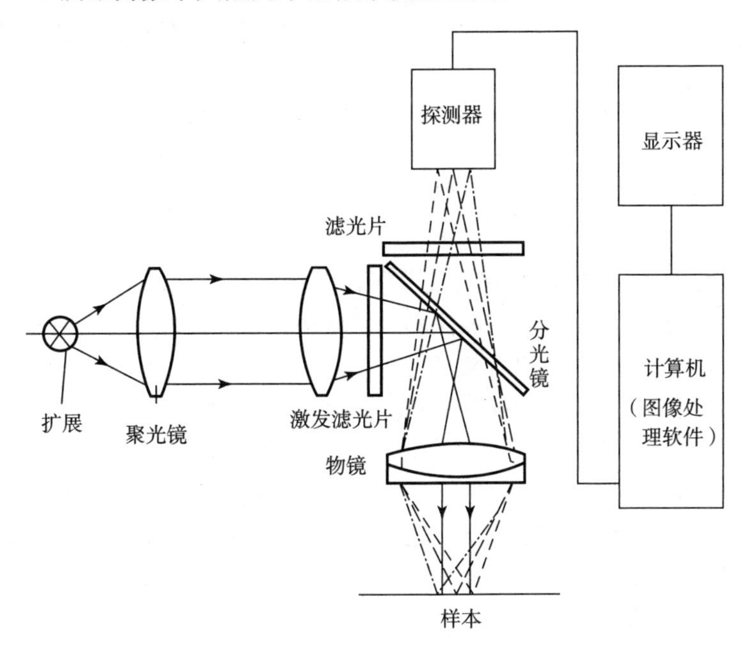

图1-2 数字共焦光学显微系统原理图

数字共焦光学显微系统具有普通光学显微镜结构简单、使用便易的特点，并且可以在低光照下长时间照射对光敏感的活细胞，不存在强激光照射样本造成的光漂白现象和对生物细胞的毒化作用。其核心部分是处理软件，除了显微镜本身和运行软件的计算机、CCD探测器外没有复杂昂贵的硬件系统。

目前，国际上这种数字共焦光学显微系统图像分辨率已接近激光共焦扫描显微系统[9]。这主要得益于三维显微图像去卷积算法研究的不断进步。

1.4 数字共焦显微技术主要的研究内容

数字共焦显微技术的研究内容主要有两个方面，一是三维显微图像复原方法，二是序列光学切片采集控制技术。

1.4.1 三维显微图像复原方法

三维显微图像复原方法的研究，包括三维显微图像去卷积复原算法和三维点扩散函数3D-PSF的研究。

1. 三维显微图像去卷积复原算法

三维显微图像去卷积复原算法，通过数学计算方法去除图像中的离焦模糊信息，恢复样本原来清晰的结构和细节的方法。三维显微图像去卷积算法大部分是在二维去卷积算法的基础上，根据显微镜成像的特点发展而来，形成了一系列不同的技术和算法。例如，线性复原，包括逆滤波法、正则逆滤波法、维纳滤波法、正则最小平方法等，非线性Jansson-Van Citter（JVC）法、正则最小平方迭代法等的传统约束迭代法、最大似然法、最大后验法概率、最大熵法等统计迭代法、盲去卷积法、凸集投影法等。在对这些算法的研究中，已运用了超分的概念对算法进行分析[18]。

三维显微图像复原的研究仍在发展，通常分为两类：领域法和图像复原法[15]。

领域法[21]的研究早在20世纪70年代已开始。1971年Weinstein和Castaleman提出了由2D切片图像重构3D样本的邻域去模糊方法。领域法对显微镜得到的一系列光学切片模糊二维图像逐个进行去模糊处理，从而得到一系列清晰的二维图像集，因此领域法原则上属于二维算法。领域法简单快速，可有效改善图像对比度，但会降低信噪比，引入结构性假像。领域法主要有最近邻域法、多邻域法和非邻域法。目前国外的几乎所有的软件去卷积模块都包含领域法，甚至很多软件只有领域法。领域法主要用于对样本进行快速浏览。

图像复原法是真正三维去卷积操作的算法，由于它是对一系列光学切片进行三维计算，运算量较大，因此是在计算机性能普遍提高以后才逐渐发展起来的。它通过三维去卷积重新分布各个光学切片的光强，使其恢复原来的状态，从而达到图像复原的目的。图像复原法主要有线性复原法、传统约束迭代法、统计迭代法、盲去卷积法、凸集投影法等。

三维显微图像去卷积复原算法研究更注重于在保证复原效果的同时，简化算法复杂性，加快处理速度，减少处理时间。将超分辨率图像复原技术应用于复原算法以及评价中。本项目组对这些方面进行了若干探索，内容包括第3章至第8章。

2. 三维点扩散函数3D-PSF

三维显微图像去卷积复原算法是根据显微镜光学系统成像模型研究设计的，体现系统成像模型的核心显微镜光学系统的三维点扩散函数3D-PSF。三维显微图像去卷积算法复原效果如何，除了算法本身之外，还取决于所估计的3D-PSF是否准确反映光学系统成像规律。关于光学系统3D-PSF，其理论基础研究较早。20世纪50—60年代Lommel[23]对光学系统焦点附近一些特定散焦面上的光强分布进行了计算，之后Stokseth[24]根据Hopkins给出的散焦光学系统的光学传递函数公式推导出近似形式，为光学显微镜光学系统3D-PSF的研究与应用奠定了理论基础。

20世纪80—90年代Agard D A、Preza C和Keller H E等[25-27]将这些理论引入显微成像及复原的研究，形成了显微镜光学系统3D-PSF的线性空间不变双锥体（或双漏斗）模型。2003年Preza C、Conchello J A等[28]基于生物样本和沉浸媒介间折射率的失配问题，提出随深度变化的3D-PSF模型和评价方法，并提出了基于随深度变化3D-PSF模型的三维显微图像最大似然复原方法。国内四川大学何小海等[29,30]提出了高斯型的3D-PSF近似模型，并对随深度变化的3D-PSF及相应复原进行了研究。北京航空航天大学姜志国[31]教授指导研究生研究了3D-PSF的理论估计。

3D-PSF的空间大小和密度，在各种算法中与复原效果和运算速度密切相关。3D-PSF空间大小选取越大，切片密度越高，复原效果越好，同时处理时间越长，并且存在着非线性关系。目前在进行图像复原时，只选取3D-PSF中部的一小部分能量密度大的空间区域，而舍去3D-PSF周围大部分能量稀少区域。在何种复原效果或速度要求的情况下选取何种空间大小和密度的3D-PSF，没有明确的做法，这不利于去卷积复原算法研究中算法的比较和结果的评价。在实际光学切片采集和复原处理应用中，会由于采样稀疏、3D-PSF选取不够造成复原效果达不到要求，或由于采样过密、3D-PSF选取过度造成复原时间过长。为了规范3D-PSF空间大小和密度的合理选取，提高选取时的理论依据和确定性，有必要对3D-PSF空间大小和密度与复原效果和速度的关系，以及3D-PSF的选取方法进行研究。本项目组开展了对这方面的研究和探索，内容包括第2章、第9章至第17章。

1.4.2 序列光学切片采集控制技术

三维显微图像去卷积算法复原的对象，是对生物样本进行亚微米等间距光学切片采集的序列图像。为了保证准确的亚微米等间距序列光学切片采集的实现，需要开展亚微米等间距步进驱动控制技术的研究。该研究成为数字共焦显微技术的基础性重要工作[32,33]。

为实现显微物镜和载物台之间纳米级的相对微位移，可以采用压电陶瓷驱动技术。压电陶瓷在纳米技术、微电子技术、微操作技术、现代生物技术和精密加工等领域的应用越来越广泛。近年来，国内外的许多高校和科研单位陆续对压电陶瓷驱动器的控制展开相关研究，提出了许多解决方法并取得了较大的进展。

1. 压电陶瓷驱动器的控制模型

由于压电陶瓷驱动器具有非线性特性与迟滞特性，给其控制带来了一定的困难。采用压电陶瓷建立数学模型是对其控制的主要方式之一。其中包括多项式拟合及一些主要的数学模型，Maxwell模型[34]、Preisach模型[35]、Prandtl-Ishlinskii（PI）模型[36]及FIANN模型等，其中目前最受关注的是Preisach模型。

2. 压电陶瓷驱动器的控制方法

为了解决压电陶瓷驱动器因迟滞特性而引起输出非线性现象，其控制方法采用电压控制和电荷控制两种类型。电压控制又分为采用各种压电模型的电压前馈控制和采用各类传感器的电压反馈控制，电荷控制包括电荷前馈控制和电荷反馈控制。

3. 压电陶瓷驱动器控制系统

目前，国内外许多企业、科研都对压电陶瓷驱动器控制设备进行了深入的研究。其中商业化比较好的有：德国PI（Physik Instrument）公司开发的微定位系统及各种其他相关产品，既可达到纳米级别的高精度，又可达到毫米甚至是分米级别的大位移[37]；德国Piezo-mechanik公司和Piezosystem Jena公司的压电陶瓷驱动器及相关控制设备；美国Queens-gate公司研制的二维工作台，行程50 μm×1 500 μm，重复定位精度为1 nm，非线性误差0.22%[38]；国内的哈尔滨芯明天科技公司的压电平移偏转台系列[39]，闭环线性度能达到0.05% F.S.，重复定位精度达到0.02% F.S.；哈尔滨博实精密的纳米级精密定位工作台等[40]，位移分辨率达到2 nm。国内还有一些企业及科研单位在这方面都取得了不错的成效，促进了相关产品的国产化。

本项目组在压电陶瓷驱动器控制技术方面进行了若干研究，内容包括第 18 章至第 23 章。

1.5 本书常涉及算法及评价指标

数字共焦显微技术的核心是图像复原算法，或者称图像去卷积，它是通过数学计算方法把由于光学系统成像过程中引起图像模糊的信息去除，恢复样本原来清晰的细节。本节把本书常涉及算法及评价指标说明如下。

1.5.1 贝叶斯（Bayes）图像复原迭代法

Bayes 迭代法是一类精确的非线性复原方法，包括最大似然法（maximum likelihood，ML）、最大后验法概率（maximum a posterior，MAP）、最大熵法（maximum entropy）等。Bayes 迭代法是基于 Bayes 统计分析[41-44]的复原方法，其基本思想如下：

假设图像是一个非平稳随机场，即可把原图像 f 和退化图像 g 均作为随机场。根据 Bayes 分析理论，在已知图像 g 的条件下，物体 f 的概率可写成为

$$P(f/g)=\frac{P(g/f)P(f)}{P(g)} \tag{1-1}$$

这里 $P(f/g)$ 为已知图像 g 物体为 f 的条件概率（后验概率）；$P(g/f)$ 为已知物体 f 图像为 g 的概率；$P(f)$ 和 $P(g)$ 分别表示物体和图像的先验概率。通过适当的选择 f 使 $P(f/g)$ 达到最大，这时对应的 f 就是复原的最佳估计。此时有

$$\max[P(f/g)]=\max\left[\frac{P(g/f)P(f)}{P(g)}\right] \tag{1-2}$$

式（1-2）等价于

$$\mathrm{Max}\{\ln[P(g/f)]+\ln[P(f)]\} \tag{1-3}$$

对式（1-2）最大化计算，主要有两种方法：

1. ML 算法（Lucy-Richardson 算法）

20 世纪 70 年代早期，Lucy[41]和 Richardson[42]独立发表了关于基于 Bayes 理论的迭代图像复原算法的论文。这种算法称为最大似然算法，简称 ML 算法。该算法表达式如式（1-4）所示。

$$\hat{f}^{(n+1)}=\hat{f}^{(n)}\left[\frac{g}{h\cdot\hat{f}^{(n)}}\oplus h\right] \tag{1-4}$$

这是一种迭代算法。该算法对每一次迭代结果乘以一个中括号内的校正项，使复原图像不断接近原始图像。随着误差的减小，校正项趋近于 1。校正项中的卷积运算使在出现噪声时保持算法稳定。1988 年 Holmes 等将 ML 算法应用于 3D 显微图像的复原[45]之后，得到了广泛的研究和应用[46]。

2. MAP 算法（Poisson-MAP 算法）

MAP 复原算法同样基于 Bayes 理论和迭代解法，其算法表达式如下：

$$\hat{f}^{(n+1)}=\hat{f}^{(n)}\exp\left[\left(\frac{g}{h\cdot\hat{f}^{(n)}}-1\right)\oplus h\right] \tag{1-5}$$

该算法在推导过程中同样假设景物服从泊松分布。1993 年 Joshi 等[47]将其应用于 3D 显微图像的复原。

Bayes 迭代法与传统约束迭代法相比，计算性更强，花费时间更长，但是分辨率更高，效果更好。这种算法在商业软件中以高级和精确的算法得到重视和应用。

1.5.2　图像复原的评价标准[48]

三维显微图像复原效果的评价根据不同的情况，可以对整个三维图像进行，也可以通过三维图像中的某一幅二维图像（比如中间图像）来进行。图像复原效果的评价通常采用以下标准。

1. 平均绝对差 MAE 和均方差 MSE

平均绝对差（mean absolute error，MAE）和均方差（mean squared error，MSE）是图像复原性能最基本的评价标准。假设图像的大小为 $N\times N$，目标为 f，目标的复原估计为 $\hat{f}$，则 MAE 和 MSE 的定义为

$$\mathrm{MAE}=\frac{\sum_{i=1}^{N}\sum_{j=1}^{N}|\hat{f}(i,j)-f(i,j)|}{\sum_{i=1}^{N}\sum_{j=1}^{N}|f(i,j)|} \tag{1-6}$$

$$\mathrm{MSE}=\frac{\sum_{i=1}^{N}\sum_{j=1}^{N}[\hat{f}(i,j)-f(i,j)]^2}{\sum_{i=1}^{N}\sum_{j=1}^{N}f(i,j)^2} \tag{1-7}$$

MAE 和 MSE 的值越小，表明复原结果越接近于原图像。

2. 峰值信噪比 PSNR

对于灰度值范围在［0，255］的 8 位灰度图像，PSNR 的定义为

$$\mathrm{PSNR}=10\lg\frac{255^2}{\frac{1}{N^2}\sum_{i=1}^{N}\sum_{j=1}^{N}[\hat{f}(i,j)-f(i,j)]^2} \tag{1-8}$$

PSNR 的值越大，表明复原结果越接近于原图像。

3. 改善信噪比 ISNR

为了表明复原图像相对于退化图像的改善程度，通常采用改善信噪比 ISNR 评价标准。定义为

$$\mathrm{ISNR}=10\lg\frac{\|f-g\|^2}{\|\hat{f}-f\|^2}=\mathrm{PSNR}_{\hat{f}}-\mathrm{PSNR}_g \tag{1-9}$$

其中 $\mathrm{PSNR}_{\hat{f}}$ 见式（1－8），PSNR_g 的定义为

$$\mathrm{PSNR}_g=10\lg\frac{255^2}{\frac{1}{N^2}\sum_{i=1}^{N}\sum_{j=1}^{N}[g(i,j)-f(i,j)]^2} \tag{1-10}$$

ISNR为复原图像的峰值信噪比与退化图像的峰值信噪比之差。如果ISNR大于零，表明复原图像比退化图像更接近于目标，且ISNR的值越大，说明算法的复原能力越好。如果ISNR小于零，表明复原图像相对于退化图像更加远离目标，算法不能使退化图像得到改善。

4. 频谱相关系数 r

复原图像看起来更好或者ISNR>0并不意味着复原是超分辨率的，ISNR越高并不一定意味着复原的超分辨率能力越高。因此，对于图像复原的超分辨率能力或带宽外推的评价应在频域进行。另外，当复原产生超分辨率时，也不能保证超过截止频率之上非零频率成分是有意义的，即不能保证它代表了原图像相应的高频成分。因为这些非零的高频成分也许来自噪声或由复原的非线性过程引入的振荡条纹。真正的超分辨率复原频谱应与目标的频谱高度相关，为此引入复原图像与原图像的频谱相关系数作为对超分辨复原能力的评价。频谱相关系数的定义为

$$r(i,j)=\frac{\sum_{u=-m}^{m}\sum_{v=-m}^{m}F(i-u,j-v)\hat{F}^{*}(i-u,j-v)}{\sqrt{\sum_{u=-m}^{m}\sum_{v=-m}^{m}|F(i-u,j-v)|^{2}\sum_{u=-m}^{m}\sum_{v=-m}^{m}|\hat{F}(i-u,j-v)|^{2}}}\tag{1-11}$$

其中，$m=(M-1)/2$，一般情况下取$M=7$，它表示相关子区域的大小为$M\times M$。通过用子区域（窗口）扫描整个图像频谱，就可获得整个图像频谱的相关系数，因而表明了两个频谱的高度相关区域。

为了能对复原图像进行全面客观的评价，本书采用rMSE或PSNR和ISNR作为图像复原的综合评价标准。

参考文献

[1] 张树霖. 近场光学显微镜及其应用 [M]. 北京：科学出版社，2000.

[2] Born M and Wolf E. Principles of optics：Electromagnetic theory of propagation，Interference and diffraction of light [M]. 6th ed. Pergamon Press，Oxford，1980.

[3] Kenneth R C. Digital image processing [M]. Prentice-Hall，Englewood Cliffs. NJ，1998.

[4] Anderson G. Confocal laser microscopes see a wider field of application [J]. Laser Focus World，1994，30(2)：83.

[5] Uritsky Y，et al. An integrated system for rapid process defect evaluation [J]. Solid state Technology，1995，38(6)：61.

[6] 刘峰. 现代光学显微成像和图像处理研究 [D]. 南京：南京理工大学，1997.5.

[7] 宋登元. 共焦激光扫描显微镜及其应用 [J]. 激光与红外，1998，28(1)：19-22.

[8] McNally J G，Karpova T，Cooper J et al. Three-dimensional imaging by deconvolution microscopy [J]. Methods，1999，19：373-385.

[9] http://www.veytak.com. FAQ：Frequently asked questions.

[10] Robinson M K. Multiphoton microscopy expands its reach [J]. Biophotonics International，1997：38-45.

[11] 高万荣. 荧光共焦显微术与多光子显微术的差别 [J]. 光电子·激光，2002，13(3)：

325 -328.

[12] Hiraoka Y, Sedat J W and Agard D A. Determination of three-dimensional imaging properties of a light microscope system [J]. Biophysical J, 1990, 57: 325 - 333.

[13] Diaspro A, Sartore M and Nicolini C. 3D representation of biostructures imaged with an optical microscope. Image and vision computing, 1990, 8(2): 130 - 141.

[14] Wallace W, et al. A Working person's guide to deconvolution in light microscopy [J]. BioTechniques. , 2001, 31(5): 1076 - 1097.

[15] Carringtin W A, et al. Superresolution three-dimensional images of fluorescence in cells with minimal light exposure [J]. Science, 1995, 268: 1483 - 1487.

[16] Holmes T J. Maximum-likelihood image restoration adapted for noncoherent optical imaging [J]. J. Opt. Soc. Am. A, 1988, 5: 666 - 673.

[17] Holmes T J. Expectation-maximization restoration of bandlimited, truncated point-process intensities with application inmicroscopy [J]. J. Opt. Soc. Am. A, 1989, 6: 1006 -1014.

[18] Holmes T J, Liu Y H. Richardson-Lucy/maximum-likelihood image restoration algorithms for fluorescence microscopy further testing [J]. Appl. Opt. 1989, 28: 4930 -4938.

[19] Youla D C, Webb H. Image restoration by the method of convex projections: Part 1-theory [J]. IEEE Transaction Medical Imaging, 1982, MI-1: 81 - 94.

[20] Lenz R. 3-D Reconstruction with a projection onto convex sets Algorithm [J]. Optics Communications, 1986, 57: 21 - 25.

[21] Weinstein M, Castaleman K R. Reconstructing 3-D specimens from 2-D section images [J]. Proceedings of the SPIE, 1971, 26: 131 - 138.

[22] Shaw P J and Rawlins D J. Three dimensional fluorescence microscopy [J]. Prog Biophys. Mol. Bioh, 1991, 56: 187 - 213.

[23] Born M, Wolf E. Principles of optics: Electromagnetic theory of propagation, interference and diffraction of light [M]. 6th ed. Pergamon Press, Oxford, 1980.

[24] Stokseth P A. Properties of a defocused optical system [J]. J. Optical. Soc. Amer. 1969, 59(10): 1314 - 1321.

[25] Agard D A. Optical sectioning microscopy [J]. Annual Review of Biophysics and Bioengineering, 1984, 13: 191 - 219.

[26] Preza C. A regularized linear reconstruction method for optical sectioning microscopy [D]. Master's thesis, Washington University, Sever Institute of Technology, St. Louis, MO, 1990.

[27] Keller H E. Objective lenses for confocal microscopy, p. 111 - 126. In J. Pawley (Ed.), Handbook of Biological Confocal Microscopy [M]. 2nd ed. New York: Plenum Press, 1995.

[28] Preza C, Conchello J A. Depth-variant maximum-likelihood restoration for three-dimensional fluorescence microscopy [J]. J. Opt. Soc. Am. A, 2004, 21(9):

1593-1601.

[29] 刘莹，何小海，陶青川，等．基于三维高斯模型的参数盲解卷积算法［J］．光电子·激光，2006，17(4)：493-497.

[30] Wang Yu，He Xiaohai，Wang Huazhang. The depth-variant image restoration based on hopfield neural network [J]. IEEE third International Conference on Volume 2，24-27 Aug. 2007 Page(s)：363-366.

[31] 张琳琳，姜志国，孟如松．显微图像复原中的点扩散函数估计［C］．第十一届中国体视学与图像分析学术会议论文集，2006.

[32] 贺斌，陈华，石旭．数字共焦显微仪压电陶瓷物镜驱动电源设计［J］．广西科学院学报，2009(4)：294-296.

[33] 杨雪锋，李威，王禹桥．压电陶瓷致动器驱动电源的仿真及设计［J］．微计算机信息，2009，25(1)：209-211.

[34] 董维杰．压电自感知执行器理论与应用研究［D］．大连：大连理工大学，2003：73-75.

[35] 陈道炯，单世宝，韦光辉，等．基于单神经元 PSD 压电微驱动系统控制的研究［J］．压电与声光，2006，28(6)：665-667.

[36] 郭国法，党选举．基于 PI 模型的压电陶瓷执行器迟滞特性建模［J］．微计算机信息，2008，24(2)：100-106.

[37] 节德刚，孙立宁，曲东升，等．压电陶瓷微位移系统的模糊 PID 控制方法［J］．哈尔滨工业大学学报，2005，37(2)：145-147.

[38] Queensgate handbook，http://www. queensgate. com.

[39] http://www. xmtkj. com.

[40] http://www. bsjm. com. cn.

[41] Lucy L B. An iterative technique for the rectification of observed distribution [J]. The Astronomical Journal，1974，79(6)：745-765.

[42] Richardson W H. Bayesian-based iterative method of image restoration [J]. J. Opt. Soc. A.，1972，62(1)：55-60.

[43] Shepp L A，Vardi Y. Maximum likelihood reconstruction for emission tomography [J]. IEEE Trans on Medical Imaging，1982，MI-1(2)：113-122.

[44] Hunt B R，Sementilli P. Description of a poisson imagery super resolution algorithm [J]. Astronomical Data Analysis Software and System 1，1992，ch123：196-199.

[45] Holmes T J. Maximum-likelihood image restoration adapted for noncoherent optical imaging [J]. J. Opt. Soc. Am. A. 1988，5：666-673.

[46] Holmes T J. Expectation-maximization restoration of bandlimited，truncated point-process intensities with application inmicroscopy [J]. J. Opt. Soc. Am.，A. 1989，6：1006-1014.

[47] Joshi S，Miller M I. Maximum a posteriori estimation with good's roughness for optical-sectioning microscopy [J]. J. Opt. Soc. Am. A，1993，10：1078-1085.

[48] 苏秉华．超分辨力图像复原方法研究［D］．北京：北京理工大学，2002.

第 2 章

三维显微成像的点扩散函数及其对去卷积的影响

2.1 引 言

在三维显微成像系统的分析研究中，三维点扩散函数（three dimensional point spread function，3D-PSF）是一个十分重要的数学工具，它反映了系统成像的重要特性，在三维显微图像去卷积复原处理当中有着至关重要的影响。本章通过研究光学显微镜光学系统的 3D-PSF，观察不同散焦量的 PSF 形成的散焦像对焦面像的干扰，初步探索其空间大小对图像去卷积复原处理的影响。

2.2 三维显微成像 3D-PSF

在进行三维显微图像去卷积复原处理之前，必须正确估计光学显微镜光学系统的 3D-PSF。估计的正确与否，直接决定图像的复原效果。

2.2.1 3D-PSF 的计算

普通光学显微镜光学系统的 3D-PSF，离散化的情况下，它包含二维焦平面 PSF 和一系列二维散焦 PSF。

普通光学显微镜光学系统焦平面点扩散函数为[1]

$$h(r)=\left\{\frac{2\mathrm{J}_1\left[\pi\left(\frac{r}{r_0}\right)\right]}{\pi\left(\frac{r}{r_0}\right)}\right\}^2 \tag{2-1}$$

式中，$\mathrm{J}_1(x)$ 是第一类型的一阶贝塞尔函数；r 是距像平面光轴的径向距离，$r=\sqrt{x_i^2+y_i^2}$；$r_0=\lambda d_i/a=\lambda/2\mathrm{NA}$，$\lambda$ 是样本光波长，d_i是物镜与像面间的距离，a 是物镜孔径，NA 为数值孔径。

焦平面光学传递函数为[1]

$$H(q)=\frac{2}{\pi-2}\left\{\cos^{-1}\left(\frac{q}{f_c}\right)-\sin\left[\cos^{-1}\left(\frac{q}{f_c}\right)\right]\right\} \tag{2-2}$$

式中，q 为径向空间频率变量，与 x、y 方向的空间频率变量 u、v 的关系为 $q=\sqrt{u^2+v^2}$；f_c为系统截止频率，$f_c=1/r_0=a/(\lambda d_i)=2\mathrm{NA}/\lambda$。

散焦光学传输函数为

$$H(w, q)=\frac{1}{\pi}(2\beta-\sin 2\beta)\cdot \operatorname{jinc}\left[4kw\left(1-\frac{|q|}{f_c}\right)\frac{q}{f_c}\right] \tag{2-3}$$

式中，w 为散焦光程差（defocus path length error，以波长为单位）；$\beta=\cos^{-1}(q/f_c)$；$k=2\pi/\lambda$；$\operatorname{jinc}(x)=2J_1(x)/x$。

当 $w=0$ 时，式（2-3）即为焦平面处的光学传输函数。由式（2-3）系统光学传输函数的傅里叶逆变换计算可得到系统不同散焦量的 PSF。图 2-1 是根据式（2-3）计算得到的一组散焦量从 0～4.0 μm 的二维散焦 PSF 图（图中灰度值是经过归一化处理，以便显示和观察，并非反映实际强度值），其中 NA=1.2，λ=550 nm。图 2-2 所示为焦面 PSF 和部分不同散焦量的 PSF 曲线图。其中 h_0 为散焦量为零即焦面的 PSF，h_1～h_7 分别为散焦量 0.2～1.4 μm 的散焦 PSF。从图 2-1 可以看到，散焦 PSF 的面积大小随着散焦量的增大而迅速增大；从图 2-2 可以看到，散焦 PSF 强度迅速降低。表 2-1 为散焦 PSF 随散焦量的变化。

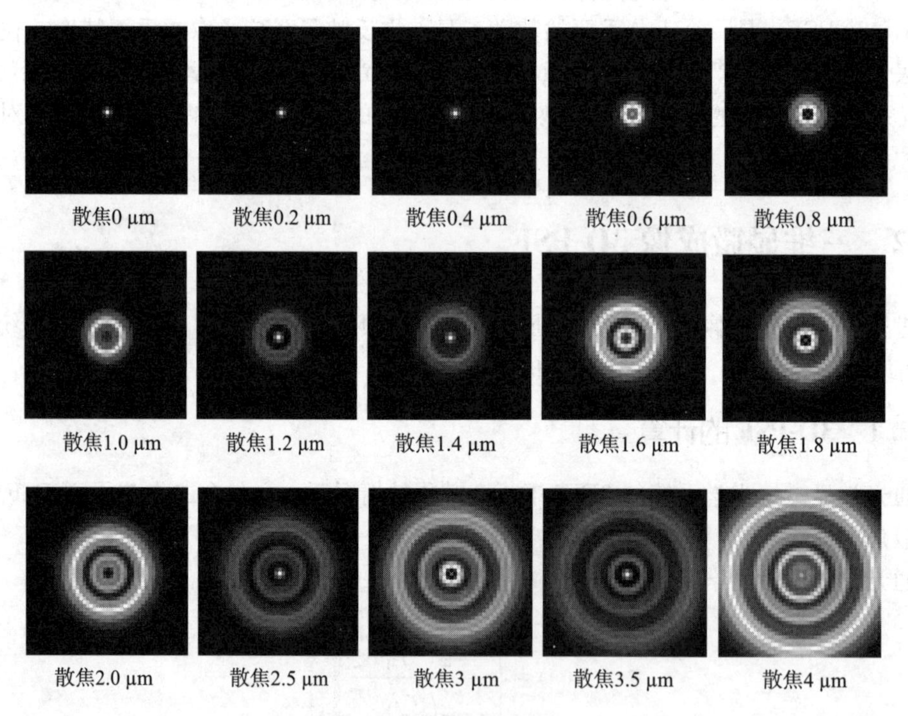

图 2-1　散焦 PSF

表 2-1　散焦 PSF 随散焦量的变化

散焦量/μm	0	0.1	0.3	0.5	0.7	0.9	1	1.5	2	3	4
散焦 PSF 直径/像素	3	3	3	7	11	15	17	27	41	63	87
散焦 PSF 面积/像素	5	5	9	45	109	189	243	561	1 320	3 116	5 942

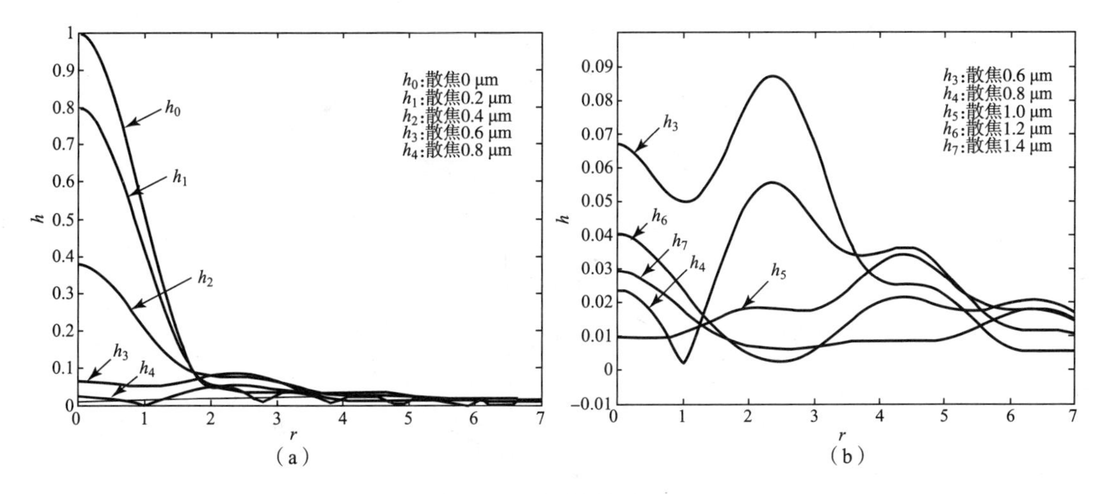

图 2-2　不同散焦量 PSF

在采用光学切片技术的分析和处理中，三维显微成像包含焦面像和一系列散焦像。相应地，显微镜光学系统 3D-PSF 也包含焦面 PSF 和一系列散焦量 PSF。由焦面 PSF 和不同散焦量二维 PSF 即可构成系统 3D-PSF。图 2-3 所示为由焦面 PSF 和不同散焦量 PSF 构成的系统的 3D-PSF。在聚焦像四周附近，3D-PSF 的形状是一个椭圆球形，外面包着若干光环。在聚焦像面两侧的较大的空间范围，3D-PSF 的形状是一个双锥体，或者双沙漏体，这是由于两个锥顶是开口的，口的大小为焦面 PSF 的大小。

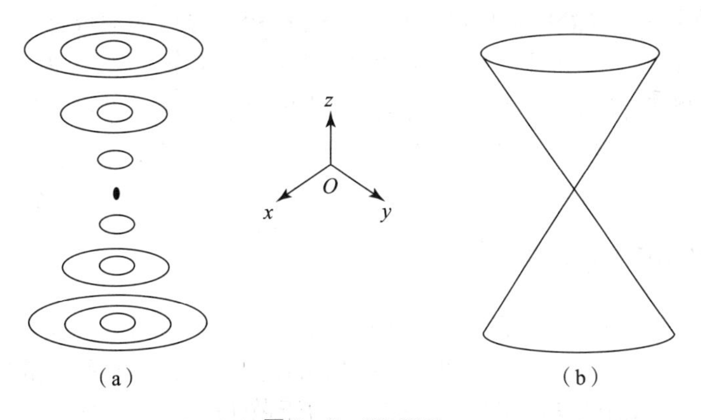

图 2-3　3D-PSF

2.2.2　卷积中 3D-PSF 的空间大小

三维显微成像的图像退化过程在数学上是三维卷积运算的过程，即 3D-PSF 与三维图像 f 进行卷积。在离散情况下，3D-PSF 与三维图像 f 为三维矩阵形式。设图像矩阵 f 的空间大小为$N\times N\times n$，它是一个 z 轴上的样本切片堆叠，x-y 径向大小像素数为 $N\times N$，切片数为 n，切片间隔为 Δz；设 3D-PSF 的空间大小为 $M\times M\times m$，x-y 径向大小为 $M\times M$，m 为 z 轴上焦面 PSF 和一系列散焦 PSF 的个数，PSF 间隔同样是 Δz。图 2-4 所示为样本切片 f 与 3D-PSF 卷积示意图。

三维卷积要准确反映实际三维成像过程，关键在于 3D-PSF 空间大小的确定。在 x-y 径

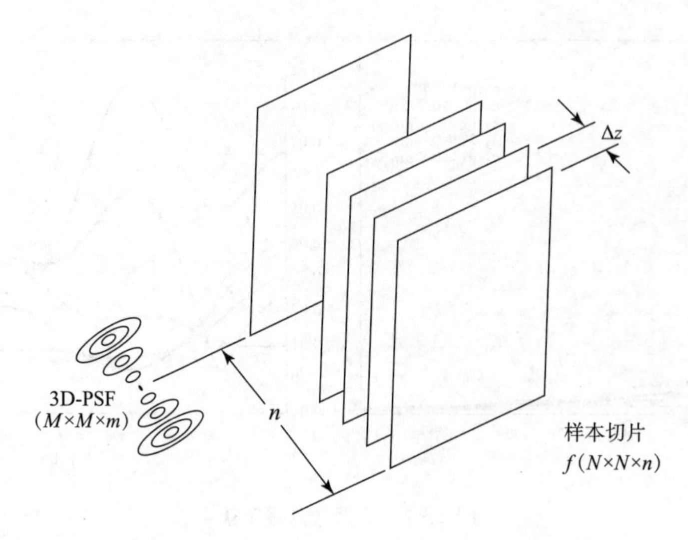

图 2-4　样本切片 f 与 3D-PSF 的卷积示意图

向上，不同散焦量的 PSF 其径向直径不同，散焦量越大的 PSF 其直径越大。为了精确计算所有散焦信息的影响，对 $M\times M$ 进行选取时，其大小等于最外层散焦 PSF 的直径 d，即 $M=d$。可以用 PSF 的半峰宽度（FWHM）定义 PSF 的直径 d。

在 z 轴轴向上，m 的选取作如下考虑：三维卷积运算过程是 3D-PSF$(M\times M\times m)$ 在样本切片 $f(N\times N\times n)$ 中作径向和轴向逐个元素扫描移动，同时进行相应元数相乘并求和。当 3D-PSF 处于样本切片堆叠的最里侧切片时，焦面 PSF 与该切片重合，此时如果要将最外侧切片的散焦信息影响计算进来，3D-PSF 的外侧的散焦 PSF 个数应为（$n-1$）。同样，当 3D-PSF 移到最外侧切片时，以同样的散焦信息影响计算考虑，3D-PSF 的另一侧散焦 PSF 个数也应为（$n-1$）。因此，三维 PSF 内的散焦 PSF 个数应为（$2n-2$），加上焦面 PSF，3D-PSF 内的 2D-PSF 个数共 $m=2n-1$。即 3D-PSF 在 z 轴的层数是样本切片数的近 2 倍。

2.2.3　散焦像和光学切片

在三维显微成像中，采用光学切片技术获得的每一幅切片图像都包含焦平面的光信息和散焦面的光信息。可以认为，每一幅切片图像都由焦面像及其两侧所有散焦像叠加而成。由于散焦面的光信息对焦面图像的干扰，或者说由于散焦像的叠加，造成了焦面图像的模糊。

图 2-5 所示为原清晰图像、焦面像以及一组不同散焦量的散焦像。这组散焦像是由图 2-5 中的原图与散焦量分别为 0 μm，0.2 μm，0.4 μm，0.6 μm，…，4 μm 的二维散焦 PSF 卷积得到的，表示不同散焦量的样本物平面在同一像面上成像的模糊情况。图 2-6 所示为一组光学切片图像，它们分别由三维仿真样本切片 $f(150\times150\times81)$ 与 z 向层数不同（层数 $n=2$，6，10，…，80）、z 轴相隔 0.1 μm 的 3D-PSF 卷积作模糊处理，得到的不同的三维光学切片图像 $g(150\times150\times81)$ 的中间切片图，该中间切片图可以认为是由焦面像及其两侧不同数量（即层数，$n=2$，6，10，…，80）的散焦像叠加而成，表示焦面像受到不同数量 n 的散焦像信息干扰的模糊情况，叠加数量 n 取决于 3D-PSF z 向大小。上述的三维仿真样本切片 $f(150\times150\times81)$ 通过以下方法实现。

三维仿真样本切片 f 的制作及构成如下：

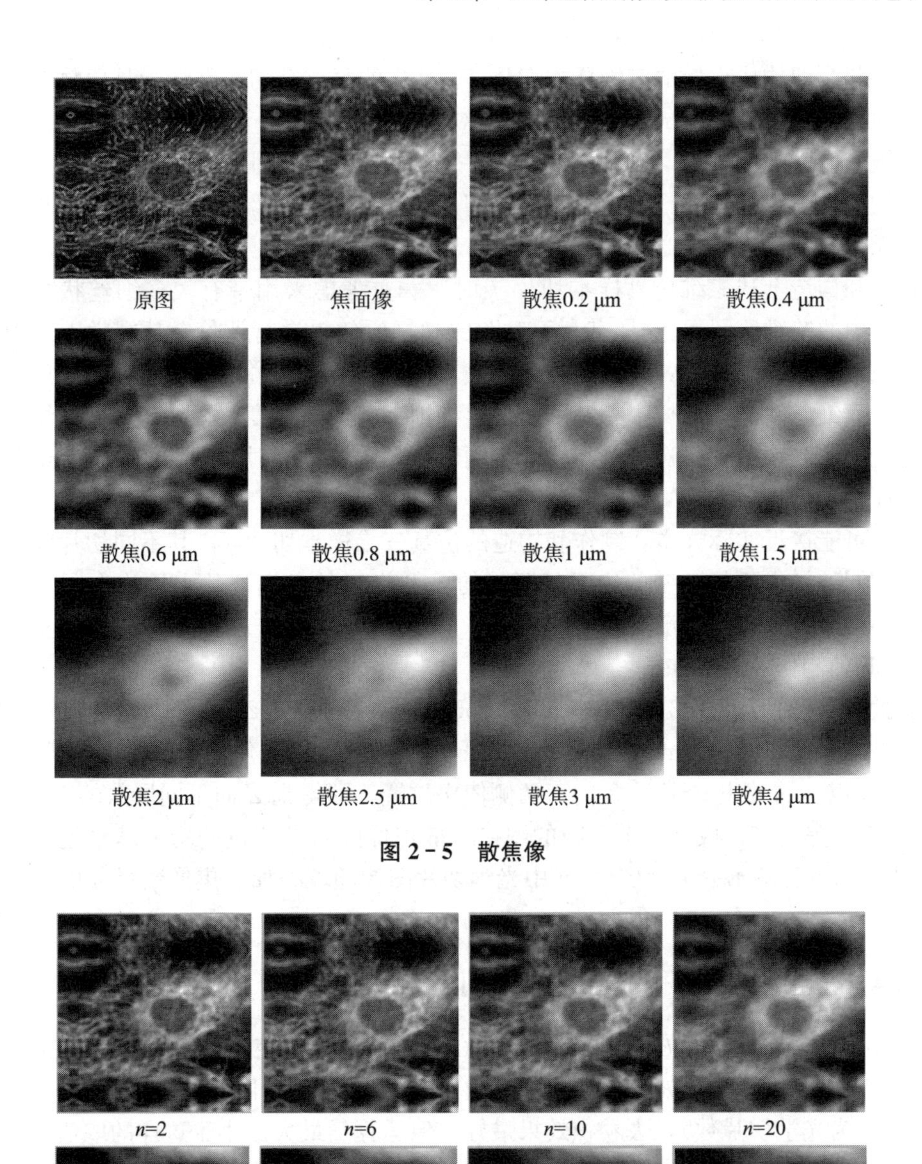

图 2－5　散焦像

图 2－6　焦面像两侧叠加不同散焦像数量 n 的光学切片图像

以图 2－5 中的二维原图（原清晰图像，150×150、256 灰度级）作为原始样本，制作一个含 81 幅仿真样本光学切片 f(150×150×81）的三维样本，其中原图置于中间，然后沿 z 轴向两侧分别各制作 40 幅不同的二维样本图：一侧用中间图以 0.02 的比例逐幅缩小（放大）产生，另一侧用中间图以逆时针 0.5°逐幅旋转产生。

这里的“三维样本切片 f”是在采用光学切片显微技术中出现的，它是将在实际当中连续变化的生物样本按显微物镜光轴 z 轴进行离散化，而得到的一系列样本切片。这些样本切片叠加在一起，即构成离散的三维样本切片 f，其中的每一个切片都认为是原物图像，是清晰的，不包含任何模糊信息成分，我们把它称为“样本切片”。该三维样本切片 f 经过显微镜光学系统（数学上相当于与一个相应的 3D-PSF 卷积），得到一个三维切片图像 g，这是一个退化的模糊三维切片图，其中的每一个切片都包含有焦面像信息和焦平面以外所有平面上的散焦像信息，称为“光学切片图像”。

在制作和构造上述三维仿真样本切片 f 时，着重考虑采用带有较多细丝状结构的样本（如图 2－5 中的二维原图），这样有利于对图像和复原效果进行评价。从视觉上来说，退化的模糊图像经过复原处理后，图像越清晰，细节恢复得越多，说明图像复原得越好，算法的效果越好，而细丝状结构的样本有利于体现这种细节的恢复程度。另外，细丝状结构的样本图像具有更多的高频成分，选择这类样本有利于从频谱的角度对原清晰样本图、退化图和复原图进行评价和分析。

为了尽可能接近实际样本，制作和构造的仿真三维样本切片 f，其不同切片间的结构既不是完全相同的，也不是突变的，而是渐变的。因此 f 的各幅切片采用均由同一幅切片通过逐渐缩小（或放大）和逐渐旋转实现。

3D-PSF 的制作及构成如下：

设显微镜物镜 NA＝1.2，光照波长 λ＝550 nm，根据式(2－3) 计算得到一组间隔为 0.1 μm、散焦量为 0～4.0 μm 的二维散焦 PSF。散焦量为 0 的焦面 PSF 置于中间，散焦量为 0.1 μm 及以上的散焦 PSF 沿 Z 向于两侧依次放置，即得到 Z 向不同层数的三维 PSF。

图 2－5 中焦面像是成像中最清晰的图像，散焦像随着散焦量的增大越来越模糊，散焦 0.6 μm 处，细节已基本丢失。图 2－6 中光学切片图像随着叠加散焦像数量 n 的增多也越来越模糊。

2.2.4 去卷积中 3D-PSF 的空间大小

在三维显微图像去卷积处理中，3D-PSF 在 z 向和 x-y 向空间大小的选取直接决定着去卷积处理的效果和运算量。如果按 2.2.2 节选取 3D-PSF 的空间大小，即 PSF 的 z 向层数 m 为 $2n-1$（n 为光学切片数），去卷积效果最好，但运算量最大。小于这样的取值，效果和运算量都将下降。为评价 3D-PSF 不同大小空间的取值对复原效果和运算量的影响，下面提出频谱均值的概念。

2.3 频谱均值

2.3.1 频谱均值概念的提出

考虑一幅清晰无噪原图 f。f 在模糊之前，细节和边缘清晰可见，有较多的高频成分，其频谱图从中间低频区域至四周具有较高的灰度值，频谱图面明亮。模糊之后，在不考虑噪声干扰的情况下，高频成分随之减少，频谱图四周灰度值降低；图像越模糊，高频成分越少，图面除了中部低频处以外四周越昏暗。为了评价一幅图像的清晰度或者模糊程度，本节提出频谱均值的概念。

设离散矩阵图像 g，其傅里叶变换即频谱图为 $G(M\times N)$，则频谱均值 E 为

$$E=\frac{1}{E_0}\frac{1}{MN}\sum_{j=1}^{N}\sum_{i=1}^{M}\lg(1+G_{ij}) \tag{2-4}$$

式中，G_{ij}为频谱图G各像素的灰度值，$E_0=\lg(1+G_0)$，G_0为频谱图G零频处的灰度值。同一幅图像，在其不同清晰或模糊程度的各个图像中，E的值越大，说明图像高频成分越多，细节越丰富，图像越清晰；反之，E的值越小，图像越模糊。

为了归一化，便于与原图频谱比较，式（2-4）可以改为以下形式：

$$E=\frac{1}{E_f}\frac{1}{E_0}\frac{1}{MN}\sum_{j=1}^{N}\sum_{i=1}^{M}\lg(1+G_{ij}) \tag{2-5}$$

式中，$E_f=\frac{1}{E_{f0}}\frac{1}{MN}\sum_{j=1}^{N}\sum_{i=1}^{M}\lg(1+F_{ij})$，$E_{f0}=\lg(1+F_0)$，$F_0$为原图$f$频谱图$F$零频处的灰度值。$\boldsymbol{F}$为原图$f$的傅里叶变换矩阵，大小为$M\times N$。按照式（2-5），原图$f$的频谱均值为1，其各个不同尺度的模糊像$g$的频谱图均值均小于1。图2-7所示为一幅方格原图及其一系列不同散焦量的模糊图，图2-8所示为根据式（2-4）计算的相应频谱均值。从图2-7和图2-8可看出，随着散焦量的增大，图像清晰度不断降低，频谱均值也随着不断下降。

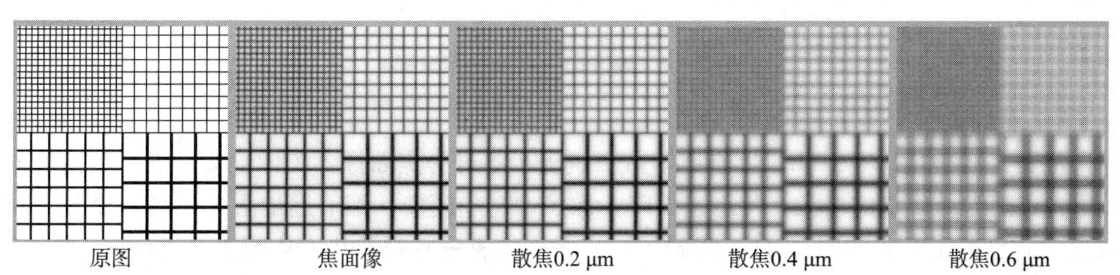

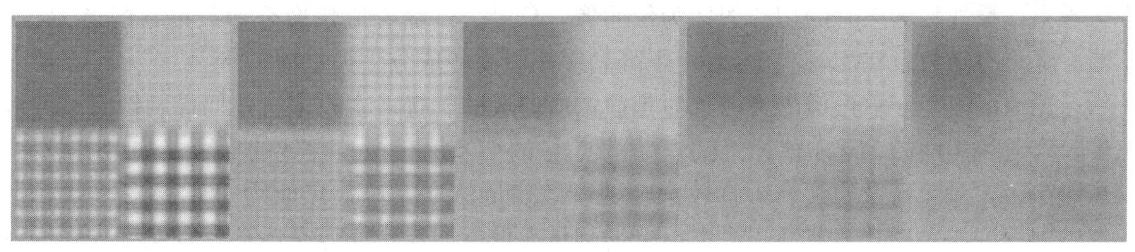

图2-7　方格原图及其不同散焦量的模糊图

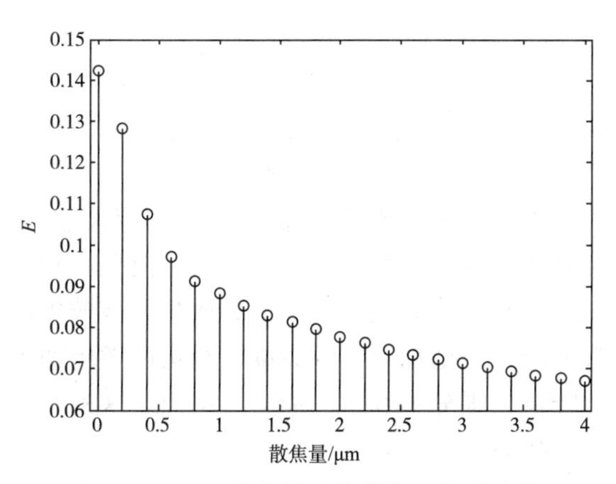

图2-8　不同散焦量方格模糊图频谱均值

2.3.2 散焦像和切片图像的评价

采用频谱均值 E 作为评价散焦像和切片图像模糊程度的指标，考察图 2-5 中不同散焦量的散焦像和图 2-6 中叠加不同数量散焦像的切片图像模糊程度的变化情况。图 2-9 所示为相应频谱均值 E 变化示意图。

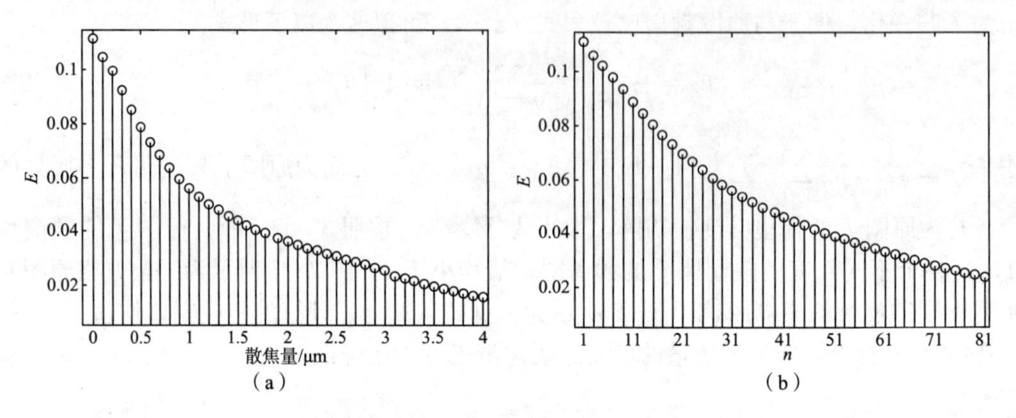

图 2-9 频谱均值 E 变化示意图

(a) 散焦像 E 随散焦量的变化；(b) 切片图像 E 随散焦像叠加数量 n 的变化

从图 2-5 和图 2-9 (a) 可看出，散焦量等于零时为焦面像，图像最为清晰，频谱均值 E 最大；随着散焦量的增大，E 迅速下降，散焦像越趋模糊，细节逐步丢失，高频成分不断减少。散焦量在 1 μm 以上，E 下降趋缓，表明高频成分所剩无几。从图 2-6 和图 2-9 (b) 中可看出，叠加数为 1 时的切片图像为焦面像，E 最大。随着散焦像叠加数量 n 的增大，E 不断下降。叠加数量在 25 幅以上时，下降趋缓，即高频成分丢失趋缓。

上述情况表明，散焦像的光信息对焦面像所造成的干扰，主要来自焦面像两侧附近的散焦像。附近散焦面的 PSF 仍然比较小，其散焦像的细节仍有相当程度的保留，成像（叠加）到焦面像后，对焦面像的细节干扰较大。随着散焦量的增大，散焦面的 PSF 逐渐增大，散焦像模糊程度加大，其细节逐步丢失，叠加到焦面像后，对焦面像只增加背景亮度，降低对比度，对细节干扰较小。

从图 2-1 和表 2-1 可以看到，散焦 PSF 直径大小随散焦量增大很快。散焦量为 1 μm 时，其 PSF 直径是散焦量为 0.1 μm 时的 5 倍多，面积近 50 倍。散焦量为 2 μm 时，其 PSF 直径增加为近 14 倍，面积为 264 倍。假设原图上有一亮点，占一个像素，其能量为 1，则在散焦量为 1 μm 的散焦像上，该亮点的能量近似均匀地分散到直径为 17 个像素的圆域内 243 个像素上，相应像素的能量下降为 1/243。此时的亮点，在散焦像上扩散为一个昏暗圆斑。同样，一条亮细线将扩散成为一条暗带状物。因此，较大散焦量物面上的结构无论如何，是否亮暗，其散焦像对焦面像干扰都很小。局部区域内亮点和亮线等的综合效果，就是亮度近似均匀的一片模糊，高频成分丢失，剩下低频成分。该散焦像叠加到焦面像上，其影响是在局部区域范围内近似均匀地增加一定的亮度，给焦面像增加了低频成分。这种影响会造成图像对比度的下降，降低人眼分辨细节的能力。然而，这种叠加没有给原图增加额外的高频成分，因此对细节的干扰较小。

2.4 实　验

为了对所提出的算法进行评价，采用仿真的方法进行实验。

2.4.1 光学切片间距的确定

散焦距离 Δz 与散焦误差 w（光轴上和边缘处的光线的光程差）的关系为[1]

$$\Delta z=\frac{2w}{\mathrm{NA}^2} \tag{2-6}$$

式中，NA 为显微镜物镜的数值孔径。

假设用 1/4 波长 λ 的散焦误差 w 作为物体焦深 DOF 的限制，采用 NA＝1.2 的物镜，光源波长 λ＝550 nm，则 1/4 波长的散焦误差（$w=\lambda/4$）对应的散焦距离 Δz＝0.191 μm，为此光学切片间距采用 0.2 μm。

2.4.2 三维样本光学切片 f、3D-PSF 和三维切片图像 g

（1）三维样本切片 f：大小 150×150×21，用与 2.2.3 节同样的方法制作得到 Z 向 21 幅样本切片序列图 150×150，由该 21 幅序列图构成三维样本切片 f。

（2）3D-PSF：大小 21×21×21，根据式（2-3）计算得到一组间隔为 0.2 μm、散焦量为 0～2.0 μm 的二维散焦 PSF（21×21）。散焦量为零的焦面 PSF 置于中间，散焦量 0.2～2 μm 的 10 个散焦 PSF 沿 Z 向于两侧依次放置，共 21 层。以相同方法制作一组不同大小的 3D-PSF：h_1、h_2、…、h_{10}（表 2-2）。

（3）三维切片图像 g：大小 150×150×21，由三维样本切片 f 与 3D-PSF 卷积作模糊处理得到 21 幅切片序列图像，由该 21 幅序列图构成三维切片图像 g。

2.4.3 复原及分析

使用不同大小的 3D-PSF：h_1，h_2，…，h_{10}对 g 进行去卷积复原处理。算法采用最大似然法（ML 算法），迭代次数为 300 次。ML 算法公式如下[2,3]。

$$\hat{f}^{(n+1)}=\hat{f}^{(n)}\left[\frac{g}{h*\hat{f}^{(n)}}\oplus h\right] \tag{2-7}$$

复原结果为$\hat{f}_1$，$\hat{f}_2$，…，$\hat{f}_{10}$，如图 2-10 所示（图像均取之三维图像的中间层二维图像）。

采用均方差 MSE、频谱图均值 E 和运算时间 t 对复原结果$\hat{f}$进行评价。MSE 值越小，说明图像越接近于原图像；E 值越大，说明图像越清晰；为比较不同 PSF 去卷积的运算时间 t，将 h_1 的运算时间 t 归一化为 1。评价结果如表 2-2 和图 2-11 所示。

从表 2-2 和图 2-11 曲线看出，均方差 MSE 和频谱图均值 E 随着 3D-PSF 的 z 向层数增大和 x-y 向大小的增加而向好的方向发展，图像复原效果提高。分析如下：

（1）在用 h_1（3 层）作去卷积运算时，设运算时间 t 为 1，均方差 MSE 改善了 0.004 8，频谱图均值 E 改善了 0.011 6。

表 2-2　复原结果各指标数据

3D-PSF z 向层数 n	g，$\hat{f}$	MSE	E	t	ε_i
退化图	g	0.046 9	0.068 6	0	
h_1：3 层（3×3×3）	$\hat{f}_1$	0.042 1	0.080 2	1	1
h_2：5 层（5×5×5）	$\hat{f}_2$	0.033 2	0.094 0	2.3	1.19
h_3：7 层（7×7×7）	$\hat{f}_3$	0.027 4	0.103 4	5.4	0.81
h_4：9 层（9×9×9）	$\hat{f}_4$	0.023 0	0.109 9	10.9	0.56
h_5：11 层（11×11×11）	$\hat{f}_5$	0.019 0	0.115 2	19.4	0.46
h_6：13 层（13×13×13）	$\hat{f}_6$	0.016 4	0.118 6	34.6	0.29
h_7：15 层（15×15×15）	$\hat{f}_7$	0.013 6	0.121 0	52.9	0.21
h_8：17 层（17×17×17）	$\hat{f}_8$	0.011 6	0.122 1	75.9	0.09
h_9：19 层（19×19×19）	$\hat{f}_9$	0.010 4	0.122 7	107.7	0.05
h_{10}：21 层（21×21×21）	$\hat{f}_{10}$	0.009 6	0.123 0	146.2	0.03

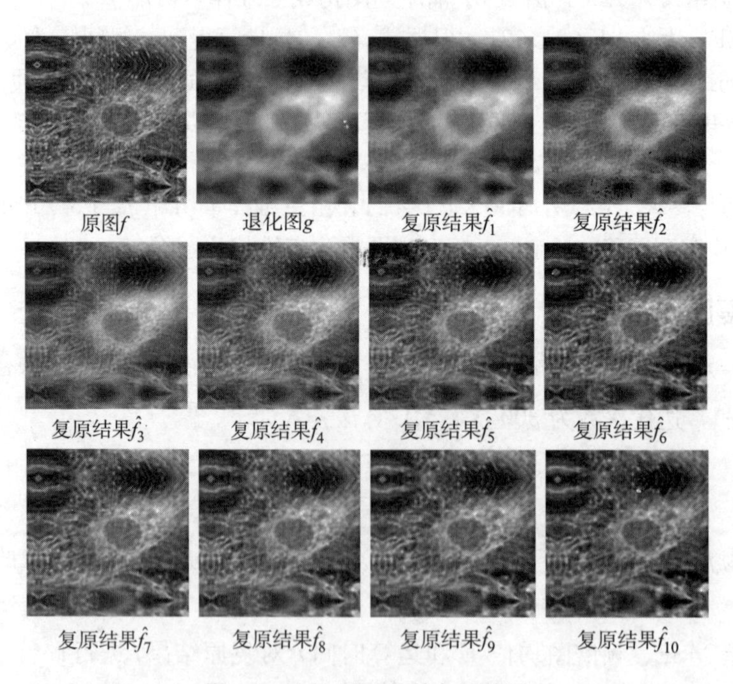

图 2-10　不同 PSF 的复原结果

（2）在用 h_5（11 层）作去卷积运算时，时间 t 增加为 19.4，均方差 MSE 改善了 0.027 9，比 h_1 改善了 4.8 倍［(0.027 9/0.004 8)−1］，频谱均值 E 改善了 0.046 6，比 h_1 改善了 3 倍［(0.046 6/0.011 6)−1］。

（3）在用 h_{10}（21 层）作去卷积运算时，时间 t 增加为 146.2，与 h_5 相比增加了 6.5 倍［(146.2/19.4)−1］，MSE 改善了 0.037 3，比 h_5 改善了 0.34 倍［(0.037 3/0.027 9)−1］，

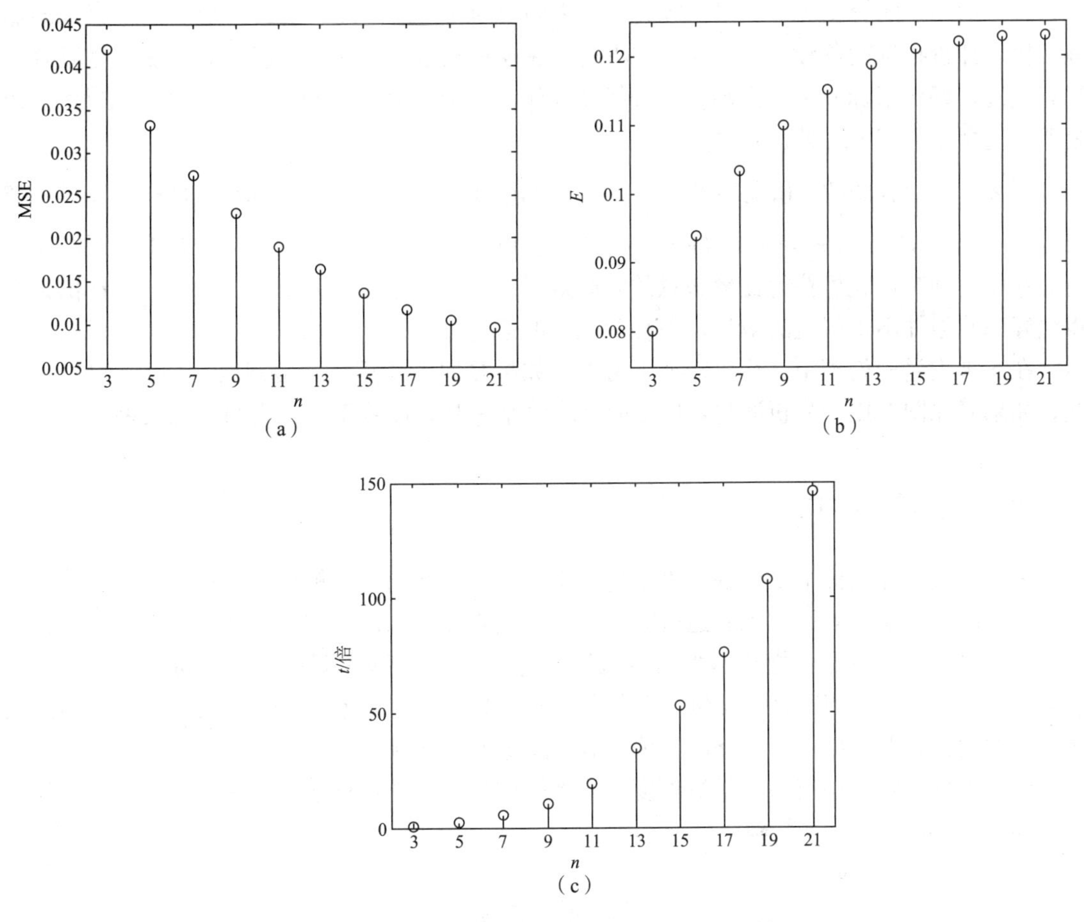

图 2－11　MSE、E 和 t 随 3D-PSF 层数变化示意图

(a) MSE 随 3D-PSF 层数 n 变化；(b) E 随 3D-PSF 层数 n 变化；(c) t 随 3D-PSF 层数 n 变化

E 改善了 0.054 4，比 h_5 改善了 0.17 倍［(0.054 4/0.046 6)－1］。

上述分析以及图 2－11 中的曲线说明，当 3D-PSF 比较小时，即考虑的层数很少时，随着 3D-PSF 层数的增加，评价指标改善很快，复原效果提高很快；随着 3D-PSF 层数进一步的增加，评价指标改善提高趋缓，复原效果提高减慢，从图 2－10 中看，后面 6 幅图在复原效果视觉上已差别不大，而运行时间却快速增加。

2.4.4　3D-PSF 层数 *n* 的确定

根据以上分析可知，可以选取空间比较小的 3D-PSF 进行去卷积复原，并能获得满意的复原效果。经过测算，可以利用频谱均值 E 设一个量 ε_i，按式（2－8）对 3D-PSF 的层数 n 进行确定：

$$n=i，当开始时\quad \varepsilon_i=\frac{E_i-E_{i-2}}{E_3-E_g}<0.5，i=5，7，9，\cdots 为奇数 \tag{2-8}$$

式中，i 为用于去卷积的各个不同空间大小 3D-PSF 的层数；E_i，E_{i-2} 和 E_3 分别为采用 i 层、(i－2) 层和 3 层 PSF 去卷积得到的复原结果 $\hat{f}$ 中的某个切片图（比如中间层）的频谱均值；E_g 为退化图 g 中的某个切片图（比如中间层）的频谱均值。

式（2-8）的含义为：当量 ε_i 较大时，表明此时随着 3D-PSF 层数的增加，复原效果提高较快，评价指标改善较快；当量 ε_i 较小时，表明此时随着 3D-PSF 层数的增加，复原效果提高减慢，评价指标改善提高趋缓。选择 0.5 作为阈值，当 ε_i 开始小于 0.5 时，此时的 i 即是所要选择 3D-PSF 的层数 n。

图 2-10 中各图的 ε_i 值见表 2-2。11 层的 h_5（11×11×11）所对应 $\hat{f}_5$ 的 $\varepsilon_5=0.46$，13 层的 h_6（13×13×13）所对应 $\hat{f}_6$ 的 $\varepsilon_6=0.29$。可以看到：在用 11 层的 h_5 或者 13 层的 h_6 进行去卷积处理时，就可获得比较满意的复原效果。用 21 层的 h_{10}（21×21×21）去卷积会获得更好一些但并不太明显的效果，而耗费大量的运行时间。

在三维去卷积处理中，可以作如下考虑：如果复原图像用于一般观察，ε_i 可以取值大一些；如果复原图像用于分析测量，则 ε_i 应该取值小一些，以获得更精确的复原效果。

2.5 本章小结

三维显微切片图像中受到的模糊干扰，主要来自焦面附近两侧散焦信息。在三维去卷积处理中，由于图像的复原效果和运行时间的矛盾很明显，因此应权衡考虑、折中选择，在保证复原效果的前提下尽可能减小 3D-PSF 的空间大小，以减少大量的运行时间。

（1）分析了 3D-PSF 的构成和空间大小、散焦像和切片图像分别随着散焦量和叠加散焦像数量的模糊状况，以及 3D-PSF 空间大小对去卷积的影响。

（2）提出了频谱均值的图像清晰度（或者模糊程度）评价标准，采用频谱均值对去卷积中的 3D-PSF 的层数 n 进行确定。

参考文献

[1]［美］Kenneth R C. 数字图像处理［M］. 朱志刚，等，译. 北京：电子工业出版社，2002：303，480-483.

[2] Lucy L B. An iterative technique for the rectification of observed distribution [J]. The Astronomical Journal，1974，79(6)：745-765.

[3] Richardson W H. Bayesian-based iterative method of image restoration [J]. J. Opt. Soc. A.，1972，62(1)：55-60.

第3章

基于 Markov 约束的 Bayes 三维显微图像复原方法

3.1 引　言

Bayes 迭代法中 MAP 算法和 ML 算法复原效果好，能确保解的存在和唯一，去噪能力较强，算法收敛稳定性高，具有比较强的将光学传递函数的截止频率外推、利用更多高频信息进行复原的超分辨率能力，复原图像能获得较高的改善信噪比。但在复原图像中易产生振铃现象，而且当噪声较大时，高频复原能力和超分辨率复原能力降低比较明显，图像复原难以获得满意的效果。2002 年苏秉华等[1]针对二维图像研究提出了基于 Markov 约束的 Bayes 复原算法，具有较强的超分辨率复原能力以及抑制噪声和振铃能力。本章针对三维显微图像的特点，研究基于 Markov 约束的 Bayes 三维显微图像复原方法泊松-最大后验概率法（MPMAP 算法）和泊松-最大似然法（MPML 算法）。

3.2 基于 Markov 约束的二维图像 Bayes 复原算法

从统计角度看，由于光子的量子特性，图像 g 通过探测器进行探测和转换时是一个随机过程，此外物体的发光也是一个随机过程。因此，假设原物 f 和退化图像 g 是一个随机场。根据 Bayes 统计分析理论，在已知图像 g 的条件下物体 f 的概率可写为

$$P(f/g)=\frac{P(g/f)P(f)}{P(g)} \tag{3-1}$$

式中，$P(f/g)$ 为后验概率；$P(g/f)$ 为已知物体 f 图像为 g 的概率；$P(f)$ 和 $P(g)$ 分别表示物体和退化图像的先验概率。

3.2.1 基于 Markov 约束的泊松-最大后验概率法 Poisson-MAP（MPMAP 算法）

假设 $\hat{f}$ 是后验概率 $P(f/g)$ 取最大值时的 f，则它就是 f 的最大后验估计。此时对应的最优化问题为[2]

$$\max[P(f/g)] \tag{3-2}$$

$P(g)$ 是常数，所以该式等价于

$$\max[\ln P(g/f)+\ln P(f)] \tag{3-3}$$

如果令

$$\left[\frac{\partial \ln P(g/f)}{\partial f}+\frac{\partial \ln P(f)}{\partial f}\right]\bigg|_{f=\hat{f}_{\text{MAP}}}=0 \tag{3-4}$$

由此获得的 $f=\hat{f}_{\text{MAP}}$ 为最大后验概率条件下的目标估计。

数字共焦显微系统是采用CCD探测器，将光子转换为载流子来探测光信号。这些载流子服从泊松分布。因而假设条件图像 g 服从泊松分布，其条件概率密度分布函数为

$$P(f/g)=\prod_{k=1}^{N}\frac{(\bar{g}_k)^{g_k}\exp(-\bar{g}_k)}{g_k\,!} \tag{3-5}$$

式中

$$\bar{g}_k=\sum_{j=1}^{N}h_{kj}f_j \tag{3-6}$$

h_{kj} 为成像系统的点扩散函数，N 为物体 f 和图像 g 的像素数，g_k 为第 k 个像素数的灰度值，$\bar{g}_k$ 为随机变量 g_k 的统计平均值。由式（3-5）可得

$$\ln P(g/f)=\sum_{k=1}^{N}[g_k\ln\bar{g}_k-\bar{g}_k-\ln(g_k\,!)] \tag{3-7}$$

将式（3-6）代入式（3-7），有

$$\ln P(g/f)=\sum_{k=1}^{N}[g_k\ln(\sum_{j=1}^{N}h_{kj}f_j)-\sum_{j=1}^{N}h_{kj}f_j-\ln(g_k\,!)] \tag{3-8}$$

样本的光子发射也可以用泊松随机过程精确描述，所以假设样本 f 服从泊松分布，其条件概率密度分布函数为

$$P(f)=\prod_{k=1}^{N}\frac{(\bar{f}_k)^{f_k}\exp(-\bar{f}_k)}{f_k\,!} \tag{3-9}$$

式中，$\bar{f}_k$ 为随机变量 f_k 的统计平均值。

假设图像 f 不仅服从泊松分布，同时也服从 Markov 分布。因此在 Bayes 分析框架下，f 的最大后验估计问题变为以下的带约束估计问题：

$$\max[\ln P(g/f)+\ln P(f)] \tag{3-10}$$

$$\text{subject to } U(f)\leqslant E \tag{3-11}$$

式中，$U(f)$ 为吉布斯分布中的能量函数，称为惩罚函数，小于某一恒定能量。根据拉格朗日优化理论，式（3-11）可变为如下无约束最优化问题的求解：

$$\hat{f}=\arg\max[\ln P(g/f)+\ln P(f)-\alpha U(f)] \tag{3-12}$$

式中，α 为拉格朗日乘子，通常称为正则化参数，用以平衡 $P(g/f)$ 和 $U(f)$ 之间的权重。

利用解非线性方程组的 Picard 迭代法

$$f^{n+1}=\phi(f^n) \tag{3-13}$$

可得基于 Markov 约束的 MPMAP 算法图像复原算法的二维迭代表达式：

$$f_{ij}^{n+1}=f_{ij}^{n}\exp\left\{\beta\left[\left(\frac{g_{ij}}{(f^n*h)_{ij}}-1\right)\oplus h_{ij}-\alpha\frac{\partial U(f^n)}{\partial f_{ij}^{n}}\right]\right\} \tag{3-14}$$

式中，β 为步长因子，用于控制算法的收敛特性和速度。

若式（3-14）中的 f、g 和 h 为三维函数，即可用于三维图像复原处理。

3.2.2 基于 Markov 约束的泊松-最大似然法 Poisson-ML（MPML 算法）

在式（3-1）中，假设条件图像 g 服从泊松分布，同时假设图像 f 的先验概率服从

Markov 分布，如果考虑后验概率 $P(f/g)$ 为最大，此时 f 的最大似然估计问题变为以下的最大后验估计问题[2]：

$$\max[\ln P(g/f)+\ln P(f)] \tag{3-15}$$

其中 $P(f)=\mathrm{e}^{-U(f)}/Z$，代入式（3-15），则有

$$\hat{f}=\arg\max[\ln P(g/f)-\alpha U(f)] \tag{3-16}$$

Z 为配分函数的归一化函数。$U(f)$ 为吉布斯分布中的能量函数，被称为惩罚函数；α 为正则化参数，用以平衡$P(g/f)$ 和 $U(f)$ 之间的权重。根据式（3-8）可得

$$\begin{aligned}&\ln P(g/f)-\alpha U(f)\\&=\sum_{k=1}^{N}\left[g_k\ln\left(\sum_{j=1}^{N}h_{kj}f_j\right)-\sum_{j=1}^{N}h_{kj}f_j-\ln(g_k!)\right]-\alpha U(f)\end{aligned} \tag{3-17}$$

$\ln(g_k!)$ 相对于 f 是常数，式（3-17）两边对 f_i求偏导，有

$$\frac{\partial\ln P(g/f)}{\partial f_i}-\alpha\frac{\partial U(f)}{\partial f_i}=\sum_{k=1}^{N}\left(\frac{g_k h_{ki}}{\sum_{j=1}^{N}h_{kj}f_j}-h_{ki}\right)-\alpha\frac{\partial U(f)}{\partial f_i} \tag{3-18}$$

令式（3-18）等于零，由于 $\sum_{k=1}^{N}h_{ki}=1$，可解得

$$\sum_{k=1}^{N}\left(\frac{g_k h_{ki}}{\sum_{j=1}^{N}h_{kj}f_j}\right)-\alpha\frac{\partial U(f)}{\partial f_i}=1 \tag{3-19}$$

其中 f 就是最大后验估计问题的目标估计。利用乘性迭代算法对式（3-19）进行求解，可得基于 Markov 约束的 MPML 图像复原算法的二维迭代表达式：

$$f_{ij}^{n+1}=f_{ij}^{n}\left[\left(\frac{g_{ij}}{(f^n*h)_{ij}}\right)\oplus h_{ij}-\alpha\frac{\partial}{\partial f_{ij}}U(f^n)\right]^p \tag{3-20}$$

式中，p 为控制系数，用于控制算法的收敛特性和速度。

若式（3-20）中的 f、g 和 h 为三维函数，即可用于三维图像复原处理。

3.3　Markov 惩罚项中的邻域三维拓展

Markov 随机场[3]模型是表征图像数据的空间相关模型，它表现了图像数据中某一像素与其他像素灰度值的关系。Markov 随机场具有以下特性：一个像素的条件概率只和其邻域中的像素有关，即一个像素的灰度值只和其邻域中的像素值有关。

在二维空域中，通常的邻域定义是以一点为中心的一个圆。常见的邻域系统用欧氏距离定义，不同距离的区域构成不同阶次的邻域系统。图 3-1 所示为二维离散空间的一种邻域系统等级划分，图上数字相同的点对于元素 i 构成相应阶次的邻域系统，高阶次邻域系统包含低阶次邻域系统。

	4	3	4	
4	2	1	2	4
3	1	i	1	3
4	2	1	2	4
	4	3	4	

图 3-1　二维邻域系统等级划分

Markov 惩罚项为能量函数 $U(f)$ 的偏导数，能量函数 $U(f)$ 为

$$U(f)=\sum_{C}\phi[D_C(F)/\gamma] \tag{3-21}$$

式中，$\phi()$ 为惩罚函数，常用的函数模型有若干种；γ 为平滑参数；$D_C(F)$ 为随机场 F 中元素 i 与其邻域元素灰度值间的运算：

$$D_C(F)=\begin{cases} f_s-f_t，当 c=(1)，(2) \\ f_s-2f_t+f_n，当 c=(3)，(4) \\ f_s-f_t-f_u+f_v，当 c=(5) \end{cases} \tag{3-22}$$

其中，(1)、(2)、(3)、(4) 和 (5) 是当邻域为二阶系统时，通常使用的簇 C 的类型：

(1) s• t•　　(2) s• t•　　(3) s• t• u•

(4) s• t• u•　　(5) s• t• u• v•

选择不同阶次邻域系统可得到不同的 $D_C(F)$，相应的能量函数 $U(f)$ 及其偏导 $U'(f)$ 的形式也不同。

三维显微图像的复原是在三维离散空间进行的，因此，在考虑和求解 Markov 惩罚项 $U'(f)$ 时，必须对原二维邻域进行三维拓展，在三维邻域系统下进行取值和运算。即某像素的邻域系统除了所在平面邻近区域外，还包括该平面两侧邻近平面的邻近区域，如图 3-2 (a) 中对于元素 i，其三维一阶邻域系统除了二维邻域系统上下左右四个元素 1 外，还要包括两侧相邻的两个元素 1，如图 3-2 (b) 中的 1 元素。

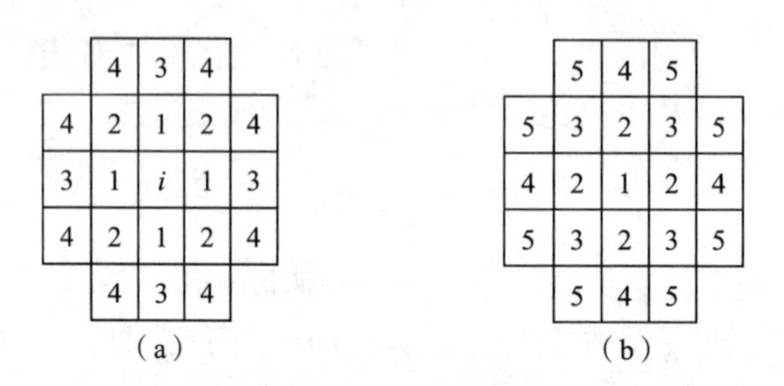

图 3-2　三维邻域系统的等级划分

(a) 元素 i 所在的二维邻域系统；(b) 元素 i 两侧的二维邻域系统

3.4　正则化参数 α

式 (3-14) 和式 (3-20) 中的参数 α 是复原项和惩罚项之间的权衡因子，对图像复原效果有重要的影响，合理地选择 α 即可保证解的全局最优与算法的收敛性，又能对噪声和振荡条纹起到有效的"抑制"作用。

二维 MPMAP 和 MPML 算法将 α 视为 f 的函数，其值的选取与图像复原的迭代运算同步进行，在迭代过程中每一步都对 α 作出选择。以二维 MPMAP 算法为例[2]：

$$\alpha^n(f^n)=K_4\frac{E_1^n}{1/K_3-E_2^n} \tag{3-23}$$

式中，$E_1^n=\|[g/(f^n*h)-1]\oplus h\|$；$E_2^n=\|U'(f^n)\|$；$K_3$ 为一有限选择系数：$1/K_3>E_2^n$；K_4 为步长控制系数。通过反复测试选择合适的 K_3、K_4 和式 (3-21) 的平滑参数 $\gamma[\gamma\rightarrow$

$U'(f^n) \to E_2^n$］得到 $\alpha^n(f^n)$，再配合选择式（3－14）中合适的步长因子 β，可获得好的超分辨率复原及去除噪声和振荡条纹的效果。在 K_3、K_4 和 γ 取值合适的情况下，α 值随迭代次数呈单调下降趋势，如图3－3所示。

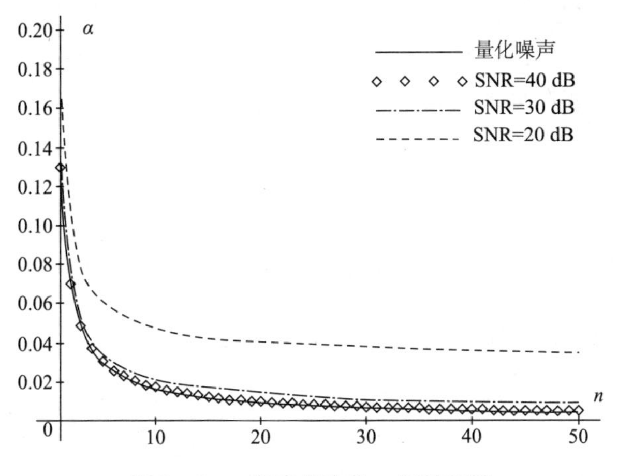

图3－3　α随迭代次数n单调下降

三维显微图像复原的运算量远大于二维图像复原。在确定 α 的过程中，K_3、K_4 和 γ 的选择是一个不断探索反复测试的过程，选择不当会得不到满意的效果，甚至造成算法发散，最终造成图像复原的失败，且 γ 的取值不仅决定惩罚项 $U'(f^n)$，还决定 α，增加了参数选择的难度和复杂性，此外还要配合选择 β。并且对于不同的复原图像，其参数选择也不同。这些参数的选择在二维图像复原时，其耗时及工作量不很明显，但对三维图像复原则很明显，为此将考虑对 α 的简化处理。

一般地，对一个含噪的退化图像，在迭代运算初期，在抑制振荡条纹的同时主要是平滑噪声，α 的取值应较大，图3－3也表明此情况；随着迭代的进行，噪声逐步平滑，α 应随之趋小。由此，经过反复测试，设计了一个简捷的 α 模型，其与迭代次数 n 的函数形式（图3－4）为

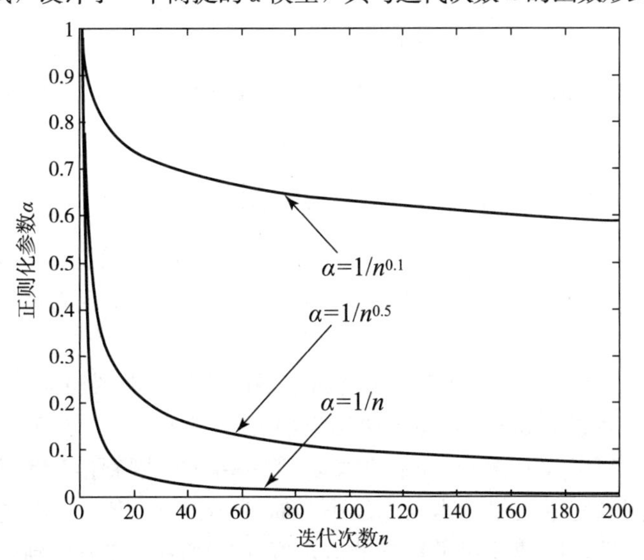

图3－4　正则化参数α对迭代次数n曲线

$$\alpha=1/n \tag{3-24}$$

在噪声较大的情况下，为增大平滑强度，也可采用以下模型：

$$\alpha=c\cdot 1/n^{x},\quad x=\cdots,\ 0.1,\ \cdots,\ 0.5,\ \cdots \tag{3-25}$$

式中，c 为一正常数，通常取 1。通过以上方法，步长因子 β、平滑参数 γ 以及正则化参数 α 三个参数相互独立，γ 只决定惩罚项 $U'(f^n)$，不再影响 α。各参数在调整过程中方向性明确清晰，MPMAP 算法参数选择的工作量和难度大为降低。

3.5 实　验

为了对所提出的算法进行评价，常采用仿真的方法进行实验。

3.5.1 三维样本 f、3D-PSF 和三维切片图像 g

（1）三维样本切片 f：大小 150×150×21，以图 3－5 中的原图像（150×150、256 灰度级）作为样本，用与 2.2.3 节同样的方法得到 21 幅序列图，由该 21 幅序列图构成三维样本 f。

（2）3D-PSF：大小 21×21×17，由 Z 向间隔为 0.2 μm、17 层各二维散焦 PSF（21×21）组成。

（3）三维切片图像 g：大小 150×150×21，由 f 与 3D-PSF 卷积作模糊处理且分别加入不同高斯噪声，得到不同图像信噪比的 21 幅序列图，由该 21 幅序列图构成退化三维切片图像 g。

定义图像信噪比

$$\mathrm{SNR}=10\lg(\bar{f}^2/\sigma^2) \tag{3-26}$$

式中，$\bar{f}$ 为图像灰度均值；σ^2 为噪声的方差。

（4）定量评价：为了定量评价复原效果，采用第 1 章式（1－7）的均方差 MSE、式（1－9）的改善信噪比 ISNR 和式（1－11）的频谱相关系数 r 作为评价指标。MSE 值越小说明图像越接近于原图像；ISNR 值越大说明复原图像相对于退化图像的改善程度越大，噪声改善的效果越好；r 值越大说明图像的频谱与原图像频谱相关性越高，频谱图面积越大也说明频谱相关性越高。

3.5.2 三维 MAP 算法和 MPMAP 算法复原

分别采用 MAP 算法和本文提出的 MPMAP 算法对三维含噪退化图像 g 进行复原处理，以作比较，迭代次数为 200。MAP 算法见式（1－5）。图 3－5 所示为理想情况（无噪声）退化图像复原结果。

图 3－6 所示为 SNR＝30 dB 退化图像复原结果，复原结果图均为三维图的中间层图像，频谱相关图阈值相关系数取 0.9。定量评价结果如表 3－1 和表 3－2 所示。

实验结果表明：MAP 和 MPMAP 图像复原算法有效地去除了离焦模糊信息的干扰和影响，获得了满意的图像复原效果。当噪声较小（如 SNR＞40 dB）时，复原图像与原图像的频谱具有很高的相关性，图像获得了较高的清晰度和分辨率，细节得到较大的恢复，视觉上已很接近原图像，ISNR，MSE 以及频谱相关性都获得很好的结果。随着噪声的增大，MAP

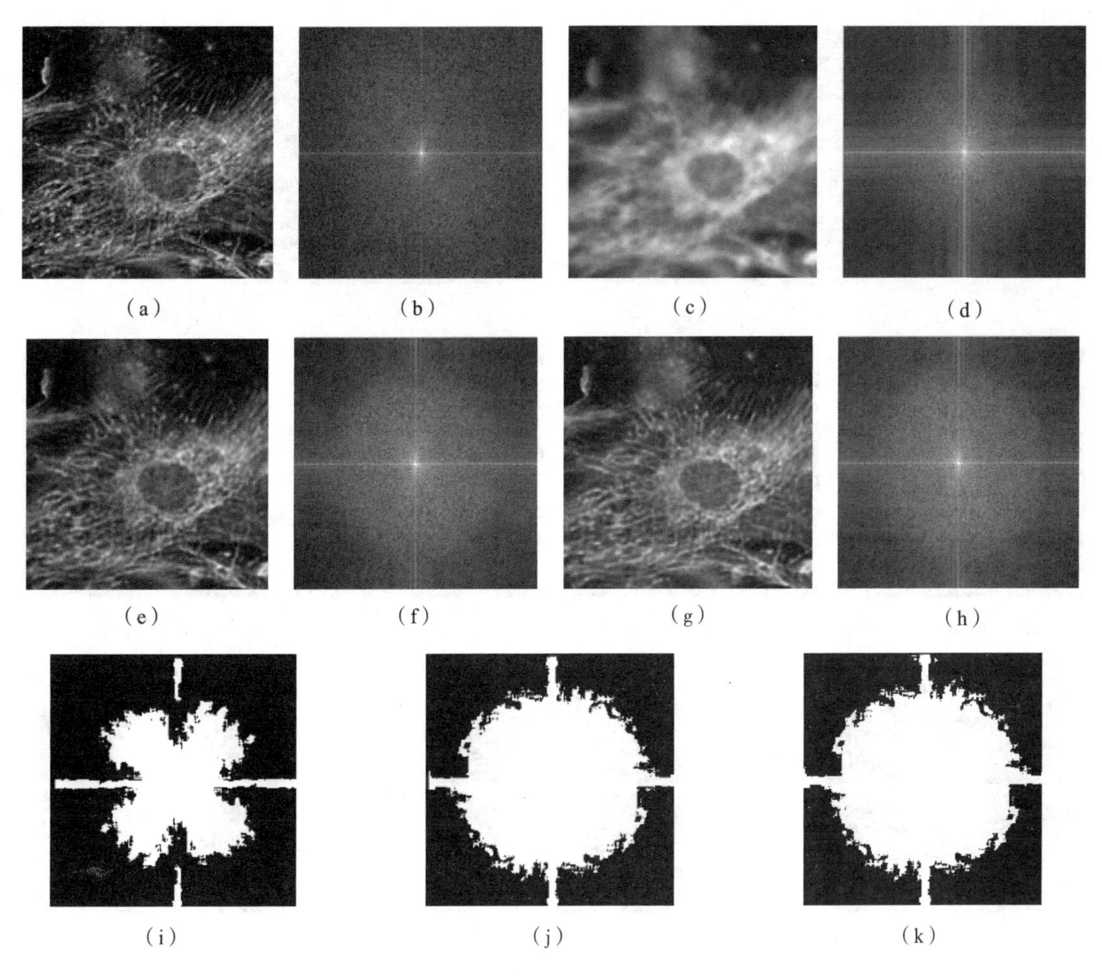

图 3－5　MAP 算法和 MPMAP 算法理想情况退化图像复原结果

(a) 原图 f；(b) f 频谱；(c) 退化图 g；(d) g 频谱；(e) MAP 复原结果；(f) MAP 结果频谱；(g) MPMAP 复原结果；(h) MPMAP 结果频谱；(i) g 与 f 频谱相关图；(j) MAP 结果与 f 频谱相关；(k) MPMAP 结果与 f 频谱相关

表 3－1　MAP 算法图像复原结果

退化图像信噪比	MSE		ISNR/dB	r	
	复原图像	退化图像	复原图像	复原图像与原图像	退化图像与原图像
理想情况	0.002 23	0.006 80	5.360 7	0.766 36	0.670 61
40 dB	0.002 79	0.006 82	4.270 3	0.738 05	0.636 90
30 dB	0.004 27	0.006 95	2.088 7	0.681 88	0.516 94
20 dB	0.006 79	0.008 38	0.212 9	0.537 60	0.377 94
注：各信噪比退化图像复原实验中 β 的取值： 理想情况：$\beta=2$；　40 dB：$\beta=1$；　30 dB：$\beta=0.5$；　20 dB：$\beta=0.1$。					

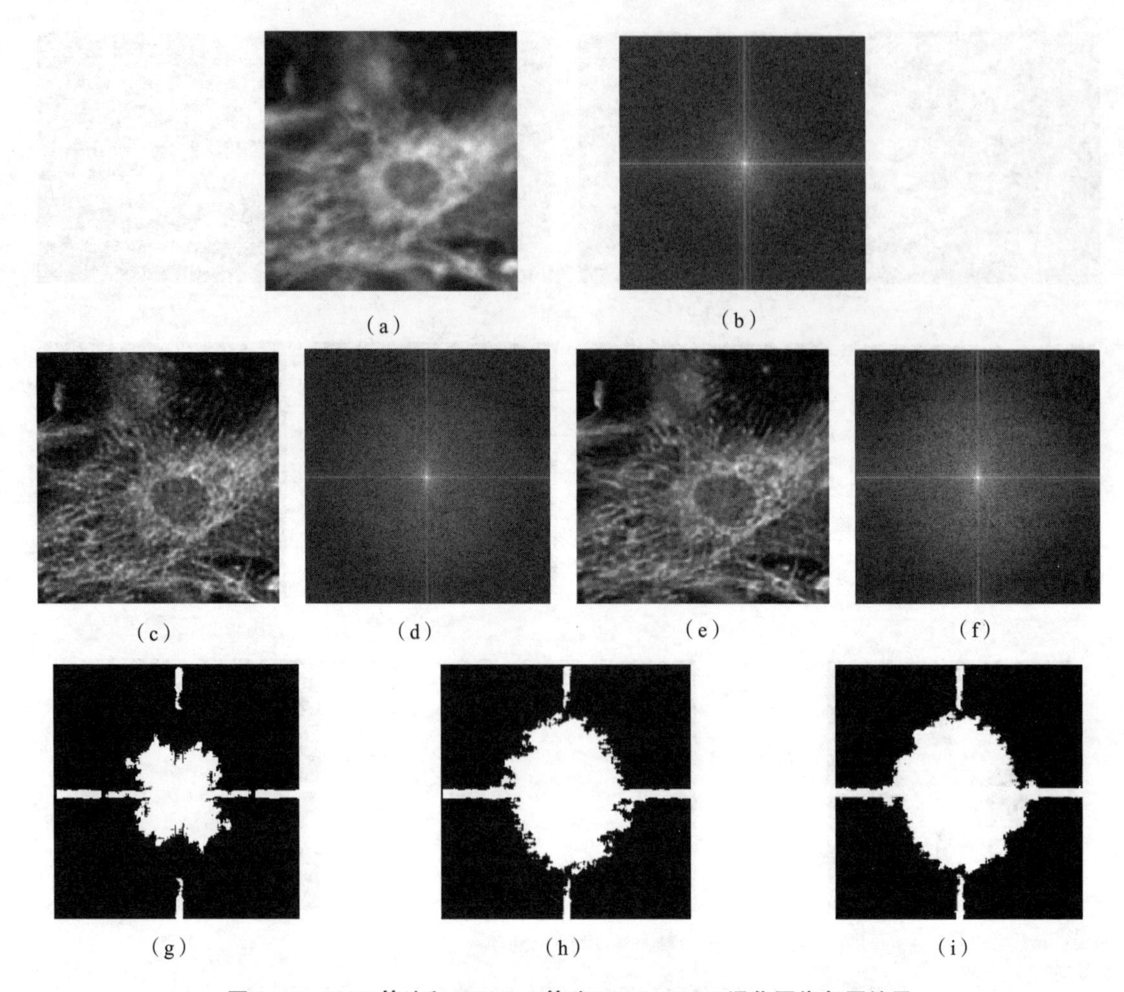

图 3-6　MAP 算法和 MPMAP 算法 SNR=30 dB 退化图像复原结果

(a) 退化图 g；(b) g 频谱；(c) MAP 复原结果；(d) MAP 结果频谱；(e) MPMAP 复原结果；(f) MPMAP 结果频谱；(g) g 与 f 频谱相关；(h) MAP 结果与 f 频谱相关；(i) MPMAP 结果与 f 频谱相关

表 3-2　MPMAP 算法图像复原结果

退化图像信噪比	MSE		ISNR/dB	r	
	复原图像	退化图像	复原图像	复原图像与原图像	退化图像与原图像
理想情况	0.002 23	0.006 80	5.358 8	0.766 30	0.670 61
40 dB	0.002 79	0.006 82	4.272 4	0.739 39	0.636 90
30 dB	0.003 98	0.006 95	2.472 4	0.706 88	0.516 94
20 dB	0.006 02	0.008 38	1.509 3	0.671 56	0.377 94

注：各信噪比退化图像复原实验中 α、β 和 γ 的取值：
理想情况：$\alpha=1/n$，$\beta=2$，$\gamma=50$；　40 dB：$\alpha=1/n$，$\beta=1$，$\gamma=10$；
30 dB：$\alpha=1/n^{0.5}$，$\beta=0.5$，$\gamma=6$；　20 dB：$\alpha=1/n^{0.1}$，$\beta=0.1$，$\gamma=4$。

算法复原图像的高频信息复原随之下降，ISNR 和相关性下降较快，而 MSE 却上升较快。当噪声较大时，如 SNR=20 dB，MAP 算法复原图像的各项指标明显变差。而 MPMAP 算法复原图像的各项指标虽然也有下降，但明显好于 MAP 算法。从图 3-5 可以看到，在 SNR=30 dB 的情况下，MAP 算法的复原图像遗留比较明显的噪声，MPMAP 算法的复原图像则基本上看不到噪声的存在，复原效果明显好于 MAP 算法。说明 MPMAP 算法具有较强的噪声抑制作用，在噪声较大的情况下，仍能获得较好的复原效果，不仅相关度和中低频信息也得到相当程度的恢复，图像的细节和高频成分也得到一定程度的恢复。此外，在采用 MAP 算法进行图像复原时，由图像边界引入的振荡条纹很明显，因此在复原迭代过程中本书采用了边界平滑处理方法对图像进行处理，从而消除和减少了 MAP 算法迭代过程中的边界振荡条纹。MPMAP 算法有效地减少和消除了振荡条纹的出现。

3.5.3　三维 ML 算法和 MPML 算法复原

分别采用 ML 算法和本书提出的 MPML 算法对三维含噪退化图像 g 进行复原处理，以作比较，迭代次数为 200。ML 算法如式（1-4）所示。

图 3-7 所示为理想情况退化图像复原结果，图 3-8 所示为 SNR=30 dB 退化图像复原结果，复原结果图均为三维图的中间层图像，频谱相关图阈值相关系数取 0.9。定量评价结果如表 3-3 和表 3-4 所示。

表 3-3　ML 算法图像复原结果

退化图像信噪比	MSE		ISNR/dB	r	
	复原图像	退化图像	复原图像	复原图像与原图像	退化图像与原图像
理想情况	0.002 23	0.006 80	5.358 5	0.756 37	0.670 61
40 dB	0.002 78	0.006 82	4.270 7	0.737 98	0.636 90
30 dB	0.004 20	0.006 95	2.028 9	0.662 27	0.516 94
20 dB	0.007 79	0.008 38	0.210 4	0.532 00	0.377 94

注：各信噪比退化图像复原实验中 β 的取值：
理想情况：$\beta=2$；　40 dB：$\beta=1$；　30 dB：$\beta=0.5$；　20 dB：$\beta=0.1$。

表 3-4　MPML 算法图像复原结果

退化图像信噪比	MSE		ISNR/dB	r	
	复原图像	退化图像	复原图像	复原图像与原图像	退化图像与原图像
理想情况	0.002 24	0.006 80	5.350 6	0.766 21	0.670 61
40 dB	0.002 79	0.006 82	4.273 6	0.739 37	0.636 90
30 dB	0.004 02	0.006 95	2.444 8	0.705 99	0.516 94
20 dB	0.006 01	0.008 38	1.503 2	0.661 79	0.377 94

注：各信噪比退化图像复原实验中 α、β 和 γ 的取值：
理想情况：$\alpha=1/n$，$\beta=2$，$\gamma=50$；　40 dB：$\alpha=1/n$，$\beta=1$，$\gamma=10$；
30 dB：$\alpha=1/n^{0.5}$，$\beta=0.5$，$\gamma=6$；　20 dB：$\alpha=1/n^{0.1}$，$\beta=0.1$，$\gamma=4$。

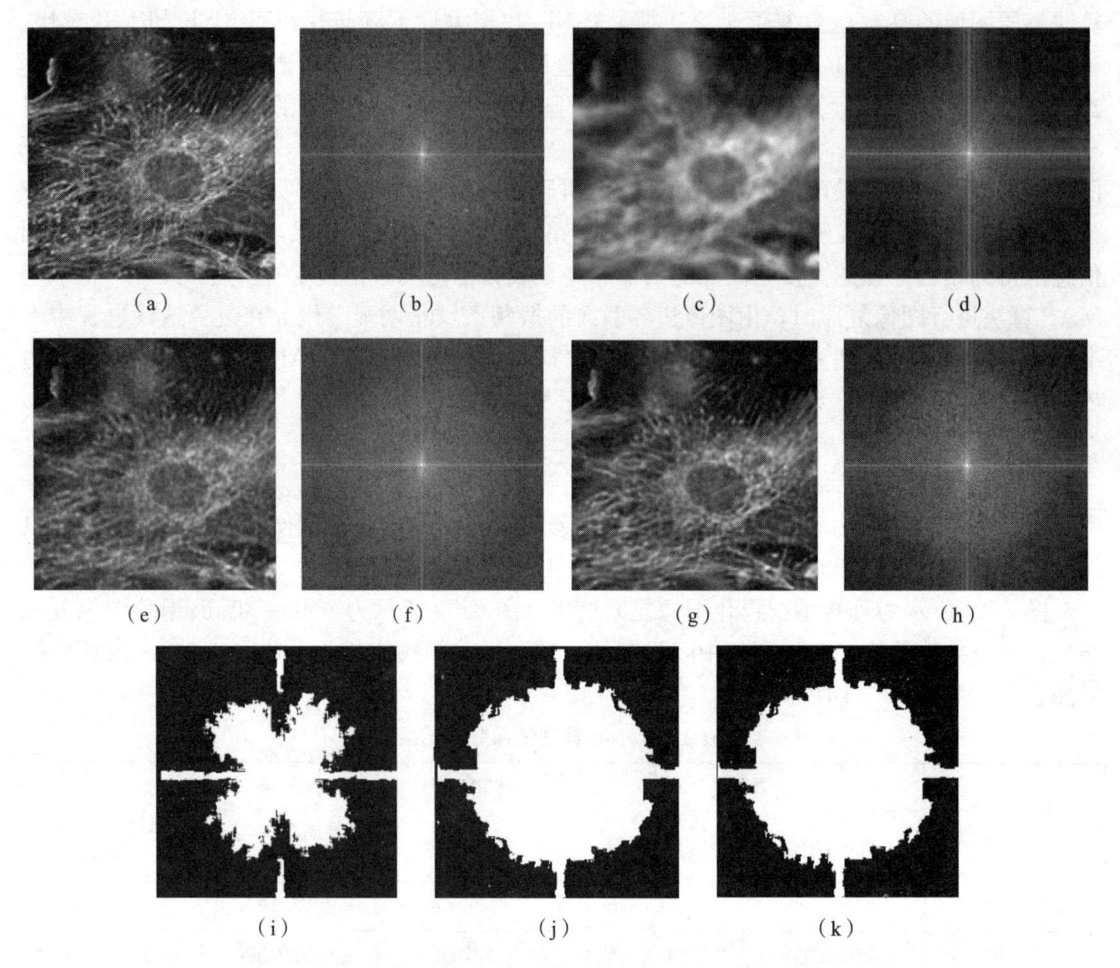

(a) (b) (c) (d)

(e) (f) (g) (h)

(i) (j) (k)

图 3-7 ML 算法和 MPML 算法理想情况退化图像复原结果

(a) 原图 f；(b) f 频谱；(c) 退化图 g；(d) g 频谱；(e) ML 复原结果；(f) ML 结果频谱；(j) MPML 复原结果；(h) MPML 结果频谱；(i) g 与 f 频谱相关；(j) ML 结果与 f 频谱相关；(k) MPML 结果与 f 频谱相关

实验结果表明：与 MAP 和 MPMAP 算法的复原情况相似，ML 和 MPML 图像复原算法有效地去除了离焦模糊信息的干扰和影响，获得了清晰的图像复原效果。当噪声较小（如 SNR＞40 dB）时，复原图像与原图像的频谱具有很高的相关性，图像获得了较高的清晰度和分辨率，细节得到较大的恢复，视觉上已很接近原图像，ISNR，MSE 以及频谱相关性都获得很好结果。随着噪声的增大，ML 算法复原图像的高频信息复原随之下降，ISNR 和相关性下降较快，而 MSE 却上升较快。当噪声较大时，如 SNR＝20 dB，ML 算法复原图像的各项指标明显变差。而 MPML 算法复原图像的各项指标虽然也有下降，但明显好于 ML 算法。从图 4-7 可以看到，在 SNR＝30 dB 的情况下，ML 算法的复原图像遗留比较明显的噪声，MPML 算法的复原图像则基本上看不到噪声的存在，复原效果明显好于 ML 算法。说明 MPML 算法具有较强的噪声抑制作用，在噪声较大的情况下，仍能获得较好的复原效果，不仅相关度和中低频信息也得到相当程度的恢复，图像的细节和高频成分也得到一定程度的恢复。此外，在采用 ML 算法进行图像复原时，由图像边界引入的振荡条纹很明显，因此在复原迭代过程中本书采用了边界平滑处理方法对图像进行处理，从而消除和减少了 ML

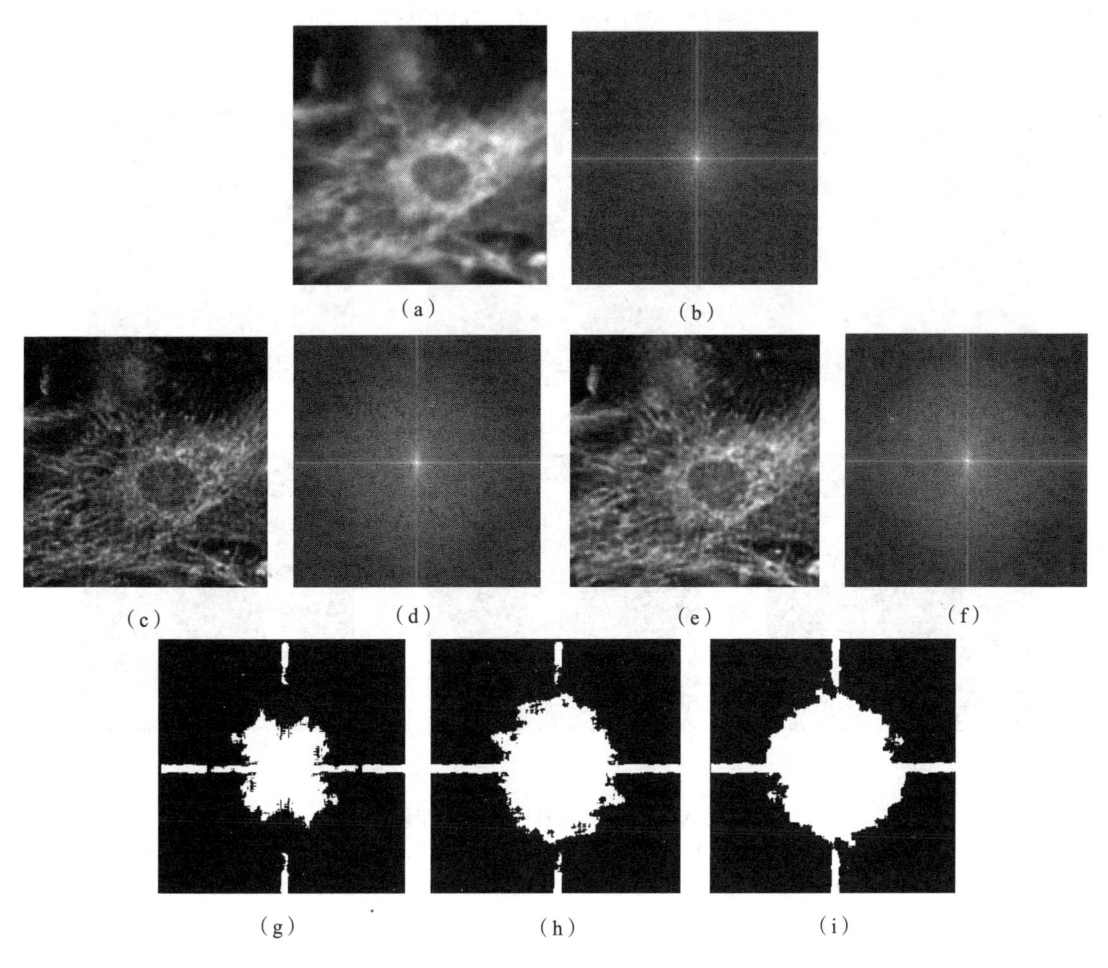

图 3-8　ML 算法和 MPML 算法 SNR=30 dB 退化图像复原结果

(a) 退化图 g；(b) g 频谱；(c) ML 复原结果；(d) ML 结果频谱；(e) MPML 复原结果；(f) MPML 结果频谱；(j) g 与 f 频谱相关；(h) ML 结果与 f 频谱相关；(i) MPML 结果与 f 频谱相关

算法迭代过程中的边界振荡条纹。MPML 算法有效地减少和消除了振荡条纹的出现。

从图 3-5～图 3-8 和表 3-2、表 3-4 看，MPMAP 算法和 MPML 算法复原效果基本相同，数据略有差别。

由于 α 的简化，消除了因 α 造成复原发散而失败的可能性，且减少了调整参数，使调试工作量大为降低，参数的确定更易于趋向最优。模拟实验中对 α 简化前后的复原结果进行过比较，两者在视觉效果及定量评价上基本处于同一水平，说明 MPMAP 算法和 MPML 算法的显微图像复原并未因 α 的简化造成复原效果的下降。

3.6　实际切片图像的复原

使用 Nikon TE300 型显微镜对鸡冠生物组织采集得到 201 幅序列切片图像 1；使用 Olympus IX70-S8F2 型显微镜对人脐静脉内皮细胞采集得到 41 幅序列切片图像 2。两组切片图像 SNR 均较低。采用 MPMAP 算法和 MPML 算法分别对两组图像进行复原，复原效果如图 3-9 所示。从图中可以看到，复原图像的噪声均得到有效的抑制，散焦模糊信息的干扰得到较大的去除，清晰度获得较为明显的改善。

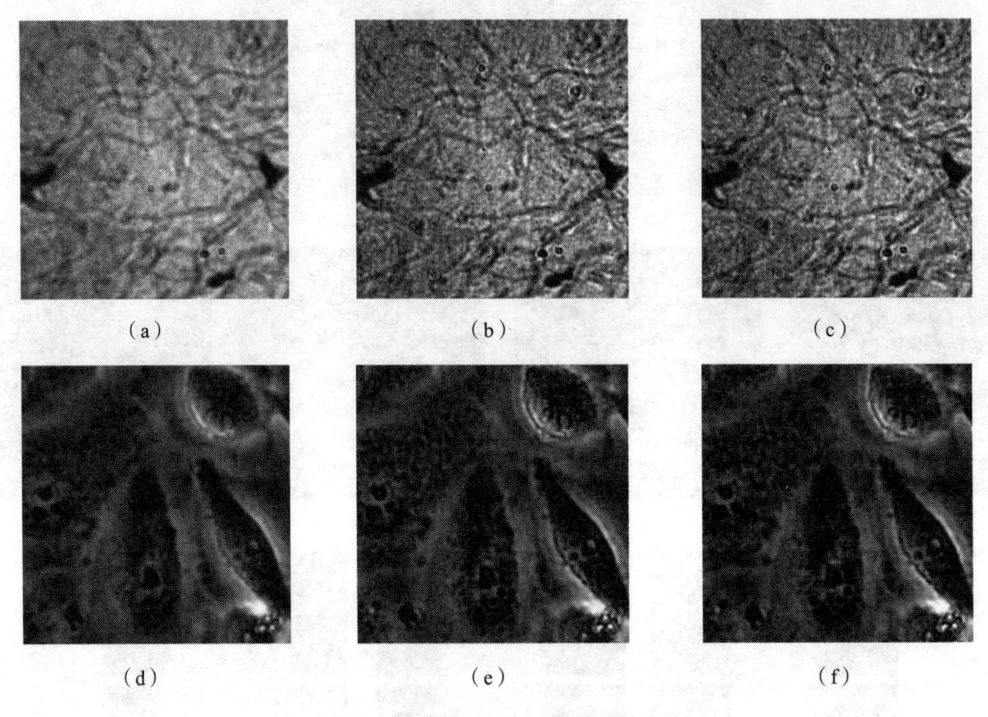

图 3-9　实际切片图像复原结果

(a) 实际切片图像 1；(b) MPML 复原结果；(c) MPMAP 复原结果；
(d) 实际切片图像 2；(e) MPML 复原结果；(f) MPMAP 复原结果

3.7　分辨率和信噪比的权衡取舍

在图像复原的过程中，随着去卷积迭代的不断进行，散焦成分不断排除，复原图像逐步清晰，分辨率不断提高，同时噪声开始出现，造成图像信噪比逐步下降。如果采取措施抑制噪声，则分辨率的提高也会受到抑制。因此图像复原在分辨率和信噪比之间存在着权衡取舍问题。本节通过三维显微图像复原处理仿真实验对该问题进行探索。

3.7.1　实　验

三维样本切片采用 3.5.1 节中的 f：150×150×21；三维 PSF：7×7×9，Z 向间隔为 0.2 μm；由 f 与三维 PSF 卷积作模糊处理，并加入高斯噪声得到信噪比 SNR=30 dB 的退化三维图像 g：150×150×21。采用本书提出的 MPMAP 算法对 g 进行复原处理。图 3-10 所示为原图像和退化图像，图 3-11～图 3-13 分别为使用算法中 3 组不同参数得到的不同迭代次数的复原图像组，图像均取之于三维图像的中间层二维图像，并裁为 100×100。实验中，3 组参数的 α 取不同值：

(1) $\alpha_1=1/n^{0.5}$。

(2) $\alpha_2=1/n^{0.1}$。

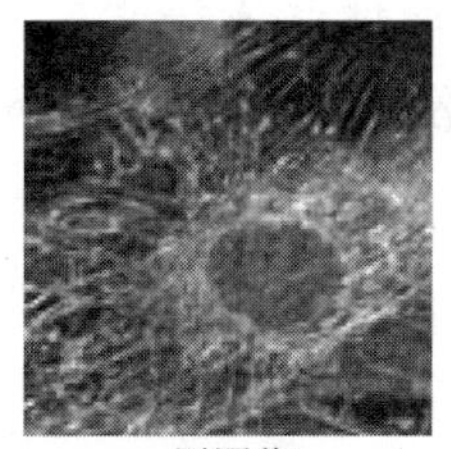
原图像

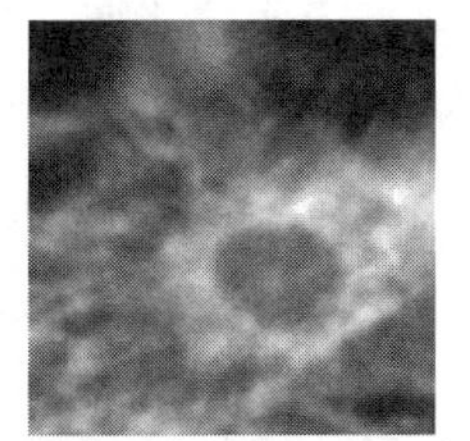
退化图像（SNR=30 dB）

图 3－10　仿真图

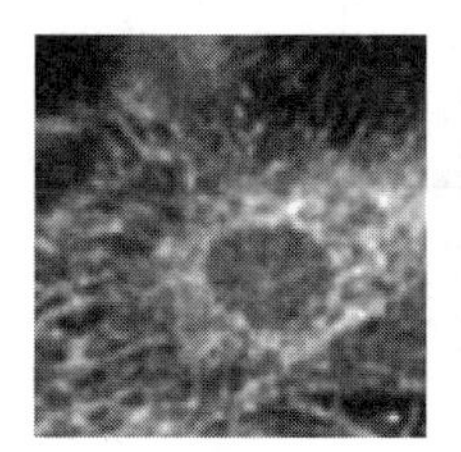
迭代100

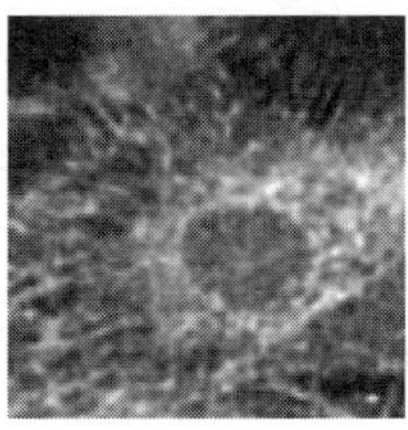
迭代200

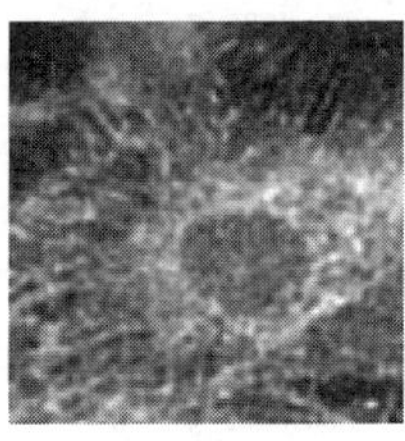
迭代500

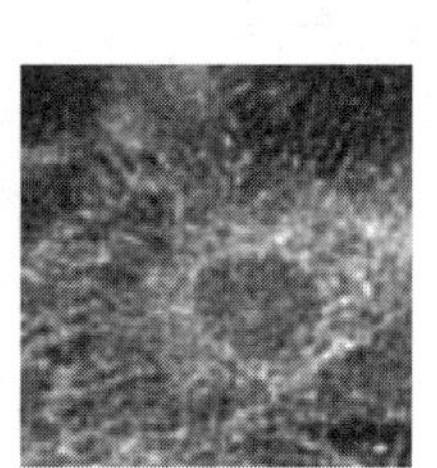
迭代1 000

图 3－11　α_1 复原图像

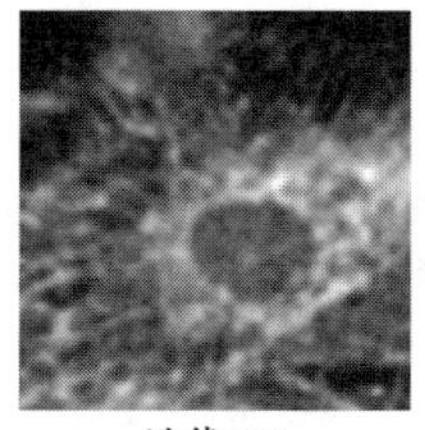
迭代100

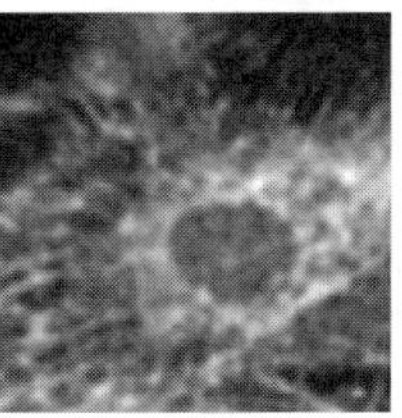
迭代200

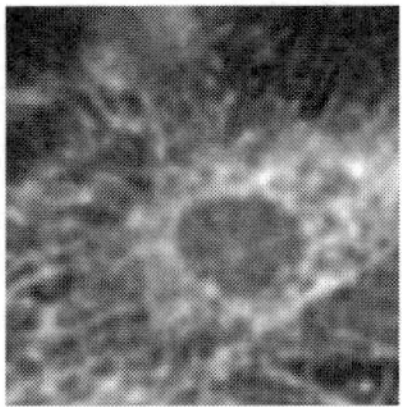
迭代500

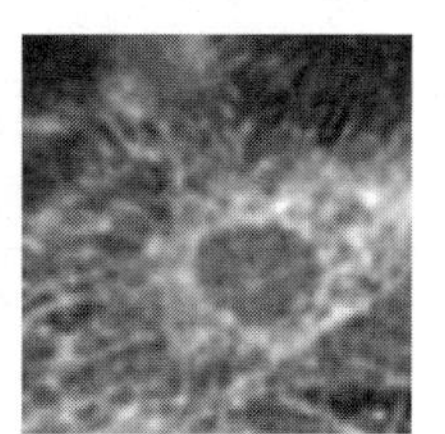
迭代1 000

图 3－12　α_2 复原图像

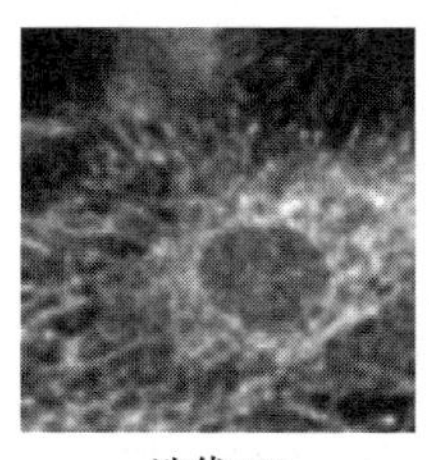
迭代100

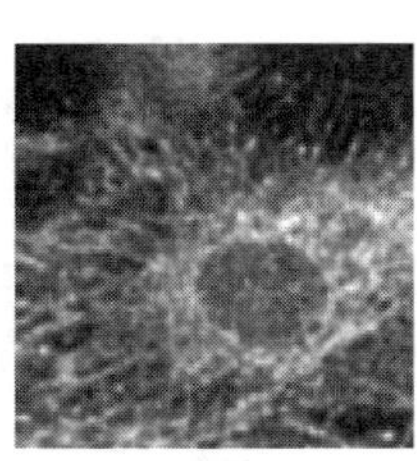
迭代200

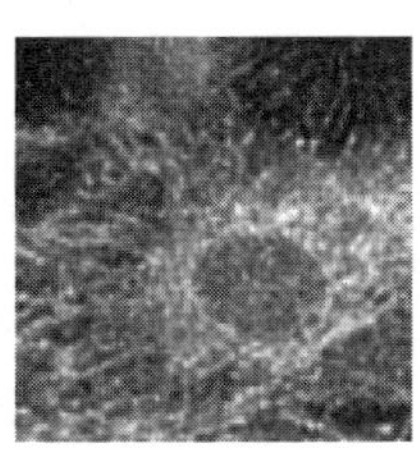
迭代500

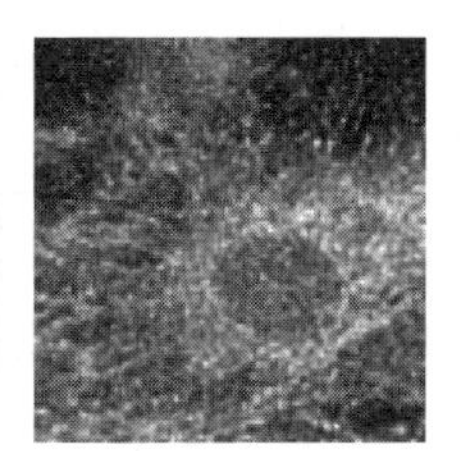
迭代1 000

图 3－13　α_3 复原图像

（3）$\alpha_3=1/n$。

β 和 γ 均分别取相同值：$\beta=0.5$，$\gamma=6$。

3.7.2　复原图像的定量评价

本节采用改善信噪比 ISNR 和 2.3 节提出的频谱均值 E 作为评价指标。ISNR 反映复原图像相对于退化图像的改善程度，它的值越大表明复原图像相对于退化图像的改善程度越高，噪声改善的效果越好，信噪比越高；频谱均值 E 反映复原图像的分辨率高低，E 值越大表明图像的高频成分越多，图像越清晰，分辨率越高。表 3－5 为不同 α 取值的复原图像的 ISNR，图 3－14 所示为 ISNR 和 E 随迭代次数 n 变化曲线图。

表 3－5　不同 α 取值的复原图像的 ISNR

迭代数 n	ISNR/dB ($\alpha_1=1/n^{0.5}$)	ISNR/dB ($\alpha_2=1/n^{0.1}$)	ISNR/dB ($\alpha_3=1/n$)
100	2.329 4	1.730 3	2.489 7
200	2.548 7	1.834 7	2.535 5
300	2.512 9	1.861 2	2.249 6
400	2.400 1	1.869 1	1.884 4
500	2.261 0	1.869 7	1.509 3
600	2.113 7	1.866 2	1.145 1
700	1.965 7	1.860 4	0.797 7
800	1.820 1	1.853 0	0.467 9
900	1.678 1	1.844 4	0.155 0
1 000	1.540 3	1.835 0	−0.142 5

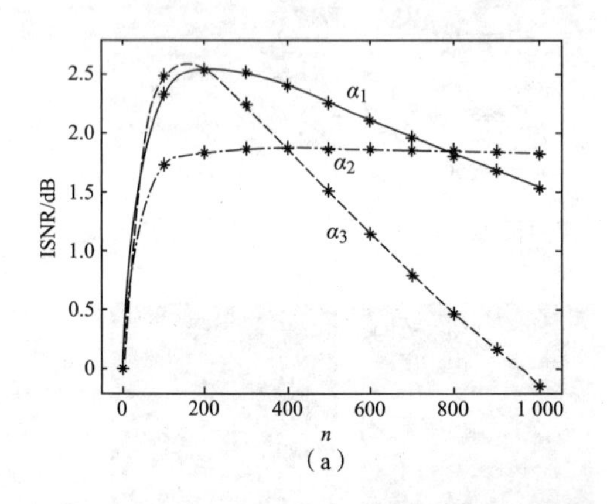

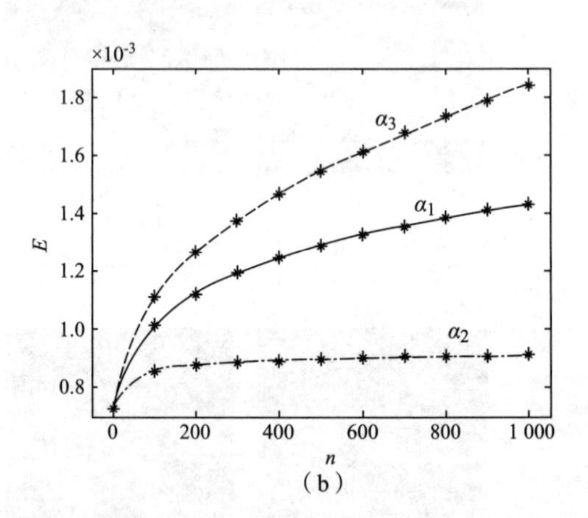

图 3－14　复原图像评价参数曲线

(a) ISNR 随迭代次数 n 变化曲线图；(b) E 随迭代次数 n 变化曲线图

3.7.3　结果分析

从图 3－10～图 3－12 和表 3－5 中可以看到，α_1 和 α_3 取值比较小，迭代 100 次后，复原图像的分辨率均已得到比较大的提高，ISNR 已逼近峰值，离焦信息的干扰得到相当程度的排除，图像的细节和高频成分得到比较大的恢复，视觉上复原图像的清晰度明显得到改善。随着迭代次数的不断增加，E 值也不断增加，分辨率进一步提高，复原图像逐步接近原图像。但 ISNR 迭代约 200 次达到最大值后逐步下降，主要由于随着图像细节的不断恢复重新出现噪声，复原图像信噪比逐步下降。α 值越小，E 值增加越快，分辨率提高越快，噪声出现得也越快越多，ISNR 下降越严重，如图 3 - 11 中的复原图像和图 3 - 12 中的 α_3 曲线。α_3 取值最小，在图 3 - 11 中迭代 300 次已可看出噪声，500 次时噪声已比较明显，1 000 次时 ISNR 甚至出现负值。

图 3 - 11 中 α_2 取值过大，去噪平滑能力太强，虽然 ISNR 未出现下降，但复原图像分辨率比较低，图像的细节和高频成分未能得到有效的恢复，ISNR 和 E 值都不高，如图 3 - 11 的复原图像和图 3 - 13 与图 3 - 14 中的 α_2 曲线。

实验和分析表明，复原图像的分辨率和信噪比是一对矛盾，迭代次数的增加可以提高分辨率，但是会使噪声增加。MPMAP 和 MPML 算法也像很多去卷积算法包括 MAP、ML 算法一样，进行图像复原时在复原图像的分辨率和信噪比之间存在着折中权衡的问题。在复原过程中，可以根据切片图像不同的信噪比等情况，以及对复原图像的用途要求，恰当选择 α 值和迭代次数，在分辨率和信噪比之间合理地进行权衡取舍。

3.8　本章小结

（1）提出了基于 Markov 约束的 Bayes 三维显微图像复原方法。对 Markov 随机场的邻域概念进行三维拓展，针对三维显微图像的特点，对正则化参数进行简化，实现了基于 Markov 约束的 Bayes 二维算法在三维显微图像复原的应用，获得了满意的超分辨率复原效果。

（2）针对信噪比较低的图像复原时，实验研究了分辨率和信噪比之间合理权衡取舍的问题。在复原过程中，应根据切片图像噪声的情况、复原图像的用途要求，恰当选择 α 值和迭代次数，权衡取舍分辨率和信噪比，以获得所需的复原效果。

参考文献

[1] 苏秉华，金伟其，牛丽红，等．基于 Markov 约束的泊松最大后验概率超分辨力图像复原法．光子学报，2002，31(4)：492 - 496.
[2] 苏秉华．超分辨力图像复原方法研究 [D]. 北京理工大学，2002.
[3] 刘国岁．随机信号理论与应用 [M]. 北京：兵器工业出版社，1992.

第4章

基于小波变换阈值去噪的三维显微图像复原方法

4.1 引　言

小波变换是一种信号的时间-频率（空间-频率）分析方法，它具有多分辨分析（multi-resolution analysis）和小波包分析的特点，在时频（空频）两域都具有表征信号局部特征的能力。小波包分析不只将低频部分进行多层分解，对高频部分也进行多层分解，与多分辨分析相比具有更为精细的分析能力。本章将小波变换（小波和小波包）用于三维显微图像复原方法，实现对含噪三维显微退化图像的去噪和复原。

4.2 小波变换

小波变换是 20 世纪 80 年代后期发展起来的新兴数学分支，主要研究函数的表示，即将函数分解为“基本函数”之和，而“基本函数”是由一个小波函数经伸缩和平移而得到的。

4.2.1 小波变换多分辨分析

设函数 $\psi(t)\in L^2(\mathbf{R})$ 空间，其傅里叶变换为 $\hat{\psi}(\omega)$，当 $\hat{\psi}(\omega)$ 满足允许条件（完全重构条件或恒等分辨条件）

$$C_\psi=\int_{\mathbf{R}}\frac{|\hat{\psi}(\omega)^2|}{|\omega|}\mathrm{d}\omega<\infty \tag{4-1}$$

时，称 $\psi(t)$ 为一个基本小波或母小波。将 $\psi(t)$ 伸缩和平移后得

$$\psi_{a,b}(t)=\frac{1}{\sqrt{|a|}}\psi\left(\frac{t-b}{a}\right),\ a,\ b\in\mathbf{R};\ a\neq 0 \tag{4-2}$$

称其为一个小波序列。其中 a 为伸缩因子，b 为平移因子。

对于任意函数 $f(t)\in L^2(\mathbf{R})$ 的连续小波变换为

$$W_f(a,\ b)=\langle f,\ \psi_{a,b}\rangle=\frac{1}{\sqrt{|a|}}\int_{\mathbf{R}}f(t)\psi\left(\frac{t-b}{a}\right)\mathrm{d}t \tag{4-3}$$

其逆变换为

$$f(t)=\frac{1}{C_\psi}\iint_\infty\frac{1}{a^2}W_f(a,\ b)\psi\left(\frac{t-b}{a}\right)\mathrm{d}a\mathrm{d}b \tag{4-4}$$

多分辨分析是小波变换的一个重要的特点[1]，多分辨分析只对信号低频部分进行进一步

分解，而高频部分则不予考虑。图 4-1 所示为一个三层多分辨分析树结构图。S 表示信号，A 表示信号的低频部分，D 表示高频部分。分解关系为 S=A3+D3+D2+D1。

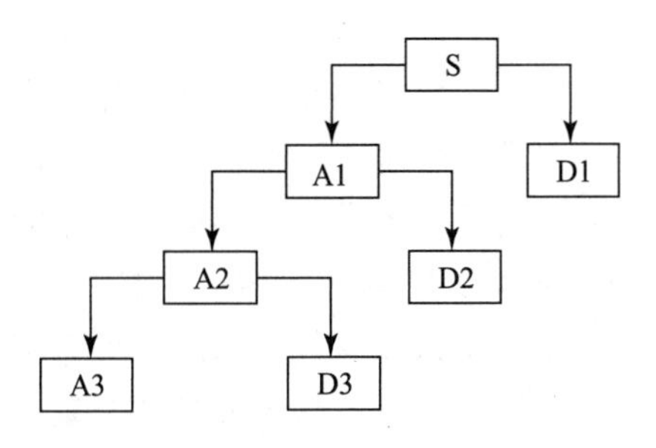

图 4-1　一个三层多分辨分析树结构图

4.2.2　小波包分析[2]

小波包分析能够提供一种更加精细的分析方法，低频部分和高频部分均进行多层分解。图 4-2 所示为一个三层小波包分析树结构图。S 表示信号，A 表示信号的低频部分，D 表示高频部分。分解关系为

$$S=AAA3+DAA3+ADA3+DDA3+AAD3+DAD3+ADD3+DDD3$$

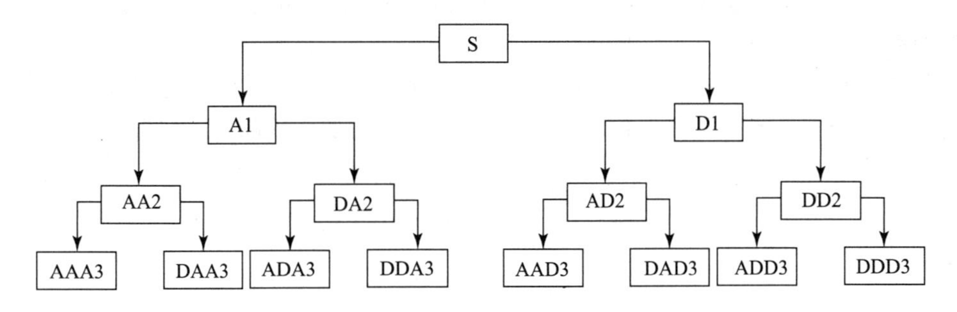

图 4-2　三层小波包分析树结构图

小波包分析小波子空间 W_j 的各种分解如下：

$$\left.\begin{aligned}
&W_j=U_{j-1}^{2}\oplus U_{j-1}^{3}\\
&W_j=U_{j-2}^{4}\oplus U_{j-2}^{5}\oplus U_{j-2}^{6}\oplus U_{j-2}^{7}\\
&\cdots\\
&W_j=U_{j-k}^{2^k}\oplus U_{j-k}^{2^k-1}\oplus\cdots\oplus U_{j-k}^{2^{k+1}-1}\\
&\cdots\\
&W_j=U_0^{2^j}\oplus U_0^{2^j+1}\oplus\cdots\oplus U_0^{2^{j+1}-1}
\end{aligned}\right\}\tag{4-5}$$

其中 U_j^n 作为一个新的子空间，统一表征尺度子空间 V_j 和小波子空间 W_j；若 n 是一个倍频程细划的参数，即令 $n=2^l+m$，则小波包的简略记号 $\psi_{j,k,n}(t)=2^{-j/2}\psi_n(2^{-j}t-k)$，其中 $\psi_n(t)=2^{j/2}u_{2^l+m}(2^l t)$。$\psi_{j,k,n}(t)$ 为具有尺度指标 j、位置指标 k 和频率指标 n 的小波包。小波只有离散尺度 j 和离散平移 k 两个参数，而小波包除此外还增加了频率参数 $n=2^l+m$。这使得小波包克服了小波空间分辨率高时频率分辨率低的缺陷。由于小波包变换对高频部分更为灵活、更为精确的局部分析能力，用于图像信号分解中具有更好的去噪能力。

4.3 基于小波变换的阈值化图像去噪方法[1]

传统的去噪方法是将被噪声干扰的信号通过一个滤波器，虑掉噪声频率成分，但对于脉冲信号、白噪声、非平稳过程信号等，传统方法存在一定局限性。对这类信号，在低信噪比下，经过滤波器处理，不仅信噪比得不到较大改善，而且信号的位置信息也被模糊掉了。基于小波变换的去噪方法，利用小波变换中的多分辨分析特性对确定信号具有一种集中的能力。如果一个信号的能量集中于小波变换域少数系数上，那么这些系数的值必然大于在小波变换域内能量分散于大量小波系数上的信号或噪声的小波系数值。小波系数值大，意味着小波系数所包含的信息量多；小波系数值小甚至趋向于零，意味着小波系数所包含的信息量少，并且受噪声的干扰严重。只要舍去数值小的小波系数，把数值大的小波系数选取出来并进行小波逆变换，即可以完成信号的去噪处理。因此，如何筛选小波系数是小波去噪的关键。

4.3.1 阈值化

为了对小波系数进行取舍，给定一个阈值 δ，所有绝对值小于 δ 的小波系数被划为噪声而舍去，大于 δ 的小波系数被选取。具体处理采用称为小波缩减法或缩减函数的方法。这种方法将所有划为噪声的小波系数的值以零代替，选取的小波系数的值用阈值缩减后再重新赋值。这种方法意味着在小波域中移去小幅度的噪声或者非期望的信号。对超过阈值 δ 的小波系数进行缩减处理主要有“硬阈值”和“软阈值”两种方法，硬阈值处理为

$$W_{\delta}=\begin{cases}W, & |W|\geqslant\delta\\0, & |W|<\delta\end{cases}\tag{4-6}$$

软阈值处理为

$$W_{\delta}=\begin{cases}\operatorname{sgn}(W)(|W|-\delta), & |W|\geqslant\delta\\0, & |W|<\delta\end{cases}\tag{4-7}$$

其中 W 和 W_{δ} 分别为阈值处理前后的小波系数值；sgn(·) 为符号函数，当数值大于零时，符号为正，反之符号为负。硬阈值处理更接近实际情况，从范数误差最小观点来看，硬阈值处理方法优于软阈值处理方法，但硬阈值处理得到的估计图像在奇异点附近容易造成吉布斯振荡现象，并且不具有所期望的与原始图像相同的光滑性。软阈值处理具有连续性，数学上容易处理，得到的估计图像不会出现振荡，并且具有所期望的与原始图像相同的光滑性，视觉效果较好。图 4-3 所示为两种主要的阈值化方法示意图，横坐标代表信号（图像）的原始小波系数，纵坐标代表阈值化后的小波系数。

4.3.2 阈值 $\boldsymbol{\delta}$ 的选取

阈值化的关键问题是选择合适的阈值 δ。如果阈值太小，去噪后的信号仍有噪声存在；相反，如果阈值太大，重要的图像特征会被虑掉，引起偏差。阈值的选择过程可以通过一个风险估计函数 $R_j(\delta)$ 来进行，即在第 j 层子带上，当无干扰噪声的小波系数与去噪后的小波系数之间均方差最小时，存在一个最优的阈值 $\delta_{j,\mathrm{opt}}$。通过计算最小均方差，即可得到最优的阈值 $\delta_{j,\mathrm{opt}}$。风险估计函数 $R_j(\delta)$ 定义为

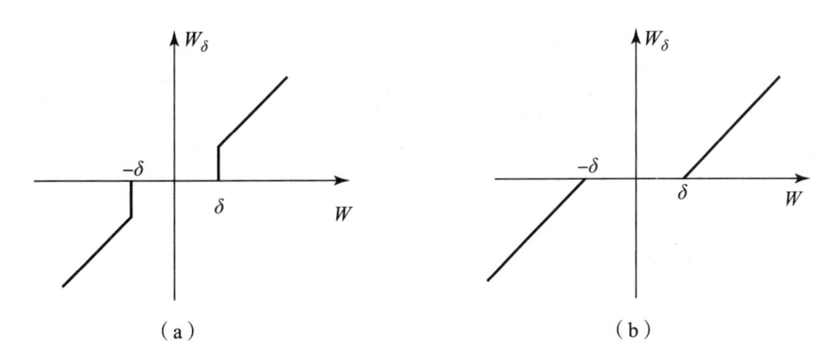

图 4-3　两种主要的阈值化方法示意图

(a) 硬阈值化；(b) 软阈值化

$$R_j(\delta)=\frac{1}{N_j}\parallel W_{j,\delta}-V_j\parallel^2 \tag{4-8}$$

式中，N_j 为在第 j 层子带上的小波系数个数；$W_{j,\delta}$ 为阈值化的小波系数矢量；V_j 为无噪声干扰时的小波系数矢量。Donoho 等已提出了一种典型的阈值选取方法，从理论上证明了阈值与噪声方差 σ^2 成正比，阈值大小为

$$\delta_j=\sigma_j\sqrt{2\lg N_j} \tag{4-9}$$

式（4-9）只有在信号足够长时，得到的阈值去噪效果才明显。另一种阈值选择过程的风险估计函数 $R_j(\delta)$ 定义为

$$R_j(\delta)=\frac{1}{N_j}\parallel W_j-W_{j,\delta}\parallel^2\Big/\left[\frac{N_{j0}}{N_j}\right]^2 \tag{4-10}$$

其中 N_{j0} 是小波被置零的个数。式（4-10）不需要估计每一层实际噪声方差 σ_j^2，因此它的计算是线性的。

4.4　小波包阈值去噪三维显微图像复原方法

基于小波变换的去噪方法，是利用小波变换中的多分辨分析特性进行的。小波变换的倍频特征使得多分辨分析只对信号低频部分进行分解，高频部分不能得到很好的分解和表示。小波包分析提供了一种更为复杂的，同时也更为灵活的分析手段。小波包变换能像对低频部分分解一样，对高频部分能够进行任意细的分解，因此可以更好地刻画图像信号，比小波变换具有更为灵活、更为精确的局部分析能力。本节将小波包应用于三维显微图像的复原，利用小波包的特性，在图像信号分解中获得更好的去噪效果，以期获得更为满意的带噪图像复原结果。

4.4.1　小波包阈值去噪复原方法

三维显微图像可表示为序列光学切片的堆叠，因此可以考虑首先对每一个二维光学切片进行小波包阈值去噪，然后再对去噪后的序列光学切片三维显微图像进行复原处理。

与小波变换一样，小波包阈值去噪的方法是利用小波包分析特性对确定信号具有一种“集中”的能力。设定一个阈值 δ，所有绝对值小于 δ 的小波包系数被划为噪声。阈值处理同样可分为硬阈值和软阈值两种，本节采用软阈值处理。

Bayes 迭代法是基于泊松分布的 Bayes 非线性随机统计复原算法，该算法能够有效地恢复样本图像在成像过程中所丢失的频率成分，实现频率外推，从而提高了图像分辨率尤其 Z 轴方向的分辨率，具有较强的超分辨率复原能力，能获得很好的图像复原效果。本节采用最大似然法（maximum likelihood，ML）对去噪后的三维显微图像进行复原。

4.4.2 小波包阈值去噪复原步骤

首先对三维图像的序列切片采用小波包逐幅进行去噪预处理，然后重构去噪后的三维图像，最后采用 ML 算法进行三维图像复原。具体步骤如下：

（1）选择小波包函数并确定分解层次 N，对切片图像进行小波包分解（变换）。

（2）确定最佳小波包基，即对于一个给定的熵标准，计算最优小波包基。

（3）对分解的各层选择一个适当的阈值，对小波包系数进行软阈值量化。

（4）根据第 N 层的小波包分解系数和经过量化处理的系数，进行切片图像的小波包重构（逆变换）。

（5）将小波包逆变换得到的去噪序列切片图像重构三维图像。

（6）采用 ML 算法进行三维图像复原。

4.5 实　验

4.5.1 三维样本 f、3D-PSF 和三维光学切片 g

三维仿真样本 f 为 150×150×21，制作方法与 2.2.3 节相同；将 f 与三维 PSF(7×7×9) 卷积作模糊处理，且加入 SNR=30 dB 噪声，得到含噪退化三维仿真图像 g(150×150×21)。

4.5.2 图像复原比较及分析

采用以下 4 种方法对退化图像 g 进行复原，以作比较：

1. 小波包阈值去噪 ML 算法图像复原

小波包函数选择 Symlets 小波系中的 sym4；分解层数为 3 层；阈值处理采用软阈值；采用香农（Shannon）熵作为确定最佳小波包基的熵标准；ML 算法指数 p 取 0.4。

2. 小波阈值去噪 ML 算法图像复原

小波函数选择 Symlets 小波系中的 sym4；分解层数为 3 层；阈值处理采用软阈值；ML 算法指数 p 取 0.4。

3. 中值滤波器去噪 ML 算法图像复原

中值滤波器（median filtering）是基于排序统计理论的一种有效抑制噪声的非线性信号处理技术，运算简单而且速度较快，在滤除叠加白噪声和长尾叠加噪声方面具有很好的性能。在滤除噪声的同时能很好地保护信号的细节信息（如边缘、锐角等）。本节中值滤波去噪采用 3×3 模板；ML 算法指数 p 取 0.6。

4. MPMAP 算法图像复原

MPMAP 算法中参数为：$\alpha=1/n^{0.5}$，$\beta=0.5$，$\gamma=6$。

上述复原过程迭代次数均为 200。复原结果如图 4-4 和图 4-5 所示，各图像均取之三维图像的中间层二维图像。图 4-4 中各图裁为 100×100。

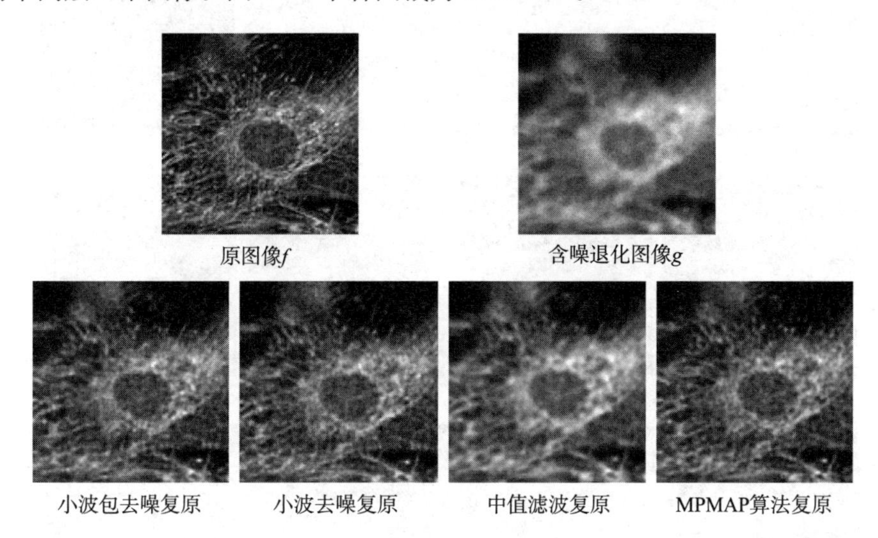

图 4-4　SNR=30 dB 退化图像各方法复原结果比较

为了定量评价复原效果，采用均方差 MSE 和改善信噪比 ISNR 作为评价参数。ISNR 值越大说明复原图像相对于退化图像的改善程度越大，噪声改善的效果越好；MSE 值越小同样说明图像越接近于原图像，复原效果越好。评价结果如表 4-1 所示。表中的归一化运行时间，为以运行时间最短的小波包和小波去噪法的时间为基数进行归一化。

表 4-1　复原结果的 ISNR 和 MSE

复原方法	MSE		ISNR/dB	归一化
	复原图像	切片图像	复原图像	运行时间
小波包去噪	0.004 08	0.006 95	2.478 2	1
小波去噪	0.004 10	0.006 95	2.402 7	1
中值滤波	0.004 73	0.006 95	1.954 5	1.06
MPMAP 算法	0.003 98	0.006 95	2.472 4	1.46

从图 4-4 和图 4-5 可以看出，小波包阈值去噪复原方法均有效排除了离焦信息的干扰，图像的细节得到较大的恢复，清晰度得到明显的提高，视觉上已接近原图像，效果好于小波阈值去噪复原方法，明显好于中值滤波复原方法，与 MPMAP 算法复原效果相当，而运算时间少于 MPMAP 算法，并且调整参数少。表 4-1 的实验数据也定量地表明了上述复原效果，从表示复原效果均方差 MSE 和改善信噪比 ISNR 的数据看，小波包去噪法的 MSE 为 0.0040 8，ISNR 为 2.478 2，分别略差于 MPMAP 算法的 0.003 98 和 2.472 4，均好于小波去噪法和中值滤波法。从运行时间看，小波包和小波去噪法运行时间最短。

小波包和小波阈值去噪复原方法，与 MPMAP 算法、MPML 算法相比，在复原调试时需考虑的调整参数少，主要是考虑阈值的选择。经验表明，阈值去噪预处理时阈值应取小一些，这是由于如果阈值较大，去噪效果虽然比较好，但同时会较大地改变原退化图像离焦模

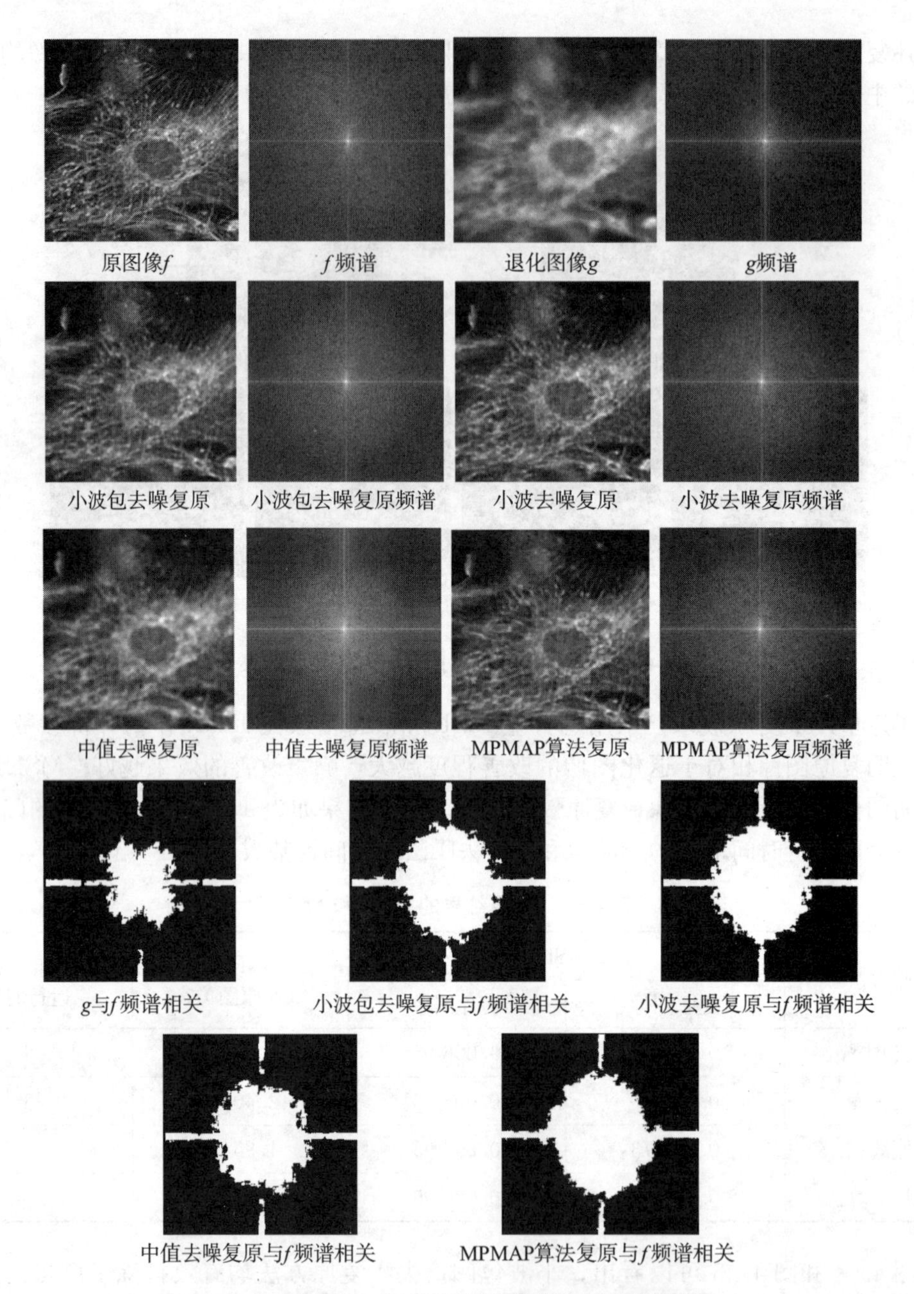

图 4-5 SNR=30 dB 退化图像各方法复原结果

糊的能量分布，对下一步的图像复原造成较大的影响。并且 ML 复原算法本身具有一定的抑制和消除噪声的能力，可以在复原的同时消除遗留的噪声。

4.5.3 实际切片图像的复原

采用小波包阈值去噪 ML 算法复原方法对与 3.6 节相同的信噪比较低的实际切片图像进行复原，结果如图 4-6 所示。从图中可以看到，散焦模糊信息的干扰和影响得到较大的去除，清晰度有了较为明显的提高，噪声得到了有效的抑制和减少，复原获得较为满意的效果。

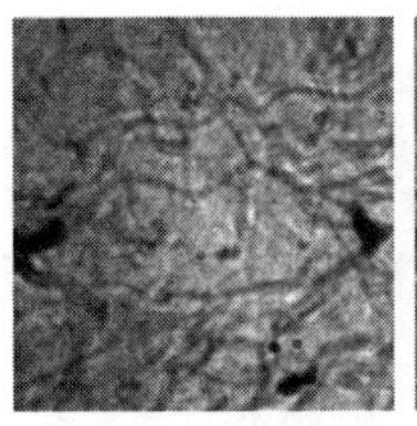
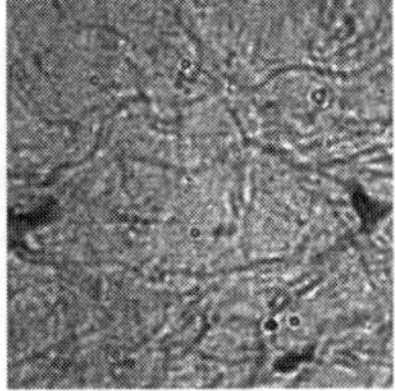
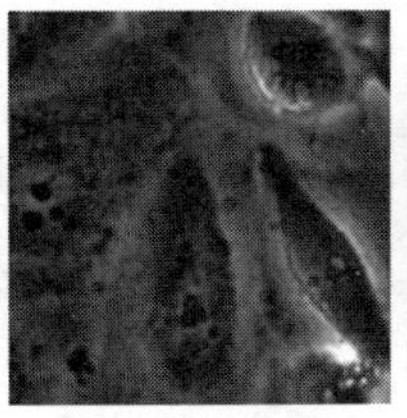
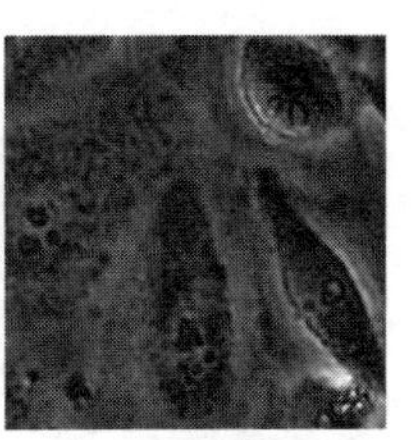
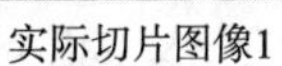

实际切片图像1　　复原结果　　实际切片图像2　　复原结果

图 4-6　实际切片图像复原结果

4.6　本章小结

（1）提出了基于小波变换阈值去噪的三维显微图像复原方法。该方法采用小波包对含噪图像进行去噪预处理再复原，获得了满意的效果，有效地去除了散焦模糊信息的干扰，抑制和减少了噪声，图像的细节得到了明显的恢复。

（2）在对实际切片图像进行复原时，尽管原切片图像信噪比较低，复原仍获得较好的效果，在噪声得到了有效的抑制和减少的同时，清晰度获得了相当的提高。

（3）提出的复原方法为含噪尤其噪声较大的三维显微图像的复原提供了一种效果好、方便实用的复原方法。

参考文献

[1] 陈武凡．小波分析及其在图像处理中的应用［M］．北京：科学出版社，2002.

[2] 胡昌华，张军波，夏军，等．基于 MATLAB 的系统分析与设计——小波分析［M］．西安：西安电子科技大学出版社，1999.

第5章

基于噪声灰度差估计三维显微图像超分辨率复原

5.1 引　言

在三维显微图像去卷积图像算法中，最大似然算法（maximum likelihood algorithm，ML）是一种非线性图像复原方法，具有较强的超分辨率复原能力，可以获得良好的复原效果[1]。然而，由于某些生物样本本身带有点状结构，以及宇宙射线等某些外部原因，在光学显微镜对生物样本进行光学切片采集的图像中，常常会出现一些较明显斑点。这些斑点即使很小，甚至只有1个像素大小，在去卷积过程中，也会不断增强，成为十分明显的亮点或黑点，使整个图像变暗。同时使得在这些亮点和黑点附近的细微结构变得模糊不清，造成细节丢失，严重时还会导致图像复原的失败。1993年，S. Joshi 和 M. I. Miller[2] 提出了基于 Good 的粗糙惩罚函数的最大后验概率算法（maximum a posterior algorithm，MAP）。1996年 J. A. Conchello 和 J. G. McNally[1,3] 提出了基于亮度惩罚函数的 ML 法。这两种算法能够比较有效地减少复原的图像出现孤立亮点，但不能有效地保持边缘信息[4]。本项目组曾将苏秉华[5] 提出的基于 Markov 约束的最大后验概率算法（poisson-map algorithm with markov constraint，MPMAP）应用于此问题的解决。MPMAP 算法具有更强的噪声和斑点抑制能力和较强的超分辨率复原效果，在保持边缘信息的同时一定程度地抑制孤立亮点的增强，但抑制效果仍不够理想。本章研究采用噪声灰度差估计检测斑点的强度和准确位置，对斑点进行预处理后再采用 ML 算法进行复原。

5.2 噪声灰度差估计

从保持边缘细节和去除噪声的角度来看，一幅含噪图像中可以分为边缘区域、平坦区域和噪点区域[6]，它们各有不同的特点：边缘点方向性较强，在梯度方向上的灰度变化较大，而在切线方向上变化较小；平坦区域各点的灰度在各个方向上的变化均较小；噪声点一般为孤立点，方向性较弱，其灰度在各个方向上的变化均比较大。

由此可以构建4个不同方向的算子，用于对含噪图像进行处理：

$$\nabla H=\frac{1}{3}\begin{bmatrix}1\\1\\1\end{bmatrix},\quad \nabla V=\frac{1}{3}\begin{bmatrix}1 & 1 & 1\end{bmatrix},\quad \nabla Da=\frac{1}{3}\begin{bmatrix}0 & 0 & 1\\0 & 1 & 0\\1 & 0 & 0\end{bmatrix},\quad \nabla Db=\frac{1}{3}\begin{bmatrix}1 & 0 & 0\\0 & 1 & 0\\0 & 0 & 1\end{bmatrix}$$

（1）垂直算子　　（2）水平算子　　（3）对角线算子1　　（4）对角线算子2

根据离散卷积理论，一幅数字图像 $g(i, j)$ 与一个卷积核 $h(i, j)$ 进行卷积，卷积的结果图像 $g_h(i, j)$ 为一求和：

$$g_h(i, j) = g(i, j) * h(i, j) = \sum_{m=-\infty}^{\infty} \sum_{n=-\infty}^{\infty} g(m, n) h(i-m, j-n) \tag{5-1}$$

由该式可知，卷积运算对图像 $g(i, j)$ 来说，是用卷积核 $h(i, j)$ 对 $g(i, j)$ 进行行列扫描的运算。每移动一个像素点，用卷积核相应区域的像素灰度值进行加权求和平均，作为该像素点的新灰度值，得到 $g_h(i, j)$。本节方法将各算子作为卷积核 $h(i, j)$ 进行运算。

含噪图中，对边缘信息像素点，与边缘呈垂直的算子与该点进行卷积运算时，卷积值变化最大，即该点卷积前后灰度值之差较大；而与该边缘呈 45°角的和水平的算子，与该点卷积时，卷积值变化较小或很小。

对平坦区域内的像素点，上述 4 个算子与其进行卷积运算时，卷积值变化均较小。

对噪点，由于其孤立存在，方向性较弱，4 个算子与其进行卷积时，卷积值变化均较大。并且与强度大的噪点进行卷积，卷积值变化大于强度弱的噪点。

因此，用上述算子分别对含噪图像进行卷积，比较卷积前后相应像素点的灰度值之差来区分边缘点、平坦点和噪声点，可以实现噪声的检测：卷积前后灰度差在某些方向较大另一些方向较小的为边缘信息点；在各个方向均较小的为平坦点；在各个方向均较大的为噪点，并且灰度差越大，表明该噪点越强。

据此，将图像 $g(i, j)$ 中各像素点在各个方向卷积前后灰度值之差的最小值，作为该点的灰度差估计。由所有像素点的灰度差估计即可构成 $g(i, j)$ 的灰度差估计图，它反映出图像噪声的分布和大小。

5.3　噪声灰度差估计的步骤

噪声灰度差估计的步骤如下：

（1）构建 4 个不同方向的算子。

（2）将各方向算子分别与含斑点图像 g 进行卷积，得到卷积后的 4 个图像：

$$gH = g * \nabla H, \quad gV = g * \nabla V, \quad gDa = g * \nabla Da, \quad gDb = g * \nabla Db$$

（3）各图像分别进行卷积前后的图像相减，得到 4 个卷积前后的灰度差图：

$$\mathrm{d}H = |g - gH|, \quad \mathrm{d}V = |g - gV|, \quad \mathrm{d}Da = |g - gDa|, \quad \mathrm{d}Db = |g - gDb|$$

（4）在 4 个灰度差图中，选取灰度差最小值（即数值最小的元素）重新构成一个新矩阵 $\boldsymbol{D}(i, j)$。这个新矩阵就是含斑点图像 g 的噪声灰度差估计图，它显示出 g 中斑点的位置和强度。

对于由序列光学切片构成的三维显微图像 g，采用同样的方法可获得各切片图像的二维噪声灰度差估计图 $D(i, j)$，而构成三维噪声灰度差估计图 $D(i, j, k)$。

（5）选择某个阈值，大于该阈值灰度差估计值的斑点即被认为是待处理斑点。

5.4　噪声灰度差估计的准确性测试

为了检测噪声灰度差估计反映斑点和噪声的准确性，本节制作了图 5 - 1 所示的信噪测

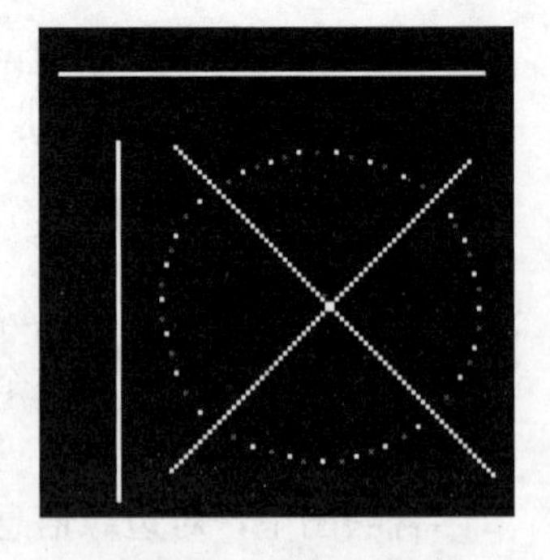
图 5-1　信噪测试图

试图。测试图灰度范围：0～1。图中的水平线、垂直线以及 45°交叉线表示具有边缘特征的图像信息，排列成圆形的一系列离散点表示噪点。线条和噪点的宽度均为一个像素。噪点的灰度值分别为 1 和 0.5，表示两个不同强度，相隔排列。

采用文献［7］中提出的小波域灰度差估计、目前图像噪声估计中普遍使用的局部噪声方差估计[8]，以及本章提出的噪声灰度差估计等三种方法对信噪测试图进行处理测试。其中局部噪声方差估计方法采用 3×3 窗口。图 5-2（a）～(c）所示分别为测试获得的估计图，图 5-2（d）所示为三种方法测试估计图的局部放大。

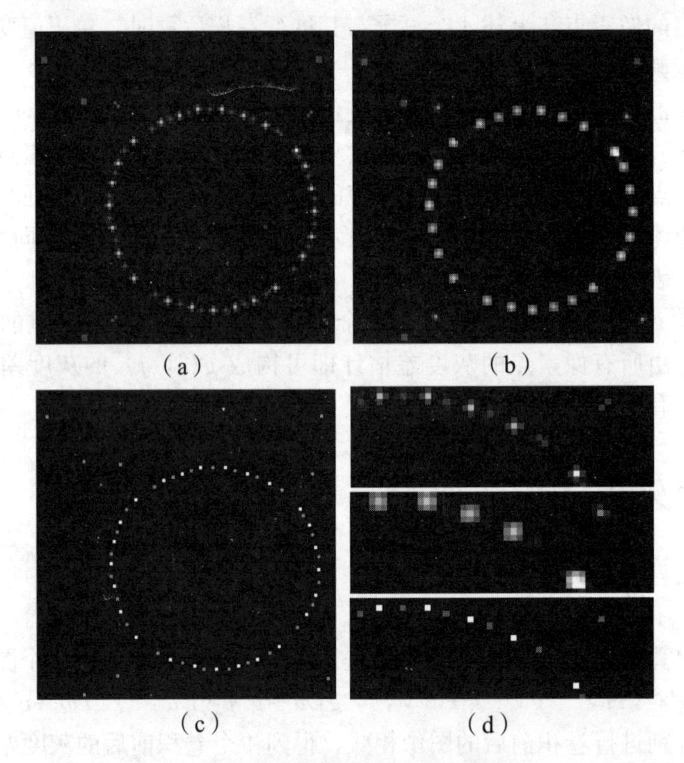

图 5-2　三种估计方法测试结果比较

(a) 小波域灰度差测试结果；(b) 噪声方差测试结果；
(c) 噪声灰度差测试结果；(d) 三种测试结果的局部放大

由图 5-2 可看出，三种方法的噪声估计图中，均保留了与原噪点位置对应的斑点，反映图像信息的线条没有保留，表明三种方法均能较为正确地反映噪声的存在和分布。在图 5-2（a）中，斑点灰度值分别为 0.08 和 0.04，亮度正比于原斑点灰度值的 1 和 0.5，但向邻域扩散，成为模糊斑点；在图 5-2（b）中，斑点中心灰度值分别为 0.340 和 0.076，斑点亮度与原斑点灰度值不成正比，原较强的斑点亮度变得很强，并且扩散严重，原较弱的斑点则变得很弱，基本没有反映出来。在图 5-2（c）中，斑点的灰度值分别为 0.667 和 0.332，正比于原斑点灰度值，并且斑点的大小仍为一个像素，其邻域像素值仍为 0，表明本文提出的噪声灰度差估计能够更准确反映原图像斑点的位置和强度。

与其他两种方法相比，本章的方法还避免了小波分解和噪声方差两种方法运算量大的问题，运算速度快。应该指出的是，三个估计图均残留下 8 个斑点，它们分别是 4 条直线起止点，这自然对下一步的图像复原产生不利影响。

5.5　实验与结果分析

采用 ML 算法和本章方法对人脐静脉内皮细胞光学切片三维显微图像进行复原实验。图 5-3（a）和（b）所示为第 10 层切片图像及其噪声灰度差估计图，图 5-3（c）和（d）所示为采用 ML 算法和本文 GML 法对第 10 层的复原结果。图像复原在 Matlab 6.5 环境下进行，迭代 100 次。在本章方法中，对于小斑点，均匀算子取 3×3，对于较大斑点，均匀算子取 5×5。

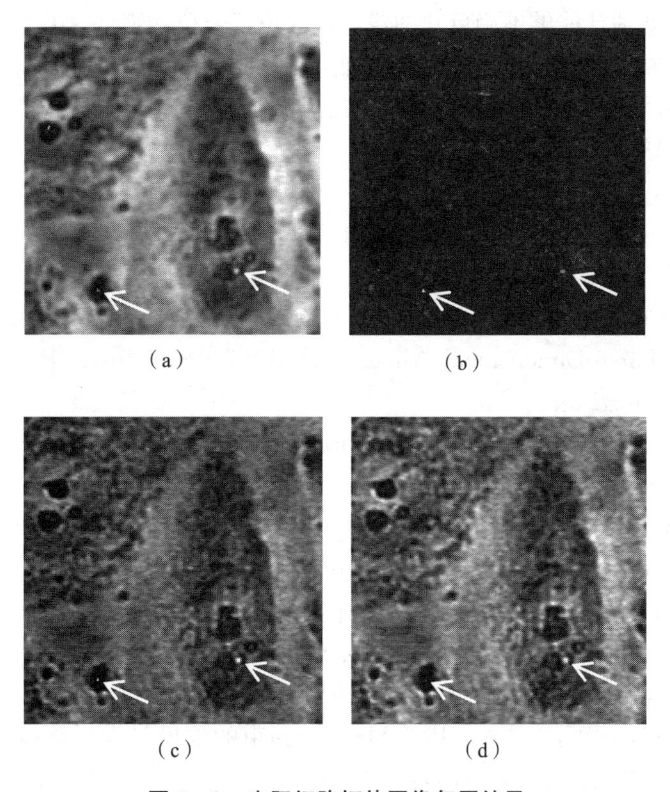

（a）　（b）　（c）　（d）

图 5-3　实际细胞切片图像复原结果

（a）第 10 层切片；（b）第 10 层切片噪声灰度差估计图；（c）ML 算法；（d）本章方法

切片图中可以看到存在一些斑点，图 5-3（a）所示的较明显地有一大一小两个亮斑，它们在噪声灰度差估计图中都被准确地显示出来，如图 5-3（b）所示。而切片中几个黑色圆物质的边缘，虽然与背景亮暗分明，但作为多方向信息，并没有被作为噪声在灰度差估计图中出现。采用 ML 算法复原处理后，两个亮斑变得更明亮，大亮斑灰度值由 0.820 5 变为 1.291 7，小亮斑由 0.597 8 变为 1.104 0，均超出灰度值的范围，造成图像变暗，影响了图像的对比度，如图 5-3（c）所示。采用本文方法复原处理后，大亮斑灰度值为 1.102 1，亮度得到了控制，小亮斑灰度值为0.246 4，基本被去除，暗区细节仍较为清晰，图像复原效果得到保证，如图5-3（d）所示。

本章方法的效果较大程度上取决于对不同大小的斑点预处理时，采用不同均匀算子的长度是否合适。这需要根据经验进行判断。因此，提高对斑点预处理的自适应能力，是本章方法待解决的问题。

5.6 本章小结

对带有斑点的生物显微图像进行复原处理时，会产生极亮点或黑点，使复原图像变暗，影响图像清晰度，降低复原效果。本章提出了噪声灰度差估计的概念，采用噪声灰度差估计对含有斑点的图像进行斑点检测和定位，通过邻域平均处理后用ML算法进行复原。实验结果表明，噪声灰度差估计能够准确反映图像斑点的位置定位和强度，并且运算量小，应用于带有斑点的二维仿真图像和三维生物显微图像进行复原，斑点亮度得到有效控制，小斑点被去除，复原图像明暗正常，细节清晰，获得了良好的超分辨率复原效果。提高对斑点预处理的自适应能力，是该算法待解决的问题。

参考文献

[1] Markham J, Conchello J A. Tradeoffs in regularized maximum-likelihood image restoration [C]. Three-Dimensional Microscopy 1997, San Jose. Proceedings of SPIE, 1997, 2984: 136-145.

[2] Joshi S, Miller M I. Maximum a posteriori estimation with good's roughness for optical-sectioning microscopy [J]. J. Opt. Soc. Am. A, 1993, 10: 1078-1085.

[3] Conchello J A, McNally J G. Fast regularization technique for expectation maximization algorithm for optical-sectioning microscopy [C]. Symposium on electronic imaging 1996. San Jose. Proceedings of the IS&T/SPIE, 1996, 2655: 199-208.

[4] 张菊，何小海，陶青川，等．基于Markov随机场的自适应正则化三维显微图像复原 [J]. 光子学报，2008，6(37)：1272-1276.

[5] 苏秉华，金伟其，牛丽红，等．基于Markov约束的泊松最大后验概率超分辨力图像复原法 [J]. 光子学报，2002，31(4)：492-496.

[6] 杨朝霞，逯峰，田芊芊．自适应双正则参数法在图像恢复中的应用 [J]. 中山大学学报，2005，44 (4)：20-27.

[7] Chen Hua, Huang Fu-ying. Three dimensional biological microscopic image restoration with adaptive local regularization parameter based on wavelet domain [C]. Photonics Asia 2007 Conference, Beijing. Proceedings of SPIE, 2008, v 6826: 68262C.

[8] 吴显金，王润生．基于边缘恢复和伪像消除的正则化图像复原．电子与信息学报 [J]，2006，28(4)：577-581.

第 6 章

去卷积迭代算法迭代次数自动选取

生物光学显微镜采集到光学切片图像后，便是三维点扩散函数的选择确定，采用图像复原算法进行去卷积复原处理。复原算法中的一种重要算法是迭代法，其特点是将给出的初始解根据公式计算出新解，再由这个新解送入公式计算出下一个新解，通过不断地重复迭代，递推出最终解。迭代法应用的一个问题是迭代次数的确定。本章主要是对作为经典算法的 Bayes 复原算法最大似然法（ML 算法）迭代次数自动选取进行研究。

6.1　最大似然法在图像复原中的应用

20 世纪 70 年代，Lucy 和 Richardson[1, 2]分别对 ML 算法进行了研究，并发表了相关的论文。ML 算法的表达式为

$$\hat{f}^{(n+1)}=\hat{f}^{(n)}\left[\frac{g}{h * \hat{f}^{(n)}}\oplus h\right] \tag{6-1}$$

式中，$\hat{f}^{(n)}$ 为第 n 次迭代估计的结果，g 为观察到的退化图像，h 为三维显微成像系统的点扩散函数，一般令 $\hat{f}^{(0)}=g$。

从式（6 - 1）可以看出，该算法是建立在 h 已知的条件下的，每一次迭代就产生一个迭代结果，每一个迭代结果都与前一次的迭代结果相关。对于图像复原来说，该算法涉及的估计次数（即迭代次数）的估计问题是必须考虑到的，常用的一个最简单的方法就是把该参数看作是一个常数，在图像的复原中，采用一些图像质量的评价标准，对图像的复原结果进行评价，并采用手动调整迭代次数 n 的大小的方法来重复实验，以获取理想的图像复原效果。

这种为了让图像复原达到理想效果而手动调整迭代次数的方法，无疑给图像复原工作带来了更多的计算量。同时，不同的研究者在采用该算法复原图时，迭代次数的选取就具有很大的主观性，研究者只能根据自身实践经验来确定迭代次数 n 的大小。如何实现最大似然算法自动优化选取迭代次数是复原算法研究的一个内容。

6.1.1　迭代次数与图像复原的关系

根据本项目前期的大量的实验研究，在采用最大似然算法复原图像时，图像复原效果 ISNR 与迭代次数 n 之间的关系均符合图 6 - 1 中曲线 2 的形状。由曲线 2 可以看出，随着迭代次数 n 的增大，图像的复原效果在开始时迅速提高，迭代次数 n 继续增大，ISNR 提高的

幅度减缓，并有逐步趋向于零的趋势。而对于同一个点扩散函数，图像复原时间 t 与迭代次数 n 的关系均符合图 6－1 的曲线 1 的形状，即图像复原时间 t 与迭代次数 n 是线性关系。

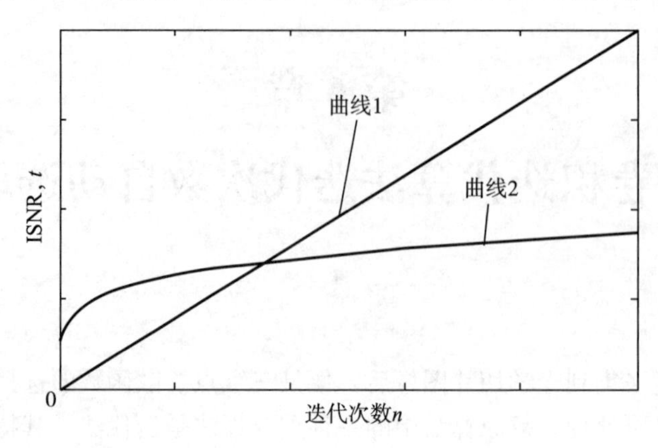

图 6－1　ISNR，t 与迭代次数 n 的关系示意图

6.1.2　带判断项的最大似然算法

图像复原的最终目的是尽可能地恢复图像的真实面貌，需要用一个客观实用的图像复原质量评价标准衡量图像复原的效果，为了体现复原图像与真实图像的区别，采用式（1－9）改善信噪比 ISNR 作为图像评价准则。在 ML 算法中加入了能够实现迭代次数选取的判断项，让 ML 算法能够实现自动选取迭代次数。

为了让 ML 算法在加入约束项后，算法的复杂度基本保持不变，规定在 ML 算法中，迭出次数最小应为 100 次，即小于 100 次的迭代所获取的复原图像效果不佳，同时规定图像复原时，迭代次数 n 是 100 的整数倍。在算法上再加入式（6－2）作为判断项。该判断项的含义是：在图像复原过程中，复原算法从 1 开始不断地迭代运行，当 n 为 100 时，计算出此时得到的估计图像的改善信噪比 $ISNR_{100}$，当 n 为 200 时，再次计算复原图像的改善信噪比 $ISNR_{200}$，然后判断$ISNR_{100}$与 $ISNR_{200}$是否满足关系式（6－2），如果满足，图像迭代复原工作结束，反之，继续迭代运行，同时记录下 n 为 300 时的 $ISNR_{300}$，继续判断 $ISNR_{300}$ 与 $ISNR_{200}$是否满足关系式(6－2)，如此不断进行下去。

$$n=i \quad \text{当开始时}\ \beta_i=\frac{ISNR_i-ISNR_{i-100}}{ISNR_{100}}<\lambda,\ i=200,\ 300,\ 400,\ 500\cdots \tag{6-2}$$

式中，β_i为利用改善信噪比设置的一个量，该量用于实现对迭代次数 n 的确定。它的含义是相邻两次可用的迭代次数下复原图像的改善信噪比之差，与迭代次数为 100 次时，复原图像改善信噪比的比值。λ 为根据实际需要定义的阈值，它对图像复原效果有重要的影响，合理地选择 λ 既可保证实现迭代次数选取的全局最优性，又能对因迭代次数过多而引入的噪声和振荡条纹起到有效的“抑制”作用。$ISNR_i$ 和 $ISNR_{i-100}$分别为迭代次数为 i 次和 $i-100$ 次的复原结果 $\hat{f}^{(t)}$ 和$\hat{f}^{(i-100)}$ 的中间层切片改善信噪比。式（6－2）的含义为当量 β_i较大时，表明此时随着迭代次数的增加，复原效果提高较快，评价指标改善较快；当量 β_i较小时，表明此时随着迭代次数的增加，复原效果提高减慢，评价指标改善提高趋缓。在实际的图像复原中，如果选择 $\lambda=0.05$ 作为阈值，即表示当 β_i开始小于 0.05 时，此时的 i 即是最佳的图像复原迭代次数；如果选择 $\lambda=0.01$ 作为阈值，即表示当 β_i 开始小于 0.01 时，此时的 i 即是最佳的图像复原迭代次数；当选择 $\lambda=0.005$ 作为阈值，即表示当 β_i 开始小于 0.005 时，i 为最佳的图像复原迭代次数。因此，λ 的取值越小，表示对图像复原效果的要求越高。

一般地，复原图像主要用于一般性浏览以及分析测量。对于一般性浏览的图像既要考虑图像的复原效果，即图像的清晰度，也要考虑复原过程所耗费的时间，在很大程度上都不需要以时间换取复原效果，因此 λ 可尽量选取较大的值；而对用于分析测量的复原图像，研究者关注更多的是图像的清晰度，考虑图像复原时间的因素相对较小，越是需要精准的测量，越需要用图像复原时间换取图像复原效果，此时 λ 选择应尽可能的小。

根据上述理论分析，算法程序设计流程图如图 6 - 2 所示。

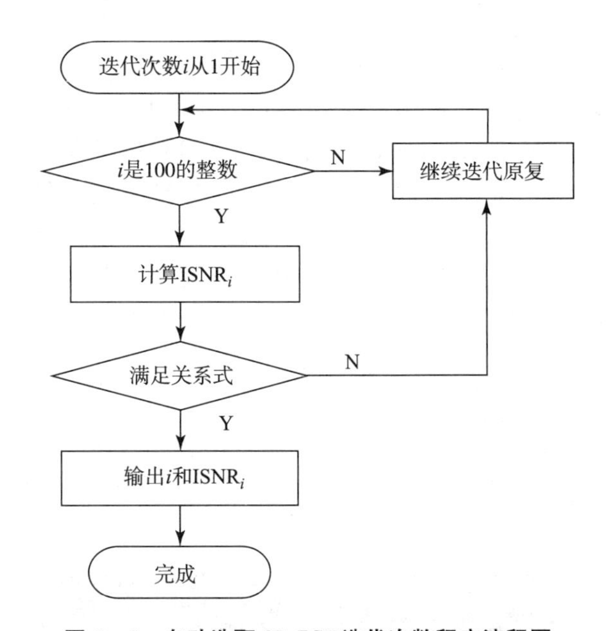

图 6 - 2　自动选取 3D-PSF 迭代次数程序流程图

具体的步骤如下：

（1）设置迭代初值 $i=1$，以及阈值 $\lambda=0.01$。样本估计 $\hat{f}^{(i)}$ 按照式（6 - 1）计算。

（2）当迭代次数 $i=100$ 时，计算出样本估计 $\hat{f}^{(100)}$ 的改善信噪比 ISNR_{100}，并保持下来。

（3）计算第 i 次迭代时（$i=200$，300，400…），样本估计 $\hat{f}^{(i)}$ 的改善信噪比 ISNR_i，判断 ISNR_i 是否满足式（6 - 2），如果满足，图像复原结束，进入步骤（4）；如果不满足，图像复原重复此步骤，即图像复原继续进行。

（4）输出最终估计图像 $\hat{f}^{(i)}$ 的改善信噪比 ISNR 以及所进行的迭代次数 i。

6.2　实验分析

为了对所提出的改进型的算法进行分析评价，采用仿真的方法进行实验。仿真实验可以实现对实验样本理想的控制，是能精确了解原样本的一种有效方法，并且复原的结果可与原样本进行比较分析，实现对算法的评价。

6.2.1 仿真图像以及点扩散函数的构建

1. 三维仿真样本图像 f 的构建

为了尽可能接近实际样本，构造的仿真三维样本切片 f，其不同切片间的结构既不是完全相同的，也不是突变的，而是渐变的，切片间存在一定的相关性。因此 f 的各幅切片采用均由同一幅切片通过逐渐缩小（或放大）和逐渐旋转得到。以图 6-3（a）所示原图像（151×151，256 灰度级）作为样本，通过放大、缩小、旋转得到的 401 幅二维切片图像堆叠而来，得到的三维样本切片 f 的大小为 151×151×401。

2. 3D-PSF 的构建

显微镜光学系统参数设置为：物镜放大倍数为 40 倍，数值孔径为 0.65；机械镜筒长度为 160 mm；光源波长为 550 nm；CCD 的参数为 1/4，分辨率设为 640×480。

根据式（2-3）制作一个直径为 51(51×51)、轴向采样间隔（以下简称层距）为 0.2 μm、层数为 51 的光学系统 3D-PSF：h_0，大小为 51×51×51，该点扩散函数用于实现仿真图像的模糊。用于复原图像的点扩散函数 h_1 大小为 21×21×21，由 Z 向间隔为 0.2 μm、21 个二维散焦 PSF(21×21）组成。

3. 用于复原的细胞仿真切片图像 g_0 的获得

三维样本切片图像 g_0：大小为 151×151×101，由 f 与三维点扩散函数 h_0 卷积作模糊处理得到模糊图像 g 后，以 g 中间一层［图 6-3（b）］为基准，向两边各取 50 层得到的图像得到 g_0。

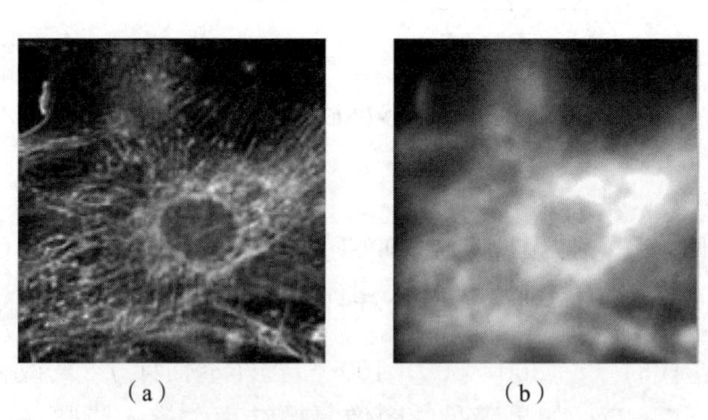

（a）　　（b）

图 6-3　原图像以及退化图像

（a）原图像；（b）退化图像

6.2.2 图像复原

采用 6.1.2 节的能自动选取迭代次数的最大似然算法对 g_0 进行复原处理。对算法约束项中的 λ 进行不同值的选取，本节主要分析了以下 3 组不同参数 λ 下的实验：

（1）$\lambda_1=0.05$。

（2）$\lambda_2=0.01$。

（3）$\lambda_3=0.001$。

实验过程记录不同λ值下图像复原所获得的改善信噪比ISNR，所需的迭代次数n，图像复原改善信噪比归一化增长率β，以及复原所花的时间t，并以迭代100次时所花的时间为基准，不同λ值下所需的图像复原时间t作归一化处理。具体数值如表6-1所示。复原结果如图6-4所示。

表6-1　不同λ值下的复原图像ISNR，迭代次数n，β和t

λ值	ISNR/dB	n	β	t
0.05	1.887 9	500	0.033 2	5
0.01	2.105 9	1 300	0.007 5	13
0.005	2.130 0	1 600	0.004 2	16

6.2.3　图像复原结果分析

从图6-4和表6-1可以看到，λ取值越小，算法在对图像进行复原时，获得的改善信噪比ISNR值就越大，复原过程所需要迭代次数就越多，所花的时间也就越多。当选取的λ为0.05时，图像复原进行的迭代次数为500次，获得的图像改善信噪比ISNR为1.887 9 dB，图像复原改善信噪比归一化增长率β为0.033 2，图像复原归一化时间为5，得到的复原图像的中间一层样本图如图6-4（a）所示；当选取的λ为0.01时，图像复原进行的迭代次数为1 300次，获得的图像改善信噪比ISNR为2.105 9 dB，图像复原改善信噪比归一化增长率β为0.007 5，图像复原归一化时间为13，得到的复原图像的中间一层样本图如图6-4（b）所示，从视觉上分析，该（b）图与（a）图相比，清晰度较高，从图像复原的客观评价标准上看，（b）图的改善信噪比ISNR比（a）图提高了0.218 dB，而复原时间是（a）图的2.6倍；而当λ取值更小，取0.005时，图像复原进行的迭代次数为1 600次，获得的图像改善信噪比ISNR为2.130 0 dB，图像复原改善信噪比归一化增长率β为0.004 2，图像复原归一化时间为16，得到的复原图像的中间一层样本图如图6-4（c）所示。从视觉上分析，（c）图中的细节较（b）图中的细节丰富，但这两幅图清晰度很相近，视觉上的差别很小，在客观的图像评价标准上分析，（c）图的改善信噪比较（b）图仅仅提高了1.14%，而复原时间却增加了23.08%。

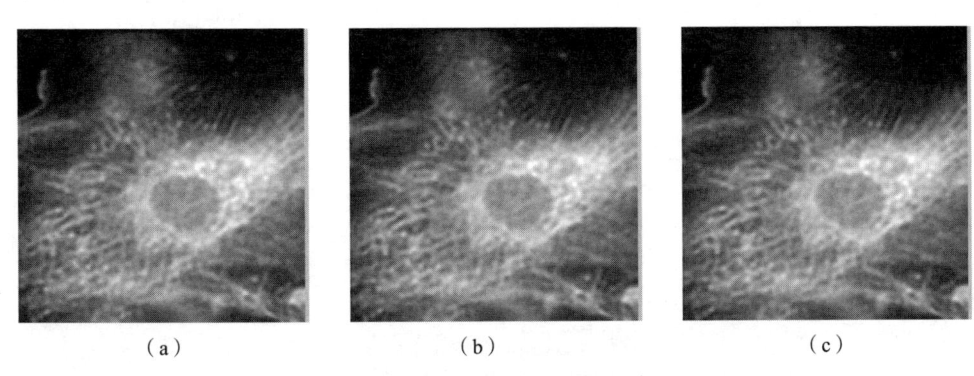

（a）　　（b）　　（c）

图6-4　原图像以及退化图像

（a）$\lambda_1=0.05$时的复原图；（b）$\lambda_2=0.01$时的复原；（c）$\lambda_3=0.005$时的复原图

6.2.4 阈值λ的选取

在实际的图像复原过程中，对图像复原效果的要求不是很高的情况下，可以考虑取λ的值稍微大点，如λ取0.05或者比0.05大的数值，此种情况下，图像复原所进行的迭代次数少，复原效果一般，适用于一般性图像复原要求。如果需要对图像进行分析测量，就要求复原图像有好的复原效果以及好的图像清晰度，此时λ就应取一个小的数值，如取0.01，如果要求图像复原效果更好，λ的取值就应该更小，但同时图像复原时间也就更长。

6.3 本章小结

本章主要进行去卷积迭代算法迭代次数自动选取的研究。具体针对最大似然复原算法中迭代次数的选取问题进行了理论分析，在复原算法中加入了约束项，让算法能够自动判断所需进行的迭代次数。同时对约束项中的阈值大小的选取作了分析说明，实现算法在不同复原要求下自动选取迭代次数。

参考文献

[1] Lucy L B. An iterative technique for the rectification of observed distribution [J]. The Astronomical Journal，1974，79(6)：745-765.

[2] Richardson W H. Bayesian-based iterative method of image restoration [J]. J. Opt. Soc. A.，1972，62(1)：55-60.

第7章
数字共焦显微技术成像分辨率

7.1 引　言

生物光学显微镜由于光学衍射效应的影响，其焦面成像分辨率存在一个极限。如果观察的是厚样本生物细胞或组织，由于散焦成分的影响，焦面成像分辨率进一步下降。数字共焦显微技术在生物光学显微镜的基础上，通过光学切片的采集，获取细胞的序列图像，采用三维图像复原算法进行处理，可以提高图像分辨率，恢复原物清晰图像。该技术的成像机理及复原算法已有学者进行了较为深入的研究[1-4]，但其分辨率的研究则很少涉及。本文根据光学显微镜厚样本光学切片成像模型，对厚样本在光学显微镜中的成像进行仿真，采用半峰宽度对显微镜成像和数字共焦显微技术复原图像进行分辨率测试分析，同时计算分析成像分辨率的劣化和复原分辨率的改善。

本章着重研究光学衍射及散焦情况下分辨率问题，为避免问题复杂化，含噪声情况另行研究。

7.2 生物光学显微镜成像特性

7.2.1 薄样本成像

考虑显微镜观察的生物样本是一个非常薄的物体，用 $f(i, j)$ 描述该薄样本的亮度分布。将该薄样本 $f(i, j)$ 置于显微镜物镜焦平面上，通过物镜，在像平面上得到聚焦像 $g(i, j)$。根据光学衍射成像理论，其离散域成像模型为

$$\begin{aligned} g(i,j) &= \sum_{m'=1}^{N_1} \sum_{n'=1}^{N_2} f(i',j')h(i-i',j-j') \\ &= f(i,j) * h(i,j) \end{aligned} \tag{7-1}$$

式中，$h(i, j)$ 为物镜光学系统的二维点扩散函数（2D-PSF）。由于光学衍射效应，$g(i, j)$ 的分辨率比 $f(i, j)$ 低，清晰度下降。

7.2.2 厚样本成像

如果考虑的是沿光轴 z 厚度为 T 的厚样本物体 $f(i, j, k)$，通过物镜，在像空间得到其三维图像 $g(i, j, k)$，其离散域三维成像模型为

$$
\begin{aligned}
g(i,j,k) &= \sum_{m'=1}^{N_1}\sum_{n'=1}^{N_2}\sum_{i'=1}^{N_3} f(i',j',k')h(i-i',j-j',k-k') \\
&= f(i,j,k) * h(i,j,k)
\end{aligned}
\tag{7-2}
$$

这是一个三维卷积，其中 $h(i, j, k)$ 为物镜光学系统的三维点扩散函数（3D-PSF）。

7.2.3 厚样本光学切片成像

如果考虑的是沿光轴 z 有一定厚度为 T 的厚样本物体 $f(x, y, z)$，沿光轴 z 将该厚样本分成一叠微小间隔为 Δz 的切片堆叠 $f(x, y, n\pm\Delta z)$（$n=-N_1, \cdots, -1, 0, 1, 2, \cdots, N_2$），$f(x, y, z)$ 中的某一置于焦平面 $z=0$ 的第 k 切片 $f_k(x, y, 0)$，通过物镜，在像平面上实际得到的像 $g_k(x, y, 0)$，其成像模型为

$$
\begin{aligned}
g_k(x,y,0) &= \sum_{n=0}^{\max(N_1,N_2)} f_k(x,y,\pm n\Delta z) * h(x,y,\pm n\Delta z) \\
&= \sum_{n=0}^{N} g_{\pm kn}(x,y,0) \\
&= g_{k0}(x,y,0) + \sum_{n=1}^{\max(N_1,N_2)} g_{\pm kn}(x,y,0)
\end{aligned}
\tag{7-3}
$$

式中，$h(x, y, \pm n\Delta z)$ 为散焦量为 $\pm n\Delta z$（$n=1, 2, \cdots$）的 2D-PSF；$g_{\pm kn}(x, y, 0)$ 为针对置于焦平面 $z=0$ 的第 k 切片 $f_k(x, y, 0)$ 的散焦量为 $\pm n\Delta z$ 的散焦像；$g_{k0}(x, y, 0)$ 为 $f_k(x, y, 0)$ 的聚焦像；第二项的求和 $\sum_{n=1}^{\max(N_1,N_2)} g_{\pm kn}(x,y,0)$ 表示所有散焦量为 $\pm n\Delta z$（$n=1, 2, \cdots$）散焦像的叠加，N_1 和 N_2 为两侧散焦像数。

式（7-3）表示，厚样本中某置于焦平面的第 k 切片 $f_k(x, y, 0)$ 在像平面上实际得到的像 $g_k(x, y, 0)$，是式（7-3）焦面像 $g_{k0}(x, y, 0)$ 和所有的散焦像叠加形成的像。

在离散域下，式（7-3）表示为

$$
g_k(i,j,0) = g_{k0}(i,j,0) + \sum_{n=1}^{\max(N_1,N_2)} g_{\pm kn}(i,j,0) \tag{7-4}
$$

式中，$g_k(i, j, 0)$ 即式（7-2）k 取某个值的二维切片图像 $g(i, j, k)$，称为光学切片。

由于在聚焦像 $g_{k0}(i, j, 0)$ 上叠加了一系列散焦像，图像更加模糊，分辨率进一步下降。数字共焦显微技术采用三维图像复原算法，以去除或降低光学衍射效应和散焦像的影响，恢复和提高图像分辨率。

7.3 瑞利判据和半峰宽度[5]

由于光的衍射效应，显微镜物镜焦面上的一个微小光点，在像面上形成称为艾里斑的光斑。当两个光点不断接近时，像面上对应的两个光斑便会逐渐出现重合。当一个光斑的中心与另一个光斑的第一级暗环重合时，刚好能分辨出是两个光斑。此时两个斑的中心距离称为瑞利距离 r_0：

$$
r_0 = 0.61\frac{\lambda}{\mathrm{NA}} \tag{7-5}
$$

式中，λ 为波长；NA 为物镜的数值孔径；瑞利距离 r_0 是判断显微镜物镜能分辨两个光点的最小距离，称为显微镜物镜理想光学系统的分辨率。

艾里斑光斑的半峰宽度，是以光斑亮度为峰值一半处为边沿的斑点直径，称为阿贝距离。半峰宽度是描述光学系统分辨率的另一更为实用的判据，更适于实际的测定。瑞利距离 r_0 与半峰宽度 D 的关系为

$$r_0 = 1.22D \tag{7-6}$$

本书采用半峰宽度表示分辨率。光斑的半峰宽度越小，分辨率越高。

相对于式（7-1）表示的薄样本成像 $g(i, j)$，式（7-4）表示的厚物体某一切片的成像 $g_{k0}(i, j, 0)$，由于像面上还叠加散焦成分的影响，可以推断分辨出焦面两个光点的最小距离将增加，使分辨率下降。本章根据式（7-1）和式（7-4）成像模型，通过对光学显微镜成像前后光点和线条半峰宽度，以及采用数字共焦显微技术的复原算法处理后半峰宽度的测定，分析成像前后分辨率劣化程度以及复原后分辨率改善程度。

7.4　分辨率评价的两个指标

为分析评价分辨率变化的情况，本文提出“分辨率劣化比”和“分辨率改善比”指标。分辨率劣化比 R_d 定义为

$$R_\mathrm{d} = \frac{|D_g - D_f|}{|D_f|} \tag{7-7}$$

参考式（1-9）改善信噪比，分辨率改善比 R_a 定义为

$$R_\mathrm{a} = 20\lg\frac{|D_g - D_f|}{|D_f - D_{\hat{f}}|} \tag{7-8}$$

式中，D_f 为原物光点半峰宽度；D_g 为模糊图的半峰宽度；$D_{\hat{f}}$ 为复原图的半峰宽度。R_d 和 R_a 越大，表明分辨率劣化的程度越大和改善的程度越大。

7.5　分辨率测量与分析

7.5.1　仿真厚样本设计

设计一个仿真厚样本 $f(i, j, k)$，大小为 46×46×40 的三维矩阵，即该厚样本用 40 个大小 46×46 厚度为一个基本像素的切片表示，灰度值范围为 0～255。样本由若干组不同间距的光点和直线条构成，光点和线条的 xy 向横向宽度和 z 向轴向深度均为一个基本像素，灰度值均为 255，其余空间为 0，立体图如图 7-1 所示。

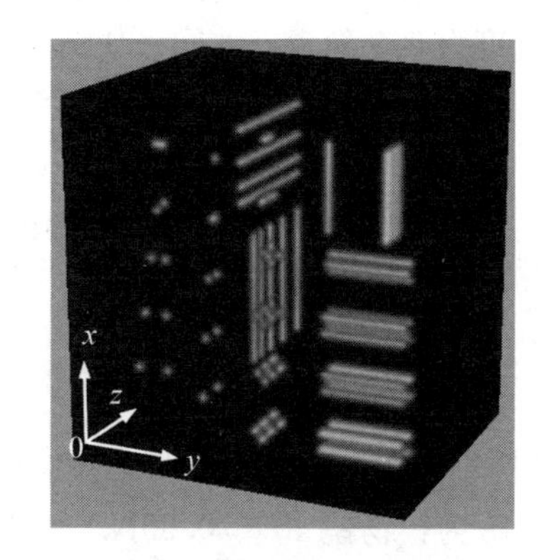

图 7-1　厚样本三维图

图 7-2（a）所示为厚样本正面（xy 平面）从前面算起第 10 层切片图，图中左起第 1 列光点为不同间距的 5 对光点，顶部光点为 0 间距，底部间距 3 个像素。

图 7-2（a）第 2 列顶部为一个光点 a，其以下为沿

光轴 z 向（轴向）间距分别为0～3 个像素的 4 对光点。图 7－2（c）所示为该列的侧面图，左起第 17 列像素层的截面。图 7－2（c）右部还设计了间距为 1、2、3 或 4 个像素的横向和轴向间隔两组线条。

图 7－2（a）第 3 列光点上部两个光点 b 和 c 轴向前后长度分别 3 个和 5 个光点，如图 7－2（d）所示；下部 d、e、f、g 4 个光点，其轴向前后不同层面，在光点位置的上下左右有 4 个光点，形成梅花状，如图 7－2（b）所示。在光点 d 轴向后有 1 层，光点 e 轴向前后各有 1 层，光点 f 轴向前 1 层后 2 层，光点 g 轴向前 2 层后 2 层，如图 7－2（d）左图所示。

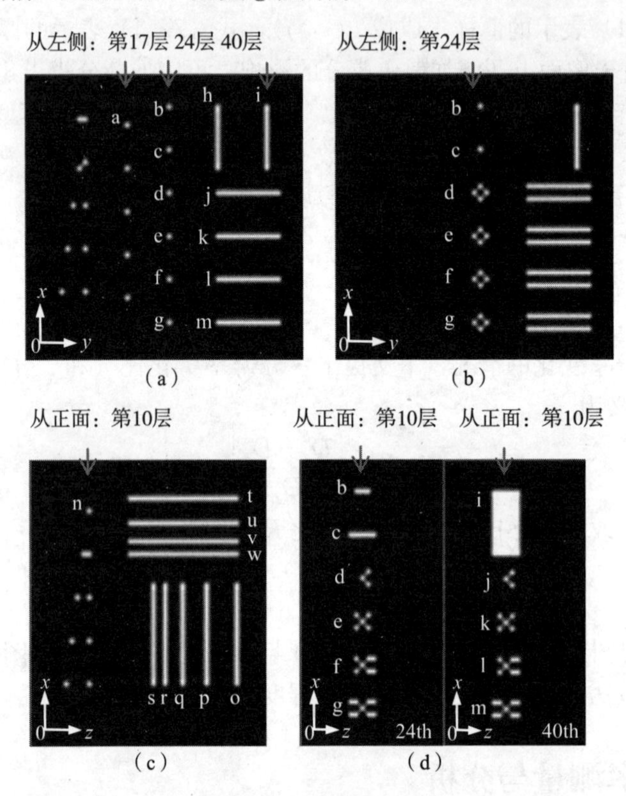

图 7－2 厚样本切片图

（a）正面第 10 层；（b）正面第 11 层；（c）左侧第 17 层；（d）右侧第 24/40 层

图 7－2（a）第 4 列为两组线条：上部线条 h 轴向深度为 1 个像素，线条 i 轴向前后深度为 5 个像素，如同一块薄板，如图 7－2（d）第 40 层所示。下部由上至下 4 条线条 j、k、l、m，每条线条在轴向前后 1～2 层上，在对应位置上下两侧分别有两条同长线条，如图 7－2（d）右图所示。

图 7－2（c）中两组线条 o、p、q、r、s 和 t、u、v、w，为在轴向切片上的轴向和横向间隔 1～4 个像素的线条。

7.5.2 设计 3D-PSF

按照式（2－3）计算和构建显微镜物镜 3D-PSF（大小 5×5×5）：$h(i, j, k)$。设计参数为：物镜 40×/0.65NA，显微镜光学管腔长度 160 mm，样本光波长 $\lambda=490$ nm，切片间距 $\Delta z=625$ nm。

7.5.3　计算薄样本和厚样本图像

按照式（7－1）、式（7－2）和式（7－5）成像模型，计算得到薄样本图像 $g(i,\ j)$，如图 7－3 所示，厚样本三维成像图像 $g(i,\ j,\ k)$ 和图 7－4 所示的 $g(i,\ j,\ k)$ 的正面第 10 层光学切片 $g_{10}(i,\ j,\ 0)$ 及侧面左起第 17 层光学切片 $g_{17}(i,\ j,\ 0)$。

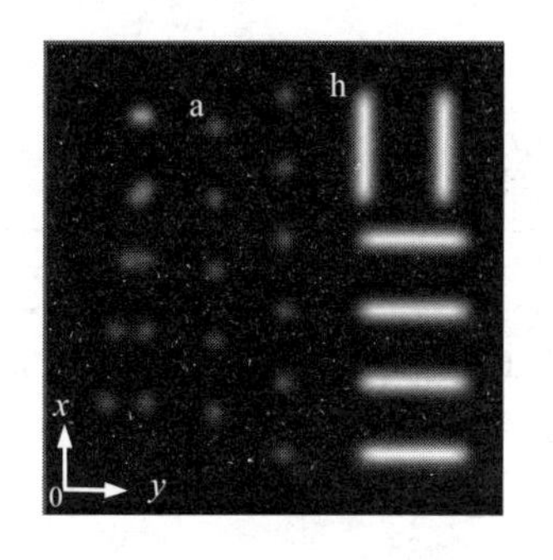

图 7－3　正面第 10 层薄样本成像图

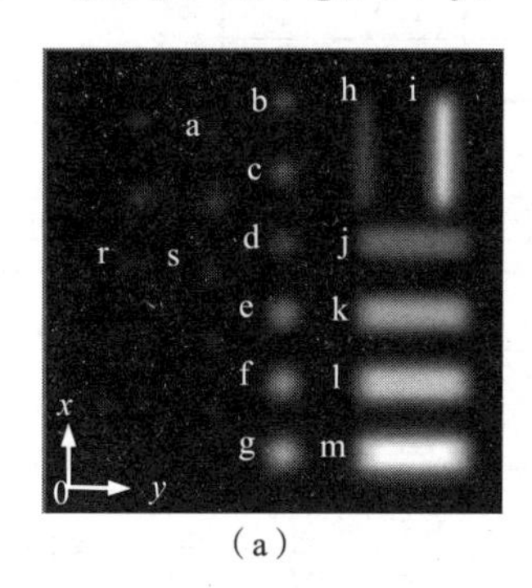

（a）

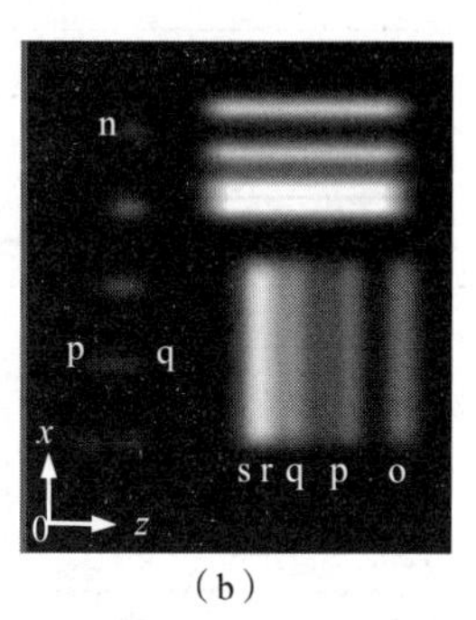

（b）

图 7－4　光学切片

（a）正面第 10 层光学切片；（b）左侧第 17 层光学切片

7.5.4　去卷积复原

采用最大似然三维图像复原算法（ML 算法）对 $g(i,\ j,\ k)$ 进行去卷积复原，复原结果三维图为 $\hat{f}(i,\ j,\ k)$，其正面第 10 层切片 $\hat{f}_{10}(i,\ j,\ 0)$ 及侧面第 17 层切片 $\hat{f}_{17}(i,\ 0,\ k)$ 如图 7－5 所示。

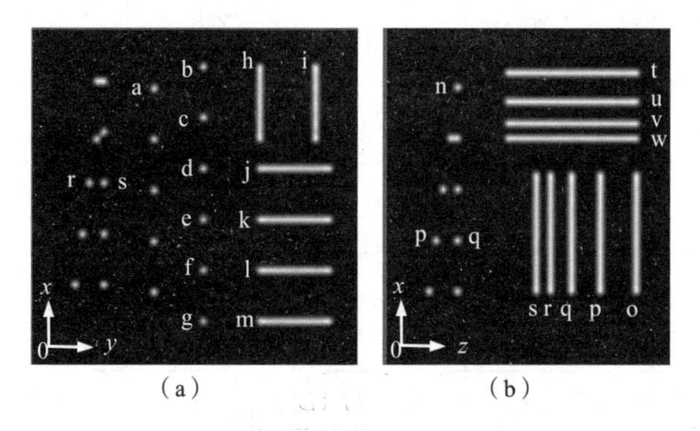

（a）　（b）

图 7－5　光学切片复原结果

（a）正面第 10 层切片；（b）左侧第 17 层切片

7.5.5　半峰宽度测定

在 Photoshop 7.0 环境下，对图 7－2 的厚样本切片图、图 7－3 的薄样本成像、图 7－4 的光学切片和图 7－5 的复原切片中的光点和线条进行半峰宽度测定。通过测量光点和线条的亮度峰值、半峰值及相应坐标，即可得到其半峰宽度 D。根据式（7－7）和式（7－8）计算相应的分辨率劣化比 R_d 和分辨率改善比 R_a。测量和计算结果见表 7－1～表 7－3。D_l 表示横向半峰宽度，D_a 表示轴向半峰宽度。D_l 和 D_a 的数值在本章中为无确定量纲的测量值。

表 7-1 厚样本切片图光点和线条半峰宽度

光点或线条	亮度峰值	半峰宽度 D_l
光点 a	254	1.35
线条 h	254	1.35
光点 n	254	1.35
		1.35 (D_a)
线条 o	254	1.35 (D_a)

表 7-2 薄样本成像图光点和线条

光点或线条	亮度峰值	半峰宽度 D_l	分辨率劣化比 R_d
光点 a	117	2.55	0.889
线条 h	254	2.56	0.896

表 7-3 光点和线条光学切片及其复原结果

光点或线条	光学切片			复原结果		
	亮度峰值	半峰宽度 D_l	分辨率劣化比 R_d	亮度峰值	半峰宽度 D_l	分辨率改善比 R_a
光点 a	30	2.63	0.948	244	1.35	∞
光点 b	79	2.51	0.859	246	1.35	∞
光点 c	100	2.62	0.941	246	1.35	∞
光点 d	82	3.32	1.459	240	1.39	33.848
光点 e	134	3.51	1.600	230	1.39	34.648
光点 f	158	3.69	1.733	225	1.39	35.343
光点 g	181	3.79	1.807	220	1.42	30.846
线条 h	67	2.54	0.881	246	1.38	31.969
线条 i	229	2.80	1.074	248	1.38	33.685
线条 j	125	3.72	1.756	244	1.38	37.953
线条 k	182	4.18	2.096	243	1.39	36.995
线条 l	218	4.33	2.207	242	1.39	37.443
线条 m	2554.37	2.237	241	1.39	37.559	
光点 n	71	2.51 4.03 (D_a)	0.859（横向） 1.985（轴向）	249	1.35 1.35 (D_a)	∞（横向） ∞（轴向）
线条 o	155	4.33 (D_a)	2.207（轴向）	250	1.36 (D_a)	49.484（轴向）
线条 t	231	2.65	0.963	252	1.35 (D_a)	∞（轴向）

薄样本成像光点和线条的半峰宽度 D 满足 $r_0=1.22D$。根据式（7-5），可以计算出表 7-2 中光点 a 和线条 h 的实际半峰宽度 D_r 为 376.923 nm（此半峰宽度即光学显微镜在 0.65 NA物镜、490 nm 波长下成像的极限分辨率）。表 7-2 中光点 a 和线条 h 的量纲为 1 的半峰宽度 D_l 为分别为 2.55 和 2.56，因此得到薄样本成像光点和线条的实际半峰宽度 D_r 与本章量纲为 1 的半峰宽度 D_l 的关系分别为

$$D_r=\frac{376.923}{2.55}D_l,\qquad D_r=\frac{376.923}{2.56}D_l \tag{7-9}$$

7.5.6　分辨率分析

图7－3所示二维薄样本模糊图按式（7－1）模型成像。由于$g(i,j)$没有受轴向各散焦像叠加的影响，只受横向衍射［体现在$h(i,j)$］影响，所以每个光点的D_l都相等，R_d也都相等，分别为2.55和0.889；同样，每条线条的D_l都相等，R_d也都相等，分别为2.56和0.896。R_d接近1，表明半峰宽度增加接近1倍，即分辨率下降接近1倍。并且光点和线条的D_l十分接近，R_d也十分接近，表明受到的横向衍射影响相同，分辨率下降相同。但从表7－2中，光点亮度峰值为117，线条亮度峰值为254，即线条中心亮度大于光点2倍多，这是由于线条中的某个像素点（亮点）的能量向四周扩散造成峰值下降的同时，也接受两侧亮点能量叠加的缘故。

图7－4所示光学切片模糊图按式（7－4）模型成像。这种模型的成像不仅受横向衍射影响，还受轴向各散焦像叠加影响。表7－3显示，光学切片成像图中的a、b、c三个轴向深度不同的光点，由于受散焦像影响不同，亮度不同，所以其峰值不同，但D_l及R_d都很接近，R_d接近1，即分辨率下降接近1倍。这与薄样本成像分辨率情况基本相同，表明相同xy坐标、不同z坐标的散焦面的光点，只对焦面光点的峰值即亮度有影响，而对半峰宽度，即分辨率影响不大。对线条也有相同的结论，如表7－3光学切片轴向深度为1个和5个像素的h和i线条，以及表7－2薄样本成像的h线条，R_d均为1左右，即分辨率下降均1倍左右。

表7－3光学切片图中的d、e、f、g 4个光点，由于其轴向前后的散焦面在该点坐标上下左右邻域存在4个光点的影响，其D_l及R_d明显增大，这表明散焦面邻域光点不只对焦面光点的峰值有影响，并且对分辨率影响也很大，使横向分辨率明显下降，如受前后4层散焦面影响的g光点R_d超过1.8。轴向前后存在邻域光点的散焦面越多，受影响越大。

对线条也有相同的结论，如表7－3光学切片图中的j、k、l、m线条，其中受轴向前后4层两侧存在线条的散焦面影响的m线条，其R_d超过2.2。所以厚生物组织和细胞成像的横向分辨率明显低于薄样本成像的横向分辨率。

表7－3显示，光学切片图中的光点n轴向D_a及R_d均明显大于其横向D_l及R_d。轴向R_d（1.895）大于其横向R_d(0.859)1倍多，表明轴向分辨率下降程度远大于横向分辨率。这从图7－4（b）也可看出，光点n在轴向拉宽的程度明显大于在横向拉宽的程度，轴向相隔两个像素的两光点p、q已不能区分，而在图7－4（a）中横向相隔1个像素的两光点r、s仍能区分。对于线条o和h，在图7－2的厚样本中同样是一个像素的横向宽度和轴向深度，并且均不受其他邻域线条影响，而图7－4（a）和（b）显示线条o在轴向拉宽的程度明显大于h线条在横向拉宽的程度。由表7－3可知，该两线条比较，轴向R_d也大于横向R_d1倍多。

图7－4（b）中两组线条o、p、q、r、s和t、u、v、w表示，在轴向切片面的轴向拉宽的程度大于横向，同样相隔两个像素，轴向的p、q两线条已不易区分，而横向的u、v两线条可轻易区分。由表7－3可知，o线条轴向R_d大于t线条横向R_d1倍多。同时可知t线条和h线条的横向R_d相差很小，这表明不管在轴向还是横向切片面上，线条的横向R_d是差不多的。

从表7－3光学切片复原图的数据可看出，各光点和线条的半峰宽度和峰值均很接近，甚至等于表 7-1 原物的数据，获得很高的分辨率改善比。受到轴向不同深度散焦像影响的光点和线条 a、b、c、n 和 t 等，分辨率改善比 R_a 为∞，表明它们得到了完全复原；受到轴向前后不同层数散焦面邻域光点影响的光点 d、e、f、g 等，以及受散焦面两侧线条影响的线条 j、k、l、m、o 等，分辨率改善比 R_a 也超过 30，表明它们均得到很好的复原。结果表明三维显微图像复原方法获得理想的复原效果，复原分辨率不但明显高于表 7-2 未受散焦成分影响的薄样本成像分辨率，还几乎达到原物分辨率。成像中严重下降的轴向分辨率，也获得很好的恢复，如光点 n 和线条 o。这说明复原方法不但去除了散焦成分的影响，还在很大程度上削弱了光学衍射的影响。

从图 7-5 也可看出，受衍射和不同类型散焦成分影响的各光点和线条都得到很好的复原，所有的光点和线条的亮度和大小宽度一致、清晰可辨，十分接近于图 7-2 原物。

7.5.7 结 论

实验结果表明：

(1) 对于薄样本焦面成像，由于只受横向衍射影响，每个光点的 R_d 都相等，每条线条的 R_d 也都相等，均接近 1，即分辨率下降接近 1 倍。

(2) 处于相同横向坐标不同轴向坐标的散焦面光点或线条，对焦面光点或线条的峰值即亮度有较大影响，但对分辨率影响很小。R_d 约为 1，即分辨率下降 1 倍左右，与薄样本成像分辨率情况基本相同。

(3) 对于光学切片成像，在散焦面上横向邻域的光点和线条不只对焦面光点和线条的峰值（亮度）影响大，并且对分辨率影响也很大，使横向分辨率明显下降。

(4) 对于厚样本成像，轴向 R_d 大于其横向 R_d 1 倍多，说明轴向分辨率下降程度远大于横向分辨率。

(5) 数字共焦显微技术可以获得理想的复原效果，不但可以去除散焦成分的影响，还在很大程度上削弱了光学衍射的影响。横向分辨率和轴向分辨率都获得很好的恢复，复原分辨率十分接近于原物的分辨率。

7.6 本章小结

生物光学显微镜对生物细胞活（组织）厚样本成像时，由于受衍射和散焦成分的共同影响，分辨率明显下降。文本提出了分辨率劣化比和分辨率改善比的指标，用于厚样本成像分辨率的分析评价。设计了一个包含相互间不同横向和轴向间距的光点和线条的厚样本，采用半峰宽度，对衍射成像和同时叠加散焦成分的光学切片成像分辨率进行测定与分析，获得了结论性的实验结果。

参考文献

[1] Holmes T J. Blind convolution of quantum-limited imagery: maximum likelihood approach [J]. J. Opt. Soc. Am. A 9, 1992: 1052-1061.

[2] Momem M R P , Mascarenhas N D A, Costa L F, et al. Biological image restoration in

optical-sectioning microscopy using prototype Image constraints [J]. Real-Time Imaging, 2002, 8: 475-490.

[3] Laksameethanasan D, Brandt S S, Engelhardt P. A three-dimensional Bayesian reconstruction method with the point spread function for micro-rotation sequences in wide-field microscopy [J]. Biomedical Imaging: Macro to Nano, 2006. 3rd IEEE International Symposium on 6-9 April 2006 Page(s): 1276-1279.

[4] 赵佳，何小海，陶青川，等. 基于深度变化成像模型的调整 EM 算法 [J]. 光学技术，2006，32(3)：396-402.

[5] [美] Castleman K R. 数字图像处理 [M]. 朱志刚，等译. 北京：电子工业出版社，2002：308-310，319-322.

第8章 基于高斯函数假设的图像频谱恢复特性分析方法

8.1 引　言

图像在获取过程中由于许多因素的影响，会导致像质下降，如光学系统的衍射、像差、离焦、大气扰动、图像运动、噪声干扰等，它们会造成图像的模糊和失真。人们根据图像退化模型，建立一些约束条件和最优准则，提出了一系列复原方法，如逆滤波法、约束最小平方滤波法等线性方法[1]，以及凸集投影法[2]、最大似然法[3]等非线性方法。各种不同的复原方法都试图使复原图像的频谱尽量外推，以恢复尽可能多的中高频成分，使复原图像获得更多的细节和更高的分辨率。本文研究基于高斯函数假设的频谱分析方法，假设光学传递函数 H 和退化图像频谱 G 为高斯函数，利用高斯函数的方差和本章提出的方差比作为衡量频谱宽度的指标，并对约束最小平方滤波法和最大似然法的图像频谱恢复特性进行分析评价。

8.2 图像的退化模型

在不考虑噪声的情况下，一个物函数 $f(x, y)$ 经过光学系统，得到一个像函数 $g(x, y)$，其图像退化数学模型是一个卷积：

$$g(x,y) = f(x,y) * h(x,y) = \iint_{\infty} f(x',y')h(x-x',y-y')\mathrm{d}x'\mathrm{d}y' \tag{8-1}$$

简写为

$$g=f*h \tag{8-2}$$

式中，h 为光学系统的点扩散函数（PSF），它表征光学系统的成像特性。对式（8-2）两侧进行傅里叶变换，得到在频域中图像退化的数学模型：

$$G=F\cdot H \tag{8-3}$$

式中，G 为退化图像 g 的频谱；F 为物 f 的频谱；H 为 h 的频谱，称为光学传递函数（OTF），表征光学系统的空间频率传递特性。

在考虑噪声的情况下，式（8-2）和式（8-3）分别为

$$g=f*h+n \tag{8-4}$$

和

$$G=F\cdot H+N \tag{8-5}$$

式中，n 为噪声；N 为噪声 n 的频谱。

8.3　高斯函数假设分析方法

8.3.1　高斯函数假设

高斯函数的形式为

$$y(x)=\mathrm{e}^{-\frac{(x-x_0)^2}{2\sigma^2}} \tag{8-6}$$

在概率论中，以此函数形式为基础的高斯分布形式为

$$p(x)=\frac{1}{\sqrt{2\pi\sigma^2}}\mathrm{e}^{-\frac{(x-x_0)^2}{2\sigma^2}} \tag{8-7}$$

式中，x_0为均值；σ^2为方差，它反映着高斯分布的离散程度。就高斯曲线而言，它表征着曲线的宽度。

高斯函数具有一些很有用的性质[4]：高斯函数的傅里叶变换和反变换仍是高斯函数；两个高斯函数相乘或相除仍是高斯函数，两个高斯函数卷积仍是高斯函数。本文假设光学传递函数 H 和退化图像的频谱 G 为高斯函数。根据光的衍射原理，焦面点扩散函数 h 的主峰为艾里斑[5]，其光强分布通常用高斯分布近似[6-8]；至于图像 g，事实上存在着高斯函数形式的图像，普通图像频谱的分布也与高斯分布相似。高斯函数没有过零处，使得在相除时不会出现无穷大的病态问题。采用高斯函数假设可以很方便地设置不同方差 σ^2 的 H 和 G 进行复原实验，并可以用表征高斯曲线宽度的方差作为评价指标对复原结果的频谱宽度进行观察和比较分析。

为计算和示图方便，实验和分析在一维空域 x 及频域 u 上进行。设高斯函数均值 $x_0=0$，$u_0=0$，并定义以下高斯函数：

$$h(x)=\mathrm{e}^{-\frac{x^2}{2\sigma_h^2}},\qquad H(u)=\mathrm{e}^{-\frac{u^2}{2\sigma_H^2}} \tag{8-8}$$

分别为光学系统的 PSF 和 OTF，σ_h^2和σ_H^2分别为高斯曲线 $h(x)$ 和 $H(u)$ 的方差；

$$f(x)=\mathrm{e}^{-\frac{x^2}{2\sigma_f^2}},\qquad F(u)=\mathrm{e}^{-\frac{u^2}{2\sigma_F^2}} \tag{8-9}$$

分别为原物函数及其频谱函数，σ_f^2和σ_F^2分别为高斯曲线 $f(x)$ 和 $F(u)$ 的方差；

$$g(x)=\mathrm{e}^{-\frac{x^2}{2\sigma_g^2}},\qquad G(u)=\mathrm{e}^{-\frac{u^2}{2\sigma_G^2}} \tag{8-10}$$

分别为像函数及其频谱函数，σ_g^2和σ_G^2分别为高斯曲线 $g(x)$ 和 $G(u)$ 的方差。

8.3.2　分析方法

实验和分析对 $H(u)$ 和 $G(u)$（以下简写为 H 和 G）曲线设定 $\sigma_H^2>{\sigma_G}^2$ 和 $\sigma_H^2=\sigma_G^2$两组方差，并且分无噪声和含噪声两种情况，计算不同复原方法的复原频谱曲线$\hat{F}(u)$（以下简写为$\hat{F}$）及其方差 $\sigma_{\hat{F}}^2$。

（1）$\sigma_H^2>\sigma_G^2$，取 $\sigma_H^2=4$，$\sigma_G^2=1$。这是一种通常情况，即曲线 G 在 H 以内，如图 8-1 (a) 所示。这种情况表明原物函数 $f(x)$ 是一个宽度为有限大小的高斯函数。

（2）$\sigma_H^2=4$，$\sigma_G^2=4$。这是一种极限情况，即曲线 G 和 H 重合，如图 8-1 (b) 所示。这种情况表明原物函数 $f(x)$ 是一个宽度为无限小的冲击函数，即 δ 函数。

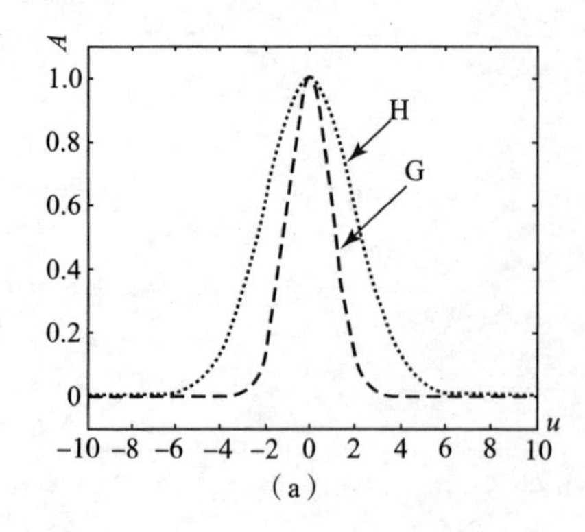

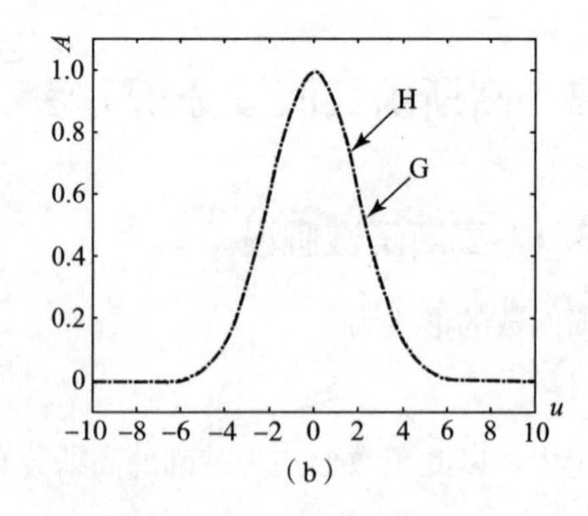

图 8－1　高斯曲线 *H* 和 *G*

(a) $\sigma_H^2=4$，$\sigma_G^2=1$；(b) $\sigma_H^2=4$，$\sigma_G^2=4$

在图 8－1～图 8－4 中，横轴表示频域 u，纵轴表示频率的振幅 A。图中曲线均进行了归一化处理。实验中对横轴区域［－10，＋10］的采样间隔为 0.1。图 8－2～图 8－4 只画出［0，＋10］的横轴区域，以表示实际的频谱曲线。

8.3.3　极限方差

如果复原图像 $\hat{f}(x)$ 的频谱 $\hat{F}$ 得到完全恢复，则有 $\hat{F}=F$。因此 F 的方差 σ_F^2 可以作为衡量 $\hat{F}$ 恢复情况的标准，它是不同复原方法频谱恢复的极限，本文称极限方差。在 σ_H^2 和 σ_G^2 设定时，H 和 G 即为已知，根据式（8－3）可以求得 F，其方差 σ_F^2 根据离散型方差公式[9]计算

$$\sigma^2 = \sum\nolimits_k (u_k - u_0)^2 p_k, \quad k = 1,2,\cdots \tag{8-11}$$

式中，u_k 为横轴的频谱采样值；u_0 为均值，这里为 0；p_k 为概率，即 $F(u)$ 曲线的采样值 $F(u_k)$。

8.3.4　方差比

为了分析比较不同复原方法恢复的频谱曲线情况，本章提出方差比 β 的评价指标，即 $\hat{F}(u)$ 的方差 $\sigma_{\hat{F}}^2$ 与极限方差 σ_F^2 之比：

$$\beta=\frac{\sigma_{\hat{F}}^2}{\sigma_F^2} \tag{8-12}$$

β 的值小于 1，越大表明 $\hat{F}$ 得到越好的恢复；如果 $\beta=1$，表明 $\hat{F}$ 得到完全恢复。

图 8－2 所示为设定两组 σ_H^2 和 σ_G^2 的高斯曲线 H 和 G 和计算得到的原物频谱 F。F 为频谱恢复的极限曲线。根据式（8－11），图 8－2（a）的极限方差 $\sigma_F^2=1.333\,3$。

图 8－2（b）中，G 与 H 曲线重合，其方差相等，$f(x)$ 如上所述是一个冲击函数。根据线性系统理论，冲击函数可以定义为方差 σ^2 趋向于 0、曲线下包含面积为 1 的高斯函数，其频谱函数为 Y 轴高度等于 1 的平直线[10]。图中的 F 曲线就是这条平直线，它是该情况下频谱恢复的极限曲线，其极限方差 σ_F^2 为无穷大。

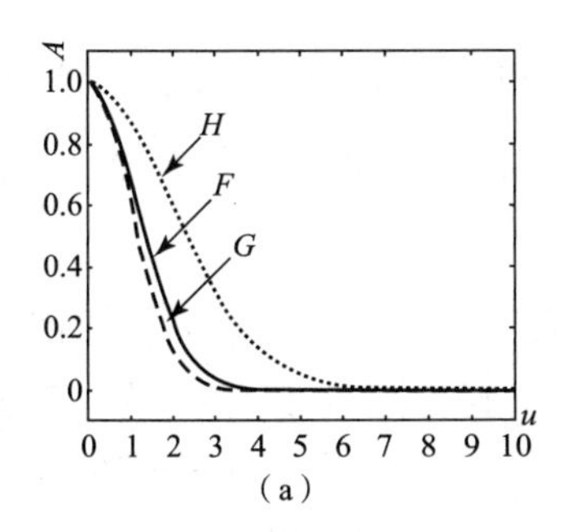

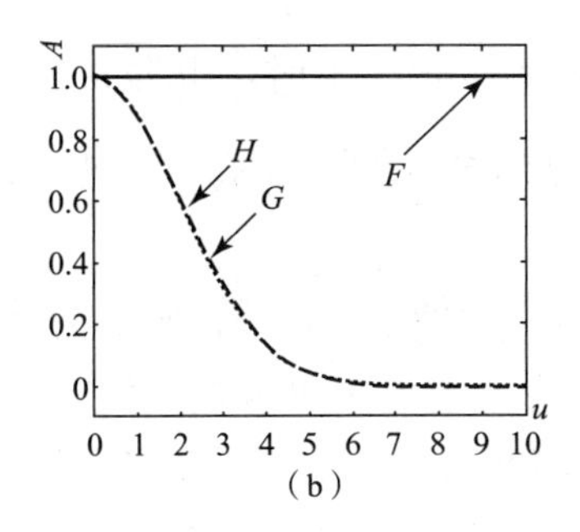

图 8-2　高斯曲线 *H*、*G* 和 *F*

(a) $\sigma_H^2=4$，$\sigma_G^2=1$；(b) $\sigma_H^2=4$，$\sigma_G^2=4$

8.4　实验计算及分析

8.4.1　约束最小平方滤波法（CLS 法）

CLS 法是以函数平滑为基础导出的线性复原方法，在频域中的形式为

$$\hat{F}(u)=\frac{H^{*}(u)}{|H(u)|^{2}+\alpha\,|P(u)|^{2}}G(u) \tag{8-13}$$

式中，$P(u)$ 为 f 的线性算子 Q 的傅里叶变换，Q 通常为拉普拉斯算子，α 为一可选常数。

采用 CLS 法对 G 进行复原处理，取 $\alpha=10^{-6}$，$Q=[1\ \ -4\ \ 1]$，处理结果如图 8-3 所示。图 8-3（a）和图 8-3（b）所示为设定的曲线 H、G 和无噪声理想情况下的复原频谱

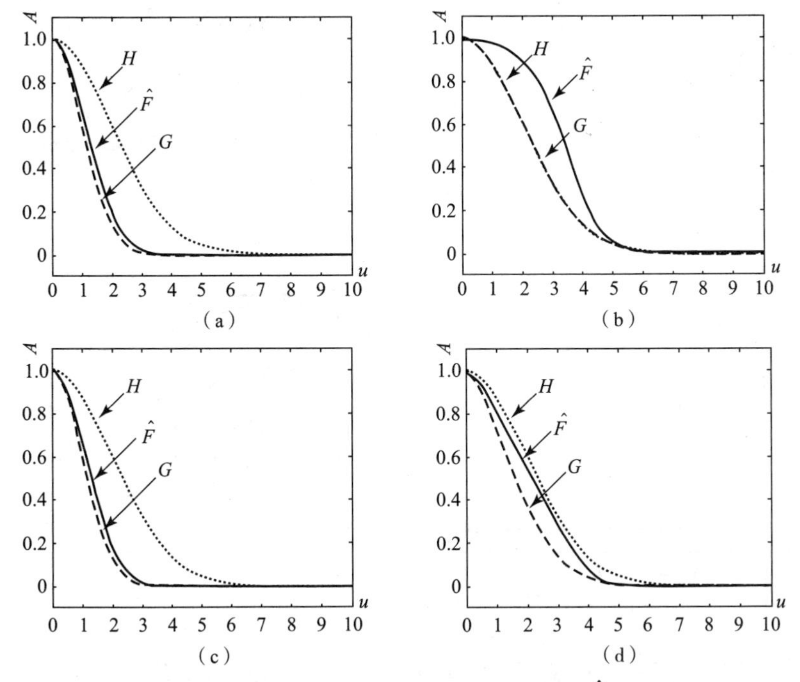

图 8-3　高斯曲线 *H*、*G* 和 CLS 法复原的 $\hat{F}$ 曲线

(a) $\sigma_H^2=4$，$\sigma_G^2=1$；(b) $\sigma_H^2=4$，$\sigma_G^2=4$；(c) $\sigma_H^2=4$，$\sigma_G^2=1$ 含噪声（SNR=50 dB）；
(d) $\sigma_H^2=4$，$\sigma_G^2=4$ 含噪声（SNR=50 dB）

曲线 $\hat{F}$。在 $\sigma_H^2=4$，$\sigma_G^2=1$ 时，根据式（8-11）和式（8-12）计算，$\hat{F}$ 曲线方差 $\sigma_F^2=1.2095$，方差比 $\beta=0.9071$；在 $\sigma_H^2=4$，$\sigma_G^2=4$ 时，$\sigma_F^2=4.8611$，$\hat{F}$ 曲线与平直线相比，差距不小。

图 8-3（c）和图 8-3（d）所示为含噪复原结果。在 $\sigma_H^2=4$，$\sigma_G^2=1$ 时，$\hat{F}$ 曲线方差 $\sigma_F^2=1.1460$，方差比 $\beta=0.8595$；在 $\sigma_H^2=4$，$\sigma_G^2=4$ 时，$\sigma_F^2=3.1743$，均小于无噪情况。

这表明，CLS 法在有无噪声情况下，复原频谱曲线得到了较好的恢复，无噪声频谱恢复好于含噪声的情况；在存在噪声的情况下没有出现异常的噪声放大现象，表明 CLS 法具有抑制噪声的特性。

8.4.2 最大似然法（PML 法）

PML 法是基于泊松分布的 Bayes 随机统计非线性复原算法。其迭代方程为

$$f^{n+1}=f^n\left[\left(\frac{g}{h*f^n}\right)\oplus h\right]^p \tag{8-14}$$

采用 PML 法对 G 进行复原处理，取 $p=1$。处理结果如图 8-4 所示。图中的 Fi1、Fi2、Fi3、Fi4、Fi5、Fi6 和 Fi7 分别为迭代 1、5、10、50、100、500、5 000 次的复原频谱曲线。

图 8-4（a）和图 8-4（b）所示为无噪声的复原结果。在 $\sigma_H^2=4$，$\sigma_G^2=1$ 时，Fi 曲线的

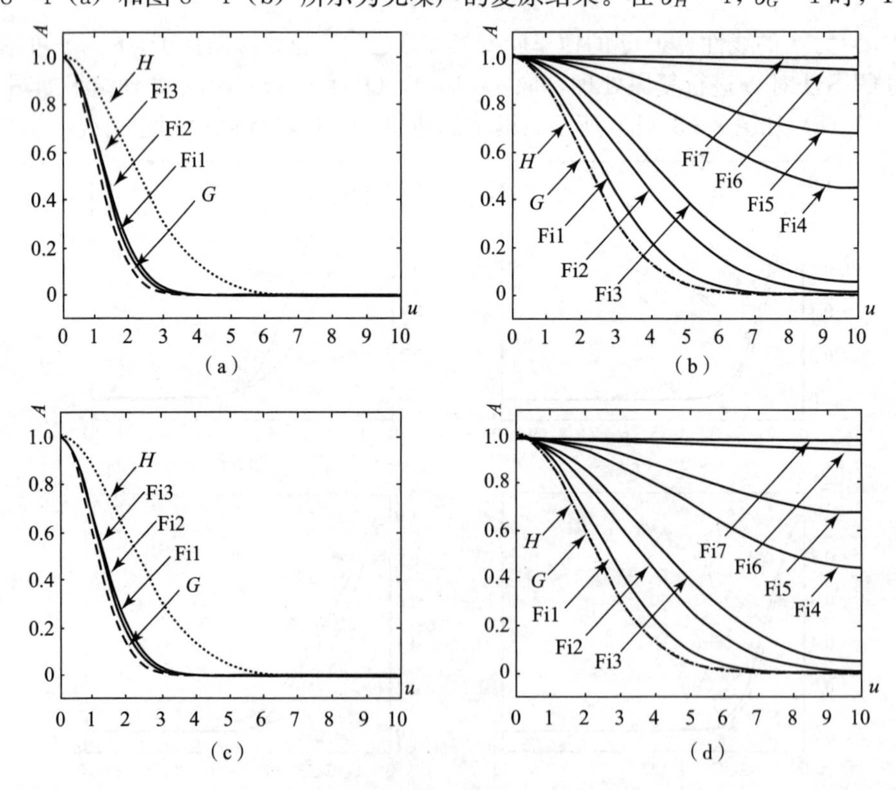

图 8-4　高斯曲线 H、G 和 PML 法复原的 $\hat{F}$ 曲线

(a) $\sigma_H^2=4$，$\sigma_G^2=1$；(b) $\sigma_H^2=4$，$\sigma_G^2=4$；(c) $\sigma_H^2=4$，$\sigma_G^2=1$ 含噪声（SNR=50 dB）；

(d) $\sigma_H^2=4$，$\sigma_G^2=4$ 含噪声（SNR=50 dB）

方差 σ_F^2 随迭代数 n 的增加从复原前的 $\sigma_G^2=1$ 趋向于极限方差 1.333 3，方差比 β 趋向于 1，如图 8-5（a）和表 8-1 所示。在 $\sigma_H^2=4$，$\sigma_G^2=4$ 时，σ_F^2 从复原前的 $\sigma_G^2=4$ 趋向于无穷大，Fi 曲线不断外推伸展，$n=5\ 000$ 时的频谱曲线 Fi7 基本成为平直线，最后趋向于高度 A 等于 1 的平直线，如图 8-4（b）所示。这表明 PML 法在无噪声情况下，图像频谱可以得到完全恢复。但需要无限次迭代。

图 8-4（c）和图 8-4（d）所示为含噪声复原结果。从图中可看出，复原结果与无噪声的理想情况类似。在 $\sigma_H^2=4$，$\sigma_G^2=1$ 的情况下，σ_F^2 从复原前的 $\sigma_G^2=1$ 趋向于 1.29，方差比 β 趋向于 0.965（<1），如图 8-5（b）和表 8-1 所示；$\sigma_H^2=4$，$\sigma_G^2=4$ 时，σ_F^2 从复原前的 $\sigma_G^2=4$ 趋向于无穷大，Fi 曲线趋向于高度 A 略小于 1 的平直线。这表明 PML 法在有噪声的情况下，图像频谱仍可以得到较好的恢复，具有较强的噪声抑制能力。方差比小于 1，表明有噪声时 PML 法不能完全恢复图像频谱。同时值得注意的是 Fi 曲线出现随机起伏的锯齿现象，迭代次数越多，信噪比越小，锯齿现象越明显。这是由于在不断的迭代复原过程中被抑制下去的噪声重新出现所致。

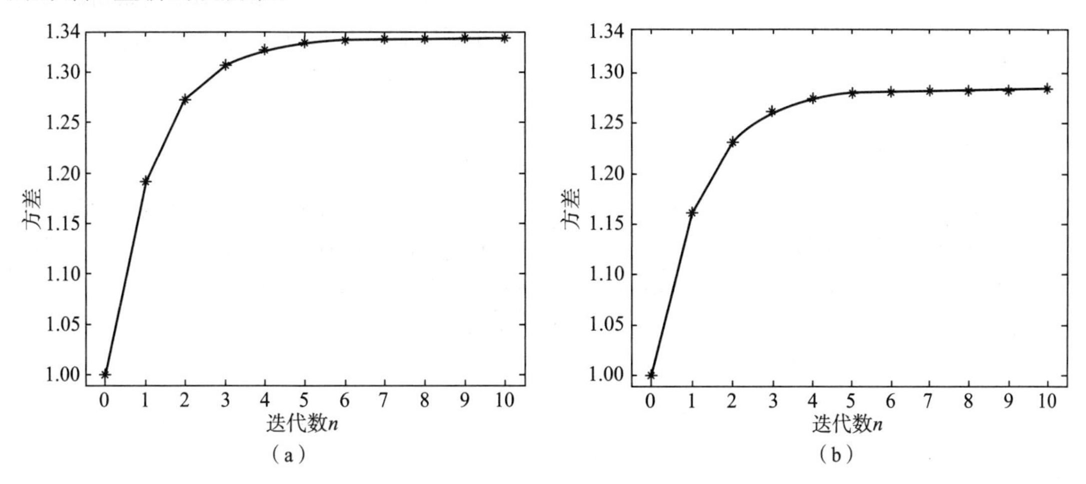

图 8-5　$\sigma_H^2=4$，$\sigma_G^2=1$ 时 PML 法的 Fi 方差 σ^2 曲线

（a）无噪声；（b）含噪声（SNR=50 dB）

表 8-1　PML 法复原频谱的方差比

迭代数 n	β（无噪声）	β（SNR=50 dB）
0	0.750 000 00	0.750 000 00
1	0.892 857 15	0.872 870 89
2	0.953 531 29	0.925 091 26
3	0.979 746 04	0.946 866 90
5	0.996 132 27	0.959 949 02
10	0.999 938 17	0.963 980 67
100	0.9999 93 81	0.964 583 75
5 000	0.999 999 82	0.964 914 63

对比两种算法复原的图像频谱曲线方差和方差比，可看出在无噪声和含噪声的情况下，PML 法获得的数据均明显大于 CLS 法，并且无噪声时可以趋向于极限方差或平直线，方差比 β 可以趋向于 1。这表明 PML 法的频谱曲线外推能力明显强于 CLS 法，噪声抑制特性也好于 CLS 法。

8.5 本章小结

本章提出了高斯函数假设的频谱分析方法，假设光学传递函数 H 和图像的频谱 G 为高斯函数，将方差 σ^2 作为频谱宽度的指标，提出了极限方差和方差比的概念，对图像复原算法进行分析和评价。分析中对 H 和 G 曲线设定 $\sigma_H^2 > \sigma_G^2$ 和 $\sigma_H^2 = \sigma_G^2$ 两组方差，并分无噪声和有噪声两种情况，对 CLS 法和 PML 法等两种图像复原方法复原的频谱 $\hat{F}$ 曲线、方差 $\sigma_{\hat{F}}^2$ 及其方差比 β 进行计算，结合计算结果对复原频谱进行比较和分析。分析方法利用高斯函数所具有的特性和反映曲线宽度的方差，定量地并且简便有效地实现了对 CLS 法和 PML 法获得的复原频谱进行计算和分析评价，是一种有效分析评价不同复原方法频谱恢复特性的新方法。

参考文献

[1] 章毓晋. 图像处理与分析（图像工程，上册）[M]. 北京：清华大学出版社，1999.

[2] Youla D C, Webb H. Image restoration by the method of convex projections [J]: Part 1-theory. IEEE Transaction Medical Imaging, 1982, MI-l: 81 - 94.

[3] Lucy L B. An iterative technique for the rectification of observed distributions [J]. The Astronomical Journal, 1974, 79(6): 745 - 765.

[4] Kenneth R C. Digital image processing [M]. Prentice-Hall International, Inc. 1998. Beijing: Higher Education Press, 2001: 159, 173.

[5] Kenneth R C. Digital image processing [M]. Prentice-Hall International, Inc. 1998. Beijing: Higher Education Press, 2001: 369.

[6] 钟山，沈振康. 高斯扩散特性图像地盲解卷积 [J]. 计算机工程与科学，2004，26(4): 42 - 44.

[7] 赵新，余斌，李敏，等. 基于系统辨识的显微镜点扩散参数提取方法及应用 [J]. 计算机学报，2004，27(1): 140 - 144.

[8] 陈朝阳，张桂林，张天序. 图象模糊点扩散函数的求解. 中国图象图形学报 [J]. 1999，4(A) 2: 120 - 123.

[9] 刘光祖. 概率论与应用数理统计 [M]. 北京：高等教育出版社，2001: 82.

[10] 麦伟麟. 光学传递函数及其数理统计 [M]. 北京：国防工业出版社，1979: 137, 190.

第9章
三维显微成像点扩散函数及其实现

三维显微成像点扩散函数3D-PSF在数字共焦显微技术的三维显微图像复原处理中，起着至关重要的作用。本章根据光学显微镜成像原理、显微物镜以及CCD传感器的技术指标，讨论3D-PSF的计算方法，在Matlab平台下设计实现3D-PSF的形成，设计实现数字共焦显微系统软件。

9.1 3D-PSF

根据三维显微图像退化模型：

$$g(x,y,z') = \int_{-\infty}^{\infty}\int_{-\infty}^{\infty}\int_{-\infty}^{\infty} f(x',y',z)h(x-x',y-y',z-z')\mathrm{d}x'\mathrm{d}y'\mathrm{d}z \tag{9-1}$$

它的频域表示：

$$G(u, v, w)=F(u, v, w)H(u, v, w) \tag{9-2}$$

其中，$h(x, y, z)$ 为3D-PSF。

式（9-1）表示一个物经过一个光学系统所成的像，数学上等于该物与表示该系统的3D-PSF的卷积。由3D-PSF的卷积产生的退化称为模糊，表现在人视觉上的直观反应为分辨率与清晰度的降低。在进行三维显微图像复原处理之前，必须知道光学系统的3D-PSF，它是描述光学系统的数学工具。3D-PSF估计的准确程度直接决定着图像复原效果，可以通过理论计算和实验测量获得。

在采用实验测量3D-PSF时[1]，实验者用一个直径尽量小的荧光小球在实验所要求的条件下成像，小球的直径可以设置为显微镜物镜分辨率极限的1/3。根据瑞利半径的定义，显微物镜极限分辨率为1.22λ/NA，那么可以设置小球的直径为0.41λ/NA。理论上的3D-PSF是关于光轴上下对称和在垂直光轴的平面上圆形对称的，但在实际的显微成像系统中，由于光的特性和光学器件的问题等原因，成像系统通常不能满足线性移动不变系统的要求，因此，通过测量得到3D-PSF在径向以及轴向上都会产生相应的形变。

通过实验获得3D-PSF的过程是非常复杂的，而且实验所要求的条件也是相当苛刻的。本章主要讨论理论计算的方法，所有这些计算均在Matlab 7.8中实现。

9.1.1 3D-PSF计算

散焦光学系统的光学传递函数（OTF）可以由下式计算得出[2]：

$$H(w,\ q)=\frac{1}{\pi}\ (2\beta-\sin2\beta)\cdot \mathrm{jinc}\left[4kw\left(1-\frac{|q|}{f_c}\right)\frac{q}{f_c}\right] \tag{9-3}$$

式中，w 为散焦光程差。当 $w=0$ 时，式（9－3）即为焦平面处的 OTF。不同散焦量的 OTF，通过不同的散焦值 w 的计算得到。分别对每个 OTF 作二维傅里叶变换之后，能够获得基于不同散焦值的 PSF，这些二维 PSF 层叠起来，即构成系统的 3D-PSF。

式（9－3）表示的 OTF 关于 w 上下对称，关于 u 和 v 圆对称，因此在这里可以运用 Hankel 变换取代傅里叶变换来简化计算。

9.1.2　Hankel 变换

若二维函数 $f(x,\ y)$ 具有圆对称性，则函数可以用极坐标表示为

$$f(x,\ y)=f_r(r) \tag{9-4}$$

且 $x^2+y^2=r^2$，r 为平面中的点到圆心的距离。

$f(x,\ y)$ 的傅里叶变换

$$F\{f(x,y)\}=\int_{-\infty}^{\infty}\int_{-\infty}^{\infty}f(x,y)\mathrm{e}^{-\mathrm{j}2\pi(ux+vy)}\mathrm{d}x\mathrm{d}y=\int_{0}^{\infty}\int_{0}^{2\pi}f_r(r)\mathrm{e}^{-\mathrm{j}2\pi qr\cos(\theta-\varphi)}r\mathrm{d}r\mathrm{d}\theta \tag{9-5}$$

由 $x+\mathrm{j}y=r\mathrm{e}^{\mathrm{j}\theta}$，$u+\mathrm{j}v=q\mathrm{e}^{\mathrm{j}\varphi}$ 并整理式（9－5），将积分也用极坐标表示，由第一类 0 阶 Bessel 函数定义：

$$\mathrm{J}_0(z)=\frac{1}{2\pi}\int_{0}^{2\pi}\mathrm{e}^{-\mathrm{j}z\cos(\theta)}\mathrm{d}\theta \tag{9-6}$$

可以得到

$$F\{f(x,y)\}=2\pi\int_{0}^{\infty}f_r(r)\mathrm{J}_0(2\pi qr)r\mathrm{d}r \tag{9-7}$$

同理，若函数 $F(u,\ v)$ 关于$(u,\ v)$ 圆对称，则 $F(u,\ v)$ 可以写成径向频率 q 的函数 $F_r(q)$，也就是说，$f(x,\ y)$ 的傅里叶变换可以由 $f_r(r)$ 求得。

定义 Hankel 变换为

$$\begin{cases}F_r(q)=2\pi\int_{0}^{\infty}f_r(r)\cdot\mathrm{J}_0(2\pi qr)r\mathrm{d}r & \text{正变换}\\ f_r(r)=2\pi\int_{0}^{\infty}F_r(q)\cdot\mathrm{J}_0(2\pi qr)q\mathrm{d}q & \text{逆变换}\end{cases} \tag{9-8}$$

从式（9－8）可以看出：Hankel 变换与傅里叶变换类似，只是其积分核变成了 Bessel 函数，$f_r(r)$ 和 $F_r(q)$ 是 Hankel 正逆变换对，因此，将根据式（9－3）计算得到的每一个对应不同散焦光程差 w 的 $\mathrm{H}(q)$，代入式（9－8）的 Hankel 逆变换公式，可以得到极坐标形式的点扩散函数 $f_r(r)$。这样就将二维的问题转换成了一维问题，同样对于每一个散焦量 $\mathrm{i}\Delta z$，均可以得到一个 $f_r(r)$。

在一些应用场合，如果系统的冲积函数或者传递函数是圆对称的，Hankel 变换就十分有用。此时，圆对称的傅里叶变换可以转为一维 Hankel 变换，简化了计算量。

Hankel 变换的实现过程：

在数字图像中，得到的是经过采样后的离散值，因此 Hankel 变换要根据离散形式的变换公式实现。

求得式（9－8）的离散形式：

$$\begin{cases} F_r(i\Delta q) = 2\pi\sum_{i=0}^{N-1} f_r(r)\cdot \mathrm{J}_0(2\pi i\Delta q r)r\Delta r & \text{正变换} \\ f_r(i\Delta r) = 2\pi\sum_{i=0}^{N-1} F_r(q)\cdot \mathrm{J}_0(2\pi q i\Delta r)q\Delta q & \text{逆变换} \end{cases} \tag{9-9}$$

在这里用的是 Hankel 逆变换，对于极坐标上的每个点（$i\Delta r$，θ），都可以通过式（9－9）的逆变换公式，求得它对应的 $f_r(i\Delta r)$ 值。

这时就需要确定 Δr 的大小。可以设置 Δr 的值为物平面上单个像素的大小值，进行逆变换求解。Spix 就是物平面像素的大小，$ff(kk)$ 即为极坐标中的点扩散函数，OTF2(kk) 为式（9－9）中的 $F_r(q)$。

9.1.3　CCD 相关参数的确定

如何确定物平面上单个像素的大小值，是 3D-PSF 计算需要考虑的问题。数字共焦显微系统中，成像面放置 CCD 靶面。因此，物平面上单个像素的大小由处于像面 CCD 的像素大小值决定。下面将讨论物平面像素与 CCD 像素之间的关系。

CCD 是 20 世纪 70 年代初发展起来的一种新型的半导体感光器件。CCD 感光面（CCD 靶面）可以理解为由众多像素点组成的一个阵列，这些像素点以一定的形式相互连接，就如同一个平面直角坐标系。如果某一样本成像在 CCD 靶面上，如一个方形，经过 CCD 所连的计算机，就可以计算方形的中心点的坐标位置与图形的大小等信息。

如图 9－1 所示，在像平面上放置了 CCD 相机以便采集二维图像序列。为了说明物平面与 CCD 对应像素的关系，在这里将物平面与像平面的像素阵列画在图 9－2 中。

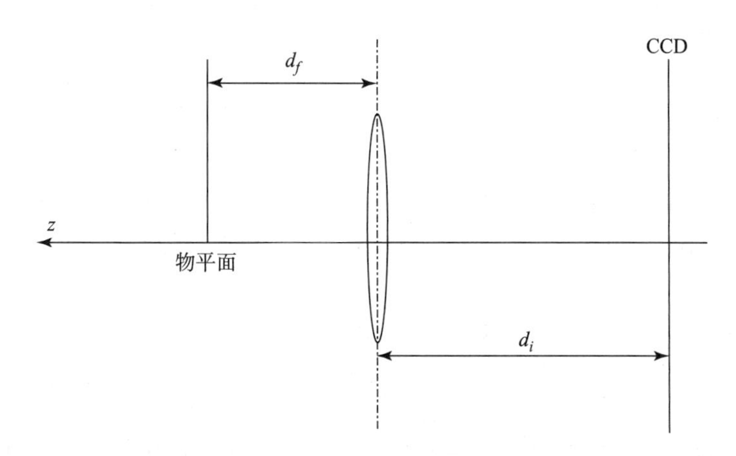

图 9－1　物平面与 CCD

若成像系统的放大倍数为 M，$M=d_i/d_f$，则物平面上坐标为（x_i，y_i）的点在 CCD 上的对应点的坐标为（Mx_i，My_i）。这就是说，物平面上大小为 Δr 的像素点，在 CCD 上的对应像素点的大小为 $M\Delta r$，由于 CCD 上的像素点大小是可以计算出来的，因此必须先计算出 CCD 上的像素点大小。这个值可以由 CCD 的感光面的尺寸和像素数求得。

如图 9－2 所示，(a) 图代表物平面（焦平面）像素，(b)、(c) 图代表像素数或者分辨率不相同时的 CCD 上的像素分布。物平面上的像素点与 CCD 上的像素点一一对应。当放大

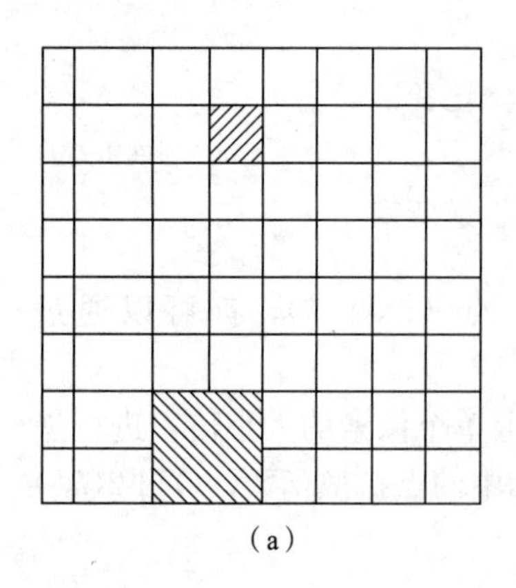

(a)

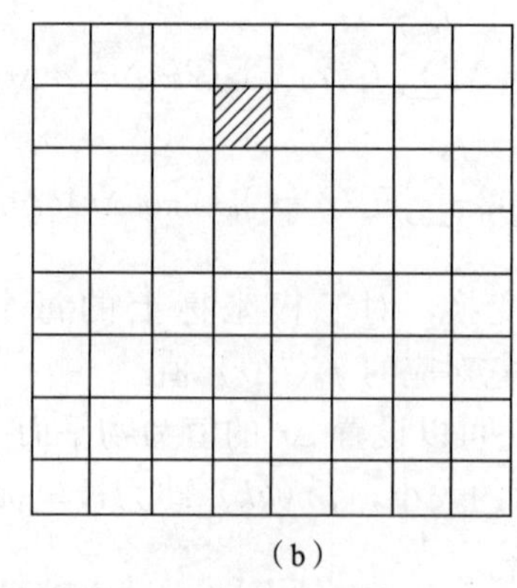

(b)

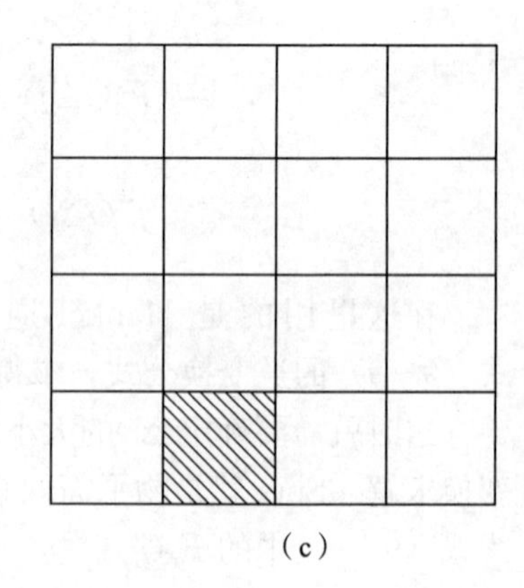

(c)

图 9-2　物平面与 CCD 像素

(a) 物平面像素；(b) 分辨率较高的 CCD 像素；(c) 分辨率较低的 CCD 像素

倍数 M 确定后，对于同样大小的 CCD，CCD 上像素数目越多，则 CCD 上单个像素越小，对应的焦平面上的单个像素也越小。因此，要知道物平面上的像素大小，必须先确定 CCD 像素的大小。

CCD 单个像素大小的确定：

CCD 单个像素的大小可以由它的靶面尺寸与分辨率共同确定。CCD 的标定尺寸与靶面尺寸的关系如表 9-1 所示。

表 9-1　CCD 的标定尺寸与靶面尺寸的关系

规格/in		1/4	1/3	1/2	2/3	1
CCD 靶面尺寸	对角线/mm	4.5	6	8	11	16
	H 水平/mm	3.6	4.8	6.4	8.8	12.8
	V 垂直/mm	2.7	3.6	4.8	6.6	9.6

用 CCD 采集图像时，获得的是以像素为单位的图片，如图片大小 640×480 像素，此时，我们可以计算出 CCD 像素大小值，设为 ΔR，且分辨率（像素数）为 $m\times n$，CCD 靶面尺寸为 $H\times V$，则

$$\Delta R=H/m\text{，或 }\Delta R=V/n \tag{9-10}$$

此时，焦平面的像素大小 Δr 可以计算出来：

$$\Delta r=\Delta R/M \tag{9-11}$$

例如，CCD 的大小为 1/3 in①，当分辨率即 CCD 像素数设定为 640×480 时，按照表 9-1 所示的 CCD 尺寸与式（9-10）、式（9-11），可以求得靶面水平尺寸 $H=4.8$ mm，CCD 像素大小 $\Delta R=H/m=4.8/640=0.0075$（mm）$=7.5$（μm）。若放大倍数 $M=10$，则物平面像素大小 $\Delta r=\Delta R/M=H/(m\times M)=4.8/(640\times 10)=0.75$（μm）。若放大倍数 $M=40$，则物平面像素大小 $\Delta r=\Delta R/M=H/(m\times M)=4.8/(640\times 40)=0.1875$（μm）。

当 CCD 分辨率（像素数）设定为 768×576 时，CCD 像素大小 $\Delta R=H/m=4.8/768=$

① 1 in（英寸）$=2.54$ cm。

0.0037 5（mm）= 6.25（μm）。若放大倍数 $M=10$，则物平面像素大小 $\Delta r=\Delta R/M=H/(m\times M)=4.8/(768\times10)=0.625$（μm）。若放大倍数 $M=40$，则物平面像素大小 $\Delta r=\Delta R/M=H/(m\times M)=4.8/(768\times40)=0.156\ 25$（μm）。

其他参数的确定：

参照式（9－3），需要的其他参数如下：

显微镜参数：物镜数值孔径 NA，其定义为：$NA=n\cdot\sin\alpha$，α 为物镜的孔径角[2]。NA 由厂家标定，已知；物镜放大倍数 M，由厂家标定，已知。

照明光参数：波长 λ，已知。

极限频率 f_c：$f_c=1/r_0=\alpha/(\lambda d_i)=2NA/\lambda$。

光程差 $w=\Delta z\cdot\dfrac{NA^2}{2}$，其中 Δz 为样本散焦值，即切片的间距，大小可以根据实际情况设置，对于光学切片的每一层，均有一个散焦值与之对应。据此可以计算出光学传递函数的值。

9.1.4　坐标变换

现在极坐标形式的点扩散函数 $h(r)$ 已求出，要计算得到直角坐标下的 $h(x, y)$ 必须首先经过坐标变换，而平面直角坐标与极坐标的关系为：$x=r\cos\theta$，$y=r\sin\theta$。

利用这一等式，在 Matlab 7.8 中编写坐标变换函数：PolarToIm.m。其完整的形式为 function imR = PolarToIm (imP，rMin，rMax，Mr，Nr)，imP 是极坐标下的图像数组。rMin、rMax 是半径 r 的取值范围，此时都已经被归一化为［0，1］中的 double 型。Mr、Nr 是直角坐标下的输出数组的大小，imR 就是输出的直角坐标图像数组。当直角坐标数组 imR 中的点不在极坐标 imP 中时，程序中做了一个双线性插值处理（bilinear interpolation）处理。

经过双线性插值之后，此时输出的就是需要的直角坐标形式下的点扩散函数 $h(x, y)$ 了。按照之前讨论的方法，对于不同的散焦值 $i\Delta z$，$i=0$，±1，±2，$\pm3\cdots$，均有一个 $h(x, y)$ 与之对应，将这些 $h(x, y)$ 按照次序层叠起来，即为系统的 3D-PSF。

9.1.5　3D-PSF 归一化

计算好的 3D-PSF，可以用于对采集到的图像进行图像复原实验，为了让图像在与 3D-PSF 卷积前后的总能量不变，可以对 3D-PSF 进行归一化处理。归一化的原则为：让 PSF 各点累加的总和为 1，而各点的比例不变。而且经过归一化处理后，3D-PSF 中的每一个点在其中所占的比例也非常直观，即可以明显看出其能量分布。

9.2　软件设计与实现

9.2.1　3D-PSF 软件

根据 9.1 节关于 3D-PSF 的计算过程，用 Matlab 7.8 编写三维 PSF 制作软件。

1. 操作界面

3D-PSF 的制作软件界面如图 9-3 所示。

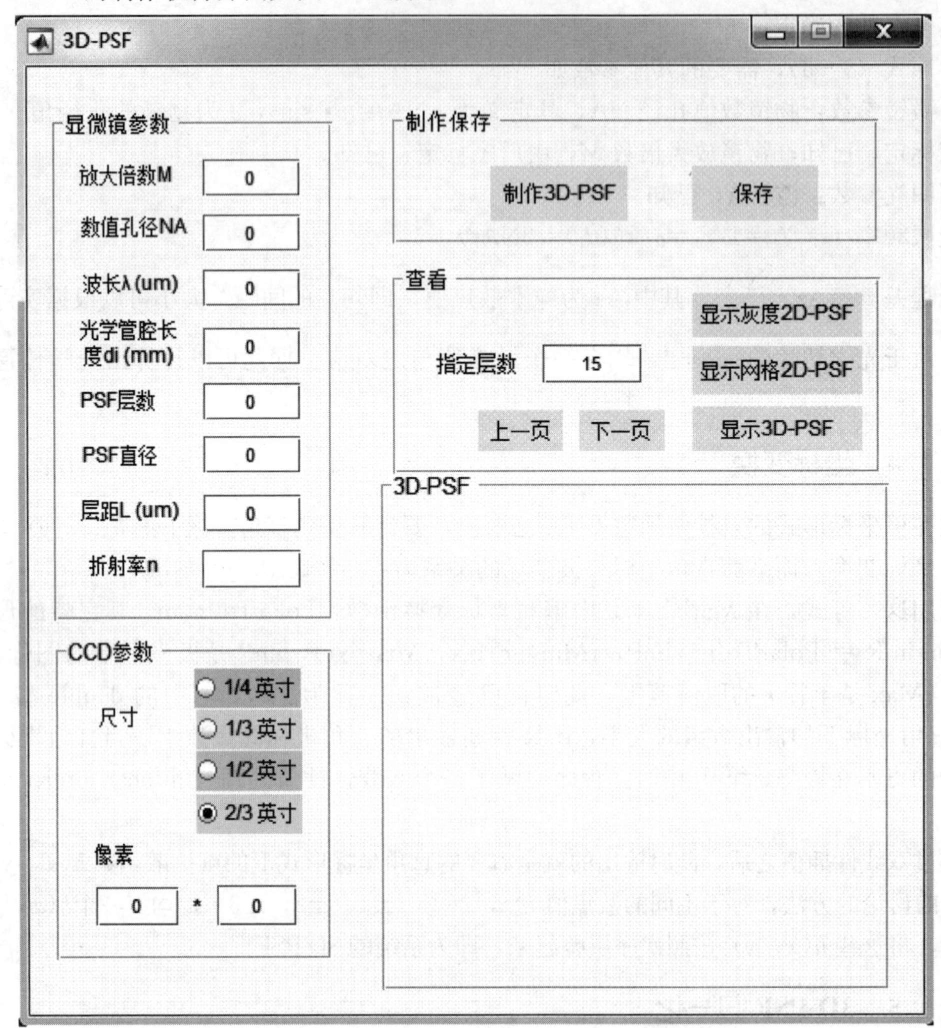

图 9-3　3D-PSF 制作软件界面

2. 输入参数

制作 3D-PSF，需要的参数如下：
显微镜参数：数值孔径 NA，放大倍数 M，波长 λ，显微镜管腔长度 d_i。
3D-PSF 参数：3D-PSF 的层数，直径（径向大小）和层距。
CCD 参数：1）尺寸常见的有 1/4 in、1/3 in、1/2 in 以及 2/3 in 等；2）CCD 像素数。
光传输媒介折射率 n。

3. 制作结果保存

单击“制作 3D-PSF”，可以制作 3D-PSF，单击“保存”，将制作的 3D-PSF 保存在自己想要的路径。保存格式为 . mat 文件，需要时可由 load 命令调用。

图 9 - 4 所示为输入参数之后生成 PSF 的界面。单击“显示 2D-PSF”，并在指定层数中输入“5”，3D-PSF 的第 5 层显示在界面的右下角。

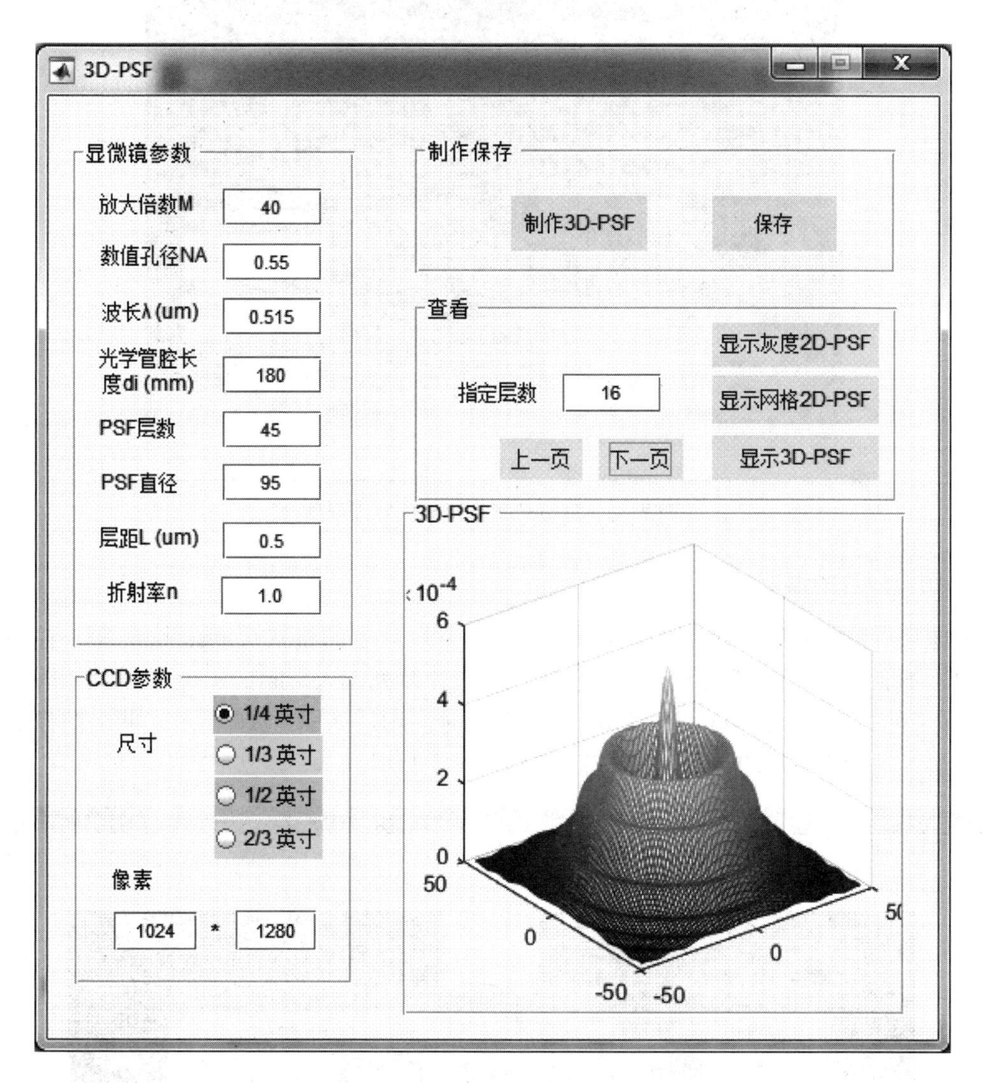

图 9 - 4　输入参数之后 3D-PSF 制作图

当制作保存好需要的 3D-PSF 后，就可以利用它来做后续的图像复原处理了，将复原之后的二维图像切片序列经过三维重建并在显示器中显示，就可以看到三维状态下的生物样本。

9. 2. 2　数字共焦显微系统软件

数字共焦显微系统软件界面如图 9 - 5 所示。软件系统包括两部分：图像处理模块和图像采集控制模块。图像处理模块的功能主要是对采集模块采集到的切片图像进行复原、重建等相关操作。图像采集控制模块主要完成对图像采集装备的一些控制。

图像处理部分的功能主要有：图像切片的读取、三维图像复原与三维重建。

图 9-5　数字共焦显微系统软件界面

1. 图像切片的读取

图像采集系统采集到的二维切片图像序列通常以一定的格式（jpg、bmp 等）存储在计算机中，不能直接被 Matlab 处理，需要将这些图片序列读入 Matlab，形成三维矩阵，保存成 .mat 文件并存储在计算机中，Matlab 可以随时调用，如图 9-6 所示。调出图像后，可以用矩形工具将感兴趣的区域裁剪出来，如图 9-7 所示。

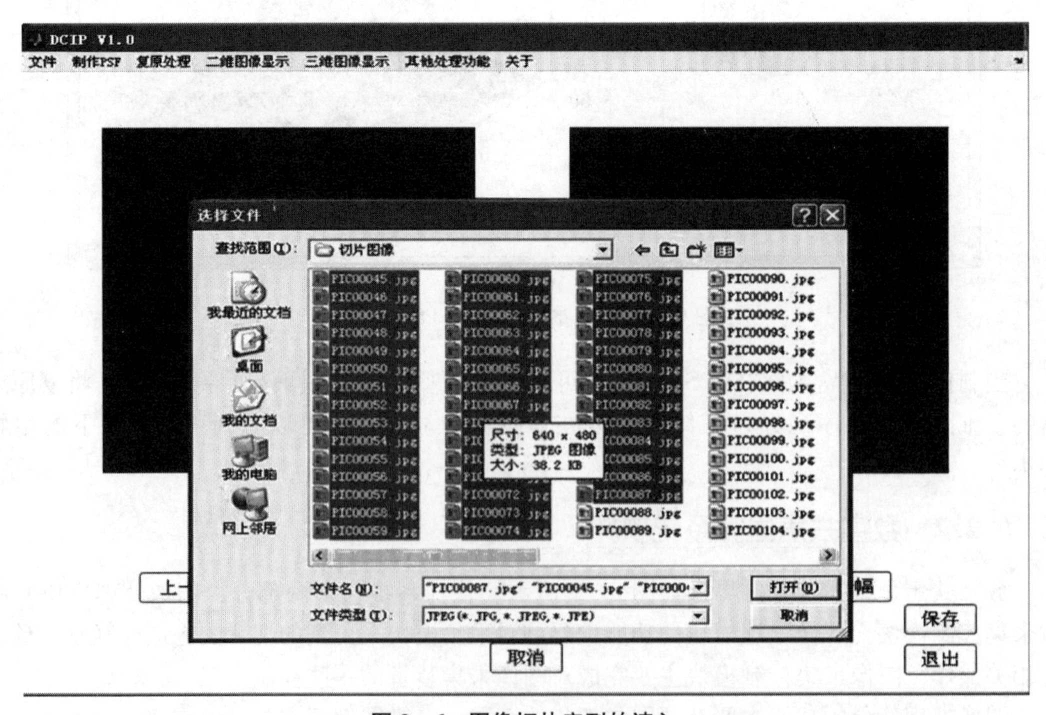

图 9-6　图像切片序列的读入

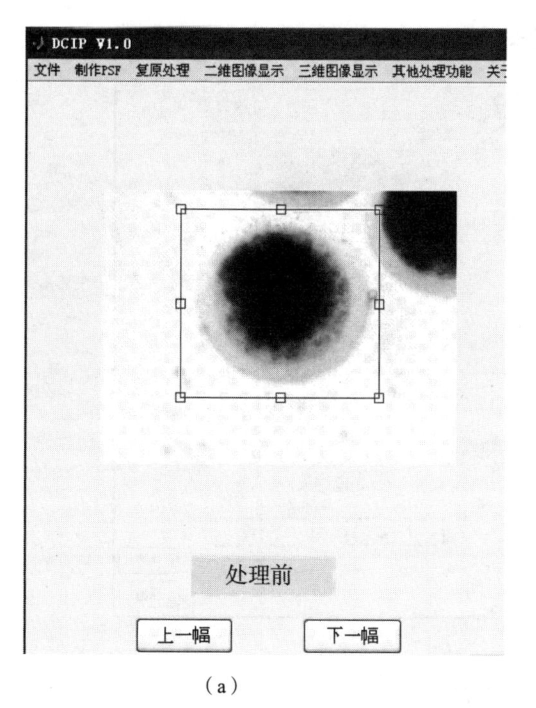

（a）

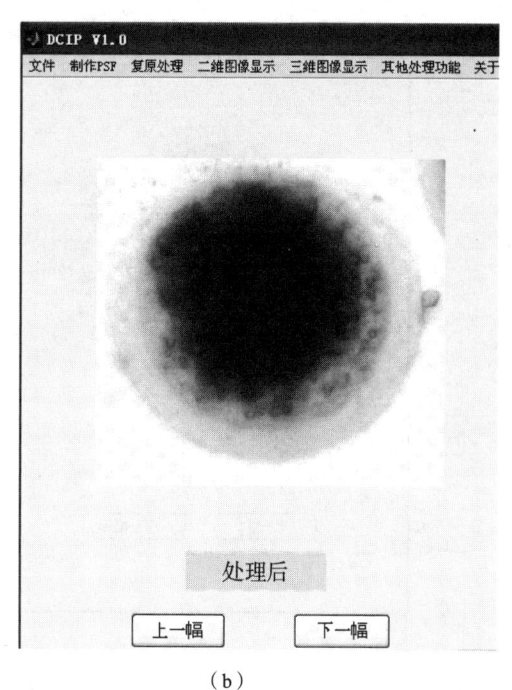

（b）

图 9-7　图像的裁剪

(a) 图像裁剪前；(b) 图像裁剪后

对于已经有的 .mat 三维图像，单击"文件"菜单下的"打开已有 3D 图像"就能读入三维图像数据并进行处理。

2. 三维图像复原

软件中实现了三种图像复原算法：最大似然法、维纳滤波法和 MPMAP 算法。如图 9-8（a）所示，可以在这三种算法中进行选择，并输入相应算法的参数。例如，选择 MPMAP 算法并输入参数后的复原效果如图 9-8（b）所示。输入参数为：garma＝18，beta＝0.2，迭代次数：200。

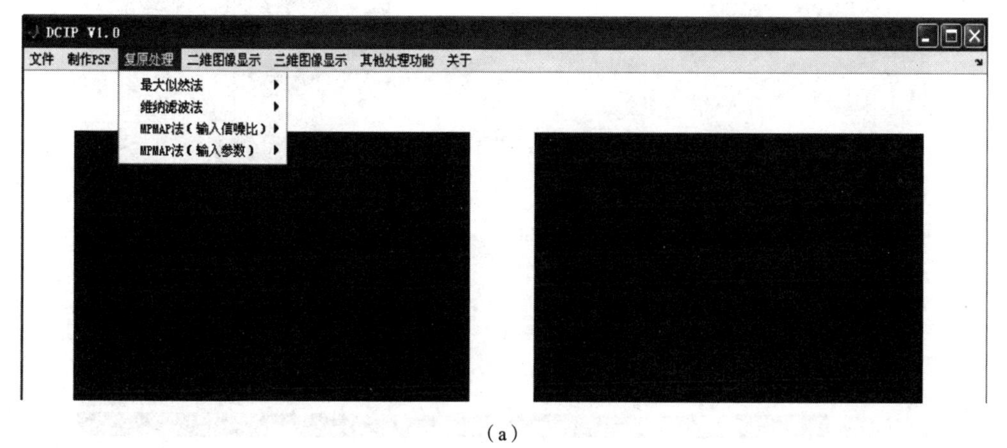

（a）

图 9-8　图像复原界面

(a) 图像复原算法选择

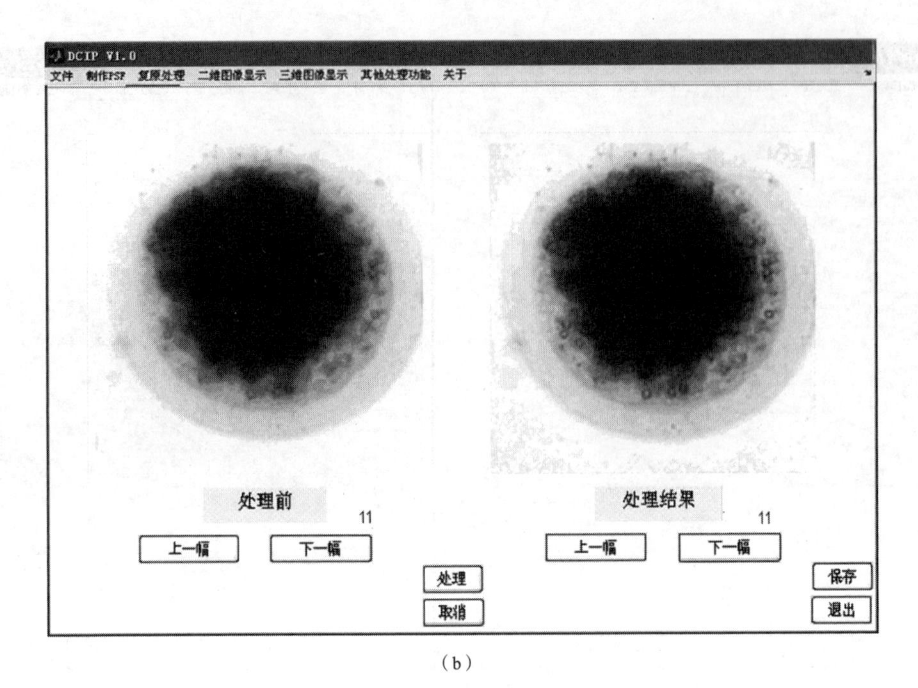

（b）

图 9-8　图像复原界面（续）

（b）图像复原效果

3. 三维重建

单击主菜单上的“三维图像显示”，就可进入三维重建界面。将经过三维图像复原的切片序列读入。调节阻光度等，就能得到复原后细胞图像的三维显示，如图 9-9 所示。

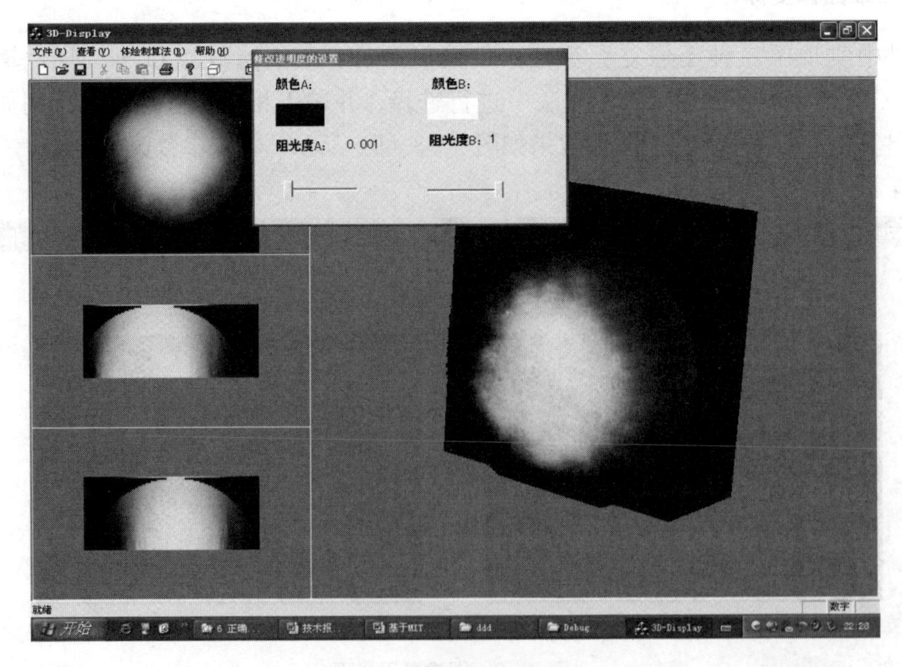

图 9-9　三维图像重建界面

9.3　本章小结

根据光学衍射与散焦的知识，结合 CCD 传感器的特点及参数，对光学传递函数和 3D-PSF 的计算方法进行研究，在 Matlab 平台下实现了 3D-PSF 的生成软件，并设计实现了数字共焦显微系统软件。

参 考 文 献

[1] Preza C, Conchello J A. Theoretical development and experimental evaluation of imaging models for differential-interference-contrast microscopy [J]. Opt. Soc. Am. A, 1999, 16(9): 1593 - 1601.

[2] [美] Castleman K R. 数字图像处理 [M]. 朱志刚，等译. 北京：电子工业出版社，2002：479 - 480.

第 10 章
物镜移动下的三维显微图像采集方式

在数字共焦显微技术的三维显微成像模型和三维显微图像复原理论中，序列切片图像的采集及获取，是假设光学显微镜物镜及像面固定不变，通过等间隔移动载物台的生物组织或细胞来实现的[1]。即采用固定物镜、驱动载物台移动的方式获得物镜与生物样本相对位移。然而，相对于驱动结构比较复杂、重量较大的载物台移动，驱动轻盈小巧的物镜在技术上更容易实现。在这种序列切片图像采集方式下，载物台保持固定不动，通过压电陶瓷等驱动物镜移动，实现物镜和载物台之间纳米级的高精度相对微位移。然而在物镜移动的过程中，显微成像系统的参数会发生变化，这种变化会对点扩散函数造成多大的变化，对三维显微图像复原效果会产生多大的影响？本章将进行这方面的研究。

10.1　系统设计

数字共焦显微系统可以由光学显微镜、CCD 相机、图像采集卡、压电陶瓷物镜驱动器和计算机等部分组成，如图 10－1 所示。显微镜的物镜由压电陶瓷驱动，控制物镜上下移动，运用计算机实现图像数据的处理及系统控制功能。而压电陶瓷驱动器的控制可由单片机控制部件实现。

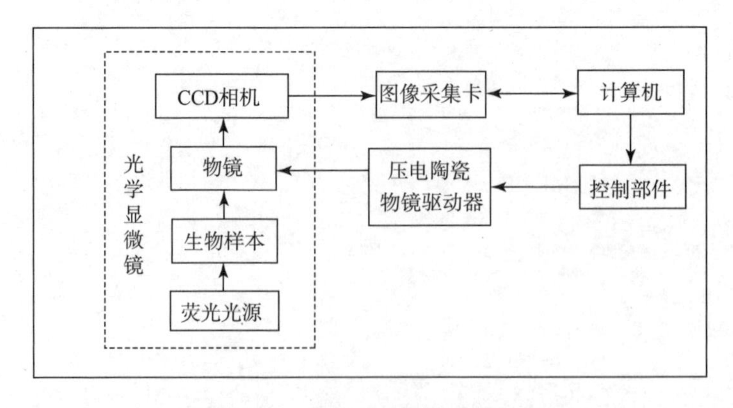

图 10－1　数字共焦显微系统结构

10.2　光学系统点扩散函数误差分析

将显微镜光学系统简化为图 10－2 的情形。图 10－2 中，z 为仪器光轴方向。初始时透镜 A 于点 O_1，焦平面 B 位于 D_1，C 为像平面，透镜 A 从 O_1 移动 Δz 后到达 O_2，相应的焦平面 B 移动 Δz_1 后到达 D_2，像平面不变。下面将在此坐标下分析透镜沿光轴移动产生的点扩散函数误差。

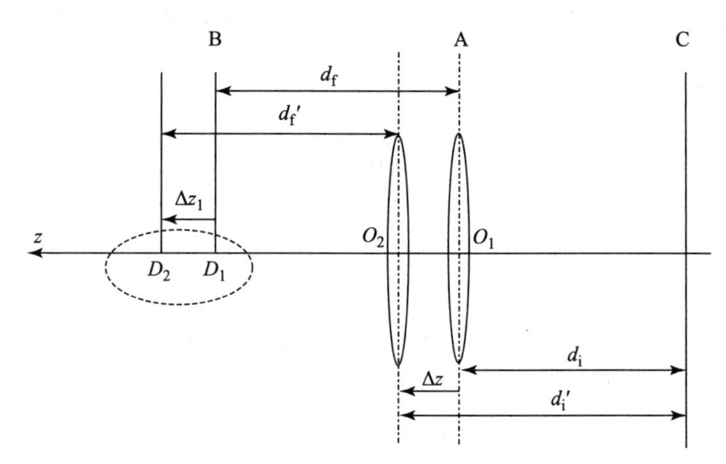

图 10-2　沿光轴移动产生的位置误差原理图

设初始时，透镜 A 位于点 O_1，由透镜成像公式：

$$\frac{1}{d_i}+\frac{1}{d_f}=\frac{1}{f} \tag{10-1}$$

如果物镜沿光轴移动量为 Δz，到达位置 O_2，由式（10-1）可得：$\frac{1}{d_f'}+\frac{1}{d_i+\Delta z}=\frac{1}{f}$，此时的焦平面距透镜的距离为

$$d_f'=d_f-\frac{d_f^2}{d_i^2+d_i\cdot\Delta z+d_f\Delta z}\cdot\Delta z \tag{10-2}$$

观察式（10-2）的分母，由于 $\Delta z\cdot d_i$、$\Delta z\cdot d_f$，其分母主要由 d_i^2 决定，因此式（10-2）可以近似为

$$d_f'=d_f-\frac{d_f^2}{d_i^2}\cdot\Delta z \tag{10-3}$$

其中，$d_i/d_f=M$，M 是成像透镜的放大倍数，由厂家标定。

因此，当透镜向前移动 Δz 时，焦平面并没有移动 Δz，而是移动了约

$$\Delta z_1=\Delta z-\frac{d_f^2}{d_i^2}\cdot\Delta z=\Delta z-\frac{1}{M^2}\cdot\Delta z=\left(1-\frac{1}{M^2}\right)\cdot\Delta z \tag{10-4}$$

此时的放大倍数约为

$$M'=\frac{d_i+\Delta z}{d_f'}=M+\left(1+\frac{1}{M}\right)\cdot\Delta z/d_f\approx M+\Delta z/d_f \tag{10-5}$$

由数值孔径的定义[2]：

$$\mathrm{NA}=n\cdot\sin\alpha\approx a/(2d_f) \tag{10-6}$$

式中，α 为透镜的孔径角；a 是透镜孔径半径。

由式（10-6）可以得到，此时的数值孔径为

$$\mathrm{NA}'=n\cdot\sin\alpha'\approx a/(2\cdot d_f')=\mathrm{NA}_0\cdot(d_f/d_f')=\mathrm{NA}_0\cdot\frac{1}{1-\frac{1}{M^2}\cdot\frac{\Delta z}{d_f}}\tag{10-7}$$

NA_0是物镜的标定数字孔径，M通常较大，而$\Delta z\ll d_f$，可以定性地判断数值孔径的改变量也应该很小。

由散焦光程差w与数值孔径的关系[2]：

$$w=K\frac{\mathrm{NA}^2}{2}\tag{10-8}$$

和散焦光学传递函数的公式[2]：

$$H(w,q)\approx\frac{1}{\pi}(2\beta-\sin2\beta)\cdot\mathrm{jinc}\left[4kw\left(1-\frac{|q|}{f_c}\right)\frac{q}{f_c}\right]\tag{10-9}$$

可以看出，当透镜的数值孔径发生了改变时，光学传递函数也会跟着发生变化，进而影响点扩散函数，造成误差。其中式（10－8）中K为样本空间散焦距离。

为了在数量上说明误差的大小，表10－1、表10－2分别列出了透镜为$M=10$，NA＝0.25和$M=40$，NA＝0.65时，因为透镜移动而产生的各个参数以及点扩散函数变化。已知d_i为160 mm。

表10－1　$M=10$，NA＝0.25时显微镜各参数变化

位移量Δz/μm	−20	−15	−10	−5	0	5	10	15	20
像距d_i/μm	159 980	159 985	159 990	159 995	160 000	160 005	160 010	160 015	160 020
焦平面距离d_f/μm	16 000.2	16 000.15	16 000.1	16 000.05	16 000	15 999.95	15 999.9	15 999.85	15 999.8
放大倍数M	9.998 625	9.998 969	9.999 313	9.999 656	10	10.000 34	10.000 69	10.001 03	10.001 38
数值孔径NA	0.249 997	0.249 998	0.249 998	0.249 999	0.25	0.250 001	0.250 002	0.250 002	0.250 003
$\Delta NA/NA_0$	−0.001 25	−0.000 94	−0.000 63	−0.000 31	0	0.000 312	0.000 625	0.000 937	0.001 25
中心点center	0.012 507	0.012 509	0.012 51	0.012 511	0.012 511	0.012 511	0.012 51	0.012 509	0.012 507
均方差MSE	7.49E-09	4.22E-09	1.87E-09	4.69E-10	0	4.69E-10	1.87E-09	4.21E-09	7.49E-09

表10－2　$M=40$，NA＝0.65时显微镜各参数变化

位移量Δz/μm	−20	−15	−10	−5	0	5	10	15	20
像距d_i/μm	159 980	159 985	159 990	159 995	160 000	160 005	160 010	160 015	160 020
焦平面距离d_f/μm	4 000.013	4 000.009	4 000.006	4 000.003	4 000	3 999.997	3 999.994	3 999.991	3 999.988
放大倍数M	39.994 88	39.996 16	39.997 44	39.998 72	40	40.001 28	40.002 56	40.003 84	40.005 13
数值孔径NA	0.649 998	0.649 998	0.649 999	0.649 999	0.65	0.650 001	0.650 001	0.650 002	0.650 002
$\Delta NA/NA_0$	−0.000 31	−0.000 23	−0.000 16	−7.8E-05	0	7.81E-05	0.000 156	0.000 234	0.000 312
中心点center	0.177 051	0.177 049	0.177 048	0.177 047	0.177 047	0.177 048	0.177 048	0.177 05	0.177 052
均方差MSE	3.57E-08	2.01E-08	8.92E-09	2.23E-09	0	2.23E-09	8.92E-09	2.01E-08	3.57E-08

设在图 10－2 所示结构中，以 O_1 作为参考点，透镜左右各运动 20 μm，步长为 1 μm（实际情况中步长不可能取这么大，这里仅仅为了表示数量对比关系），向左移动时，Δz、Δz_1 为正，向右移动时，Δz、Δz_1 为负，总共取了 41 个平面的数据，选取其中的 9 个面的数据显示，对这 41 个平面根据第 3 章的结论作出对应的三维点扩散函数 h_i，$i=1$，…，41，大小为（5×5×5），为了比较这些点扩散函数间的差异，采取均方差作为评价指标，变量 MSE 表示 h_i 和 h 的均方差，h 为系统在初始位置（物镜还未开始位移）时的三维点扩散函数。$\Delta NA/NA_0$ 表示了各个位置 NA 的相对误差。为了进一步说明这些点扩散函数的区别，将各个 h_i 的中心点的值列出来，用 center 表示。h_i 都已经归一化。

观察表 10－1 和表 10－2 中的数据，从 $\Delta NA/NA_0$、NA、M 的值来看，如在 $M=40$ 时，$\Delta NA/NA_0=-0.000\ 31$，NA＝0.649 998，$M=39.994\ 88$，透镜沿光轴移动产生的误差对数值孔径、放大倍数等参数造成的误差是非常微小的。

均方差 MSE 的值可以在数量上表示这些点扩散函数之间的误差，观察 MSE 的值及其数量级，可以看得出这些误差值非常小，譬如在 $M=40$ 时，$\Delta z=-20$ 的状况下，MSE 的值为 3.57E-08。而且从 center 值的变化也可以看出，三维点扩散函数之间发生的改变也相当微小。

10.3　三维样本仿真实验

以图 10－5（a）所示的二维原图像矩阵（ 101 ×101，256 灰度级）作为初始样本，制作含 101 幅二维图像的三维仿真样本切片矩阵 f，大小是（101×101 ×101）。

制作点扩散函数：参考第 5 章关于点扩散函数的制作方法，物镜放大倍数分别为 10 和 40 时，根据透镜轴向移动时各个位置参数，制作一系列点扩散函数；按照仿真三维样本大小，分别需要 101 个点扩散函数，大小为（5×5×5）。

显微镜参数：

物镜机械镜筒长度 d_i：160 mm；光源：黄色光；波长 λ：（峰值 550 nm）；显微镜物镜：10×/0.25NA；40×/0.65NA。

在物镜为 10×/0.25NA、40×/0.65NA 的情况下，分别选取物镜位移为正的最大值、0、负的最大值处的点扩散函数进行比较。选择 $\Delta z=-10$ μm、$\Delta z=0$、$\Delta z=10$ μm 等进行计算。由于篇幅限制，仅展示各三维点扩散函数的中间层。两种透镜下的点扩散函数分别如图 10－3、图 10－4 所示。

从图 10－3、图 10－4 的点扩散函数中间层的数据来看，Δz 取不同的值时，所获得的点扩散函数略有差别。

如果以 $\Delta z=0$ 处点扩散函数中点值作为比较标准，$M=10$ 时，中点值的误差（设为 δ）$\delta=0$；$M=40$ 时，相对中点值的误差：$\Delta z=-10$ 时，$\delta=9.3\text{E}-6$；$\Delta z=10$ 时，$\delta=1.86\text{E}-5$，从相对误差的数量级可以看出来，误差量是相当微小的。

仿真实验方法：根据厚样本三维成像原理[2]：

$$g(x,y,z')=\sum_{i=1}^{N}f(x,y,i\Delta z)*h(x,y,z'-i\Delta z) \tag{10-10}$$

0.006 016	0.007 219	0.007 729	0.007 219	0.006 016
0.007 219	0.008 995	0.009 89	0.008 995	0.007 219
0.007 729	0.009 89	0.012 052	0.009 89	0.007 729
0.007 219	0.008 995	0.009 89	0.008 995	0.007 219
0.006 016	0.007 219	0.007 729	0.007 219	0.006 016

(a)

0.006 016	0.007 219	0.007 729	0.007 219	0.006 016
0.007 219	0.008 995	0.009 891	0.008 995	0.007 219
0.007 729	0.009 891	0.012 052	0.009 891	0.007 729
0.007 219	0.008 995	0.009 891	0.008 995	0.007 219
0.006 016	0.007 219	0.007 729	0.007 219	0.006 016

(b)

0.006 016	0.007 219	0.007 729	0.007 219	0.006 016
0.007 219	0.008 995	0.009 89	0.008 995	0.007 219
0.007 729	0.009 89	0.012 052	0.009 89	0.007 729
0.007 219	0.008 995	0.009 89	0.008 995	0.007 219
0.006 016	0.007 219	0.007 729	0.007 219	0.006 016

(c)

图 10-3 M=10 时，Δz=−10、Δz=0、Δz=10 处的 PSF 中间层

(a) Δz= −10 处的 PSF 中间层；(b) Δz=0 处的 PSF 中间层；(c) Δz=10 的 PSF 中间层

0.001 416	0.003 591	0.004 457	0.003 591	0.001 416
0.003 591	0.007 743	0.010 066	0.007 743	0.003 591
0.004 457	0.010 066	0.107 374	0.010 066	0.004 457
0.003 591	0.007 743	0.010 066	0.007 743	0.003 591
0.001 416	0.003 591	0.004 457	0.003 591	0.001 416

(a)

0.001 416	0.003 591	0.004 457	0.003 591	0.001 416
0.003 591	0.007 743	0.010 067	0.007 743	0.003 591
0.004 457	0.010 067	0.107 373	0.010 067	0.004 457
0.003 591	0.007 743	0.010 067	0.007 743	0.003 591
0.001 416	0.003 591	0.004 457	0.003 591	0.001 416

(b)

0.001 416	0.003 591	0.004 457	0.003 591	0.001 416
0.003 591	0.007 743	0.010 066	0.007 743	0.003 591
0.004 457	0.010 066	0.107 375	0.010 066	0.004 457
0.003 591	0.007 743	0.010 066	0.007 743	0.003 591
0.001 416	0.003 591	0.004 457	0.003 591	0.001 416

(c)

图 10-4 M=40 时，Δz=−10、Δz=0、Δz=10 处的 PSF 中间层

(a) Δz=−10 处的 PSF 中间层；(b) Δz=0 处的 PSF 中间层；(c) Δz=10 处的 PSF 中间层

让此三维样本 f 依次卷积这 101 个点扩散函数，每一次的卷积运算都会产生一个三维数组，对这批三维数组进行选择，规则为：选取第一个数组的第一片，第二个数组的第二片…… 这样就构成了一个新的样本 g_1，用来模拟我们在用移动物镜方法采到的切片序列图像。

另外，让这个三维样本 f 卷积原始参数下的点扩散函数 h，用来模拟移动载物台时采到的切片图像 g_2。

之后，用 h 分别对 g_1、g_2 进行三维图像复原，复原采用的算法是最大似然法（ML 算法）。迭代 200 次，分别得到复原结果图像为 f_{i1}、f_{i2}。下面观察 f_{i1}、f_{i2} 与原图像 f 的差别。

图像复原实验结果如图 10-5、图 10-6 所示（图中展示的是三维样本中的第 31 幅图像）。

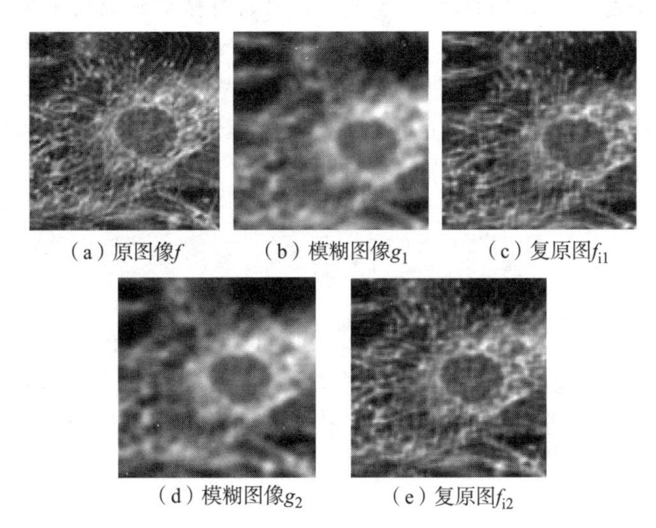

（a）原图像f　（b）模糊图像g_1　（c）复原图f_{i1}

（d）模糊图像g_2　（e）复原图f_{i2}

图 10-5　M=10 时复原实验结果

(a) 原图像 f；(b) 模糊图像 g_1；(c) 复原图 f_{i1}；(d) 模糊图像 g_2；(e) 复原图 f_{i2}

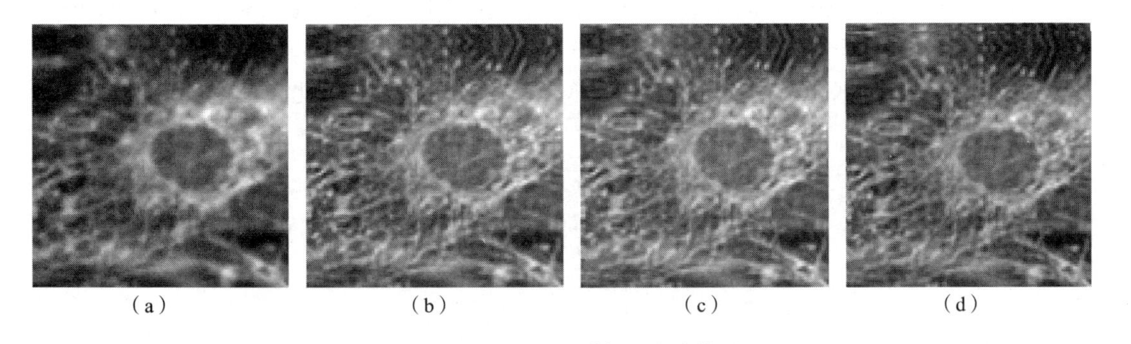

（a）　（b）　（c）　（d）

图 10-6　M=40 时复原实验结果

(a) 模糊图像 g_1；(b) 复原图 f_{i1}；(c) 模糊图像 g_2；(d) 复原图 f_{i2}

复原效果的评价：

为了定量评价复原效果，采用均方差 MSE、峰值信噪比 PSNR 作为评价指标。评价结果如表 10-3 所示。MSEC 为 f_{i1}、f_{i2} 的均方差（均已归一化）。

表 10-3　图像复原各个评价指标

	M=10，NA=0.25			M=40，NA=0.65		
	MSE	PSNR	MSEC	MSE	PSNR	MSEC
f_{i1}	0.001 648	28.782 08	4.07E-09	0.000 201	40.774 36	4.73E-008
f_{i2}	0.001 647	28.782 09		0.000 197	40.775 04	

实验结果分析：

从图 10-5、图 10-6 仿真实验结果看：在两种方式下，复原图像的清晰度得到明显的改善，有效排除了散焦信息的干扰，图像清晰度得到了提高，视觉上很接近原图像。

从表 10-3 的数据看：采用初始状态下的点扩散函数对物镜上下移动采集的图像切片进行复原，所得的结果 f_{i1} 与用初始状态下的点扩散函数对移动载物台采集的切片图像进行复原所得的结果 f_{i2}，分别与原图像 f 相比，其均方差 MSE，峰值信噪比 PSNR 很接近，且从 MSEC 来看，f_{i1}、f_{i2} 之间的差别也是非常微小的。

以上的这些结果表明，物镜移动而引起的图像复原误差很小，因此在以后的图像采集中可以采用物镜移动的方式。

10.4　本章小结

光学切片采集是数字共焦显微技术的重要组成部分，本章通过理论计算以及实验方法，得出了因为物镜移动而引起的图像复原误差的大小，同时认为这个误差相当微小。因此，在误差范围允许下，采用移动物镜的方式替代移动载物台的方式进行图像切片的采集是可行的。

参 考 文 献

[1] Jean-Baptiste，Sibarita. Deconvolution microscopy [J]. Advances in Biochemical Engineering/Biotechnology，2005，95：1288-1291，DOI：10. 1007/b 102215.

[2] [美] Castleman K R. 数字图像处理 [M]. 朱志刚，等译. 北京：电子工业出版社，2002：479-480.

第 11 章

3D-PSF 空域大小与图像复原关系

11.1　3D-PSF 径向大小与图像复原的关系

3D-PSF 的空域大小包括层数和径向大小（即 $x-y$ 坐标上的大小），与图像复原效果密切相关。在对图像进行复原时，在相同层数和层距 3D-PSF 的情况下，如何选取其径向大小，既能够保证图像复原效果，又能够保证较快的处理速度，是运算量巨大的三维显微图像复原处理需要解决的问题。本章在 3D-PSF 的层数和层距维持不变的情况下，研究不同径向大小的 3D-PSF 与图像复原的关系。

11.1.1　3D-PSF 的结构

小散焦时圆形孔径的光学传递函数近似数学公式如下：

$$H(w,\ q)=\frac{1}{\pi}(2\beta-\sin 2\beta)\ \cdot \mathrm{jinc}\left[4kw\left(1-\frac{|q|}{f_{\mathrm{c}}}\right)\frac{q}{f_{\mathrm{c}}}\right] \tag{11-1}$$

式中，$w=\Delta z\times \mathrm{NA}/2$ 为散焦误差，Δz 为散焦量；q 为频率；$f_{\mathrm{c}}=2\mathrm{NA}/\lambda$ 为系统截止频率；$\beta=\cos^{-1}\dfrac{q}{f_{\mathrm{c}}}$；$k=2\pi/\lambda$；$\mathrm{jinc}(x)=\dfrac{2\mathrm{J}_1(x)}{x}$。通过计算不同散焦量 Δz 的光学传递函数，可以获得相应散焦量的 2D-PSF，进而构建双锥体型 3D-PSF。3D-PSF 结构示意图如图 11－1 所示。

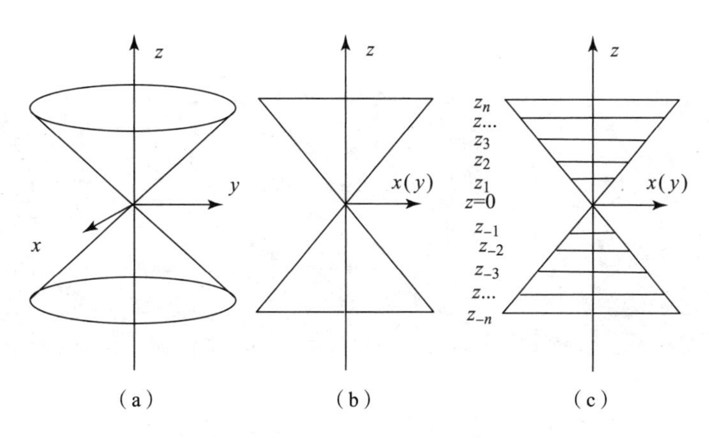

图 11－1　3D-PSF 结构示意图

(a) 双锥体结构示意图；(b) xz 截面图；(c) 沿 z 轴分布 2D-PSF

在空域中，沿着 3D-PSF 双锥体中心轴（z 轴）不同的横截面（也就是 $x-y$ 面），对应着一系列不同散焦量 Δz 的径向二维点扩散函数 2D-PSF，$z=0$ 处的中间截面焦面 2D-PSF 半径最小，以它为中心，沿着 z 轴两侧分布的 2D-PSF 半径逐渐扩大。

11.1.2 3D-PSF 能量分布

3D-PSF 的空域大小决定了其所包含的能量多少，而能量与图像复原效果密切相关。研究表明，3D-PSF 的能量主要集中在双锥体中部的锥顶附近区域，放大倍数越大，在 z 轴方向，能量扩散程度越小，远离焦面 $z=0$ 时能量迅速衰减，在径向（即 $x-y$ 面）方向上，能量扩散程度越大，衰减速度越缓慢，随着放大倍数减小，3D-PSF 的能量在 z 轴方向扩散程度增大，衰减速度变缓，在径向方向上，3D-PSF 的能量扩散程度小，主要分布在 z 轴周围，远离 z 轴时能量迅速衰减[1]。

对放大倍数 $M=40$、$M=20$ 和 $M=10$ 的 3D-PSF $h101\times101\times101$，将它们沿着 z 轴的轴向取纵向切面，并且计算每个纵向切面上的点的能量比值，如图 11-2 所示。为了可以清晰显示能量的分布情况，对得到的能量值进行了对数变换，图 11-2 中的亮暗程度并不能表示真实的能量强度。

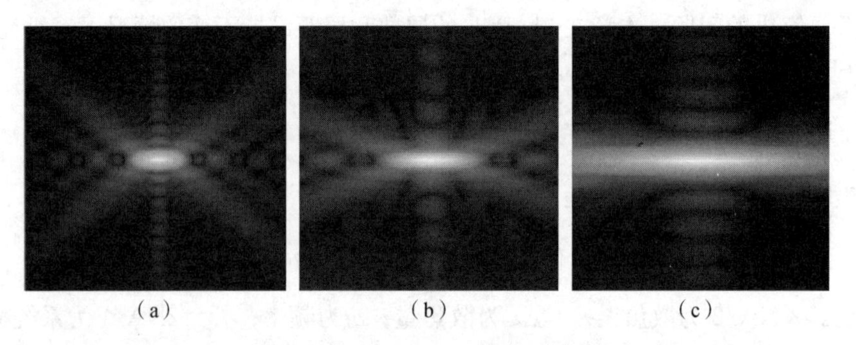

(a)　　(b)　　(c)

图 11-2　轴向纵向切面能量灰度图

(a) $M=40$；(b) $M=20$；(c) $M=10$

对放大倍数 $M=40$、$M=20$ 和 $M=10$ 的 3D-PSF $h101\times101\times101$，获取中间层焦面 2D-PSF，并且计算每个焦面各点的能量值。径向方向上焦面 2D-PSF 的能量分布如图 11-3 所示[1]。

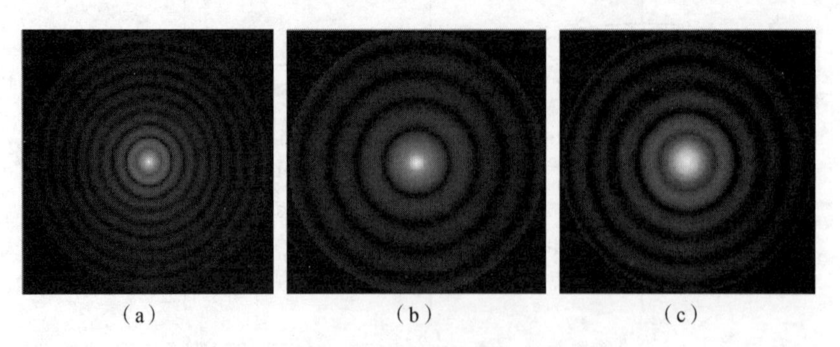

(a)　　(b)　　(c)

图 11-3　径向方向上焦面 2D-PSF 的能量分布

(a) $M=40$；(b) $M=20$；(c) $M=10$

由图 11－3 可以看出，焦面 2D-PSF 的能量分布呈现环形形状，且由中心点逐渐向四面亮暗交替扩散。

由于不同放大倍数下，相同空域大小的 3D-PSF 的能量分布不同，因此在选取 3D-PSF 时，需要考虑能量分布的特点，选择适当的径向大小和层距。

11.1.3　3D-PSF 空域大小

在光学显微系统中，从数学角度上看，图像退化可以视为系统的 3D-PSF 与清晰图像 f 做了卷积运算。在离散的空域中，系统 3D-PSF 和三维图像都可以看成是三维矩阵形式。所以，整个复原过程可以看作是对矩阵进行计算的过程。

定义三维图像矩阵 f 由多个二维图像矩阵沿着 z 轴方向以 Δz 间隔堆叠而成，它的空域大小为 $N \times N \times n$，$N \times N$ 为 $x-y$ 面径向的大小，n 为二维图像的层数。3D-PSF 的空域大小是 $M \times M \times m$，$M \times M$ 是 $x-y$ 面径向大小，m 为 z 轴方向上 2D-PSF 的数量，它们相互之间的间隔均是 Δz。三维样本切片与 3D-PSF 卷积过程如图 11－4 所示。

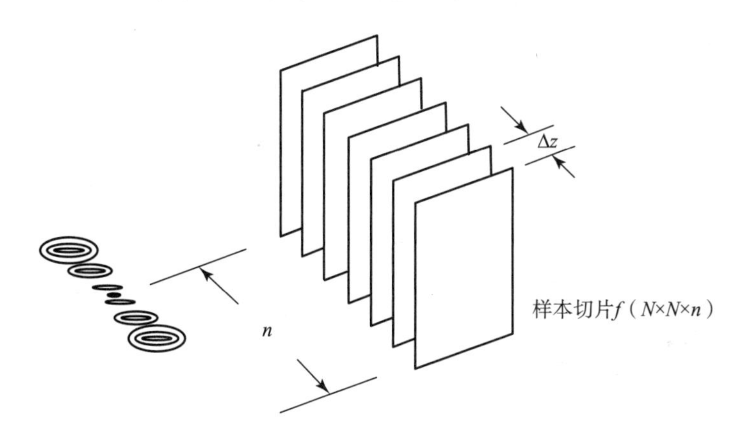

图 11－4　三维样本切片与 3D-PSF 卷积过程

确定 3D-PSF 的空域大小关系到三维样本与 3D-PSF 的卷积过程是否能真实反映光学系统的成像过程。沿着 z 轴方向，3D-PSF 层数的选取应该考虑到三维卷积基本运算原理，即大小为 $M \times M \times m$ 的 3D-PSF 在大小为 $N \times N \times n$ 的样本切片中，先在径向方向上逐行逐列移动，然后再在 z 轴方向上依次移动。在移动的过程中同时对相应的点进行运算。研究表明，为获得最佳图像复原效果，3D-PSF 的层数应该满足 $m=2n-1$。但是在对图像复原进行研究时，考虑到 3D-PSF 的能量主要集中在双锥体的中部周围空域，且选取 3D-PSF 的空域越大，复原处理计算量越大，复原时间越长，因此在进行图像处理时，会舍去 3D-PSF 周围大部分能量稀少的空域，而选取 3D-PSF 能量较为集中的中部区域。尽管使用较小空域的点扩散函数复原效果在一定程度上减弱，但是可以明显减少计算量，大大缩短复原时间[2]。

11.1.4　3D-PSF 径向大小与图像复原关系

如图 11－5（a）所示，3D-PSF 的模型为双锥体结构。图 11－5（b）所示为 3D-PSF 纵向的切面图。图 11－5（c）所示为 3D-PSF 的横向切面图。由图可知，3D-PSF 纵向层数数量一定时，随着直径的增大，3D-PSF 的空域越大，在图像复原中去卷积效果越好，但是复原所需要的时间也越长。

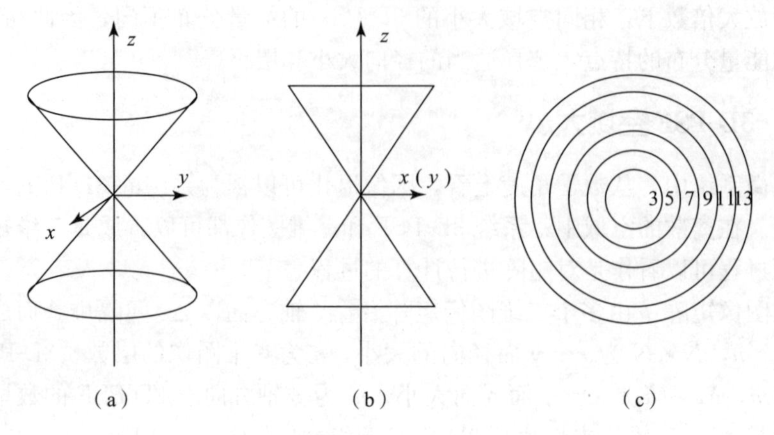

图 11-5　不同直径的 3D-PSF 结构示意图

1. 仿真实验流程图

仿真实验流程图如图 11-6 所示。

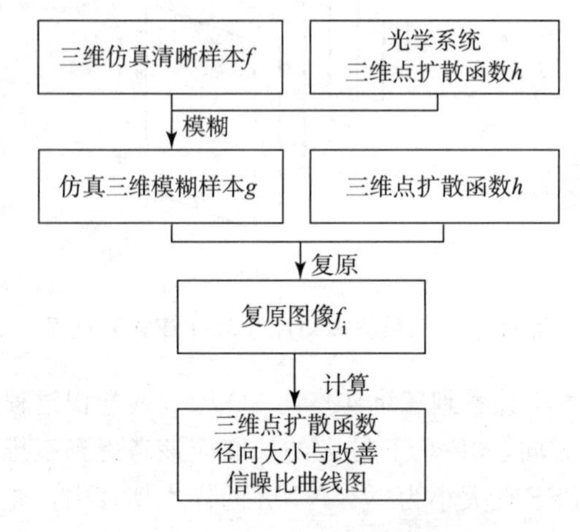

图 11-6　仿真实验流程图

2. 仿真实验

1）制作仿真三维清晰图像

对生物样本进行切片采样时，切片与切片间的结构是逐渐变化的，相关性较强，为使仿真实验尽量符合实际情况，使用图 11-9（a）所示清晰图像（大小为 151×151，灰度级为 256）为初始样本，通过旋转等方式得到 21 个二维样本切片，然后叠加得到三维清晰样本切片 f 大小为 151×151×21。

2）制作光学系统 3D-PSF

设置参数：显微镜机械镜筒长度为 160 mm；光源波长为 550 nm；CCD 传感器尺寸为 1/3in，像素值为 640×480。

显微镜三种物镜参数：①放大倍数 $M=40$，数值孔径 NA＝0.60；②放大倍数 $M=20$，数值孔径 NA＝0.45；③放大倍数 $M=10$，数值孔径 NA＝0.25。

根据光学传递函数制作一个空域较大的 3D-PSF，用于模拟光学显微系统对三维清晰样本的成像过程，分别命名为 h_{40}、h_{20} 和 h_{10}，大小均为 21×21×21，其中径向大小为 21×21，层数为 21，层距均为 0.3125 μm，h_{40} 中的 40 指放大倍数。

制作空域较小的不同放大倍数的 3D-PSF 用于图像复原，分别命名为 h40 _ 3 _ 3 _ 21、h40 _ 5 _ 5 _ 21，…，h40 _ 21 _ 21 _ 21，其中 h40 _ 3 _ 3 _ 21 中的 40 是指放大倍数，3 _ 3 为径向大小，层数均为 21 层，层距均为 0.312 5 μm。

分别将仿真三维样本切片图像 f 与 h_{40}、h_{20}、h_{10} 进行卷积，得到 $M=40$、$M=20$ 和 $M=10$ 的仿真三维模糊切片图像 g_{40}、g_{20} 和 g_{10}，大小都为 151×151×21，层距为0.1 μm，图 11－9（b）所示为位于 g_{40} 中间层的图像。

3）图像复原

在同一放大倍数条件下，将不同径向大小的 3D-PSF 分别与三维模糊切片图像去卷积复原处理。采用经典的复原算法：最大似然法，迭代次数选择为 500 次，分别记录下复原时间，复原结果图像分别命名为 f_i _ 40 _ 3 _ 3 _ 21、f_i _ 40 _ 5 _ 5 _ 21、f_i _ 40 _ 5 _ 5 _ 21 等，其中 f_i _ 40 _ 3 _ 3 _ 21 中的 40 指放大倍数，3 _ 3 指径向大小，21 指层数，图 11－9（c）所示为 f_i _ 40 _ 3 _ 3 _ 21 的中间层复原图像。

对得到的三维复原结果图像，使用式（1－9）改善信噪比 ISNR 进行评价，单位为 dB，ISNR 值越大，表明图像的复原效果越好。

3. 结果分析

表 11－1 分别为 40 倍、20 倍和 10 倍下相同层数 21 层、不同径向大小的 3D-PSF 复原时间 t_i 的实验数据。

表 11－1　不同径向大小的 3D-PSF 复原时间 t_i 实验数据

3D-PSF	h3 _ 3	h5 _ 5	h7 _ 7	h9 _ 9	h11 _ 11	h13 _ 13	h15 _ 15	h17 _ 17	h19 _ 19	h21 _ 21
t_i/s，($M=40$)	224	571	1 121	2 020	2 925	3 980	5 216	6 583	8 052	9 820
t_i/s，($M=20$)	217	557	1 103	2 006	2 900	3 944	5 209	6 532	8 055	9 784
t_i/s，($M=10$)	228	570	1 096	2 002	2 907	3 965	5 220	6 567	8 108	9 828

对表 11－1 的数据进行分析，3D-PSF 径向为 3×3 时，40 倍、20 倍和 10 倍的复原时间分别是 224 s，217 s 和 228 s，径向为 21×21 时，复原时间分别是 9 820 s，9 784 s 和 9 828 s，说明不同放大倍数下，相同径向大小的 3D-PSF 所消耗时间几乎一样。不同的放大倍数对复原时间没有影响。

图 11－7（a）分别为 40 倍、20 倍和 10 倍三种放大倍数下的 3D-PSF 径向大小 r 与归一化复原时间 t 的关系图。

从图 11－7（a）可以看出，三种放大倍数下的曲线是重合的，表明不同放大倍数的 3D-PSF 径向大小 r 与归一化复原时间 t 的关系是相同的。从该关系曲线上看，在径向大小比较小时，归一化复原时间 t 较为平缓。随着 3D-PSF 径向大小的增大，复原时间也随之增多，

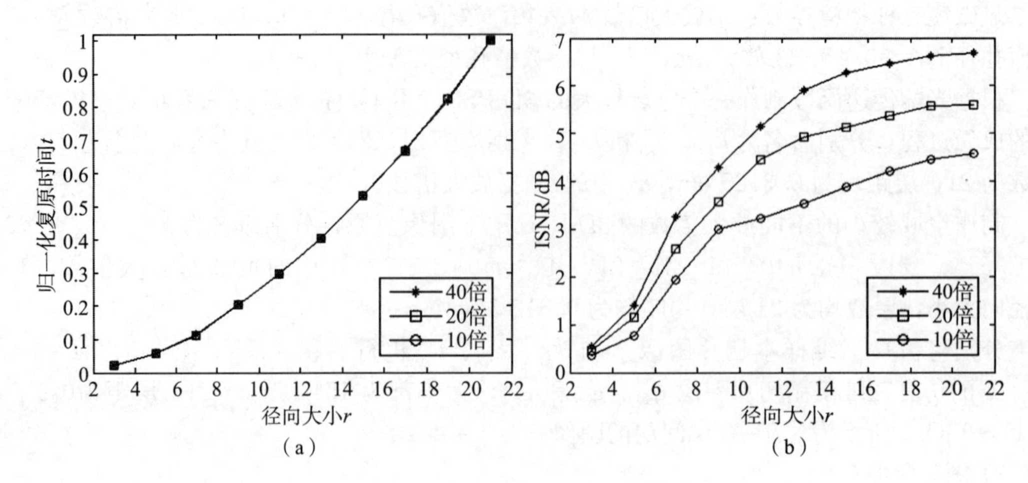

图 11-7　3D-PSF 与 t 和 ISNR 的关系

(a) 3D-PSF 径向大小 r 与归一化复原时间 t 的曲线；(b) 3D-PSF 径向大小 r 与 ISNR 的曲线

说明空域越大，计算量越多，复原时间越长，且增加幅度越来越大。3D-PSF 空域增大 49 倍的同时，复原时间也随之增加了近 43 倍。

表 11-2 和图 11-7 (b) 所示为放大倍数 $M=40$、$M=20$ 和 $M=10$ 情况下，层数相同的 3D-PSF，其径向大小 r 与图像复原效果的实验数据和关系图。

表 11-2　3D-PSF 径向大小 r 递增的实验数据

3D-PSF	$h3\_3$	$h5\_5$	$h7\_7$	$h9\_9$	$h11\_11$	$h13\_13$	$h15\_15$	$h17\_17$	$h19\_19$	$h21\_21$
ISNR/dB，($M=40$)	0.549	1.402	3.267	4.293	5.152	5.896	6.271	6.466	6.614	6.676
ISNR/dB，($M=20$)	0.453	1.147	2.595	3.569	4.455	4.922	5.13	5.373	5.574	5.607
ISNR/dB，($M=10$)	0.349	0.773	1.929	2.992	3.218	3.533	3.886	4.201	4.45	4.571

从表 11-2 和图 11-7 (b) 中的曲线可以看出：

(1) 随着 3D-PSF 的径向大小不断增大，改善信噪比 ISNR 的值增大，图像的清晰度逐渐上升。3D-PSF 的径向较小时，如 5×5 和 7×7，ISNR 增加幅度较大。随着径向不断的增大，空域不断增大的 3D-PSF 越能真实反应光学显微成像系统对三维样本的成像状况，ISNR 曲线逐渐上升。在径向较大时，如 19×19 和 21×21，ISNR 趋于平缓，图像改善程度上升趋缓。

(2) 在图 11-7 (b) 中，40 倍的 ISNR 曲线位于最上方，20 倍的 ISNR 曲线次之，10 倍的曲线位于最下方。这表明，在相同的径向大小情况下，3D-PSF 放大倍数越大，图像复原效果越好。这是因为 3D-PSF 的能量分布集中在双锥体锥顶的附近空域的同时，随着放大倍数的减小，3D-PSF 的能量在 z 轴方向上扩散程度增大，复原效果有所减弱。

表 11-3 和图 11-8 所示为 $M=40$，$M=20$ 和 $M=10$ 时，ISNR 与归一化复原时间 t 的实验数据和关系图。

表 11-3　归一化时间 t 与 ISNR 的实验数据

3D-PSF	$h3\_3$	$h5\_5$	$h7\_7$	$h9\_9$	$h11\_11$	$h13\_13$	$h15\_15$	$h17\_17$	$h19\_19$	$h21\_21$
$t(M=40)$	0.223	0.058	0.114	0.206	0.298	0.405	0.531	0.67	0.82	1
ISNR/dB，($M=40$)	0.549	1.402	3.267	4.293	5.152	5.896	6.271	6.466	6.614	6.676
t ($M=20$)	0.022	0.057	0.113	0.205	0.296	0.403	0.53	0.667	0.823	1
ISNR/dB，($M=20$)	0.453	1.147	2.595	3.569	4.455	4.922	5.13	5.373	5.574	5.607
t ($M=10$)	0.023	0.058	0.111	0.204	0.296	0.403	0.531	0.668	0.825	1
ISNR/dB，($M=10$)	0.349	0.773	1.929	2.992	3.218	3.533	3.886	4.201	4.45	4.571

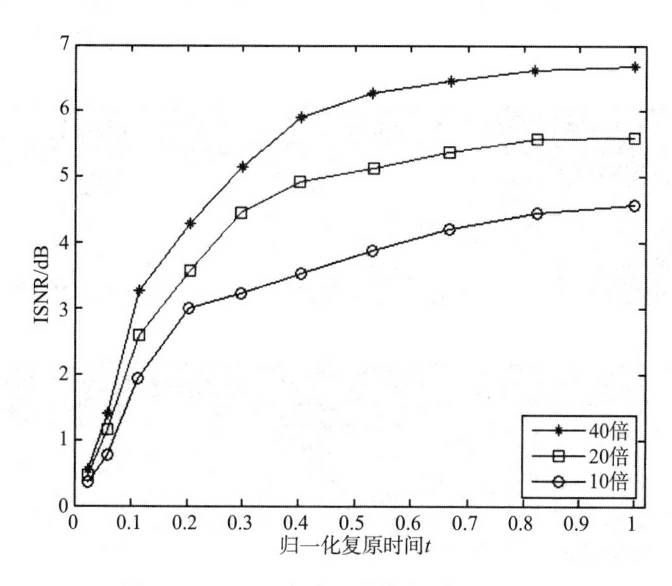

图 11-8　ISNR 与归一化复原时间 t 关系图

结合图 11-7（b）和图 11-8 可以看出，ISNR 曲线在 3D-PSF 径向较大时逐渐变得平缓，如 17×17、19×19、21×21，说明需要消耗更多的复原时间才能提高相同幅度的改善信噪比。尽管空域可以继续增大，但是复原效果并不明显。

为更好地比较不同径向大小的点扩散函数的复原效果，在三种不同放大倍数下，将 3D-PSF 改善信噪比 ISNR 进行归一化，如表 11-4 所示。

表 11-4　不同径向大小的 3D-PSF 的归一化 ISNR

3D-PSF	$h3\_3$	$h5\_5$	$h7\_7$	$h9\_9$	$h11\_11$	$h13\_13$	$h15\_15$	$h17\_17$	$h19\_19$	$h21\_21$
归一化 ISNR /dB（$M=40$）	0.082 0	0.210 0	0.489 4	0.643	0.771 7	0.883 6	0.939 3	0.968 6	0.990 7	1
归一化 ISNR /dB（$M=20$）	0.081	0.204 0	0.462 9	0.636 6	0.794 7	0.877 8	0.915	0.958 3	0.994 1	1
归一化 ISNR /dB（$M=10$）	0.765 0	0.169 0	0.422 2	0.654 8	0.704 3	0.773 1	0.850 3	0.919 2	0.973 7	1

由上面的实验数据和视图可以看出，选取 3D-PSF 空间越大，复原结果图像越好，但是所需复原时间也越多。从效率的角度看，空间较小时，复原效率呈上升趋势，当空间达到一定大小时，复原效率会逐渐降低，图像的改善效果增加的幅度变小。由表 11-4 可知，归一化 ISNR 如果要大于 0.9，对应的放大倍数 $M=40$、$M=20$ 和 $M=10$ 的 3D-PSF 的径向大小分别为 15×15、15×15 和 17×17，由表 11-3 可以看出，归一化复原时间分别为 0.531、0.532 和 0.668，约占总时间的一半。对应的 ISNR 分别为 6.271 2 dB、5.130 4 dB 和 4.201 4 dB，归一化 ISNR 分别为 0.939 3、0.915 和 0.919 2。

图 11-9 是 $M=40$ 倍时，使用不同径向大小的 3D-PSF 处理的效果图。图中的分图题，f_i_40_3_3_21 表示 3D-PSF 径向大小为 3×3，层数为 21 的复原结果，f_i_40_5_5_21 表示径向大小为 5×5 的复原结果，f_i_40_7_7_21 表示径向大小为 7×7 的复原结果，以此类推。

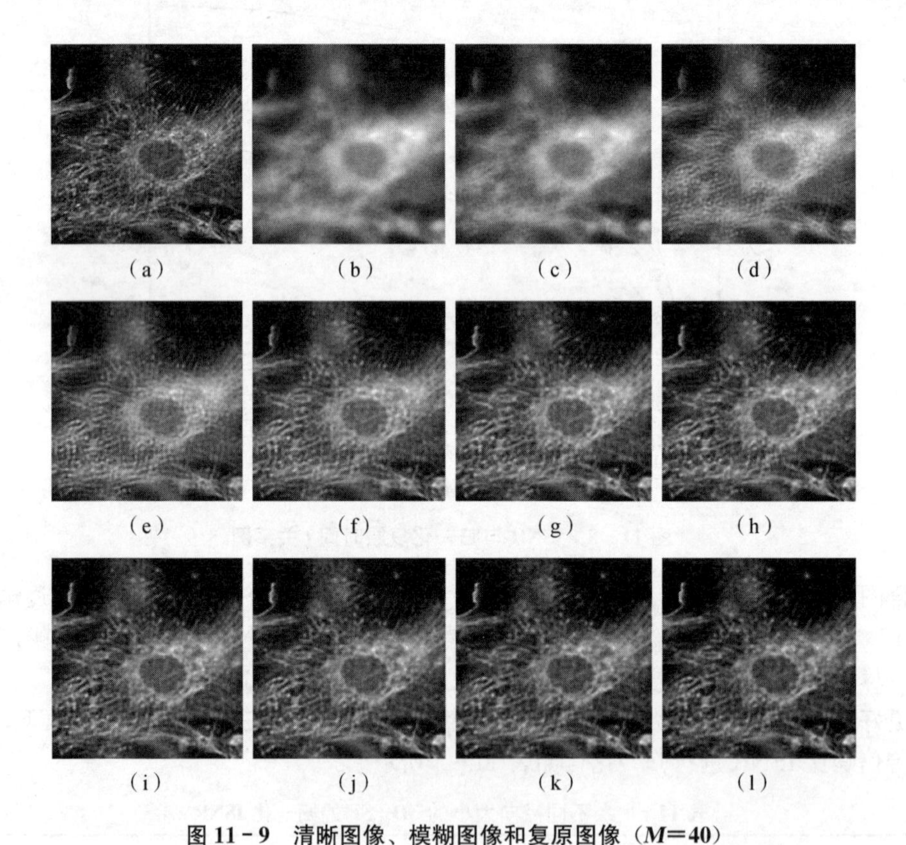

图 11-9 清晰图像、模糊图像和复原图像（M=40）

(a) 清晰图 f；(b) 模糊图 $g40$；(c) f_i_40_3_3_21；(d) f_i_40_5_5_21
(e) f_i_40_7_7_21；(f) f_i_40_9_9_21；(g) f_i_40_11_11_21；(h) f_i_40_13_13_21
(i) f_i_40_15_15_21；(j) f_i_40_17_17_21；(k) f_i_40_19_19_21；(l) f_i_40_21_21_21

从复原结果图像可以看到，图像在 3D-PSF 径向大小较小时，如 3×3、5×5 复原效果不理想，结果图像中的细节难以分辨，效果较差。3D-PSF 径向大小从 17×17 到 21×21 时，复原效果相比模糊图像有较大的改善，但是改善程度不大。因此应根据不同的复原需求，合理地选取 3D-PSF 的径向大小。

11.1.5　构造数学模型

根据仿真实验得到的数据，使用 Matlab 软件自带的拟合工具箱，得到放大倍数 $M=40$ 时，三个数学模型关系式：

3D-PSF 径向大小 r 与归一化 ISNR 的关系式为

$$\text{ISNR}=0.000\,007\,551r^3-0.003\,994r^2+0.144r-0.345\,6 \tag{11-2}$$

3D-PSF 径向大小 r 与归一化复原时间 t 的关系式为

$$t=-0.000\,011\,32r^3+0.002\,382r^2+0.002\,908r-0.010\,89 \tag{11-3}$$

归一化时间 t 与归一化 ISNR 的关系式为

$$\text{ISNR}=-4.132t^4+11.07t^3-11.11t^2+5.202t-0.029\,74 \tag{11-4}$$

图 11 - 10 所示分别为三个关系模型的曲线图。

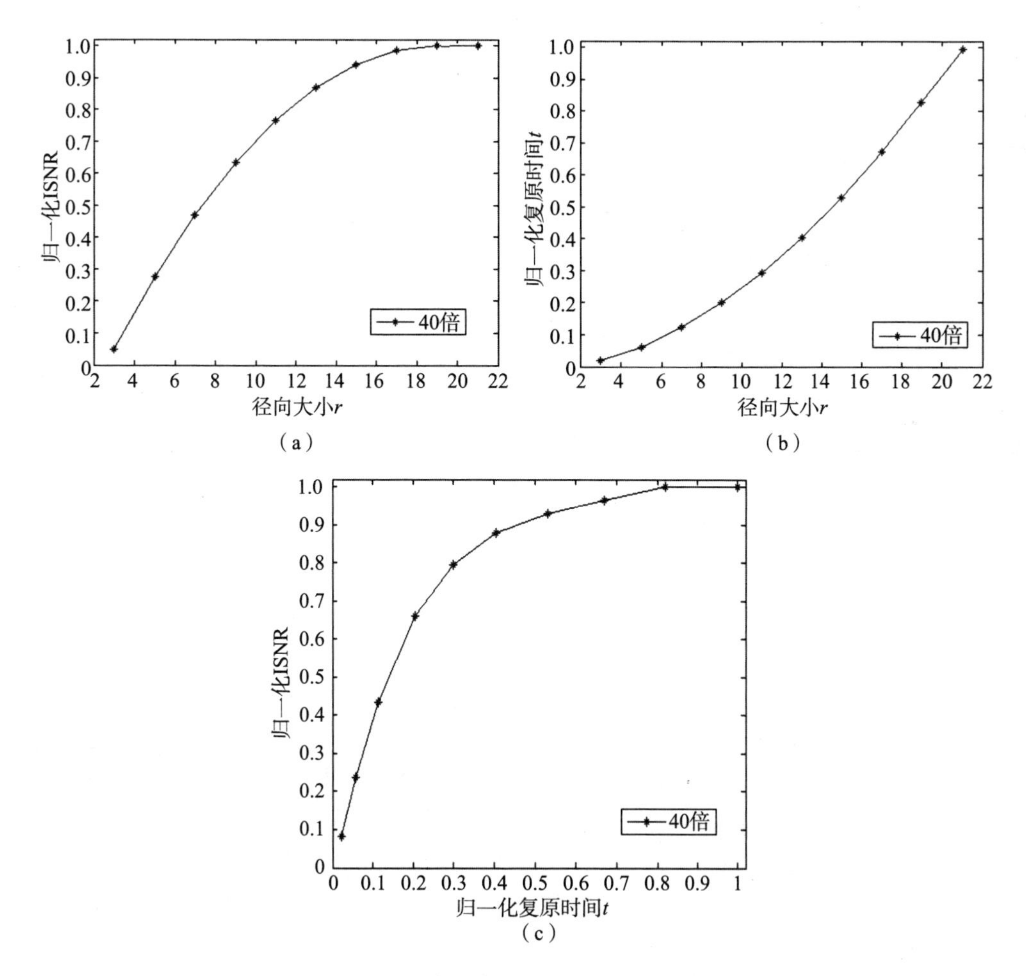

图 11 - 10　复原结果和 3D-PSF 关系曲线

(a) 归一化 ISNR 和径向大小 r 关系曲线；(b) 归一化时间 t 和径向大小 r 关系曲线；(c) 归一化 ISNR 和归一化复原时间 t 关系曲线

通过三个关系模型，在快速浏览或者精确分析图像的不同要求下，综合考虑所需的图像分辨率以及复原消耗时间的长短，然后确定 3D-PSF 径向大小，进而实现优化选取 3D-PSF

的空域大小的目的。

建立参数之间的数学关系模型，其意义使用严谨的数学表达式，定量地研究 3D-PSF 径向大小、归一化 ISNR 和归一化复原时间 t 之间的联系，一方面为如何选取 3D-PSF 的空域大小提供了实验依据，另一方面也减少了点扩散函数参数选取的盲目性。

11.1.6 3D-PSF 的选取

在对图像的复原过程中，主要考虑复原所消耗的时间 t 和改善信噪比 ISNR 两个参数，对图 11－10（c）中它们的关系曲线进行求导，以斜率 k 的大小将复原结果分为模糊、正常、精细三个等级，即当斜率较大时等级定义为模糊，当斜率较小时等级定义为正常，当斜率变化很缓慢时将等级定义为精细，如表 11－5 所示，a 和 b 为常数，且 $a>b$。

表 11－5 不同复原结果等级的复原时间和 ISNR

复原结果等级	斜率	复原时间 t	ISNR
模糊	$k \geqslant a$	较短	较小
正常	$b<k<a$	中等	中等
精细	$k \leqslant b$	较长	较大

对在放大倍数 $M=40$ 时，关于归一化时间复原 t 和归一化 ISNR 的式（11－4）进行求导，得到斜率表达式。由式（11－3）得到不同径向大小 r 的归一化复原时间 t，再带入斜率表达式，不同径向大小 r 时，归一化复原时间 t 与归一化 ISNR 的曲线斜率如表 11－6 所示。

表 11－6 归一化复原时间 t 与归一化 ISNR 的曲线斜率

k_1	k_2	k_3	k_4	k_5	k_6	k_7	k_8	k_9	k_{10}
4.712	4.017	3.073	1.892	1.093	0.551	0.292 3	0.251 6	0.199 1	0.102 1

以 $a=2$ 和 $b=0.2$ 为分界点，当 $k \geqslant 2$ 时复原结果定义为模糊，当 $0.2<k<2$ 时复原结果定义为正常，当 $k \leqslant 0.2$ 时复原结果定义为精细。

图 11－11 所示为 3D-PSF 选取流程。

根据不同的复原要求，可以选择不同的复原结果等级进行图像复原。如需要对复原结果图进行仔细分析和计算，则可以选择复原时间较长但 ISNR 值较大的精细等级，此时 $M=40$ 时满足斜率 $k \leqslant 0.2$ 的斜率有 k_9 和 k_{10}，对应的径向大小分别为 19 _ 19，21 _ 21，则选取的 3D-PSF 的空域大小分别为 $19 \times 19 \times 21$，$21 \times 21 \times 21$，如图 11－9（k）和 11－9（l）所示。

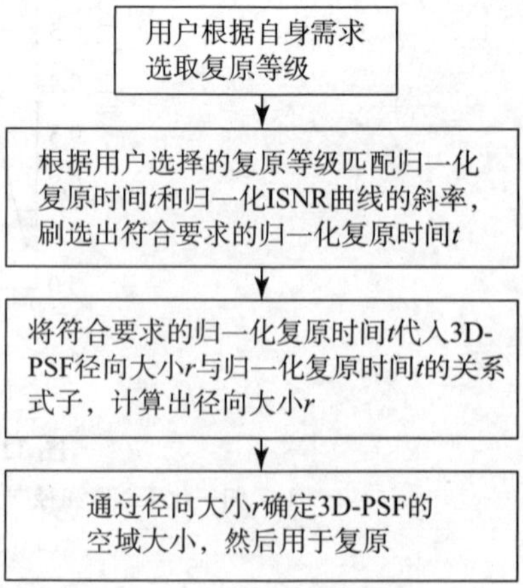

如果需要对复原图像进行正常浏览，则可以选择满足斜率要求的 k_4、k_5、k_6、k_7 和 k_8，此时对应的 3D-PSF 分别有 h9 _ 9、h11 _ 11、h13 _ 13、h15 _ 15 和 h17 _ 17，因为随着 3D-PSF 的径向大小不断增大，所需要的复原时间迅速增大，因此偏向于快速浏览结果图时可以

用户根据自身需求选取复原等级

↓

根据用户选择的复原等级匹配归一化复原时间 t 和归一化ISNR曲线的斜率，刷选出符合要求的归一化复原时间 t

↓

将符合要求的归一化复原时间 t 代入3D-PSF径向大小 r 与归一化复原时间 t 的关系式子，计算出径向大小 r

↓

通过径向大小 r 确定3D-PSF的空域大小，然后用于复原

图 11－11 3D-PSF 选取流程

选择 $h9\_9$、$h11\_11$ 和 $h13\_13$，如图 11－9（f）～(h）所示，偏向于较为清晰的复原图可以选择$h15_15$ 和 $h17\_17$，如图 11－9（i）和图 11－9（j）所示。

11.2　3D-PSF 层距与图像复原的关系

在对生物样本进行光学切片采集时，序列切片的间距决定着 3D-PSF 的层距，进而又决定着图像复原的质量和所需要的时间。本节对 3D-PSF 不同层距与图像复原效果的关系进行理论分析，通过仿真实验，研究 40 倍、20 倍和 10 倍的放大倍数，在相同层数和径向大小、不同层距条件下 3D-PSF 与图像复原效果的关系。

11.2.1　3D-PSF 采样定理分析

在光学切片技术中，使用精密控制平台上下移动生物样本，使光学显微镜聚焦在样本不同深度的物面上，不同物面之间的间隔即为 z 轴上不同切片的采样间隔。如果样本切片的间隔过小，则切片的数量很多，不仅增加了工作量，也增加了图像的复原时间。如果切片的间隔过大，会导致切片与切片之间出现结构突变，没有关联性，则无法有效还原图像的细节结构，复原效果不理想。由奈奎斯特采样定理可知，光学显微系统的采样间隔是 $\Delta z \leqslant 1/2f_z$，$f_z$是图像在 z 轴方向上的截止频率，结合系统的三维成像表达式：

$$g(x, y, z)=f(x, y, z)*h(x, y, z) \tag{11-5}$$

可以获得 $f_z=\min(f_{oz}, f_{hz})\leqslant f_{hz}$，其中 f_{hz}是点扩散函数$h(x, y, z)$ 在 z 轴方向上截止频率，f_{oz}是样本 $f(x, y, z)$ 在 z 轴上的截止频率。将 $f_{hz}=\mathrm{NA}^2/(2\lambda)$ 代入式子 $\Delta z \leqslant 1/f_{hz}$，获得生物样本在 z 轴方向上采样间隔表达式为

$$\Delta z \leqslant \lambda/\mathrm{NA}^2 \tag{11-6}$$

从式（11－6）可以看出光学显微系统的数值孔径和入射光的波长共同确定了样本切片与切片距离的最大值。一般使用波长是 0.55 μm 的入射光，当放大倍数是 10 倍，数值孔径 NA 是 0.25 时，样本切片的间隔应该满足 $\Delta z \leqslant \lambda/\mathrm{NA}^2 \approx 8.8(\mu\mathrm{m})$，当 $M=20$，$\mathrm{NA}=0.45$ 时，$\Delta z \leqslant \lambda/\mathrm{NA}^2 = 0.55/0.45^2 \approx 2.716(\mu\mathrm{m})$。当 $M=40$，$\mathrm{NA}=0.65$ 时，$\Delta z \leqslant \lambda/\mathrm{NA}^2 \approx 1.3(\mu\mathrm{m})$。

在三维显微图像复原中，3D-PSF 的层距要与样本的层距相一致，本文所使用的 3D-PSF 和样本切片的层距均满足最大采样间隔。

11.2.2　3D-PSF 不同层距与图像复原关系分析

以 3D-PSF 双锥体的锥顶为中心，沿着 z 轴两端制作不同散焦量的二维点扩散函数，并将这些二维函数通过堆叠构成 3D-PSF。其中，每个三维函数仅层距不同，层数和径向大小都相同。

可以预测，相同层数和径向大小的 3D-PSF，在层距较小时，图像复原效果随着 3D-PSF 层距增大而提升，当 3D-PSF 层距增大到某一临界值时，图像复原效果随着 3D-PSF 层距增大而下降。这是因为，当 3D-PSF 的层数固定时，层距太小使得 3D-PSF 的空域范围过小，只包含靠近焦面 2D-PSF 两侧的 2D-PSF，无法有效地去除焦面的邻近平面造成的散焦信息，取得最佳复原效果，层距太大使得 3D-PSF 的空域范围过大，3D-PSF 两端的部分 2D-PSF

远离焦面 2D-PSF，无法有效还原焦面的细节，复原效果作用不大，甚至会引起失真。因此，3D-PSF 的层距太小或者太大都无法有效提升图像质量。

根据上述的分析，本节在放大倍数为 40 倍、20 倍和 10 倍的情况下，使用 4 种不同层数的样本切片，研究不同层距、相同层数和径向的 3D-PSF 与图像复原的关系。

11.2.3 仿真实验和结果分析

1. 仿真实验流程图

本节仿真实验流程图如图 11-12 所示。

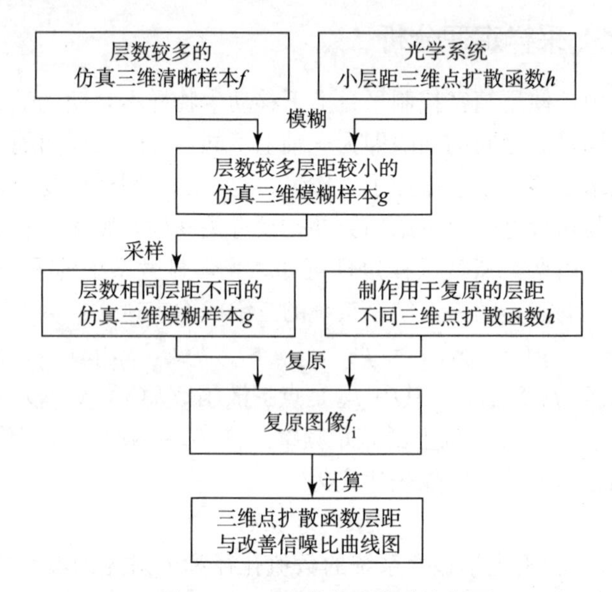

图 11-12　本节仿真实验流程图

2. 仿真实验

1）制作 3D-PSF

设置显微镜物镜参数：放大倍数 $M=40$，数值孔径 NA=0.65；显微镜机械镜筒长度为 160 mm；光源波长为 550 nm；CCD 参数为 1/3 in，像素值为 640×480。

(1) 制作显微镜物镜光学系统 3D-PSF。根据光学传递函数制作一个直径大小为 91（即 91×91）、层数为 91、z 轴采样间隔 Δz（以下简称层距）为 0.025 μm 的光学系统 3D-PSF，命名为 $h40$，其中 $h40$ 的 40 指放大倍数，大小为 91×91×91。

(2) 制作层距不同层数相同的 3D-PSF。制作用于复原处理的径向大小、层数均为 15 的小空间 3D-PSF（15×15×15），层距分别为 $\Delta z_1=0.025$ μm、$\Delta z_2=0.05$ μm，…，$\Delta z_{24}=0.6$ μm，分别命名为 $h40\_0025$、$h40\_005$，…，$h40\_06$，其中 $h40\_0025$ 中的 40 指放大倍数，0025 指层距 0.025 μm，得到一系列不同层距的 $h15.15.15$。

2）制作仿真三维样本切片

制作仿真三维样本切片的方法如 11.1.4 节，使用图 11-14（a）所示的清晰图像

（151×151，灰度级是 256）为二维样本原图，通过旋转等方式制作出 351 幅相互关联的图像，并将这 351 幅图像构建成三维清晰图像 f（151×151×351）。

将三维清晰图像 f 与 $h40$ 进行卷积处理获得仿真三维模糊切片图像 $g40$，大小为 151×151×351，层距为 0.025 μm，图 11-14（b）所示为位于 $g40$ 中间层的图像。

分别用层距为 Δz_1、Δz_2，…，Δz_{24} 对 $g40$ 进行等间隔轴向采样，采样层数都是 $m=13$ 层，得到第一组不同层距、相同层数和径向大小的三维模糊切片图像，分别命名为 $g40$ _ 13 _ 0025、$g40$ _ 13 _ 005、…、$g40$ _ 13 _ 06，其中 $g40$ _ 13 _ 0025 的 40 指放大倍数，13 指模糊切片层数，0025 指层距 0.025 μm，大小均为 151×151×13。

同理，将采样层数 m 增加为 19 层、25 层、31 层时，得到另外三组模糊切片图像，最大的层距分别为 0.4 μm、0.35 μm 和 0.25 μm。

3）图像复原

分别将四组三维模糊切片图像与相应层距的 $h15.15.15$ 进行去卷积复原处理。采用经典的复原算法最大似然法，迭代次数 500 次，分别记录下复原消耗时间，并对得到的三维复原结果图像进行改善信噪比计算。ISNR 值越大，说明模糊图像经过处理后与清晰图像的差异性减小，复原效果得到提升。复原结果图像分别命名为 f_i _ 40 _ 13 _ 0025、f_i _ 40 _ 13 _ 005 等，f_i _ 40 _ 13 _ 0025 中的 40 指放大倍数，13 指模糊切片层数，0025 指层距 0.025 μm，图 11-14（c）所示为 f_i _ 40 _ 13 _ 05 的中间层复原图像。

为进一步研究在不同放大倍数下，如何优化选取 3D-PSF 的层距，同理，将显微镜物镜参数依次修改为①放大倍数 $M=20$，数值孔径 NA=0.45；②放大倍数 $M=10$，数值孔径 NA=0.25，其他条件不变，再次进行仿真实验，并将获得的实验数据进行分析整理。

3. 结果与分析

表 11-7 分别为 40 倍、20 倍和 10 倍下，三维切片层数 $m=31$ 层，运算迭代 500 次，不同层距的 3D-PSF $h15.15.15$ 的复原时间。

表 11-7 不同层距的 3D-PSF $h15.15.15$ 的复原时间

层距/μm	0.025	0.05	0.075	0.1	0.125	0.15	0.175	0.2	0.225	0.25
时间 t/s，($M=40$)	5 419	5 425	5 432	5 422	5 425	5 408	5 416	5 422	5 411	5 409
时间 t/s，($M=20$)	5 433	5 409	5 405	5 404	5 403	5 405	5 453	5 407	5 434	5 439
时间 t/s，($M=10$)	5 456	5 468	5 459	5 460	5 445	5 449	5 457	5 452	5 449	5 451

图 11-13 所示为 $M=40$ 时，迭代次数为 500 次，使用相同层距的 3D-PSF，三维模糊图像切片层数 m 分别为 13 层、19 层、25 层和 31 层的复原时间。

从表 11-7 的实验数据可以看出，不同层距的点扩散函数 $h15.15.15$ 的复原时间相差不大，这是因为放大倍数和层距的不同不会影响到算法的复杂度，增加计算量，微小的时间差是由于计算机额外的操作造成的。

从图 11-13 可以看出，模糊切片的层数与复原所需时间密切相关。随着模糊切片层数的增加，复原所需要的时间迅速增加，而切片的数量又与层距相关，因此有必要合理地选取

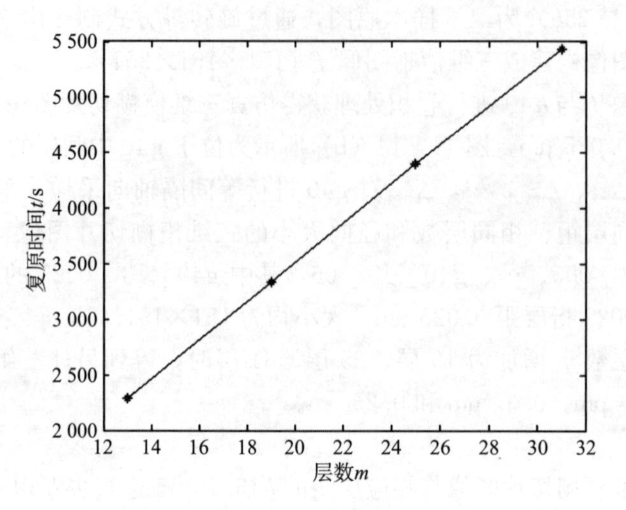

图 11-13　模糊切片层数 m 与复原时间 t 关系曲线

点扩散函数的层距。

表 11-8 是 40 倍放大倍数下，不同层距的 h15. 15. 15 对 13 层、19 层、25 层和 31 层 4 种不同层数模糊切片图像的 ISNR 实验数据。

表 11-8　M=40 时不同层距的 h15. 15. 15 对不同层数模糊切片图像的复原数据

序号	层距/μm	ISNR/dB（m=13）	ISNR/dB（m=19）	ISNR/dB（m=25）	ISNR/dB（m=31）
1	0. 025	1. 843 7	1. 845 3	1. 847 3	1. 851 3
2	0. 05	1. 760 1	1. 767 6	1. 772 5	1. 774 9
3	0. 075	1. 641	1. 655	1. 664	1. 663
4	0. 1	1. 590 4	1. 596 9	1. 621 4	1. 623 5
5	0. 125	1. 65	1. 652	1. 685	1. 689
6	0. 15	1. 728 9	1. 751	1. 788 2	1. 792 3
7	0. 175	1. 813 7	1. 855	1. 885 9	1. 888 7
8	0. 2	1. 901 1	1. 962 5	1. 981 7	1. 988
9	0. 225	1. 996 5	2. 070 1	2. 083 7	2. 089 5
10	0. 25	2. 108 9	2. 200 7	2. 208 1	2. 208
11	0. 275	2. 220 8	2. 316 8	2. 329 1	
12	0. 3	2. 322 8	2. 407 8	2. 437 1	
13	0. 325	2. 415	2. 484	2. 545	
14	0. 35	2. 498 5	2. 554 3	2. 662 3	
15	0. 375	2. 579	2. 61		
16	0. 4	2. 630 2	2. 654 8		
17	0. 425	2. 672 9			

续表

序号	层距/μm	ISNR/dB (m=13)	ISNR/dB (m=19)	ISNR/dB (m=25)	ISNR/dB (m=31)
18	0.45	2.708 3			
19	0.475	2.725 9			
20	0.5	2.731 9			
21	0.525	2.737 8			
22	0.55	2.737			
23	0.575	2.732 2			
24	0.6	2.707 6			

图 11 - 14 所示为放大倍数为 40 倍，模糊切片层数为 25 层时，使用不同层距的 h15.15.15 复原的一系列结果图。图中的分图题，f_i _ 40 _ 25 _ 0025 表示层距为 0.025 μm 的复原结果，f_i _ 40 _ 25 _ 005 表示层距为 0.005 μm 的复原结果，f_i _ 40 _ 25 _ 0075 表示层距为 0.075 μm 的复原结果，以此类推。

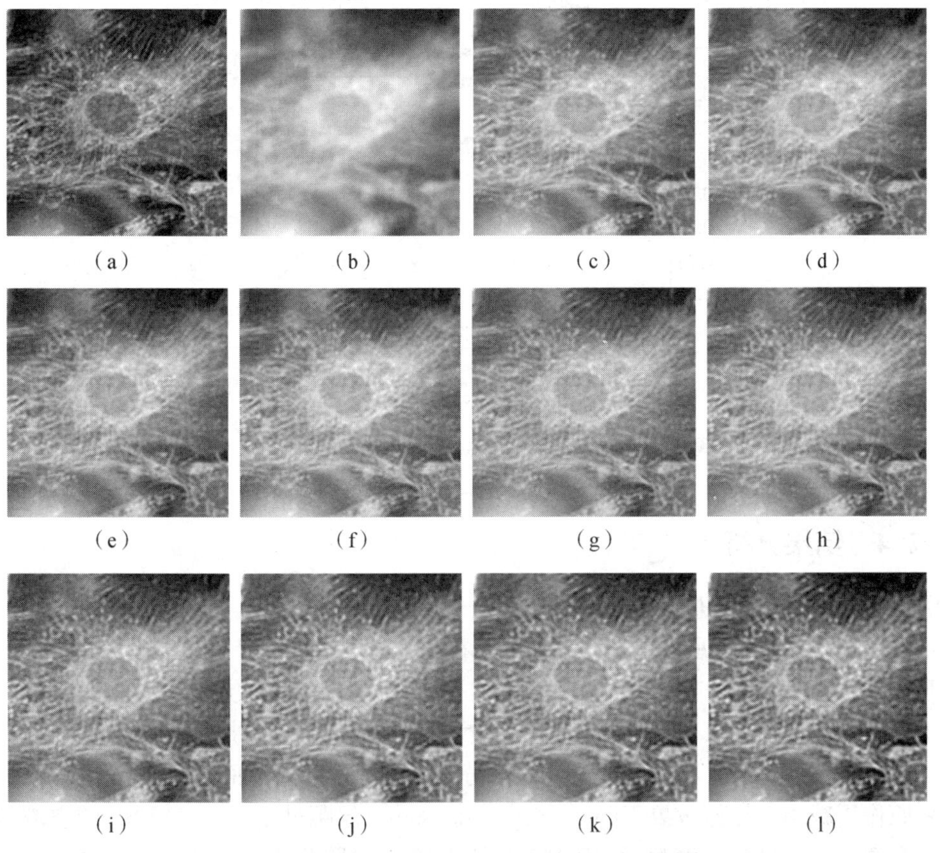

图 11 - 14　清晰图像、模糊图像及复原图像

(a) 清晰图 f；(b) 模糊图 g_{40}；(c) f_i _ 40 _ 25 _ 0025 ；(d) f_i _ 40 _ 25 _ 0075；(e) f_i _ 40 _ 25 _ 01；(f) f_i _ 40 _ 25 _ 0125；(g) f_i _ 40 _ 25 _ 0175；(h) f_i _ 40 _ 25 _ 02；(i) f_i _ 40 _ 25 _ 0225；(j) f_i _ 40 _ 25 _ 0275；(k) f_i _ 40 _ 25 _ 03；(l) f_i _ 40 _ 25 _ 0325

从图 11－14 可以看出，在 3D-PSF 层距较小时，复原图像相差不大，随着层距的增加，复原效果逐渐变好，适当增大层距有助于在复原时提高图像分辨率。

图 11－15 所示分别为在 $M=40$、$M=20$ 和 $M=10$ 条件下，不同层距、相同层数和径向的 3D-PSF $h15.15.15$ 对不同层数模糊切片图像复原后的 ISNR 曲线图。

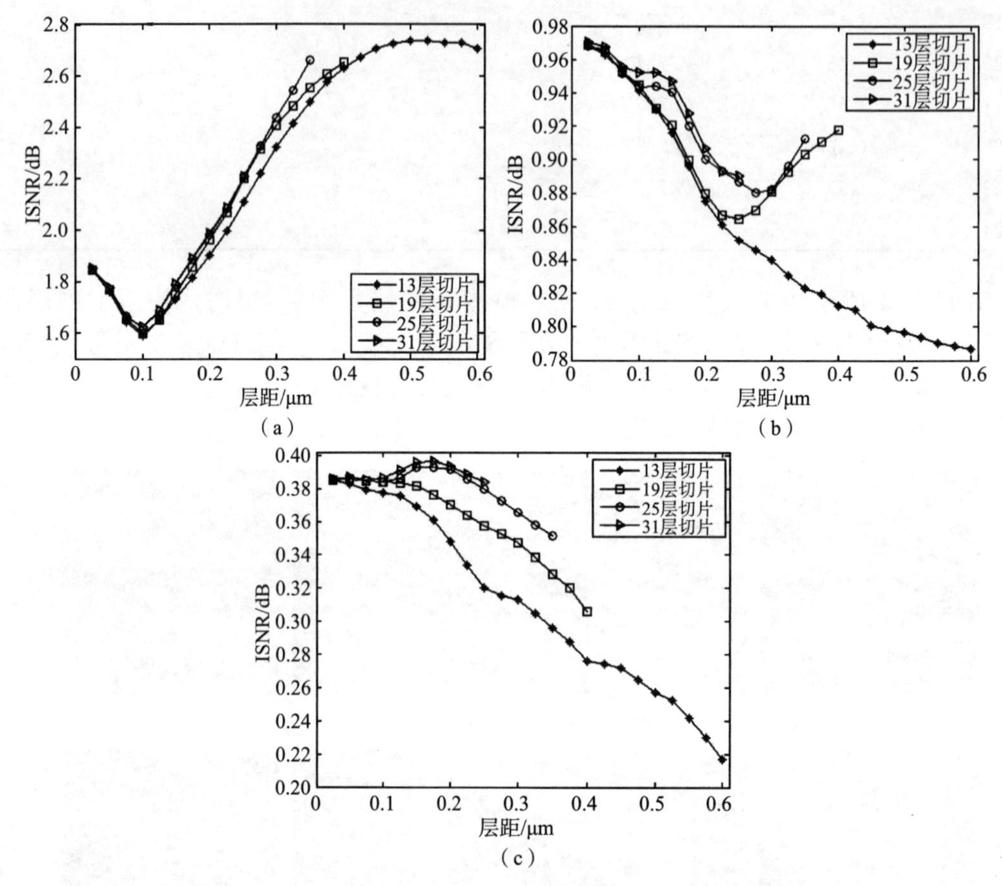

图 11－15　$h15.15.15$ 层距与 ISNR 关系曲线

(a) $M=40$；(b) $M=20$；(c) $M=10$

11.2.4　结果分析

对图 11－15 中的曲线进行分析。

(1) 从图 11－15 (a) 所示的 40 倍曲线可看到，总体上 ISNR 随着层距的增加，ISNR 曲线上升，在层距为 0.5 μm 处取得最大值，之后下降。这说明在层数不变的情况下，适当增大层距，3D-PSF 的空间区域随之增大，包含更多的 2D-PSF 携带的能量，获得更好的复原效果。但再增大层距时，构成 3D-PSF 的部分 2D-PSF 是远离焦面 2D-PSF，3D-PSF 能量减少，复原作用减小，复原效果下降。当 $\Delta z<0.1$ μm，层距过小时，3D-PSF 的空域范围过小，只包含靠近焦面自身和两侧的 2D-PSF，无法有效去除焦面附近平面造成的模糊效果，复原结果不好。

(2) 从图 11－15 (b) 所示的 20 倍曲线可以看出，使用相同的 $h15.15.15$ 复原 19 层、25 层和 31 层的模糊切片，ISNR 曲线在 $\Delta z=0.025$ μm 处获得最大值，在 $\Delta z=0.3$ μm 附近

为最小值，随着层距的增加，ISNR 曲线呈上升趋势。这是因为放大倍数越小，3D-PSF 的能量在 z 轴方向上扩散程度越大，3D-PSF 需要更大的层距才能包含有用的 2D-PSF 用于复原焦面图像，同时 ISNR 最大值将在较大的层距（$\Delta z > 0.5$ μm）取得，层距继续增大，h15.15.15 包含的 2D-PSF 无法有效复原焦面图像，ISNR 曲线下降。

（3）图 11－15（b）中 13 层模糊切片与其他情况不同，曲线一直呈下降趋势，这是因为图像的复原和 3D-PSF 与层数有关，也就是与切片的采样数量有关。由于切片采样较少，只能利用邻近焦面少量信息，无法有效利用更多的外围信息，效果较差。随着层距的增大，可以利用外围信息时，邻近焦面的密度大的信息却丢失，造成更大的损失。

（4）在图 11－15（c）所示的 10 倍图中，曲线总体随间距增大而呈下降趋势。在 10 倍下，3D-PSF 的能量在 z 轴方向上扩散程度更大，与图 11－15（c）所示的 13 层情况类似，在 3D-PSF 层距较小时，利用的是邻近焦面少量的但密度较大的能量信息。随着层距的增大，可以利用外围信息时，邻近焦面的密度大的信息却丢失，造成更大的损失。

实验结果表明，$M=40$ 时，3D-PSF 层距为 0.5 μm，图像可以得到最佳的复原效果，$M=20$ 和 $M=10$ 时，3D-PSF 层距为 0.025 μm，可以获得较高的改善信噪比。

11.3　本章小结

（1）阐述了 3D-PSF 的三维结构、轴向切面和纵向切片能量分布等情况，在分析不同空域大小的 3D-PSF 对图像复原影响的基础上，通过仿真实验，研究了在放大倍数为 40 倍、20 倍和 10 倍的情况下，相同层数和层距、不同径向 3D-PSF 与图像复原效果之间的关系，并分析了参数之间的关系，构建了数学模型，提出一种方法选取 3D-PSF 的径向大小，为如何选取 3D-PSF 空域大小提供了参考。

（2）根据奈奎斯特采样定理，对实验中 3D-PSF 的层距进行了分析，通过仿真实验，在放大倍数 $M=40$、$M=20$ 和 $M=10$ 的条件下，使用不同层距、相同层数和径向大小的 3D-PSF 与相应层距的三维仿真模糊图像进行去卷积处理，获得 3D-PSF 层距与三维图像复原效果的关系。实验表明，层距小于 0.6 μm 时，放大倍数为 40 倍，图像在层距为 0.5 μm 处取得最佳复原效果，放大倍数为 20 倍和 10 倍时，图像在层距为 0.025 μm 处取得较好的复原效果。

参考文献

[1] 蔡熠. 三维点扩散函数能量分布与选取方法研究 [D]. 南宁：广西大学，2014.
[2] 杨凤娟. 三维点扩散函数空间大小选取方法的研究 [D]. 南宁：广西大学，2014.

第 12 章
相同空间大小 3D-PSF 的层数与图像复原

在三维显微图像复原处理中，3D-PSF 空间的不同选取，决定着复原的效果和时间。本章基于对 3D-PSF 的不同采样间隔下得到的不同层数对图像复原效果和复原时间影响的理论分析，通过仿真实验，获得 3D-PSF 相同空间大小情况下的 3D-PSF 层数与图像复原效果和复原时间之间的关系。依据实验结果，采用 Matlab 拟合工具箱构建 3D-PSF 层数和归一化复原时间与改善信噪比三者之间的关系模型。

12.1 3D-PSF 结构

3D-PSF 的形状是一个双锥体，或者称双沙漏体，如图 12-1 所示。双锥体两个锥顶是开口的，开口的大小为焦面 PSF 的大小。三维显微成像的图像退化过程在数学上是三维卷积运算的过程，即三维图像 f 与 3D-PSF 进行卷积。在离散空域里，三维图像 f 与 3D-PSF 均看作是三维矩阵。图像复原过程，即是在离散空域下进行的三维矩阵去卷积运算过程。3D-PSF 在离散情况下沿着双漏斗中心轴（光轴或 z 轴）不同的横截面（$x-y$），对应着一系列不同散焦量的径向 2D-PSF，其中 $z=0$ 处的中间截面为焦面 2D-PSF。3D-PSF 的空间大小包括径向大小（$x-y$）和轴向大小 z。

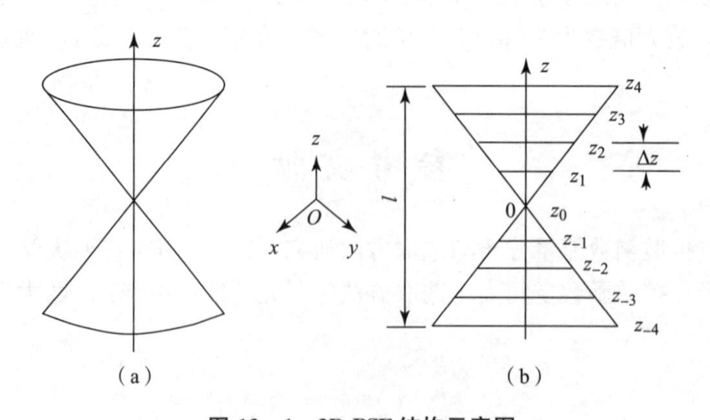

图 12-1 3D-PSF 结构示意图

(a) 3D-PSF 双锥体结构；(b) 3D-PSF 轴向采样结构

12.2　卷积中 3D-PSF 的空间大小

设三维图像矩阵 f 的空间大小为 $N\times N\times n$，这是一个 z 轴上的样本切片堆叠，$x-y$ 径向大小像素数为 $N\times N$，切片数为 n，切片间隔为 Δz；3D-PSF h 的空间大小为 $M\times M\times m$，$x-y$ 径向大小为 $M\times M$，m 为 z 轴上焦面 PSF 和一系列散焦 2D-PSF 的个数，与 f 相应的 2D-PSF 间隔同样是 Δz。光学显微镜光学系统三维成像过程在数学上是一个卷积过程，表达式为

$$g(x, y, z)=f(x, y, z)*h(x, y, z) \tag{12-1}$$

三维卷积要准确反映实际三维成像过程，关键在于 3D-PSF 空间大小的确定。在 z 轴轴向上，m 的选取作如下考虑：三维卷积运算过程是 3D-PSF（大小为 $M\times M\times m$）在样本切片 $f(N\times N\times n)$ 中做径向和轴向逐个元素移动，同时进行相应元数相乘并求和。三维卷积要准确反映实际三维成像过程，3D-PSF 内的 2D-PSF 完整个数是 $m=2n-1$[1]，即 3D-PSF 在 z 轴的层数是样本 f 切片数的近 2 倍（2 倍减 1）。这是一个十分巨大的空间，实际图像复原当中不会采用这个最大空间尺度的 3D-PSF。由于 3D-PSF 的大部分能量集中在中部的双锥体锥顶附近区域，因此在进行图像复原研究时，为了权衡图像复原效果与复原时间，通常情况下只选取 3D-PSF 中部的一小部分空间区域，而舍去 3D-PSF 周围大部分能量稀少区域。选取的小空间区域的 3D-PSF 虽然在图像复原效果上有所下降，但大大地缩减了复原处理的运算量。

12.3　3D-PSF 采样分析

在数字共焦显微系统中，对于厚样本成像的采集都需要进行采样间隔的确定，即将样本在 z 方向的采样间隔作为采集切片样本的依据。采集样本切片的间隔过大会造成图像内部信息的缺失，如果间隔过小又会导致切片数目过多，增加复原所花的时间。根据 Nyqusti 采样定律，系统采样间隔 $\Delta z\leqslant 1/2f_z$，其中 f_z是像 z 轴方向上的截止频率[2]。

根据式（12-1)，可以得到：$f_z=\min(f_{oz}, f_{hz})\leqslant f_{hz}$，其中 f_{hz} 为 3D-PSF $h(x, y, z)$ 在 z 轴上的轴向截止频率，f_{oz} 为样本 $f(x, y, z)$ 在 z 轴上的截止频率[2]。又因为 $\Delta z=l/(m-1)$，并且 $\Delta z\leqslant 1/f_{hz}$，可得到 z 轴上样本的采样间隔应满足以下关系式：

$$\Delta z=\frac{\lambda}{\mathrm{NA}^2} \tag{12-2}$$

即样本切片的最大间隔由显微镜的数值孔径 NA 以及入射波长 λ 决定。在显微镜系统放大倍数为 40 倍，数值孔径为 0.65，光照波长为 550 nm 的条件下，样本切片间隔应满足 $\Delta z\leqslant\lambda/\mathrm{NA}^2=0.55/0.65^2\approx1.3$（μm）；如果改变显微镜的数值孔径为 1.2，其他条件不变，样本切片间隔 $\Delta z\leqslant\lambda/\mathrm{NA}^2=0.55/1.2^2\approx0.38$（μm）。因此，光照波长不变的情况下，样本切片的间隔与显微镜的数值孔径的平方呈反比的关系。

在 3D-PSF 空间大小不变的情况下，对所选定的 3D-PSF 中部的一小部分空间区域（z 轴上的空间大小设定为 1.2 μm)，进行轴向（z 向）离散采样，获得一系列的径向 2D-PSF，并且不同的采样间隔 Δz，得到不同数目 m 的 2D-PSF，如图 12-1（b）所示。采样频率越高，

2D-PSF 间的轴向间隔 Δz 越小，组成相同空间大小 3D-PSF 所需层数的 2D-PSF 越多，越能精确地反映 3D-PSF 的能量分布，以此构成的 3D-PSF 对相应间隔的三维细胞切片图像进行处理时，复原效果越好，同时复原时间越长。反之，采样频率越低，2D-PSF 间的轴向间隔越大，组成相同空间大小 3D-PSF 所需层数的 2D-PSF 越少，复原时间越短，但反映 3D-PSF 的能量分布精确度越低，复原效果越差。

12.4 相同空间大小 3D-PSF 层数确定

相同空间大小是指绝对尺度大小相同。例如，设定 3D-PSF 在 z 轴上尺度为 1.2 μm。上述的分析表明，相同空间大小的 3D-PSF 在满足奈奎斯特采样定理的条件下进行不同层距的采样后，可以得到一系列直径相同、层数不相同的 3D-PSF。如果设定选用的 3D-PSF 的轴向空间大小为 l，则层数 m 与层距 Δz 之间满足如下关系：

$$\Delta z=\frac{l}{m-1} \tag{12-3}$$

用经过不同采样间隔 Δz 采样得到的一系列层数 m 不同的 3D-PSF 对相应间隔大小的三维模糊样本进行复原，得到不同的复原图像，采用改善信噪比 ISNR 对复原图像进行评价。对获得的 ISNR 与 3D-PSF 层数 m 的关系数据，以及图像复原时间与 3D-PSF 层数的关系数据，采用拟合的方法建立它们之间的数学关系。

12.5 仿真实验与分析

12.5.1 三维显微生物样本 f，3D-PSF 以及三维样本切片图像 g

显微镜光学系统 3D-PSF 的制作方法采用文献［3］中提出的 3D-PSF 生成软件制作，软件中显微镜的具体参数设置为：物镜放大倍数为 40 倍，数值孔径为 0.65；机械镜筒长度为 160 mm；光源波长为 550 nm；CCD 的参数为 1/4 in，分辨率设为 640×480。

1. 三维显微生物样本 f

为了尽可能接近实际样本，制作和构造的仿真三维样本切片 f，其不同切片间的结构既不是完全相同的，也不是突变的，而是渐变的，切片间存在一定的相关性。因此 f 的各幅切片采用均由同一幅切片通过逐渐缩小（或放大）和逐渐旋转得到。本节以图 12-2（a）原图像（151×151，256 灰度级）作为样本，通过放大、缩小、旋转得到的 401 幅二维切片图像堆叠而来，得到的三维样本切片 f 的大小为 151×151×401。

2. 显微镜光学系统 3D-PSF 的设定

显微镜光学系统 3D-PSF h 大小设定为 71×71×71，由 z 向间隔为 0.05 μm、71 个大小为 71×71 的散焦 2D-PSF 组成。该 h 用于与 f 进行卷积，以获得仿真三维图像 g。

3. 用于复原处理的 6 个相同空间大小不同层距的 3D-PSF 的制作

设定用于复原的 3D-PSF 在 z 轴上的空间大小 l 为 1.2 μm，以 $z=0$ 为中心，两侧各为

0.6 μm，直径均为 21（即矩阵大小为 21×21）。依据实验使用的显微镜参数，按照式（12-2）计算出样本切片采样的最大采样间隔 $\Delta z=1.3$ μm，在满足最大采样间隔的条件下，可对 3D-PSF 进行不同间隔的采样，进而得到不同层数的 3D-PSF。根据式（12-3）对 3D-PSF 进行 6 种不同间隔的采样，得到 6 个不同层距（采样间隔均小于最大采样间隔 1.3 μm）的 3D-PSF，层距分别为：$\Delta z=0.6$ μm、$\Delta z=0.3$ μm、$\Delta z=0.2$ μm、$\Delta z=0.15$ μm、$\Delta z=0.1$ μm 和 $\Delta z=0.05$ μm，相应的层数分别为 3 层、5 层、7 层、9 层、13 层和 25 层，命名为 h_3、h_5、h_7、h_9、h_{13} 和 h_{25}。

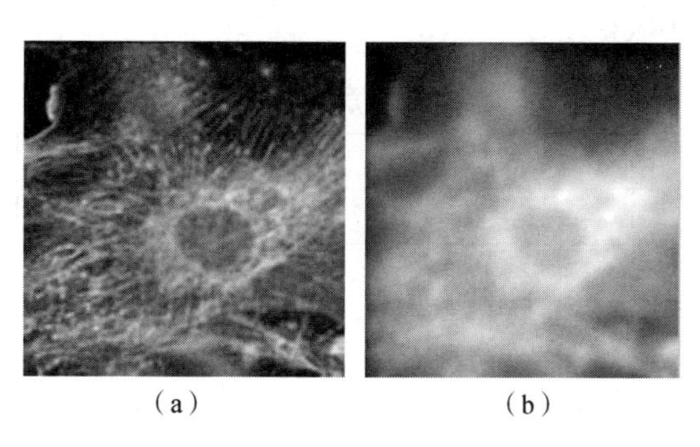
（a）　　（b）

图 12-2　原图像以及退化图像

（a）原图像；（b）退化图像

4. 用于复原的显微镜仿真切片图像的制作

（1）用 h 与 f 卷积得到三维仿真切片图像 g，大小为 151×151×401，层距为 0.05 μm。g 的中间一幅图像如图 12-2（b）所示。

（2）用与 h_3、h_5、h_7、h_9、h_{13} 和 h_{25} 的相应层距 $\Delta z_3=0.6$ μm、$\Delta z_5=0.3$ μm、$\Delta z_7=0.2$ μm、$\Delta z_9=0.15$ μm、$\Delta z_{13}=0.1$ μm 和 $\Delta z_{25}=0.05$ μm 对 g 进行等间隔轴向采样：分别以 $z=0$ 为中心，向两侧各取 16 层，得到 6 个相同层数（均为 33 层）、不同层距的仿真切片图像 g_3、g_5、g_7、g_9、g_{13} 和 g_{25}，大小均为 151×151×33。以同样的方法对三维样本切片 f 进行相应层距的抽取处理，制作 6 个相同层数（也是 33 层）不同层距的清晰切片图像 f_3、f_5、f_7、f_9、f_{13} 和 f_{25}，以进行复原处理后的 ISNR 计算。

12.5.2　仿真实验及结果分析

1. 图像复原

用不同层数的 3D-PSF h_3、h_5、h_7、h_9、h_{13} 和 h_{25} 对相应层距的仿真切片图像 g_3、g_5、g_7、g_9、g_{13} 和 g_{25} 分别进行去卷积复原，复原算法采用最大似然法，为了减轻问题的复杂性，将复原的迭代次数设为某一个定值 600，记录下复原时间。为比较不同 3D-PSF 去卷积的运算时间 t，将 h_3 复原图像所花的时间归一化为 1。复原结果图像表示为 $\hat{f}_3$、$\hat{f}_{19}$、$\hat{f}_{19}$、$\hat{f}_{19}$、$\hat{f}_{19}$ 和 $\hat{f}_{19}$，大小均为 151×151×33。

2. 不同 3D-PSF 复原图像的改善信噪比和归一化复原时间

对 6 个三维复原结果图像$\hat{f}_3$、$\hat{f}_{19}$、$\hat{f}_{19}$、$\hat{f}_{19}$、$\hat{f}_{19}$和$\hat{f}_{19}$中间的一幅图像按式（1－9）进行改善信噪比 ISNR 计算。ISNR 值越大，表示图像的复原效果越好。

表 12－1 所示是迭代次数为 600 次时，采用空间大小相同层数 m 不同的 3D-PSF 进行图像复原，得到的改善信噪比 ISNR、ISNR 归一化改善率以及归一化复原时间 t 实验数据。ISNR 归一化改善率，为以 h_3的 ISNR 作为比较基准进行归一化得到的 ISNR 改善率 R，计算方法为 $R=(\text{ISNR}_{大}-\text{ISNR}_{基准})/\text{ISNR}_{基准}$。

表 12－1　仿真实验数据

3D-PSF	h_3	h_5	h_7	h_9	h_{13}	h_{25}
m	3	5	7	9	13	25
ISNR/dB	3.353 8	3.526 1	3.587 6	3.616 4	3.648 1	3.710 1
R	1	5.14%	6.97%	7.83%	8.78%	10.62%
t	1.00	1.66	2.37	3.11	4.51	11.89

图 12－5 的 6 幅图分别为 6 个三维复原结果图像$\hat{f}_3$、$\hat{f}_{19}$、$\hat{f}_{19}$、$\hat{f}_{19}$、$\hat{f}_{19}$和$\hat{f}_{19}$的中间一幅图像。

图 12－3 所示为根据表 12－1 仿真实验得到数据画出的改善信噪比 ISNR 和归一化复原时间 t 分别与 3D-PSF 层数 m 的关系曲线。

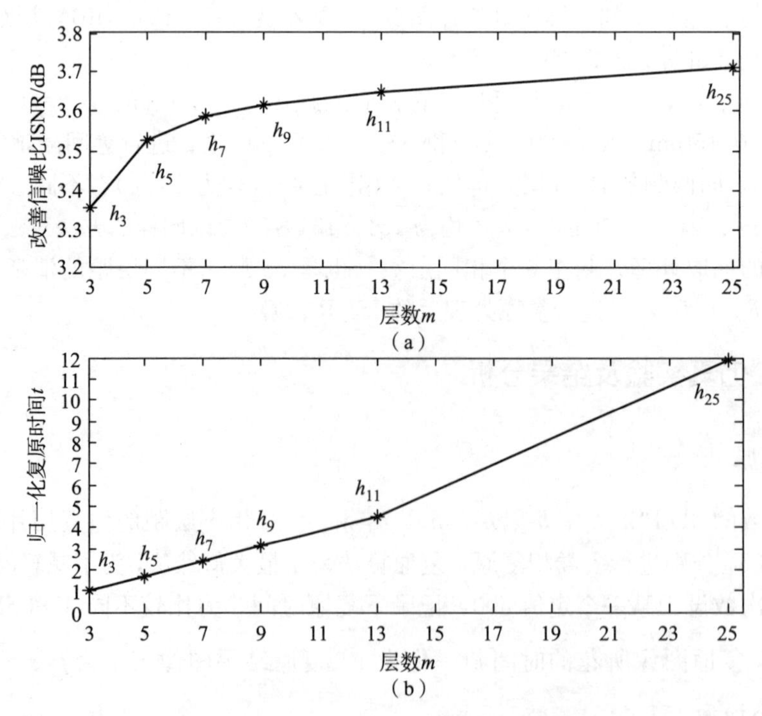

图 12－3　ISNR 和 t 与 3D-PSF 层数 m 的关系

（a）ISNR 与 3D-PSF 层数 m 的关系；（b）归一化时间 t 与 3D-PSF 层数 m 的关系

图 12-4 所示为改善信噪比 ISNR 和归一化复原时间 t 关系曲线。

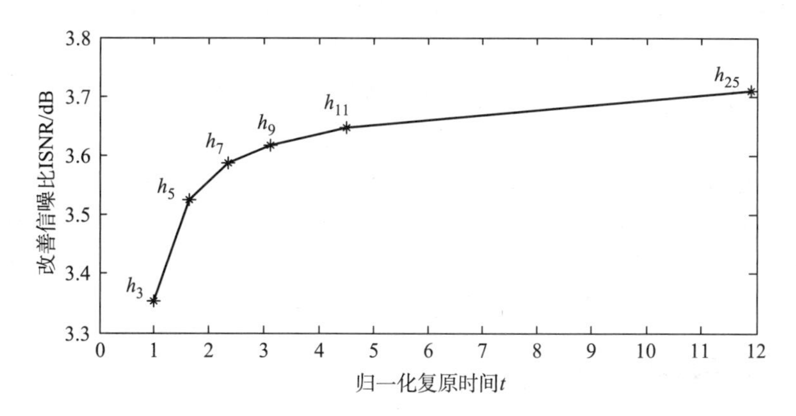

图 12-4　ISNR 与 t 的关系

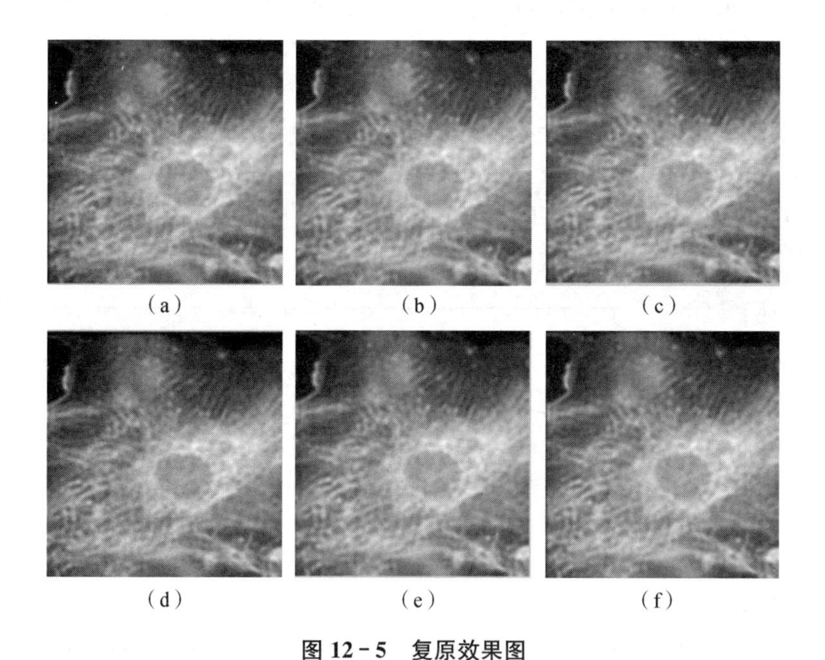

图 12-5　复原效果图

(a) g_3 复原图 $\hat{f}_3$；(b) g_5 复原图 $\hat{f}_5$；(c) g_7 复原图 $\hat{f}_5$；(d) g_9 复原图 $\hat{f}_9$；

(e) g_{13}复原图 $\hat{f}_{13}$；(f) g_{25}复原图 $\hat{f}_{25}$

对表 12-1 的数据进行分析：用 h_3 复原图像时，复原图像的改善信噪比 ISNR 为 3.353 8 dB，以 h_3 作为比较基准，ISNR 改善率归一化为 1。当用 h_5 复原图像时，复原图像的改善信噪比 ISNR 改善率为 5.14%，即 ISNR 比用 h_3 提高了 5.14%，复原时间 t 是 h_3 的 1.66 倍；用 h_7 复原时，ISNR 比用 h_3 提高了 6.97%，复原时间 t 是 h_3 的 2.37 倍；用 h_{25} 复原时，ISNR 比 h_3 提高了 10.62%，复原时间 t 是 h_3 的 11.89 倍。

从以上实验数据，并结合图 12-3 可以看出，3D-PSF 层数越多，改善信噪比 ISNR 就越大，图像复原效果越好，但所用的时间也越多。在层数较少时，比如 5 层、7 层时，ISNR 提高较快，即复原效果改善程度递增较快。随着 3D-PSF 层数的增加，ISNR 提高的程度降低，在 13 层、25 层时，ISNR 趋于平缓，提高的程度已经降得很低。而复原所用的时间随着 3D-PSF 层数的增加近似线性增加。3D-PSF 层数为 25 层时，复原时间 t 是 3 层的近 12 倍。

图 12－4 体现了复原效果 ISNR 与归一化复原时间 t 关系。随着复原时间的增加，复原效果不断增加。到了一定的程度，复原效果增加减缓。

因此，如何选择相同空间大小下 3D-PSF 的层数，是图像复原应用中涉及复原效果和时间的一个重要问题。综合图 12－5 中的不同层数 3D-PSF 得到的复原图可以看出：3D-PSF 空间大小固定的情况下，随着 3D-PSF 层间密度加大、层数增加，复原效果不断增加。但到了一定的程度，复原效果增加减缓，在视觉上差别不明显。

12.5.3 构建数学关系

在对生物细胞进行三维显微图像复原处理的各种应用中，有快速浏览、精确分析等各种情况不同程度的要求，对应着不同复原效果和复原处理时间。相应地，在对细胞进行切片采集和图像复原实际操作中，需要对 3D-PSF 进行轴向采样间隔的选择，获取相应的 3D-PSF 层数。

根据以上仿真实验，采用 Matlab 拟合工具箱，构建在本实验设定的显微参数条件下的 3D-PSF 层数 m 和归一化复原时间 t 与改善信噪比 ISNR 三者之间的三个关系。

式（12－4）为改善信噪比 ISNR 与 3D-PSF 层数 m 拟合关系式，图 12－6 所示为 ISNR 与 m 的关系曲线图。

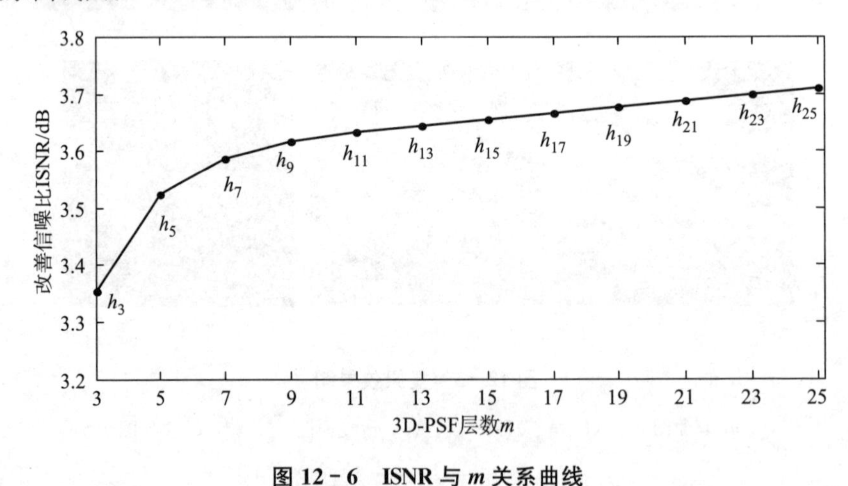

图 12－6　ISNR 与 m 关系曲线

式（12－5）为归一化复原时间 t 与 3D-PSF 层数 m 的拟合关系式，图 12－7 所示为 t 与 m 的关系曲线图。

式（12－6）为改善信噪比 ISNR 与复原时间 t 拟合关系式。

$$\mathrm{ISNR}=3.58\exp(0.001\,433\,m)-1.247\exp(-0.547\,5m) \tag{12-4}$$

$$t=3.58\exp(0.001\,433m)-1.247\exp(-0.547\,5m) \tag{12-5}$$

$$\mathrm{ISNR}=3.604\exp(0.002\,463t)-1.147\exp(-1.492t) \tag{12-6}$$

通过上述拟合得到的三个关系式，可以计算出不同 m 的 3D-PSF 复原处理得到的改善信噪比、归一化复原时间和 3D-PSF 层数的关系数据，如表 12－2 所示。其中 ISNR 改善率，

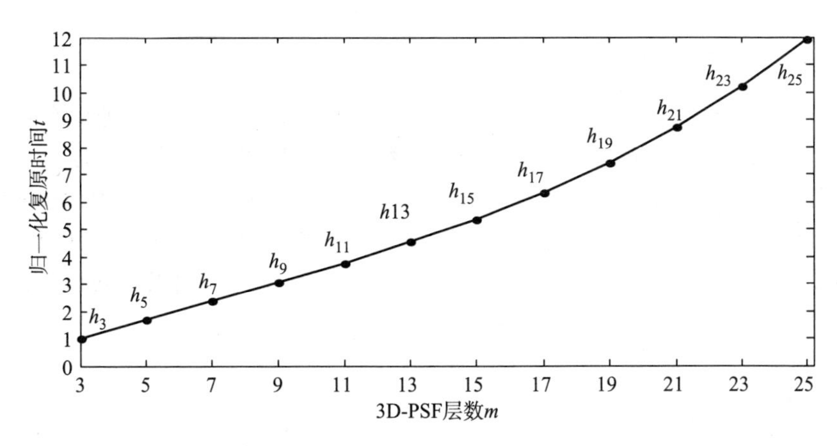

图 12-7　t 与 m 关系曲线

为后一个 h 的 ISNR 与前一个 h 的 ISNR 进行比较得到的改善率，计算方法为（$ISNR_{后}-ISNR_{前}$）/$ISNR_{前}$。

表 12-2　通过关系式计算得到的评价指标

3D-PSF	3D-PSF 层数 m	ISNR/dB	ISNR 归一化改善率	ISNR 改善率	t
h_3	3	3.354 0	1	1	1
h_5	5	3.524 9	5.10%	5.095%	1.7
h_7	7	3.589 0	7.01%	1.818%	2.39
h_9	9	3.617 4	7.85%	0.791%	3.06
h_{11}	11	3.633 8	8.34%	0.453%	3.77
h_{13}	13	3.646 3	8.71%	0.344%	4.52
h_{15}	15	3.657 4	9.05%	0.304%	5.37
h_{17}	17	3.668 1	9.37%	0.293%	6.32
h_{19}	19	3.678 7	9.68%	0.289%	7.42
h_{21}	21	3.689 3	10.00%	0.288%	8.70
h_{23}	23	3.699 9	10.31%	0.287%	10.18
h_{25}	25	3.710 5	10.63%	0.286%	11.89

由表 12-2 中的数据，画出不同层数 3D-PSF 复原图像时的 ISNR 以及归一化复原时间 t 与 m 的关系曲线图分别如图 12-6 与图 12-7 所示。

通过表 12-2，根据快速浏览、精确分析等情况不同程度的要求，可以权衡选择改善信噪比和归一化复原时间，进而选择 3D-PSF 层数 m，计算出 3D-PSF 轴向采样间隔。

数学关系模型的建立，为从数学角度上定量分析改善信噪比、归一化复原时间和 3D-PSF 层数三者之间的关系提供了可能，减少了 3D-PSF 参数选取的人为随意性，为 3D-PSF 的参数选取提供了依据。同时，也为各种不同参数条件下的细胞切片采集和图像复原处理，提供了一种相同空间大小下 3D-PSF 轴向采样间隔和层数的选取方法。

12.5.4 3D-PSF的选取

由表（12-2）的计算数据以及图12-5的复原图可知：对3D-PSF进行不同间隔的抽样后进行的图像复原，抽样间隔越小，3D-PSF层数越多，图像复原得到的改善信噪比ISNR越大，但改善信噪比ISNR随着层数的增加增长缓慢；而复原时间随着抽样间隔的变小，呈倍数增长趋势。在对3D-PSF的层数进行选取时，可以根据式（12-4）～式（12-6）拟合的模型关系式，计算出其他不同层数3D-PSF复原图像所花的时间以及获得的改善信噪比，然后根据实际需要选取出合适的3D-PSF。

12.6 本章小结

本章通过分析3D-PSF模型结构，并在满足奈奎斯特采用定理的条件下分析了3D-PSF的不同间隔的抽样方式对图像复原效果以及复原时间的影响，并通过实验仿真的方式对理论分析进行了验证。实验结果表明，空间大小相同的3D-PSF，图像复原效果随着3D-PSF层数的增加而提高，但到一定程度时复原效果提升减缓。复原时间也随着层数的增加而增加，且呈线性递增关系。

同时采用数学建模的方法，建立了改善信噪比、复原时间和相同空间大小3D-PSF的层数之间的关系模型，提出了一种可行的3D-PSF选取方式，为以后的研究提供了实验依据。

参考文献

[1] 陈华. 数字共焦显微图像复原方法及其系统实现研究［D］. 北京：北京理工大学，2005.

[2] 陶青川. 计算光学切片显微三维成像技术研究［D］. 成都：四川大学，2005：2-5.

[3] 谢红霞. 数字共焦显微系统点扩散函数与图像采集方式的研究［D］. 南宁：广西大学，2012.

第 13 章

基于复原效率曲线拐点的 3D-PSF 空间大小选取方法

本章通过进行层数相同、层距相同、直径不同的 3D-PSF 的图像复原实验，获得不同空间大小的 3D-PSF 直径与图像复原效果和复原时间之间的关系，并依据复原效率曲线拐点，确定 3D-PSF 空间大小的选取。

13.1 3D-PSF 直径大小对图像复原影响的理论分析

图 13－1（a）所示的 3D-PSF，在 z 轴轴向确定，即其层数相同、层距相同的情况下，其空间大小的不同，体现其在其径向（$x-y$）的不同。由于 3D-PSF 能量径向的分布是以原点为圆心呈圆形辐射状，所以可将径向大小称为直径大小。图 13－1（b）表示相同轴向（z 轴）大小、不同径向直径大小的 3D－PSF 纵向切面示意图，图 13－1（c）表示不同直径大小的 3D-PSF 径向切面示意图。从图 13－1 可以看出，在轴向大小相同的情况下，径向直径越大的 3D-PSF，其空间大小也就越大，包含的能量也就越大，复原图像的效果也就越好，同时复原过程的计算量也就越大，即复原时间越长。

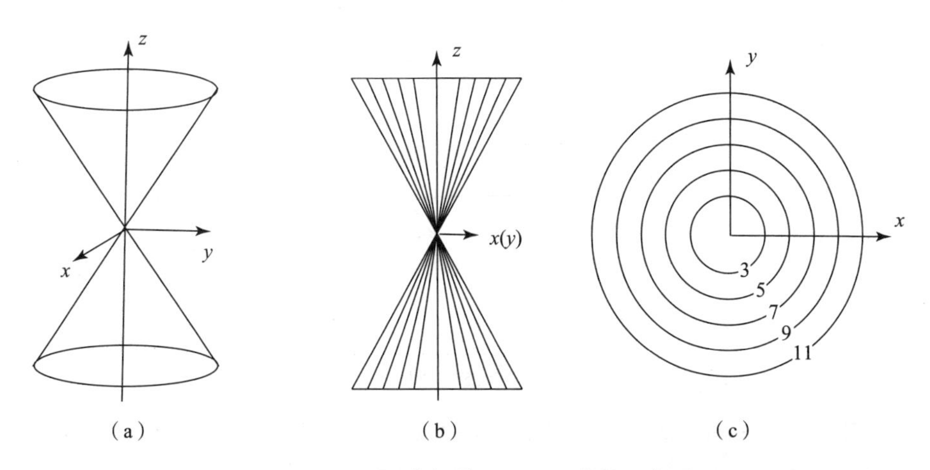

图 13－1 不同直径的 3D－PSF 结构示意图

(a) 双漏斗型结构；(b) 3D-PSF 轴向切面；(c) 3D-PSF 径向切面

13.2 图像复原效率及 3D-PSF 的选取方法

13.2.1 图像复原效率

在 3D-PSF 的双漏斗型结构中，大部分能量集中在中间区域。以双漏斗的顶点为中心，当确定轴向（z 轴）大小时，选取的径向（$x-y$）直径越大，3D-PSF 空间越大，包含的能量越大，图像复原的效果就越好，同时复原时间也越长。为了评价图像复原的效果，采用式（1-9）计算复原图像的改善信噪比 ISNR。改善信噪比数值越大，表示图像的复原效果越好。

为了综合考虑图像复原效果和复原时间两个因素，本节提出复原效率的综合性图像复原评价准则。设图像复原过程所花时间为 t，定义

$$q=\mathrm{ISNR}/t \tag{13-1}$$

为图像复原效率 q。图像复原效率表示单位时间内获得的改善信噪比。

13.2.2 基于图像复原效率的 3D-PSF 的选取方法

根据实验研究，复原效果改善信噪比 ISNR 与 3D-PSF 空间大小的关系为图 13-2 所示曲线 1 的形状，曲线 2 为图像复原效率 q 与 3D-PSF 空间大小的关系曲线。由曲线 1 可看出，随着 3D-PSF 空间大小的增大，图像复原效果 ISNR 在开始时增加较快。3D-PSF 空间大小继续增大，ISNR 提高幅度减缓，并逐步趋向于零。而 3D-PSF 的空间大小为几何增大，图像处理时间 t 也呈几何量级数增大，以时间作基数的图像复原效率 q 随着 3D-PSF 空间的增大不断下降，如图 13-2 所示曲线 2 的形状。

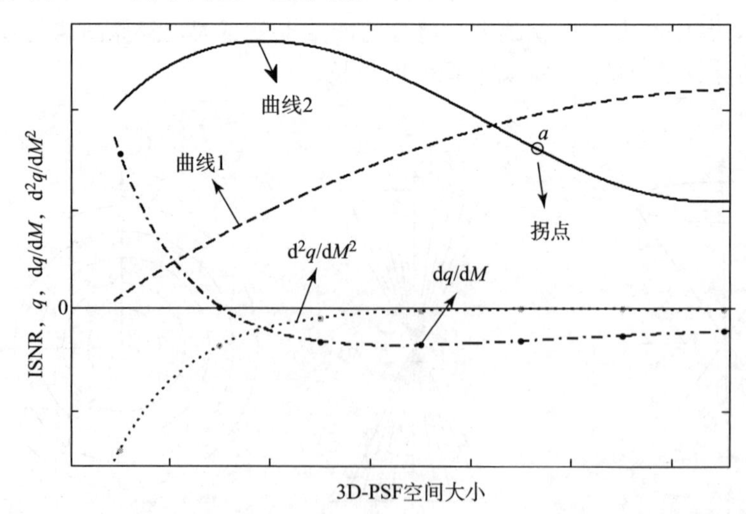

图 13-2　ISNR、q、dq/dM 以及 d^2q/dM^2 与 3D-PSF 空间大小的关系示意图

由曲线 2 可知，在 3D-PSF 空间较小时，复原效率 q 处于上升阶段，q 的一阶导数为正，表明 q 增幅为正。到曲线 2 达峰顶时，复原效率 q 处于极大值，停止上升，q 的一阶导数为零，表明 q 增幅为零。过峰值之后，复原效率 q 开始下降，q 的一阶导数为负，表明 q 增幅

为负，虽然复原效果继续增大，但增幅减缓。到达曲线 2 的拐点 a 处，q 的二阶导数为零，即 q 增幅率为零。在该拐点处，复原效率 q 下降到相当程度，并且复原效果上升趋缓也到相当程度。

将与复原效率曲线拐点对应的 3D-PSF 定为“可选最小空间 3D-PSF”。在进行同类型细胞光学切片图像复原时，可以作如下考虑：若复原图像用于一般观察，对复原图像效果要求不太高，可选取“可选最小空间 3D-PSF”或稍大的 3D-PSF 作为复原用 3D-PSF，以获得较少的复原时间；若复原图像用于研究与分析测量，则选取较大空间大小的 3D-PSF，以获得更精确的复原效果。对复原图像的效果要求越高，选取的 3D-PSF 越大。

“可选最小空间 3D-PSF”确定方法：

(1) 按 13.3 节进行仿真复原实验。

(2) 求出复原效果 ISNR 和归一化复原时间 t 分别与 3D-PSF 空间大小的关系，并画出曲线 1。

(3) 求出复原效率 q 与 3D-PSF 空间大小的关系，并画出曲线 2。

(4) 对曲线 2 求二阶导数，找出曲线 2 的拐点 a。

(5) 确定“可选最小空间 3D-PSF”。

(6) 依据对复原处理的不同要求及程度，选取 3D-PSF 的空间大小。

13.3　实验与分析

设 3D-PSF 的空间大小为 $M\times M\times m$，其中 $M\times M$ 表示 $x-y$ 直径大小。m 为 z 轴上焦面 2D-PSF 和一系列散焦 2D-PSF 的个数，即 3D-PSF 的层数；2D-PSF 间隔与复原切片样本间隔 Δz 一致。设 3D-PSF 层数 m 为定值，3D-PSF 直径 M 分别为 3，5，…，步进为 2 作递增。M 增大，即 3D-PSF 空间大小增大，图像复原效果提高，同时复原时间增大。

选择固定 3D-PSF 的轴向层数 m，通过改变 3D-PSF 直径 M 来获取一系列层数相同、层距相同、直径不同的空间大小的 3D-PSF 进行图像复原，获取 3D-PSF 不同直径变化与图像复原效果的关系。

13.3.1　仿真图像和 3D-PSF 构建

1. 三维仿真样本图像 f 的制作

仿真实验所需的三维仿真样本 f 的制作方法与 12.5.1 节相同，以图 13－3 (a) 原图像 (151×151，256 灰度级) 作为样本，通过放大、缩小、旋转得到的 401 幅二维切片图像堆叠而来，得到的三维样本切片 f 的大小为 151×151×401。

2. 3D-PSF 的制作

显微镜光学系统 3D-PSF 的制作方法与 12.5.1 节相同，采用文献 [1] 中提出的 3D-PSF 生成软件制作，软件中显微镜的具体参数设置为：物镜放大倍数为 40 倍，数值孔径为 0.65；机械镜筒长度为 160 mm；光源波长为 550 nm；CCD 的参数为 1/4 in，分辨率设为 640×480。

1) 显微镜物镜光学系统 3D-PSF 的制作

根据式（2－3）制作一个直径M为71，即矩阵大小为71×71、轴向采样间隔Δz（以下简称层距）为0.05 μm、层数为71的光学系统3D-PSF：h（71×71×71）。

2）一组7个用于图像复原处理的3D-PSF的制作

设定用于复原的8个3D-PSF层数m为11、层距$\Delta z=0.2$ μm。即z轴上的空间大小是2.0 μm。在$x-y$径向大小$M\times M$当中M分别取3、5、7、9、11、13、15和19像素，得到8个层数和层距相同、直径不同的3D-PSF，命名为h_3、h_5、h_7、h_9、h_{11}、h_{13}、h_{15}和h_{19}。

同时还另制作两组层数m同为11、层距分别为$\Delta z=0.05$ μm和0.3 μm的3D-PSF各7个。M分别取3、5、7、9、11、13和15。

3. 用于复原的细胞仿真切片图像的制作

用h与f卷积得到三维样本仿真切片图像g_0，大小为151×151×401，层距为0.05 μm，其中间的一幅如图13－3（b）所示。以$z=0$为原点，向z轴两侧每隔3层抽取一层，得到大小为151×151×67，层距Δz为0.2 μm的样本切片g。采用类似的方法，可得到大小为151×151×67，层距Δz分别为0.05 μm和0.3 μm的样本切片。三个样本切片用于复原实验。

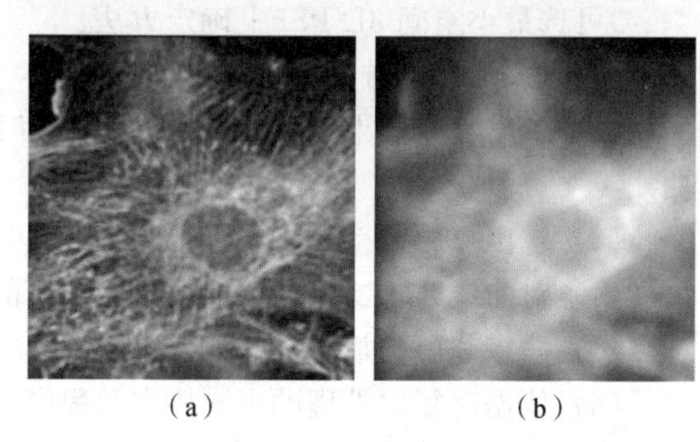

（a）　　　　　（b）

图13－3　原图像以及退化图像

（a）原图像；（b）退化图像

13.3.2　仿真实验

1. 图像复原

分别用8个不同直径的3D-PSF h_3、h_5、h_7、h_9、h_{11}、h_{13}、h_{15}和h_{19}，对模糊样本切片g进行去卷积复原处理，复原算法采用最大似然法，设置迭代次数为600次。8个复原结果图像表示为$\hat{f}_{19}$、$\hat{f}_{19}$、$\hat{f}_{19}$、$\hat{f}_{19}$、$\hat{f}_{19}$、$\hat{f}_{19}$、$\hat{f}_{19}$和$\hat{f}_{19}$，大小均为151×151×67。

2. 复原结果图像的计算

对8个三维复原结果图像$\hat{f}_{19}$、$\hat{f}_{19}$、$\hat{f}_{19}$、$\hat{f}_{19}$、$\hat{f}_{19}$、$\hat{f}_{19}$、$\hat{f}_{19}$和$\hat{f}_{19}$中间的一幅图像，进行改善信噪比ISNR计算。图像复原时间以用h_3的复原时间作为比较基准进行归一化，统一采用归一化复原时间t。按式（13－1）计算复原效率q。$\Delta z=0.2$ μm的复原实验数据如表13－1所示。图13－4所示为根据计算结果画出的$\Delta z=0.2$ μm的各变量关系示意图。

表13－1　$\Delta z=0.2$ μm时的仿真实验数据

PSF	h_3	h_5	h_7	h_9	h_{11}	h_{13}	h_{15}	h_{19}
M	3	5	7	9	11	13	15	19
ISNR/dB	0.200 4	0.682	1.312 8	1.769 1	2.021 7	2.318 4	2.690 8	3.117 8
t	1.00	2.40	5.01	7.69	12.44	16.85	22.26	36.12
q	0.20	0.28	0.26	0.23	0.16	0.14	0.12	0.086

由表 13－1 和图 13－4（a）可以看出，随着 3D-PSF 直径 M 的增大，复原效果 ISNR 不断提高，但提高的趋势逐步趋缓，而所花费的时间 t 则不断加速上升，如图 13－4（b）所示。复原效率 q 则在 M 较小时上升，之后很快逐步下降，可以看出下降过程中存在拐点，如图 13－4（c)所示。

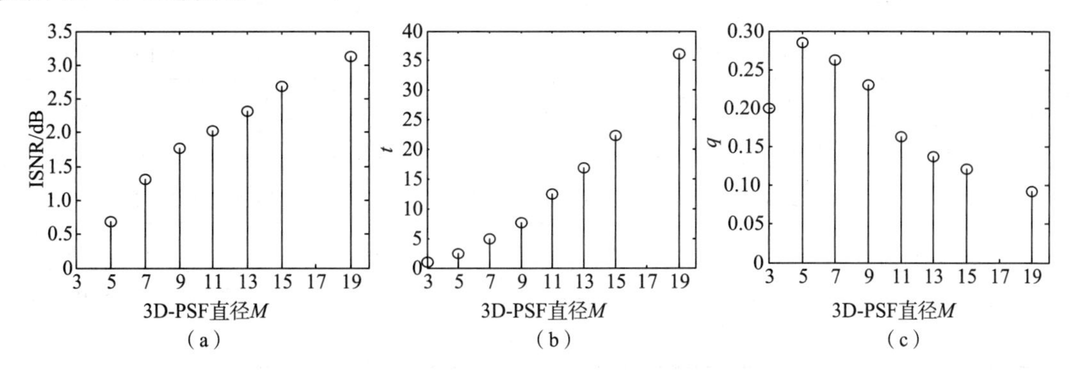

图 13－4　Δz 为 0.2 μm 的各变量关系示意图

(a) ISNR 与 M 的关系；(b) t 与 M 的关系；(c) q 与 M 的关系

13.3.3　曲线拟合

在 Matlab 环境中对图像复原效率 q 与 3D-PSF 直径 M 的关系数据进行拟合，式(13－2)～式（13－4）为层距 Δz=0.2 μm、Δz=0.05 μm 和 Δz=0.3 μm 时的拟合关系式。图 13－5 所示为三个不同层距的 q 与 M 之间的拟合关系曲线。

$$q=0.6325\exp(-0.1151M)-1.634\exp(-0.629M) \tag{13-2}$$

$$q=0.5372\exp(-0.1000M)-2.233\exp(-0.8079M) \tag{13-3}$$

$$q=0.7176\exp(-0.1104M)-1.376\exp(-0.4758M) \tag{13-4}$$

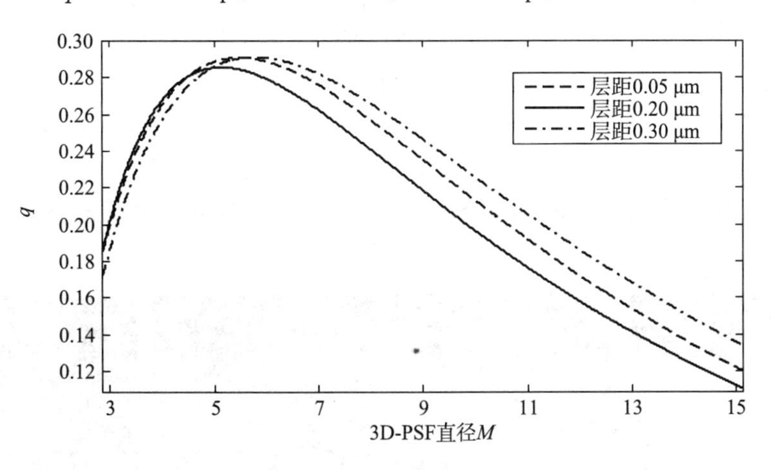

图 13－5　3D-PSF 直径 M

13.3.4　确定“可选最小空间 3D-PSF”

根据 q 与 M 之间的拟合关系式（13－2)～式（13－4)，分别计算出各层距 Δz、各直径 M 下的 q、一阶导数 $\mathrm{d}q/\mathrm{d}M$ 和二阶导数 $\mathrm{d}^2q/\mathrm{d}M^2$，如表 13－2 所示。

表 13-2 通过拟合关系式计算得到的 q、dq/dM 以及 d^2q/dM^2

关系式		h_3	h_5	h_7	h_9	h_{11}	h_{13}	h_{15}	h_{19}
$\Delta z=0.05$	q	0.20	0.29	0.28	0.24	0.19	0.15	0.12	0.07
	dq/dM	0.096 8	0.009 9	−0.016 6	−0.022 1	−0.020 7	−0.017 6	−0.014 3	−0.008 2
	d^2q/dM^2	−0.071 6	−0.023 3	−0.006 2	−0.000 4	0.001 4	0.001 7	0.001 6	0.000 9
$\Delta z=0.2$	q	0.20	0.29	0.26	0.22	0.18	0.15	0.12	0.08
	dq/dM	0.120 0	−0.000 8	−0.020 4	−0.020 6	−0.017 6	−0.014 6	−0.012	−0.008 0
	d^2q/dM^2	−0.125 2	−0.022 4	−0.002 4	0.001 2	0.001 6	0.001 4	0.001 2	0.000 8
$\Delta z=0.3$	q	0.19	0.29	0.28	0.25	0.21	0.17	0.14	0.09
	dq/dM	0.100 2	0.015 0	−0.013 2	−0.020 3	−0.020 0	−0.017 5	−0.014 6	−0.009 6
	d^2q/dM^2	−0.068 5	−0.023 8	−0.007 1	−0.001 1	0.000 9	0.001 4	0.001 4	0.001 0

找出各曲线二阶导数 d^2q/dM^2 为 0 或者最接近 0 时对应直径 M 的 3D-PSF，即得到“可选最小空间 3D-PSF”。由表 13-2 可知，层距为 0.05 μm 以及 0.2 μm 时，拐点对应的直径 M 为 9，可选最小空间 3D-PSF 为 h_9。层距为 0.3 μm 时，拐点对应的直径 M 为 11，可选最小空间 3D-PSF 为 h_{11}。

层距为 0.2 μm 时，以仿真实验在最大的 3D-PSF h_{19} 复原图像得到的改善信噪比ISNR作为比较基准，拐点处 3D-PSF h_9 复原的 ISNR 为 56.74%。

13.3.5 3D-PSF 选取

3D-PSF 选取，可按照以下方法进行：若用于一般观察的图像，可选用直径为 9 的可选最小空间 3D-PSF，或者稍大的 3D-PSF 进行图像复原。若用于分析测量的对复原效果要求高的图像，则可选用更大的 3D-PSF。对复原效果要求越高越精准，选取越大的 3D-PSF。图 13-6 所示为各不同直径 3D-PSF 复原处理的结果图像。图 13-6（a）所示为用“可选最小空间 3D-PSF” h_9 的复原结果，图 13-6（b）所示为用稍大的 h_{11} 的复原结果，图 13-6（c）为用更大的 h_{15} 得到的结果图，图中可见复原效果有较明显的提高。如需要更好的复原效果，则可选用更大的 3D-PSF，图 13-6（d）所示为用直径为 19 的 h_{19} 的复原结果。

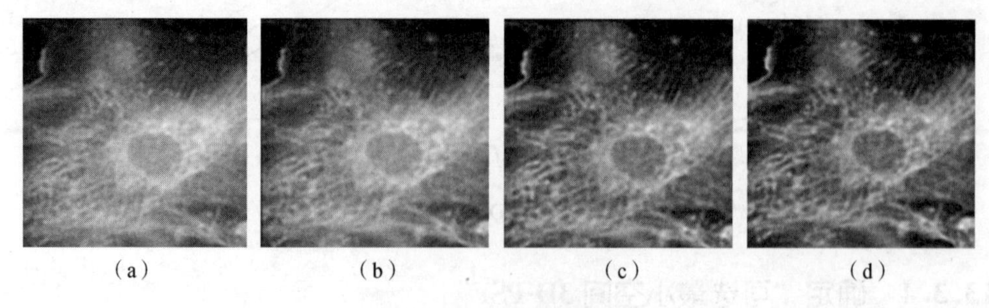

图 13-6 复原结果图

(a) 用 h_9 的复原图；(b) 用 h_{11} 的复原图；(c) 用 h_{15} 的复原图；(d) 用 h_{19} 的复原图

由表 13－1 可知，“可选最小空间 3D-PSF” h_9 复原获得的改善信噪比 ISNR 为 1.769 1 dB。若以直径为 19 的 h_{19} 复原图像得到的 ISNR 作为比较基准，则 h_9 的 ISNR 是 h_{19} 的 56.74％。从图 13－6（a）h_9 的复原结果与图 13－3（b）复原处理前的模糊图像比较看，分辨率得到了较大的提高，复原得到的图像可满足一般浏览的要求。

用 h_{11} 得到的复原图 13－6（b），获得的 ISNR 为 2.021 7 dB，是 h_{19} 的 64.84％，获得更好的浏览效果。用 h_{15} 得到的复原图 13－6（c），获得 2.690 8 dB 的 ISNR，是 h_{19} 的 86.30％，获得更好的复原结果，分辨率明显提高，可用于分析研究。用 h_{19} 复原图像时，ISNR 达到 3.117 8 dB，复原的结果图像包含了很丰富的细节，已很接近图 13－3（a）的原清晰图像。但复原时间很长，是 h_3 复原时间的 36 倍，是 h_9 复原时间的 4.7 倍。

13.4　本章小结

基于 3D-PSF 的双漏斗型结构以及 3D-PSF 空间大小对图像复原效果和复原时间关系的分析，提出了复原效率的综合性图像复原评价准则，并提出了依据复原效率曲线拐点选取 3D-PSF 的方法。采用了层距分别为 0.05 μm、0.2 μm 和 0.3 μm 三组不同层距的、各组内层数相同、层距相同、直径不同的 3D-PSF 进行图像复原实验，获得了不同空间大小的 3D-PSF 直径与图像复原效果和复原时间之间的关系，通过拟合曲线计算得到复原效率 q、q 的一阶和二阶导数，找出复原效率曲线拐点，确定“可选最小空间 3D-PSF”。实验结果显示，按照复原效率曲线拐点选取的 3D-PSF 复原的图像满足一般浏览的要求。实验结果表明依据复原效率曲线拐点选取 3D-PSF，为细胞光学切片的采集和三维显微图像复原实际应用中 3D-PSF 空间大小的自动选取提供了一种有效可行的方法。

参考文献

[1] 谢红霞. 数字共焦显微系统点扩散函数与图像采集方式的研究 [D]. 南宁：广西大学，2012.

第 14 章
光学显微成像系统 3D-PSF 能量分布

在数字共焦显微技术中，3D-PSF 是三维显微图像复原方法的重要组成部分。本章将对 3D-PSF 的实现方式，3D-PSF 轴向和径向（切片平面）点数与真实空间大小的关系，3D-PSF 在空间中的能量分布规律进行研究，建立能量的空间分布模型，为 3D-PSF 能量比与数字共焦显微图像复原效果和复原时间关系的研究与 3D-PSF 优化选取模型的建立提供依据。

14.1 3D-PSF 的实现

点扩散函数是描述光学系统特性的数学工具，在数字共焦显微成像系统中，将物与 3D-PSF 卷积造成模糊的过程称为图像退化过程，相应的表示式称为三维显微图像的退化模型。在图像去卷积复原处理之前，力求获得准确的系统点扩散函数估计以实现复原的成功。显微成像系统 3D-PSF 估计得准确与否，决定图像复原的效果。

常用的两种获取显微系统 3D-PSF 的方法是实验测量和理论计算。在使用实验测量点扩散函数时，使用一个直径尽可能小（直径约为显微镜物镜极限分辨率的一半，$D=0.66\lambda/\mathrm{NA}$）的荧光小球作为成像物体，在实验室条件下通过获取荧光小球的成像信息获得显微成像系统的点扩散函数[1]。也可使用 CCD 测定系统的点扩散函数，利用黑白跳变的图像作为观察物，模拟输入阶跃函数，再用 CCD 在像平面上采集图像并进行分析拟合，获得光学系统的点扩散函数[2]。

用实验的方法虽然能获得相应的系统点扩散函数，但依然存在诸如荧光球过小造成的操作困难、实验过程中容易引入噪声、荧光小球并不能代替理想点光源等种种弊端，使其难以获得理想的点扩散函数。因此，本节采用理论计算的方法来模拟生成显微成像系统 3D-PSF。计算步骤有以下几个：

(1) 采用光学切片技术，依照式（14－1），考虑显微镜数值孔径 NA、物镜放大倍数 M、照射波长 λ、光学管腔长度 d_i、CCD 参数等影响因子，按照指定的光学切片间隔 $\Delta z(2w/\mathrm{NA}^2)$，对应于不同的散焦值 $i\Delta z(i=\pm1, \pm2, \pm3, \cdots)$，创建二维散焦光学传输函数（OTF）的极坐标形式矩阵。

(2) 使用 Hankel 变换得出二维散焦点扩散函数的极坐标形式，将极坐标形式下的二维散焦点扩散函数转换成直角坐标形式。

(3) 根据对点扩散函数径向大小的要求，将获得不同散焦量的 2D-PSF 进行裁剪。

（4）将生成的 2D-PSF 按照层次次序依次叠加生成 3D-PSF 并归一化。

$$H(w,\ q)=\frac{1}{\pi}(2\beta-\sin2\beta)\cdot \mathrm{jinc}\left[4kw\left(1-\frac{|q|}{f_c}\right)\frac{q}{f_c}\right] \tag{14-1}$$

在使用逆 Hankel 变换计算得出二维散焦点扩散函数的极坐标形式时，使用离散形式的逆 Hankel 变换，变换公式如下：

$$h_r(i\Delta r)=2\pi\sum_{i=0}^{N-1}H_r(q)*J_0(2\pi qi\Delta r)q\Delta q \tag{14-2}$$

其中，Δr 为极坐标形式下 2D-PSF 的采样间隔，依照式（14-2），对于极坐标上的每个点 $(i\Delta r,\theta)$，都可以求出与之对应的 $h_r(i\Delta r)$ 的值。若直角坐标形式下 2D-PSF 的采样间隔为 ΔR，则对应的极坐标形式下采样间隔应为 $\Delta r=\sqrt{2}\Delta R$。

14.2　3D-PSF 离散空间点数与真实空间大小的关系

用理论计算的方法获得指定的显微成像系统 3D-PSF 是否准确，关键是建立正确的 3D-PSF 离散空间点数与真实空间大小关系，主要包括：3D-PSF 轴向点数与真实轴向空间大小的关系；3D-PSF 径向（平面）点数与真实空间大小关系。

14.2.1　3D-PSF 轴向点数与真实轴向空间大小的关系

按照光学切片技术，3D-PSF 是由不同散焦量的 2D-PSF 对称堆叠而成的。生成 3D-PSF 的轴向（沿光轴方向）点数即为 2D-PSF 的个数（层数），所以，3D-PSF 真实轴向空间大小是显微镜像平面沿轴向的空间大小。在显微成像系统中，有

$$\delta_z=\Delta z\times M^2 \tag{14-3}$$

其中，δ_z 为显微镜像平面沿轴向的移动距离，Δz 为光学切片间隔（层距，单位 μm），M 为显微镜放大倍数。所以生成 3D-PSF 轴向空间大小应为其轴向点数与 δ_z 的乘积。若3D-PSF 的理论计算值轴向深度（层数）为 K，则此 3D-PSF 对应的像空间轴向深度 L 为

$$L=K\times\delta_z=K\times\Delta z\times M^2 \tag{14-4}$$

假设光学切片层距 $\Delta z=0.312\,5$ μm，3D-PSF 层数 $K=21$，显微镜放大倍数为 40 倍，则此 3D-PSF 对应的像空间真实轴向空间大小为

$$L=K\times\Delta z\times M^2=21\times0.312\,5\times40^2=105\,00\ (\mu\mathrm{m})$$

14.2.2　3D-PSF 径向点数与真实径向空间大小的关系

在生成一定散焦量的 2D-PSF 时，本节先计算相应散焦量的二维传递函数矩阵，进而对其进行傅里叶逆变换获得对应的 2D-PSF。研究 3D-PSF 径向点数与真实空间大小的关系，应该首先明确 2D-PSF 两点之间的真实点距，即 2D-PSF 的采样间隔。

在式（14-1）中二维光学传递函数的极限频率（截止频率）$f_c=2\mathrm{NA}/\lambda$。根据数字信号处理相关知识，在满足采样定理的条件下对连续形式下的光学传递函数进行采样，并对离散形式的光学传递函数进行离散傅里叶逆变换，获得 2D-PSF 离散时域间隔 Δr（点距）与频率函数的重复周期 f_s 之间满足

$$\Delta r=1/f_s \tag{14-5}$$

对于连续时间函数 $x(t)$，抽样时间间隔为 T_s，得到其傅里叶变换 $X(f)$ 的周期 $f_s=1/T_s$。在满足采样定理的条件下，在式（14-5）中，采样频率 $f_s=1/T_s=2f_c$。因此，一定散焦量的二维光学传输函数的极限频率确定后，就可获得 2D-PSF 的实际点距，其表示式为

$$\Delta r=1/(2f_c)=\lambda/(4\mathrm{NA}) \tag{14-6}$$

考虑一个放大倍数为 40 倍，数值孔径 NA=0.6 的物镜，采用绿光照射，$\lambda=0.55\ \mu\mathrm{m}$，则生成点扩散函数的实际点距为

$$\Delta r=\lambda/(4\mathrm{NA})=0.55/(4\times0.6)=0.23(\mu\mathrm{m}) \tag{14-7}$$

在实际应用中，在获得 3D-PSF 的基础上应结合 CCD 相机参数进行分析，CCD 靶面像素间距可以由它的靶面尺寸与分辨率共同确定。假设 CCD 靶面尺寸为 $H\times V$，像素数（分辨率）为 $m\times n$，则 CCD 像素间距（像素大小）为

$$\Delta R=H/m \text{ 或 } \Delta R=V/n \tag{14-8}$$

式中，ΔR 即为像平面 CCD 的像素间距。

若 CCD 靶面像素数值为 640×480，CCD 尺寸为 1/3 in（CCD 靶面尺寸为 $H\times V$，$H=4.8$ mm，$V=3.6$ mm)，则 CCD 像素大小为

$$\Delta R=H/m=V/n=4\,800/640=3\,600/480=7.5(\mu\mathrm{m}) \tag{14-9}$$

14.3 3D-PSF 在空间中的能量分布

图像复原处理采用的 3D-PSF 空间大小决定着复原效果与复原时间。3D-PSF 空间大小选取越大，复原效果越好，但同时处理的时间也越长。由于 3D-PSF 的大部分能量集中在中部的双锥体锥顶附近区域，因此在进行图像复原研究时，可以只选取 3D-PSF 中部的一小部分空间区域，而舍去 3D-PSF 周围大部分能量稀少区域。然而，3D-PSF 在空间中的能量分布是基于能量选取 3D-PSF 的基础，也是本节需要深入探讨的问题。

14.3.1 3D-PSF 能量比概念的提出

显微镜光学成像系统 3D-PSF 的空间区域为整个成像的像空间区域。三维显微图像复原处理涉及的 3D-PSF 的空间大小为生物样本大小的 2 倍[4]，这是一个很大的区域，而 3D-PSF 的大部分能量集中在中部的双锥体锥顶附近区域。

为了研究 3D-PSF 中部的能量所占的比例，与图像复原效果和复原时间的关系，定义 3D-PSF 的能量比（E_R）为选取 3D-PSF 中部双锥体锥顶空间区域的能量占完整区域的能量的比例。

14.3.2 3D-PSF 能量分布理论分析

在中心波长为 λ 的窄带非相干光照射下，具有直径为 a 的圆形孔径的透镜的焦面 2D-PSF 可以表示为[3]

$$h(r)=\left\{2\frac{\mathrm{J}_1\left[\pi\left(\dfrac{r}{r_0}\right)\right]}{\pi\left(\dfrac{r}{r_0}\right)}\right\}^2 \tag{14-10}$$

式中，常量 r_0 是一个有量纲的比例因子，$r_0=\dfrac{\lambda d_i}{a}$；$r$ 是距像平面光轴的径向距离，$r=\sqrt{x_i^2+y_i^2}$。

根据能量定理，一个函数 $h(r)$ 在无限空域的能量 E，与该函数 $h(r)$ 的关系是一个积分[5]

$$E=\int_0^{\infty}|h(r)|^2\mathrm{d}r \tag{14-11}$$

该函数 $h(r)$ 在有限的离散空域中的能量 E_r 可以表示为

$$E_r=\sum_0^{r}|h(r)|^2\Delta r \tag{14-12}$$

根据式（14－1）切面 2D-PSF 表示式和式（14－12），可获得不同散焦量 λ 的 2D-PSF 的能量比 ER_N。根据式（14－10）和式（14－12），可获得二维焦平面点扩散函数不同径向距离的 2D-PSF 的能量比 ER_r，如图 14－1 所示。

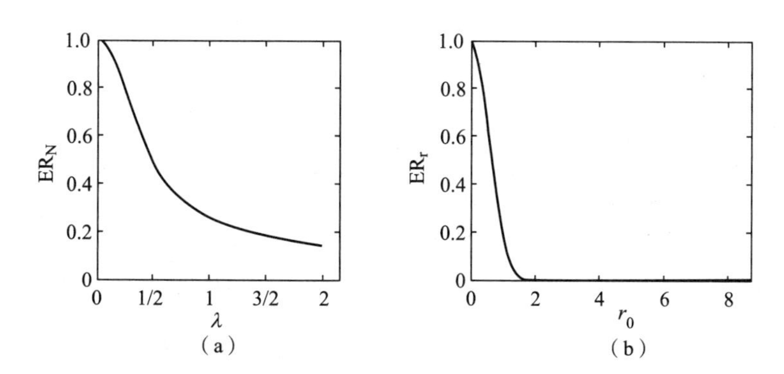

图 14－1　散焦量和径向距离对点扩散函数能量的影响图

（a）散焦量 λ；（b）径向距离 r_0

图 14－1 给出了点扩散函数在散焦量为 0 和径向距离为 0 处（中心处）能量最大，随着散焦量及径向距离的增大、能量逐步衰减的曲线。

14.3.3　仿真实验

1. 光学系统 3D-PSF 仿真制作

设三组不同放大倍数显微镜物镜参数：①放大倍数 $M=40$ 倍，数值孔径 NA $=0.6$；②放大倍数 $M=20$ 倍，数值孔径 NA $=0.45$；③放大倍数 $M=10$ 倍，数值孔径 NA$=0.25$。

显微镜机械镜筒长度为 160 mm；光源波长为 550 nm；CCD 参数：1/4 in，像素值 640×480。

设 3D-PSF 空间大小为 $r\times r\times N$，r 为 3D-PSF 直径，N 为层数。3D-PSF 层距 L 取 0.2 μm。

以此参数，按式（14－1）制作三个放大倍数分别为 40、20 和 10 倍的空间大小均是

101×101×101 的 3D-PSF，作为完整区域的 3D-PSF。这三个 3D-PSF 的直径 r 为 101，层数 N 为 101 层，层距 L 取 0.2 μm，均表示为 h101×101×101。

在每个 h101×101×101 中，自中心截取直径 r 为 3，5，7，…，101，层数 N 为 3，5，7，…，101，得到三组各 2 500 个空间大小是 3×3×3，3×3×5，…，3×3×101，5×5×3，5×5×5，…，5×5×101，…，101×101×101 的 3D-PSF。

2. 3D-PSF 空间大小与能量比

利用 3D-PSF 空间点能量值累加的方法，分别计算所得的三组各 2 500 个 3D-PSF 的能量值，并以各自的 h101×101×101 能量为 1 进行归一化，得到三组各 2 500 个不同空间大小 3D-PSF 的能量比 ER。表 14－1 为三组部分不同空间大小 3D-PSF 的能量比的比值，图 14－2 所示为能量比与空间大小关系曲线。

表 14－1　三种放大倍数下部分 3D-PSF 能量比与空间大小对应关系

放大倍数	40×	20×	10×
h_1(3×3×3)	0.132 1	0.085 1	0.016 4
h_2(5×5×5)	0.337 0	0.213 0	0.053 9
h_3(7×7×7)	0.494 9	0.314 8	0.104 1
h_4(9×9×9)	0.597 4	0.407 4	0.154 0
h_5(11×11×11)	0.676 7	0.490 2	0.197 0
h_6(13×13×13)	0.741 1	0.562 9	0.236 4
h_7(15×15×15)	0.788 9	0.624 5	0.273 7
h_8(17×17×17)	0.821 1	0.675 7	0.308 9
h_9(19×19×19)	0.844 7	0.717 9	0.343 0
h_{10}(21×21×21)	0.866 2	0.7529	0.376 1
h_{11}(101×101×101)	1	1	1

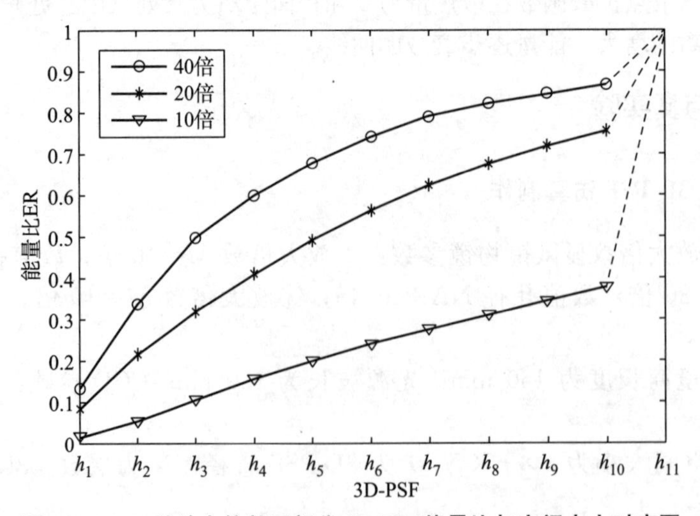

图 14－2　三种放大倍数下部分 3D-PSF 能量比与空间大小对应图

表 14－1 和图 14－2 表示了 3D-PSF 的能量比随空间大小递增变化的情况。

从图 14－2 可以看出，3D-PSF 层数（N 轴）和直径（r 轴）都比较小的阶段（坐标原点附近区域），它的能量比随着空间大小的增大呈现出较快速增大的趋势，放大倍数越大能量比增大得越快，比如 40 倍。当其空间大小增大到一定的程度时，这种增长的程度趋缓。

对 40 倍光学系统的 3D-PSF，空间大小为 5×5×5 的 h_2，其能量比已超过 33%（1/3）。空间大小为 13×13×13 的 h_6，其能量比已接近 75%，即 3/4。而对 10 倍光学系统的 3D-PSF，空间大小为 5×5×5 的 h_2，其能量比只有 5%。空间大小为 13×13×13 的 h_6，其能量比只有 23.64%，不到 1/4。其能量比要达到 50%，其空间大小需要 51×51×51。

这表明，放大倍数越大的 3D-PSF，其能量越集中在中间区域，放大倍数越小的 3D-PSF，其能量越分散在广阔空间区域。

14.3.4　轴向能量与径向能量分布

1. 3D-PSF 光轴轴向和中心层径向能量衰减

对以上三个的 101×101×101 3D-PSF，分别计算其光轴上轴向大小为 N（N 个像素点）的能量比值以及中心层（N 为 0）焦面 2D-PSF 径向大小为 r 的能量比值，抽取部分轴向 N、径向 r 对应的能量值列于表 14－2 和表 14－3。图 14－3 和图 14－4 分别为轴向 N 和径向 r 与能量值的对应曲线图。

表 14－2　3D-PSF 轴向能量比

轴向 N	0	1	2	3	4	5	7	10	15	25	50
40 倍	0.008 9	0.008 4	0.007 3	0.005 9	0.004 4	0.003 2	0.001 4	0.000 2	4.00×10^{-6}	4.09×10^{-6}	5.56×10^{-8}
20 倍	0.006 0	0.005 8	0.005 6	0.005 2	0.004 7	0.004 2	0.003 1	0.001 7	4.01×10^{-4}	2.03×10^{-6}	1.08×10^{-8}
10 倍	0.000 9	0.000 9	0.000 9	0.000 9	0.000 9	0.000 9	0.000 8	0.000 7	0.000 6	0.000 362	4.47×10^{-5}

表 14－3　3D-PSF 中心层径向能量比

径向 r	0	1	2	3	4	5	7	10	15	25	50
40 倍	0.008 9	0.005 2	0.002 3	0.000 7	0.000 1	1.2×10^{-5}	4.7×10^{-5}	2.8×10^{-6}	1.0×10^{-6}	2.4×10^{-7}	5.3×10^{-8}
20 倍	0.006 0	0.003 3	0.001 4	0.000 3	0.000 1	4.8×10^{-5}	2.3×10^{-5}	3.3×10^{-6}	8.9×10^{-7}	1.3×10^{-7}	1.8×10^{-7}
10 倍	0.000 9	0.000 6	0.000 4	0.000 2	0.000 1	4.3×10^{-5}	7.3×10^{-6}	7.8×10^{-7}	1.3×10^{-6}	4.3×10^{-7}	1.4×10^{-7}

从表 14－2、表 14－3 和图 14－3、图 14－4 可以看出：①3D-PSF 的光轴轴向和中心层径向能量，随着轴向和径向的增大迅速衰减。②放大倍数越大，3D-PSF 中心点及附近能量越大，40 倍的 3D-PSF 中心点能量是 10 倍 3D-PSF 中心点能量的近 10 倍。这也说明，放大倍数越大的 3D-PSF，其能量越集中在中间区域。

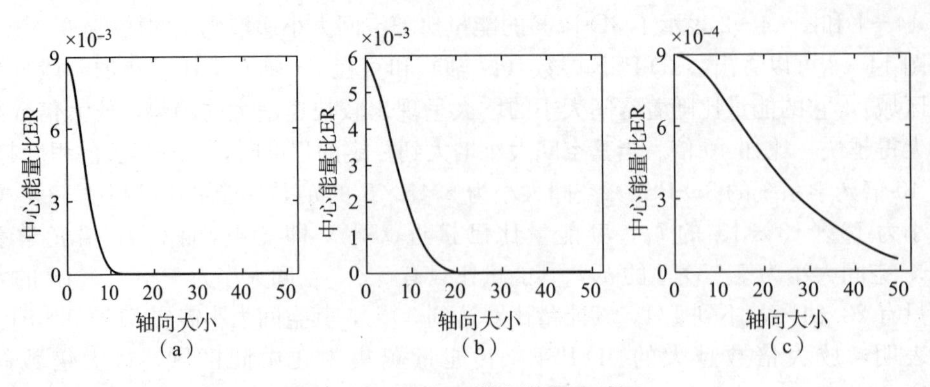

图 14-3　3D-PSF 轴向能量衰减图

(a) $M=40$; (b) $M=20$; (c) $M=10$

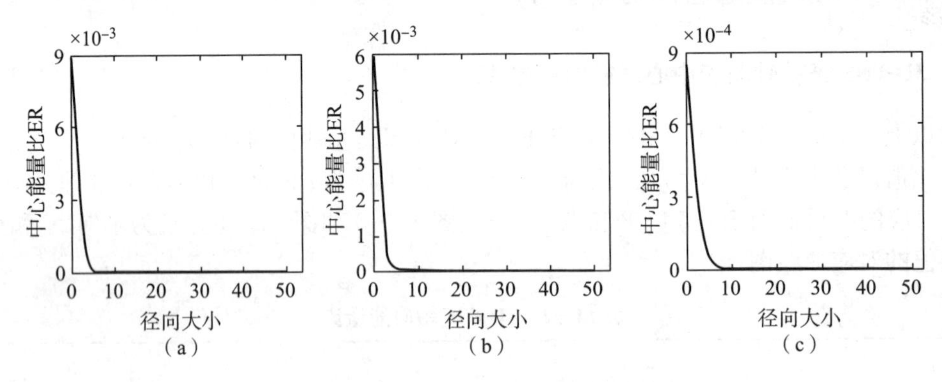

图 14-4　3D-PSF 中心层径向能量衰减图

(a) $M=40$; (b) $M=20$; (c) $M=10$

2. 3D-PSF 沿光轴剖面能量分布图和中心层能量分布图

对三个 3D-PSF $h101\times101\times101$ 分别沿光轴轴向取剖面，计算剖面上点的能量比值。剖面上能量分布如图 14-5 所示（为了能显示出能量分布，图中表示能量值的亮度进行了对数变换处理，因此图中的亮暗不是真实反映能量的强度）。

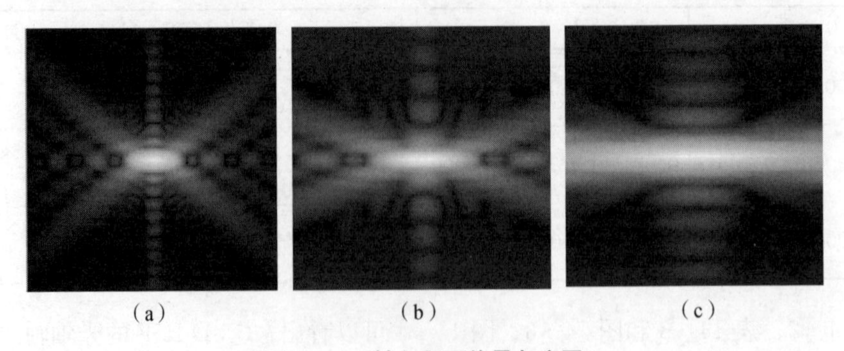

(a)　(b)　(c)

图 14-5　轴向剖面能量灰度图

(a) $M=40$; (b) $M=20$; (c) $M=10$

从图 14　5 中可以看到，3D-PSF 的能量由中心点向左右两侧扩散，形状近似于双锥体形状，中心最亮处为双锥体顶部。对比图 14－5（a）～（c）可看出：①40 倍 3D-PSF 锥体角度最大，表明离开中心层焦面相同的散焦量，能量径向扩散程度最大。随着放大倍数的减小，锥体角度逐渐变小，相同的散焦量，能量径向扩散程度减小。②40 倍 3D-PSF 中心区亮部区域最小，表明 3D-PSF 的能量集中在中间区域。随着放大倍数的减小，3D-PSF 中心区亮部区域向轴向左右两侧扩散，3D-PSF 的能量也沿光轴两侧扩散。

对三个 3D-PSF $h101\times101\times101$ 分别取焦面 2D-PSF，计算其各点的能量值。焦面 2D-PSF能量分布如图 14－6 所示（为能显示出能量分布，图中能量值的亮度进行了对数变换处理）。

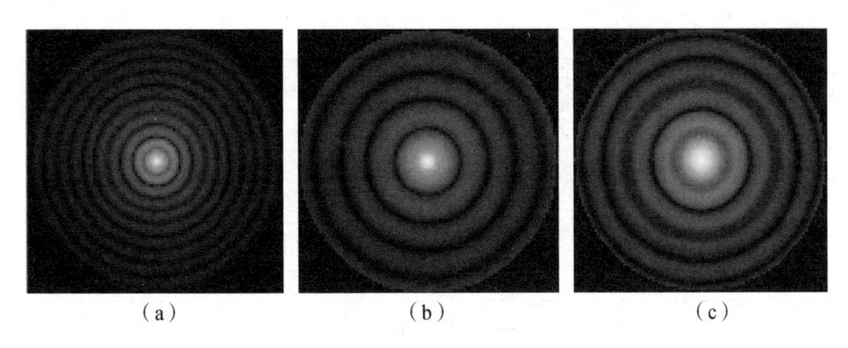

（a）　　（b）　　（c）

图 14－6　焦面 2D-PSF 能量分布

（a）$M=40$；（b）$M=20$；（c）$M=10$

从图 14－6 中可以看出，焦面 2D-PSF 的能量由中心点向四周呈环形波动扩散。对比图 14－6（a）～（c）可看出，40 倍的焦面 2D-PSF 中心亮斑最小，10 倍的焦面 2D-PSF 中心亮斑最大，表明放大倍数大的 3D-PSF 的能量更集中在中间区域。随着放大倍数的减小，能量由中心向四周扩散的程度加大。

3. 3D-PSF 散焦切片能量值

以 $r=0$ 层为中心层，分别列出 M 为 40、20 和 10 倍三种放大倍数下 $r=0$ 层、$r=2$ 层、$r=4$ 层、$r=6$ 层的 3D-PSF 轴向切片能量值，如图 14－7～图 14－9 所示。

从各层中心点看，40 倍的点扩散函数中心点值由 0.013 8 衰减到 $4.480\ 5\times10^{-4}$，20 倍的点扩散函数中心点值由 0.009 2 衰减到 0.003 0，10 倍的点扩散函数中心点值由 0.001 3 衰减到 0.001 1。放大倍数越小，3D-PSF 在轴向上衰减得越缓慢。

从各层中心点沿径向看，对比三种放大倍数，可以看出，40 倍的点扩散函数衰减较快，20 倍其次，10 倍衰减较慢。

以上分析说明，对于放大倍数为 40 倍的 3D-PSF，它的能量更多地分布在光轴中心点即两侧附近扁平状的空间区域中，放大倍数为 10 倍的 3D-PSF，它的能量更多地延伸到光轴中心点两侧较远的狭长状的空间区域中，而放大倍数为 20 倍的 3D-PSF 的能量分布居于两者之间。这三种放大倍数下 3D-PSF 的能量分布形态大致如图 14－10 所示。在图 14－10 中，（a）、（b）和（c）分别为三种放大倍数下 3D-PSF 双漏斗型能量分布图，（d）、（e）和（f）则为对应的 3D-PSF 离散矩阵形态图。

$8.933\ 3\times10^{-4}$	0.001 8	0.002 3	0.001 8	$8.933\ 3\times10^{-4}$
0.001 8	0.003 9	0.005 2	0.003 9	0.001 8
0.002 3	0.005 2	0.008 9	0.005 2	0.002 3
0.001 8	0.003 9	0.005 2	0.003 9	0.001 8
$8.933\ 3\times10^{-4}$	0.001 8	0.002 3	0.001 8	$8.933\ 3\times10^{-4}$

(a)

$7.491\ 5\times10^{-4}$	0.001 6	0.002 0	0.001 6	$7.491\ 5\times10^{-4}$
0.001 6	0.003 4	0.004 5	0.003 4	0.001 6
0.002 0	0.004 5	0.007 3	0.004 5	0.002 0
0.001 6	0.003 4	0.004 5	0.003 4	0.001 6
$4.491\ 5\times10^{-4}$	0.001 6	0.002 0	0.001 6	$7.491\ 5\times10^{-4}$

(b)

$4.858\ 3\times10^{-4}$	0.001 0	0.001 4	0.001 0	$4.858\ 3\times10^{-4}$
0.001 0	0.002 4	0.003 1	0.002 4	0.001 0
0.001 4	0.003 1	0.004 4	0.003 1	0.001 4
0.001 0	0.002 4	0.003 1	0.002 4	0.001 0
$4.858\ 3\times10^{-4}$	0.001 0	0.001 4	0.001 0	$4.858\ 3\times10^{-4}$

(c)

$2.765\ 4\times10^{-4}$	$5.524\ 3\times10^{-4}$	$7.212\ 3\times10^{-4}$	$5.524\ 3\times10^{-4}$	$2.765\ 4\times10^{-4}$
$5.524\ 3\times10^{-4}$	0.001 2	0.001 6	0.001 2	$5.524\ 3\times10^{-4}$
$7.212\ 3\times10^{-4}$	0.001 6	0.002 2	0.001 6	$7.212\ 3\times10^{-4}$
$5.524\ 3\times10^{-4}$	0.001 2	0.001 6	0.001 2	$5.524\ 3\times10^{-4}$
$2.765\ 4\times10^{-4}$	$5.524\ 3\times10^{-4}$	$7.212\ 3\times10^{-4}$	$5.524\ 3\times10^{-4}$	$2.765\ 4\times10^{-4}$

(d)

图 14-7　40 倍 3D-PSF 轴向切片

(a) $r=0$ 层；(b) $r=2$ 层；(c) $r=4$ 层；(d) $r=6$ 层

$3.777\ 0\times10^{-4}$	0.001 0	0.001 4	0.001 0	$3.777\ 0\times10^{-4}$
0.001 0	0.002 4	0.003 3	0.002 4	0.001 0
0.001 4	0.003 3	0.005 9	0.003 3	0.001 4
0.001 0	0.002 4	0.003 3	0.002 4	0.001 0
$3.777\ 0\times10^{-4}$	0.001 0	0.001 4	0.001 0	$3.777\ 0\times10^{-4}$

(a)

$3.533\ 8\times10^{-4}$	$9.635\ 4\times10^{-4}$	0.001 3	$9.635\ 4\times10^{-4}$	$3.538\ 8\times10^{-4}$
$9.635\ 4\times10^{-4}$	0.002 3	0.003 1	0.002 3	$9.635\ 4\times10^{-4}$
0.001 3	0.003 1	0.005 6	0.003 1	0.001 3
$9.635\ 4\times10^{-4}$	0.002 3	0.003 1	0.002 3	$9.635\ 4\times10^{-4}$
$3.533\ 8\times10^{-4}$	$9.635\ 4\times10^{-4}$	0.001 3	$9.635\ 4\times10^{-4}$	$3.533\ 8\times10^{-4}$

(b)

$2.941\ 4\times10^{-4}$	$8.306\ 9\times10^{-4}$	0.001 1	$8.306\ 9\times10^{-4}$	$2.941\ 4\times10^{-4}$
$8.306\ 9\times10^{-4}$	0.002 0	0.002 7	0.002 0	$8.306\ 9\times10^{-4}$
0.001 1	0.002 7	0.004 7	0.002 7	0.001 1
$8.306\ 9\times10^{-4}$	0.002 0	0.002 7	0.002 0	$8.306\ 9\times10^{-4}$
$2.941\ 4\times10^{-4}$	$8.306\ 9\times10^{-4}$	0.001 1	$8.306\ 9\times10^{-4}$	$2.941\ 4\times10^{-4}$

(c)

$2.281\ 5\times10^{-4}$	$6.632\ 9\times10^{-4}$	$8.999\ 1\times10^{-4}$	$6.632\ 9\times10^{-4}$	$2.281\ 5\times10^{-4}$
$6.632\ 9\times10^{-4}$	0.001 6	0.002 1	0.001 6	$6.632\ 9\times10^{-4}$
$8.999\ 1\times10^{-4}$	0.002 1	0.003 6	0.002 1	$8.999\ 1\times10^{-4}$
$6.632\ 9\times10^{-4}$	0.001 6	0.002 1	0.001 6	$6.632\ 9\times10^{-4}$
$2.281\ 5\times10^{-4}$	$6.632\ 9\times10^{-4}$	$8.999\ 1\times10^{-4}$	$6.632\ 9\times10^{-4}$	$2.281\ 5\times10^{-4}$

(d)

图 14-8　20 倍 3D-PSF 轴向切片

(a) $r=0$ 层；(b) $r=2$ 层；(c) $r=4$ 层；(d) $r=6$ 层

2.4691×10^{-4}	3.4828×10^{-4}	3.9420×10^{-4}	3.4828×10^{-4}	2.4691×10^{-4}
3.4828×10^{-4}	5.2042×10^{-4}	6.2023×10^{-4}	5.2042×10^{-4}	3.4828×10^{-4}
3.9420×10^{-4}	6.2023×10^{-4}	8.9727×10^{-4}	6.2023×10^{-4}	3.9420×10^{-4}
3.4828×10^{-4}	5.2042×10^{-4}	6.2023×10^{-4}	5.2042×10^{-4}	3.4828×10^{-4}
2.4691×10^{-4}	3.4828×10^{-4}	3.9420×10^{-4}	3.4828×10^{-4}	2.4691×10^{-4}

(a)

2.4550×10^{-4}	3.4610×10^{-4}	3.9165×10^{-4}	3.4610×10^{-4}	2.4550×10^{-4}
3.4610×10^{-4}	5.1683×10^{-4}	6.1581×10^{-4}	5.1683×10^{-4}	3.4610×10^{-4}
3.9165×10^{-4}	6.1581×10^{-4}	8.9048×10^{-4}	6.1581×10^{-4}	3.9165×10^{-4}
3.4610×10^{-4}	5.1683×10^{-4}	6.1581×10^{-4}	5.1683×10^{-4}	3.4610×10^{-4}
2.4550×10^{-4}	3.4610×10^{-4}	3.9165×10^{-4}	3.4610×10^{-4}	2.4550×10^{-4}

(b)

2.4134×10^{-4}	3.3967×10^{-4}	3.8414×10^{-4}	3.3967×10^{-4}	2.4134×10^{-4}
3.3967×10^{-4}	5.0629×10^{-4}	6.0283×10^{-4}	5.0629×10^{-4}	3.3967×10^{-4}
3.8414×10^{-4}	6.0283×10^{-4}	8.7058×10^{-4}	6.0283×10^{-4}	3.8144×10^{-4}
3.3967×10^{-4}	5.0629×10^{-4}	6.0283×10^{-4}	5.0629×10^{-4}	3.3967×10^{-4}
2.4134×10^{-4}	3.3967×10^{-4}	3.8414×10^{-4}	3.3967×10^{-4}	2.4134×10^{-4}

(c)

2.3466×10^{-4}	3.2937×10^{-4}	3.7212×10^{-4}	3.2937×10^{-4}	2.3466×10^{-4}
3.2937×10^{-4}	4.8945×10^{-4}	5.8211×10^{-4}	4.8945×10^{-4}	3.2937×10^{-4}
3.7212×10^{-4}	5.8211×10^{-4}	8.3888×10^{-4}	5.8211×10^{-4}	3.7212×10^{-4}
3.2937×10^{-4}	4.8945×10^{-4}	5.8211×10^{-4}	4.8945×10^{-4}	3.2937×10^{-4}
2.3466×10^{-4}	3.2937×10^{-4}	3.7212×10^{-4}	3.29377×10^{-4}	2.3466×10^{-4}

(d)

图 14-9　10 倍 3D-PSF 轴向切片

(a) $r=0$ 层；(b) $r=2$ 层；(c) $r=4$ 层；(d) $r=6$ 层

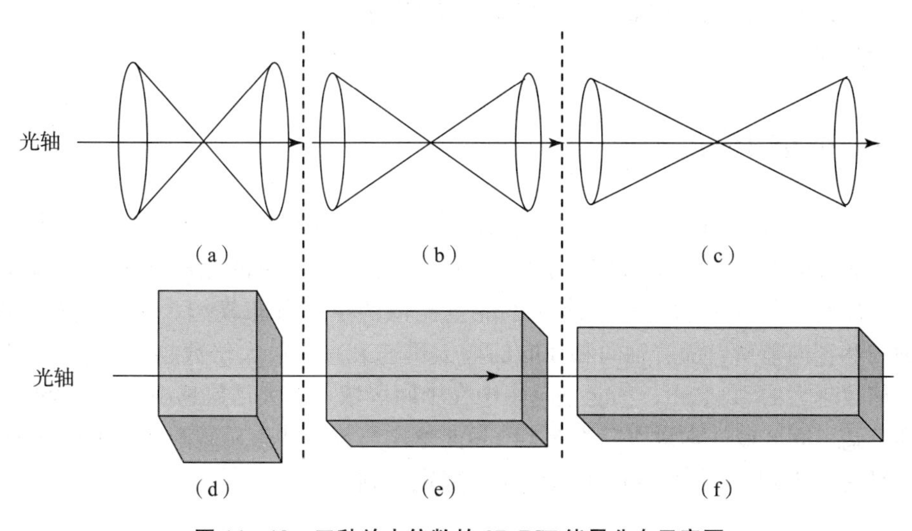

图 14-10　三种放大倍数的 3D-PSF 能量分布示意图

(a) $M=40$；(b) $M=20$；(c) $M=10$；(d) $M=40$；(e) $M=20$；(f) $M=10$

图 14-10 所示的 3D-PSF 离散矩阵形态图，对后期根据 3D-PSF 能量分布进行空间大小的选取提出了一个启示：选择放大倍数较大的 3D-PSF 时，应该选取空间形状为扁平状的矩阵，如图 14-10（d）所示，选择放大倍数较小的 3D-PSF 时，应该选取空间形状为狭长状

的矩阵，如图 14－10（f）所示，这样可以保证在空间大小一定的情况下选取包含能量尽量大的 3D-PSF。

14.3.5 3D-PSF 能量比空间分布模型

为了明确固定参数变量情况下 3D-PSF 能量与空间大小的变化关系，本节采用 Matlab 工具箱 sftool 对三组各 2 500 个 3D-PSF 的能量比值在空间的分布进行拟合，得到三个 3D-PSF能量比空间分布模型，分别为式（14－13）～式（14－15）。

$$\begin{aligned} E_{40}=&0.333+0.010\,27r+0.021\,77N-0.000\,189\,3r^2+\\ &3.722\times10^{-5}rN-0.000\,350\,3N^2+1.045\times10^{-6}r^3-\\ &2.47\times10^{-7}r^2N-1.833\times10^{-9}rN^2+1.725\times10^{-6}N^3 \end{aligned} \tag{14-13}$$

$$\begin{aligned} E_{20}=&0.072\,73+0.008\,326r+0.034\,06N-0.000\,162\,4r^2+\\ &2.94\times10^{-5}rN-0.000\,518\,5N^2+9.474\times10^{-7}r^3-\\ &2.63\times10^{-7}r^2N+6.791\times10^{-8}rN^2+2.499\times10^{-6}N^3 \end{aligned} \tag{14-14}$$

$$\begin{aligned} E_{10}=&-0.060\,93+0.002\,7\,01r+0.022\,19N-4.647\times10^{-5}r^2+\\ &1.791\times10^{-5}rN-0.000\,181\,1N^2+2.508\times10^{-7}r^3-\\ &7.398\times10^{-8}r^2N-4.156\times10^{-8}rN^2+5.325\times10^{-7}N^3 \end{aligned} \tag{14-15}$$

拟合采用最小二乘法多项式进行，自变量（r，n）最高幂次取 3，6 次为多项式形式，拟合置信度取默认值 0.95。式（14－13）拟合误差平方和（SSE）为 0.379 8，均方根误差（RMSE）为 0.012 35；式（14－14）拟合误差平方和（SSE）为 0.294 2，均方根误差（RMSE）为 0.010 87；式（14－15）拟合误差平方和（SSE）为 0.271 1，均方根误差（RMSE）为 0.010 43。

14.4 本章小结

本章分析了实验制 3D-PSF 径向点数与真实径向空间大小的关系，提出了能量比的概念，对光学显微成像系统中 3D-PSF 构成、3D-PSF 不同散焦量的能量分布和焦面径向能量分布进行了理论分析和实验仿真，建立了能量比值的空间分布模型。仿真实验表明，3D-PSF 的轴向和径向能量，随着轴向和径向的增大迅速衰减，放大倍数越大，能量衰减越快。并且放大倍数越大的 3D-PSF，其能量越集中在中间区域，放大倍数越小的 3D-PSF，其能量越扩散到广阔空间区域。本章研究为 3D-PSF 能量比与数字共焦显微图像复原效果和复原时间关系的研究与 3D-PSF 优化选取模型的建立奠定基础。

参考文献

[1] Preza C, Conchello J A. Theoretical development and experimental evaluation of imaging models for differential-interference-contrast microscopy [J]. Opt. Soc. Am. A, 1999, 16(9): 1593－1601.

[2] 王凤鹏. 用 CCD 测定光学系统的点扩散函数 [J]. 赣南师范学院学报，2005，6：17-18.
[3] [美] Castleman K R. 数字图像处理 [M]. 朱志刚，等译. 北京：电子工业出版社，2011：469-473.
[4] 陈华. 数字共焦显微图像复原方法及其系统实现研究 [D]. 北京：北京理工大学，2005.
[5] 章霄，董艳雪，赵文娟，等. 数字图像处理技术 [M]. 北京：冶金工业出版社，2005：61-88.

第 15 章

3D-PSF 能量分布的选取方法

在数字共焦显微技术的三维显微图像复原处理中，3D-PSF 的选取对图像的复原有重要的影响。本章进行基于 3D-PSF 能量分布选取方法的研究，并通过实验验证方法的有效性。

15.1 基于能量分布的 3D-PSF 选取

15.1.1 3D-PSF 的能量分布

前面的章节已经论述光学显微镜物镜的 3D-PSF 为双锥体结构，如图 15－1（a）所示。计算 3D-PSF 空间中各点能量值，构建 3D-PSF 空间能量分布模型，沿双锥体中心轴即物镜光轴 z 取轴向剖面，即可得到 3D-PSF 的轴向剖面能量分布，如图 15－1（b）所示。

从图 15－1（b）实验获取的 3D-PSF 轴向剖面能量灰度图可以看到，3D-PSF 的能量由中心点向左右两侧扩散，中心最亮处为双锥体顶部。在 3D-PSF 的双锥体结构中，大部分能量集中在锥体顶部的中间区域，沿锥顶向四周，能量分布逐渐稀疏。

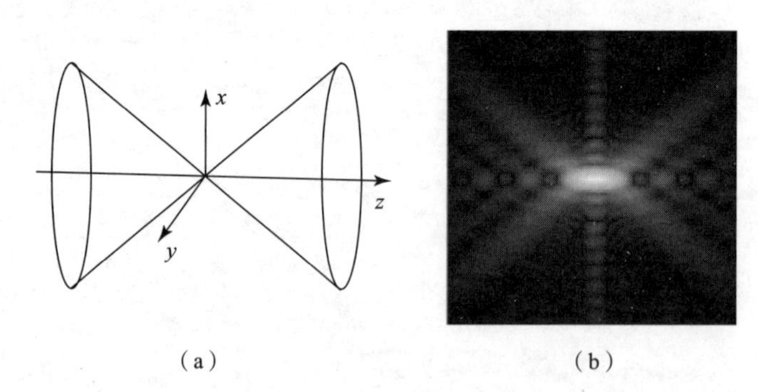

（a）　　　　（b）

图 15－1　3D-PSF 能量分布结构

（a）双锥体结构；（b）轴向剖面能量分布

15.1.2 基于能量分布的 3D-PSF 选取方法

基于能量分布的 3D-PSF 选取方法的基本思想是，由于能量在 3D-PSF 中的不均匀分布，相同能量大小的 3D-PSF 所占的空间大小不一定相同。因此，这种选取方法的目的是，在不同参数情况下，尽量选择相应能量范围内点扩散函数空间大小最小的 3D-PSF，达到图像复原过程中时间消耗的节约。选取方法流程如图 15－2 所示。

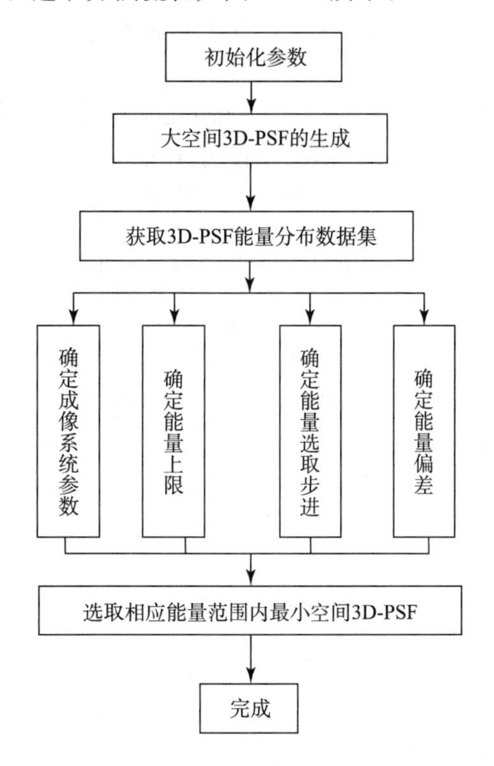

图 15－2　基于能量分布的 3D-PSF 选取流程图

按照流程图 15－2，基于能量分布的 3D-PSF 选取方法主要包括两部分，其一是对能量数据的采集，其二是 3D-PSF 空间的优化选择。在能量数据的采集部分，根据现有的实验条件设置 3D-PSF 参数，包括放大倍数、数值孔径、光照波长、光学管腔长度、CCD 参数等，生成不同参数情况下大空间 3D-PSF，获取不同空间大小点扩散函数的能量比值，获得全面的 3D-PSF 能量分布数据集。在 3D-PSF 优化选择部分，通过系统参数的选择确定点扩散函数的选择范围，通过能量上限、选取步进和选取偏差的确定选取相应能量范围内空间大小最小的 3D-PSF 集合，即为基于能量分布的 3D-PSF 选取结果。

15.1.3　选取方法的实现

在能量数据的采集部分，统一显微镜参数：显微镜机械镜筒长度为 160 mm；光源波长为 550 nm；CCD 参数：1/3 in，像素值 640×480。

设置三组不同放大倍数显微镜物镜参数：①放大倍数 $M=40$ 倍，数值孔径 NA＝0.6；②放大倍数 $M=20$ 倍，数值孔径 NA＝0.45；③放大倍数 $M=10$ 倍，数值孔径 NA＝0.25。设置三组不同大小的切片层距 L，分别为 $L=0.3125$ μm，$L=0.2$ μm，$L=0.05$ μm。以此获得放大倍数和切片层距两两组合共 9 组不同 3D-PSF 参数，按照这 9 组参数，分别制作空间大小均为 21×21×21 的 3D-PSF 作为完整区域的 3D-PSF。

在每个空间大小为 21×21×21 的 3D-PSF 中，自中心截取直径 r 为 3，5，7，…，21，

层数 N 为 3，5，7，…，21，得到 9 组各 100 个空间大小是 3×3×3，3×3×5，…，3×3×21，5×5×3，5×5×5，…，5×5×21，…，21×21×21 的 3D-PSF。分别计算各组中点扩散函数的能量比值 ER，获得 9×100 个 3D-PSF 的能量比值作为其包含的能量值，完成能量数据的采集。

在 3D-PSF 空间的优化选择的部分，以 3D-PSF 层距和放大倍数的组合作为选取点扩散函数的特征参数，确定点扩散函数的选取范围。通过能量上限 E_M(0～1)、选取步进 step、选取偏差 ΔE 的设定，确定 3D-PSF 的选取方式。具体实现是：在 0～E_M的能量范围内，以 step 为移动步进，每步所到点处能量值为 0，step，2×step，…，$i\times \text{step}\left(i=\left\lfloor \frac{E_M}{\text{step}} \right\rfloor\right)$，到达每一步时，在能量范围［$k\times \text{step}-\Delta E$，$k\times \text{step}+\Delta E$］（$k$=0，1，2，…，$i$）内，选取确定特征参数的 3D-PSF 空间大小最小的一个，作为这一步的选取结果，遍历各步均能获得一个相应能量范围内空间大小最小的 3D-PSF，完成 3D-PSF 的选取。

为实现基于能量分布的 3D-PSF 的选取，本章采用 Matlab 设计编制了一个 3D-PSF 的选取软件。软件界面如图 15－3 所示。

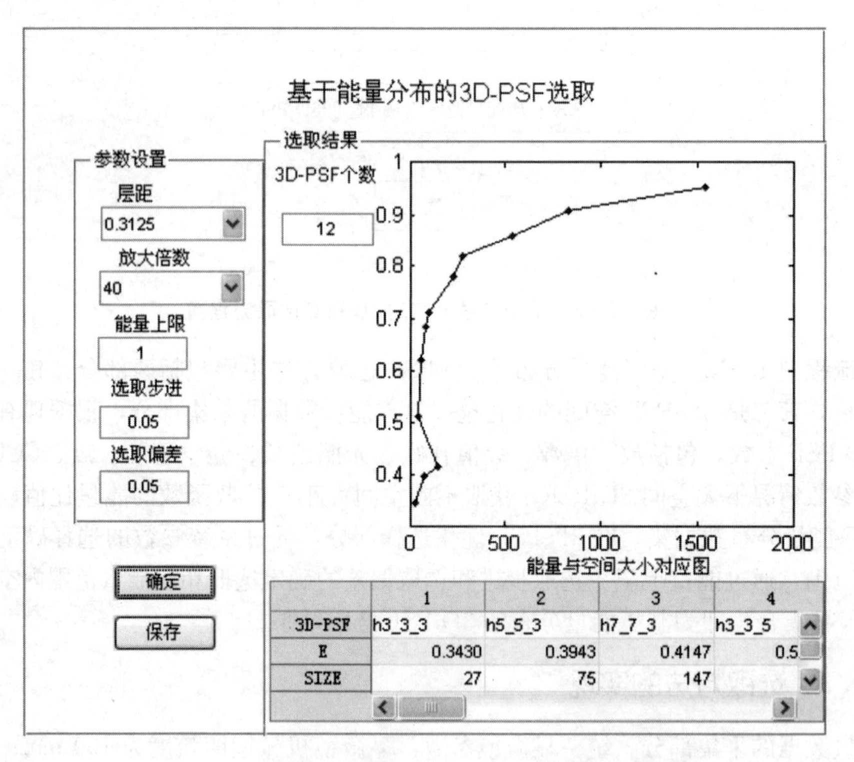

图 15－3　基于能量分布的 3D-PSF 选取的实现界面

图 15－3 所示为从默认系统参数下层距是 0.321 5 μm，放大倍数是 40 倍的 3D-PSF 中，按 0.05 每步，以 0.05 作为选取偏差（将步进和偏差设为同一数值有助于保证选出的相邻点扩散函数能量和空间顺序增大），选取能量在 0～1 范围内相应能量范围内空间大小最小的一系列 3D-PSF。按此参数设置，单击“确定”按钮并保存选取结果。图中右上部分“3D-PSF 个数”显示按条件选择点扩散函数的结果个数，图 15－3 画出选出点扩散函数能量与空间大小关系的对应图，文本框显示选取结果参数，其中包括选出点扩散函数名称、能量大小、空

间大小（空间中像素数）。单击“保存”按钮可将选取结果参数以 .mat 格式文件保存。设置参数：层距为 0.312 5 μm，放大倍数分别 10 倍、20 倍、40 倍，按 0.05 每步，以 0.05 作为选取偏差，选取三组能量在 0～1 范围内相应能量范围内空间大小最小 3D-PSF。列出选取结果如表 15-1～表 15-3 所示。

表 15-1　基于能量分布的 3D-PSF 选取结果（10×）

能量范围	3D-PSF	能量大小	空间大小
0.05～0.15	$h3\_3\_3$	0.092	27
0.1～0.2	$h3\_3\_5$	0.153	45
0.15～0.25	$h3\_3\_7$	0.213	63
0.2～0.3	$h3\_3\_9$	0.270	81
0.25～0.35	$h3\_3\_11$	0.326	99
0.3～0.4	$h3\_3\_13$	0.379	117
0.35～0.45	$h3\_3\_15$	0.430	135
0.4～0.5	$h3\_3\_17$	0.478	153
0.45～0.55	$h3\_3\_19$	0.523	171
0.5～0.6	$h3\_3\_21$	0.565	189
0.55～0.65	$h5\_5\_15$	0.609	375
0.6～0.7	$h5\_5\_17$	0.678	425
0.65～0.75	$h5\_5\_19$	0.742	475
0.75～0.85	$h5\_5\_21$	0.804	525
0.85～0.95	$h7\_7\_21$	0.901	1 029
0.9～1	$h11\_11\_21$	0.953	2 541
—	$h21\_21\_21$	1	9 261

表 15-2　基于能量分布的 3D-PSF 选取结果（20×）

能量范围	3D-PSF	能量大小	空间大小
0.2～0.3	$h3\_3\_3$	0.212	27
0.25～0.35	$h3\_3\_5$	0.339	45
0.4～0.5	$h3\_3\_7$	0.449	63
0.45～0.55	$h3\_3\_9$	0.539	81
0.55～0.65	$h3\_3\_11$	0.610	99
0.6～0.7	$h3\_3\_13$	0.664	117
0.65～0.75	$h3\_3\_15$	0.702	135
0.7～0.8	$h3\_3\_21$	0.755	189
0.75～0.85	$h5\_5\_13$	0.813	325
0.8～0.9	$h5\_5\_15$	0.863	375
0.85～0.95	$h5\_5\_19$	0.923	475
0.9～1	$h7\_7\_19$	0.952	931
—	$h21\_21\_21$	1	9 261

表 15-3 基于能量分布的 3D-PSF 选取结果（40×）

能量范围	3D-PSF	能量大小	空间大小
0.25～0.35	$h3\_3\_3$	0.343	27
0.3～0.4	$h5\_5\_3$	0.394	75
0.35～0.45	$h7\_7\_3$	0.415	147
0.45～0.55	$h3\_3\_5$	0.510	45
0.55～0.65	$h3\_3\_7$	0.619	63
0.6～0.7	$h3\_3\_9$	0.682	81
0.65～0.75	$h3\_3\_11$	0.711	99
0.7～0.8	$h5\_5\_9$	0.781	225
0.75～0.85	$h5\_5\_11$	0.819	275
0.8～0.9	$h7\_7\_11$	0.859	539
0.85～0.95	$h7\_7\_17$	0.908	833
0.9～1	$h9\_9\_19$	0.953	1 539
—	$h21\_21\_21$	1	9 261

由表 15-1～表 15-3 的选取结果可以看出，每组选取的点扩散函数能量均分布在 0～1 的各个区间段。表中从上往下，3D-PSF 的能量依次增大，表明选取能量区间由低往高递增，相应的空间大小也呈逐渐增大的趋势，此空间大小值是对应能量区间中空间大小的最小值。可见，此选取方法能实现在不同参数的情况下，选取确定能量范围内点扩散函数空间大小最小的 3D-PSF 集合，进而为图像复原节省时间消耗。

15.2 基于图像复原效率的 3D-PSF

15.2.1 图像复原效率

在图像复原的研究中，通常采用改善信噪比 ISNR 作为评价图像复原效果的客观评价标准。计算公式为

$$\mathrm{ISNR}=10\lg\frac{\|f-g\|^2}{\|\hat{f}-f\|^2}=\mathrm{PSNR}_{\hat{f}}-\mathrm{PSNR}_g \tag{15-1}$$

式中，f 表示三维生物显微清晰图像，g 表示模糊切片图像，$\hat{f}$ 表示复原结果图像，$\mathrm{PSNR}_{\hat{f}}$ 为复原结果图像的峰值信噪比，PSNR_g 是退化图像的峰值信噪比，见 1.5.2 节。ISNR 体现了复原对退化图像的改善程度，若为正，说明复原对退化图像有所改善，为负则表示复原使图像更加恶化。ISNR 值越大，则表示改善效果越明显，复原效果越好。

但在图像复原时，图像复原产生的时间代价已经越来越成为考量一种复原实例有效性的重要依据，若要同时考虑图像复原效果和复原产生的时间代价，ISNR 则并不完全适用。因此，在考虑 ISNR 的基础上，本章提出了一个新的图像复原评价准则：图像复原效率 q。其定义为：若令三维图像复原花费的时间为 t，复原图像的改善信噪比为 ISNR，则 q 定义为单

位时间内获取到的 ISNR 改善率，即图像复原效率可由下式表示：

$$q = \text{ISNR}/t \tag{15-2}$$

图像复原效率表示单位时间内获取到的 ISNR 改善率，采用 q 来评价三维显微图像的复原效果综合考虑了复原的客观效果以及时间消耗量。在研究 3D-PSF 能量对图像复原影响的同时，本章提出从复原效率的角度上考虑点扩散函数能量大小的选取。

15.2.2　基于图像复原效率的 3D-PSF 选取

经研究表明：3D-PSF 能量与复原效果呈正向关系，随着所取 3D-PSF 能量的不断增大，3D-PSF 对图像的复原效果不断提高，如图 15-4 中 ISNR－E 曲线；复原效率与 3D-PSF 能量的关系如图 15-4 中 q－E 曲线。由 q－E 曲线可知，在 3D-PSF 能量较小时，复原效率 q 处于上升阶段，q 增幅为正；到达峰顶时，复原效率处于极大值，停止上升，q 增幅为零；过峰值之后，复原效率开始下降，q 增幅为负，虽然复原效果继续增大，但增幅减缓。到 q－E 曲线的拐点 γ 处，q 的二阶导数为零，q 增幅率为零，复原效率 q 下降到相当程度。在该拐点处，复原效果上升到相当程度，将开始获得较好的效果。

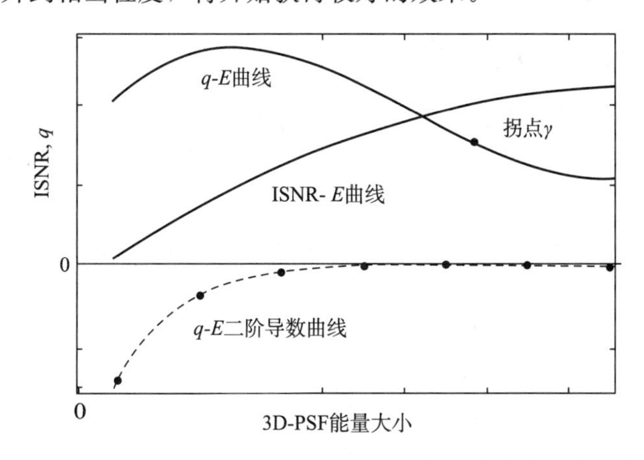

图 15-4　3D-PSF 复原效果-能量、复原效率曲线-能量示意图

在 3D-PSF 选取的过程中，将与拐点对应的能量 E_γ 定为能量阈值。在进行图像复原、选取 3D-PSF 时，可以考虑：以能量阈值 E_γ 为起点，大于并且最接近 E_γ 能量的 3D-PSF，定为起点 3D-PSF。如果希望快速获得可用于一般观察浏览的复原图像，可以选择起点 3D-PSF 或稍大能量的 3D-PSF，以获得快速复原处理速度。如果复原图像用于精确分析测量，可以选择更大能量的 3D-PSF，以获得更好、更精确的复原效果。对复原图像的效果要求越高，选取的 3D-PSF 能量越大。

根据上述思想，画出基于图像复原效率的拐点 γ 计算及 3D-PSF 选取流程图，如图 15-5 所示。

根据流程图 15-5，确定选取方法的实现由以下 5 步组成：

（1）通过图像复原，获得复原数据。

（2）求出复原效率 q 与 3D-PSF 能量大小 E 的关系，画出拟合曲线。

（3）对曲线求二阶导数，获得曲线的拐点 $\gamma(q_\gamma, E_\gamma)$。

（4）确定 3D-PSF 的能量阈值 E_γ，选定起点 3D-PSF。

（5）以起点 3D-PSF 作为最小可选 3D-PSF，依据对复原处理的不同要求及程度，选取合理的 3D-PSF。

基于图像复原效率的 3D-PSF 选取方法可归纳为三个部分，其一是三维显微图像的复原部分，其二是数据分析部分，最后是 3D-PSF 的选取部分。在三维显微图像复原部分，本章基于一定参数（放大倍数、数值孔径、光照波长、光学管腔长度、CCD 参数等），制作 3D-PSF 以及三维仿真图像模拟显微镜采集图像，分别利用能量大小不一的 3D-PSF 对仿真图像进行复原处理，获取仿真图像复原效果与用于复原的 3D-PSF 能量大小之间的关系数据。在数据分析部分，提取复原结果中复原效率 q 与能量大小 E 的关系数据，画出拟合曲线图及写出拟合关系式，并寻求拐点在曲线中的位置，确定复原效率阈值。在 3D-PSF 的选取部分，根据不同的应用要求，以复原效率阈值作为参考依据，选取合适的点扩散函数，即为基于图像复原效率的 3D-PSF 选取结果。

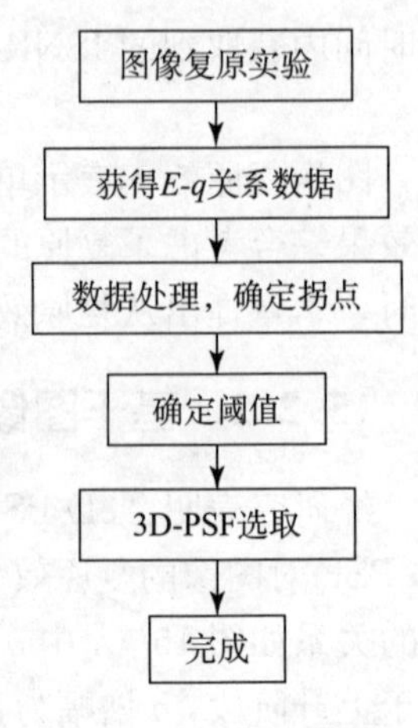

图 15-5　基于图像复原效率 3D-PSF 选取流程图

15.2.3　选取方法的实现

在图像复原部分，首先应制作 3D-PSF 及仿真样本图。制作 3D-PSF 时，模拟显微镜统一参数：显微镜机械镜筒长度为 160 mm；光源波长为 550 nm；CCD 参数：1/3 in，像素值 640×480。

为达到对比效果，分别取三组显微镜放大倍数进行实验，模拟显微镜放大倍数和数字孔径分别取：

放大倍数 M=10 倍；数值孔径 NA =0.25。

放大倍数 M=20 倍；数值孔径 NA =0.45。

放大倍数 M=40 倍；数值孔径 NA =0.60。

3D-PSF 层距 L 取 0.312 5 μm，制作三组空间大小为 21×21×21 的 3D-PSF，其径向大小为 21×21，轴向大小为 21，分别以 $h21\_10$、$h21\_20$、$h21\_40$ 表示。

对于三维仿真样本的制作，以图 15-7 中二维原始图像（151×151）作为初始样本，通过微量旋转叠加制作含 21 幅二维图像的三维仿真样本切片矩阵 f，大小为（151×151×21）。分别利用 $h21\_10$、$h21\_20$、$h21\_40$ 卷积原始图像 f 模拟显微镜采集图像，得到模糊图像 g_{10}、g_{20}、g_{40}，取中心层（第 11 层），如图 15-6 所示。

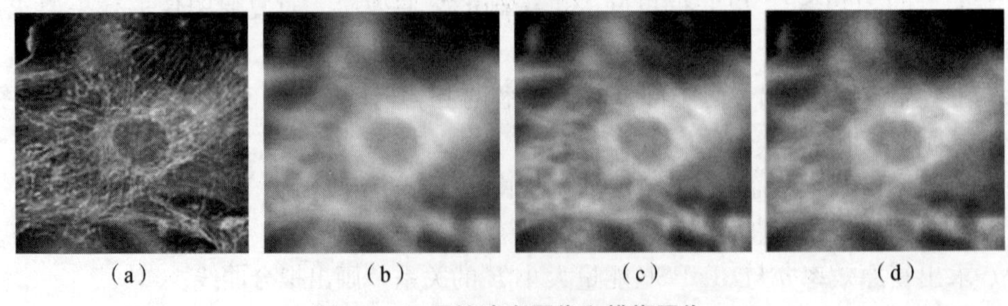

（a）　（b）　（c）　（d）

图 15-6　原始清晰图像和模糊图像

（a）f；（b）g_{10}；（c）g_{20}；（d）g_{40}

分别以大小为 $h21\_10$、$h21\_20$、$h21\_40$ 的 3D-PSF 空间中心点（11，11，11）为中心，向外依次截取空间大小为 3×3×3，5×5×5，7×7×7，…，19×19×19 的三组点扩散函数，命名为 $h3\_\times$，$h5\_\times$，$h7\_\times$，…，$h19\_\times$（×表示放大倍数）。

利用上述三组 3D-PSF 对相应的模糊图像 g_{10}、g_{20}、g_{40}进行去卷积复原处理，复原方法采用最大似然法（ML 法），迭代次数为 600 次。

在数据分析阶段，分别计算以上三组中截取的各点扩散函数在空间各点的能量分布值，将各点值累加获得相应 3D-PSF 的能量。每组中计算获得的点扩散函数能量值均以 $h21\_\times$ 能量值为标准进行归一化处理。统计复原图像 ISNR 作为图像复原效果评价标准，以 ISNR 与复原时间 t 的比值（q=ISNR/t）作为复原效率。列出这三组 3D-PSF 空间大小（size）、能量大小（E）、复原效果（ISNR）以及复原效率（q），如表 15-4 所示。

表 15-4　3D-PSF 复原效果与能量关系

3D-PSF	尺寸	E 10×	ISNR/dB 10×	q 10×	E 20×	ISNR 20×	q 20×	E 40×	ISNR/dB 40×	q 40×
$h3\_\times$	27	0.09	0.12	0.117	0.21	0.25	0.253	0.34	0.28	0.281
$h5\_\times$	125	2.16	0.30	0.106	0.42	0.84	0.287	0.58	0.79	0.290
$h7\_\times$	343	3.34	0.69	0.100	0.57	1.23	0.180	0.76	1.35	0.196
$h9\_\times$	729	4.44	0.96	0.067	0.69	1.44	0.099	0.84	1.91	0.131
$h11\_\times$	1 331	5.43	1.14	0.036	0.78	1.80	0.056	0.90	2.46	0.075
$h13\_\times$	2 197	6.41	1.44	0.028	0.85	2.15	0.041	0.93	2.97	0.054
$h15\_\times$	3 375	7.37	1.78	0.024	0.90	2.51	0.032	0.95	3.44	0.042
$h17\_\times$	4 913	8.30	2.18	0.020	0.94	2.82	0.025	0.97	3.82	0.032
$h19\_\times$	6 859	9.18	2.54	0.017	0.98	3.04	0.020	0.99	4.13	0.026
$h21\_\times$	9 261	1	2.68	0.013	1	3.15	0.015	1	4.26	0.020

将表 15-4 中三种放大倍数的能量大小 E 与复原效率 q 之间的关系进行拟合，本节采用多项式拟合形式获得较好的近似拟合曲线，式（15-3）～式（15-5）分别为放大倍数是 10 倍、20 倍、40 倍这三种放大倍数下的能量与复原效率关系拟合式。

$$f_1(x)=-1.15x^4+2.855x^3+-2.28x^2+0.5x+0.086 \tag{15-3}$$

$$f_2(x)=-5.83x^4+16.87x^3-17x^2+6.49x-0.51 \tag{15-4}$$

$$f_3(x)=1.58x^4-2.14x^3-x^2+1.7x-0.12 \tag{15-5}$$

对式（15-3）～式（15-5）分别求二次导数，令二次导数为零，求得各曲线的拐点 γ，拟合曲线图如图 15-7 所示。

三种放大倍数下 $q-E$ 拟合曲线的拐点坐标（x，y）位置，分别是（0.386 6，0.077 8）、（0.530 7，0.206）、（0.807，0.147 7），对应的能量阈值分别为 0.386 6、0.530 7 和 0.807。通过对比表 15-4 中 3D-PSF 能量与复原效果关系可知，最接近拐点 γ 的

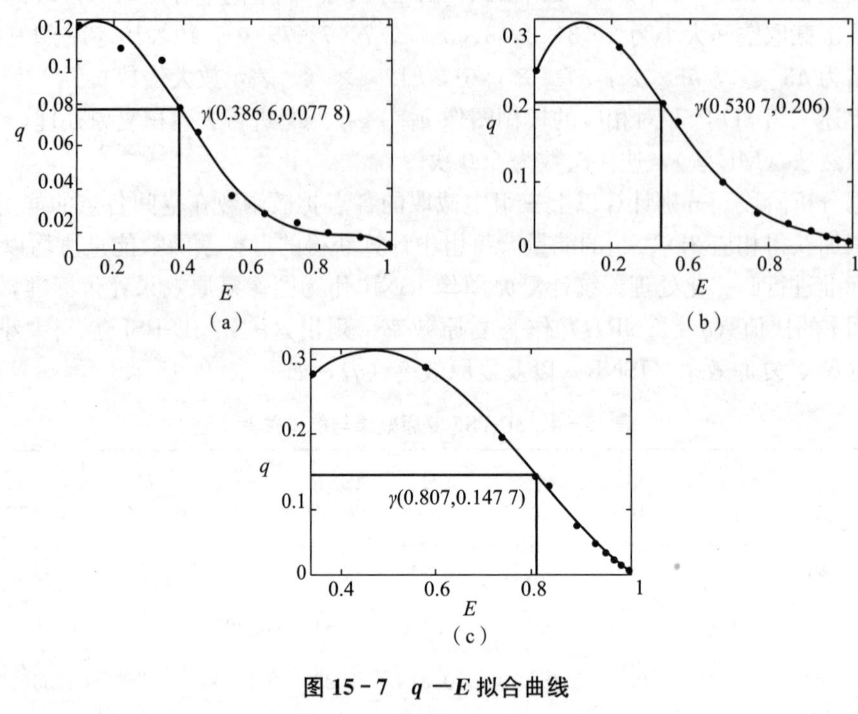

图 15-7　q —E 拟合曲线

(a) 10×；(b) 20×；(c) 40×

起点 3D-PSF 分别是 $h9\_10$、$h7\_20$、$h9\_40$，这三个点扩散函数对应的能量比与复原效率分别为（0.444，006 7）、（0.57，018 0）、（0.84，0.131）。

在 3D-PSF 选取部分，考虑拐点位置，选取方法是：若希望快速获得可用于一般观察的复原图像，对于放大倍数为 10 倍的显微镜，可选择 $h9\_10$，对于放大倍数为 20 倍的显微镜，可选择 $h7\_20$，对于放大倍数为 40 倍的显微镜，可选择 $h9\_40$；若复原图像用于精确分析测量，应选择能量尽量大于能量阈值的点扩散函数，并且越精准的测量要求下就需要能量越大的点扩散函数，以时间代价换取复原效果。

15.3　两种选取方法的应用与分析

15.3.1　基于能量分布的 3D-PSF 选取的应用

表 15-1 的选取出了能量在 0～1 的范围内，各区间段空间大小最小的点扩散函数的组合。为了验证基于能量分布的 3D-PSF 选取的效果，以图 15-6 二维原始图像（151×151）作为初始样本，通过微量旋转叠加制作含 21 幅二维图像的三维仿真样本切片矩阵 f，以与上述三组选取结果相同的系统参数下空间大小是 21×21×21 的点扩散函数卷积 f 获得三组三维图像 g_{10}、g_{20}、g_{40} 作为模糊图像，分别利用选取结果中的 3D-PSF 对 g_{10}、g_{20}、g_{40} 进行复原，复原方法采用最大似然法，迭代 600 次。得到复原结果如表 15-5～表 15-7 所示。表中空间大小单位为矩阵元素数，t 为复原处理时间，单位为 s。

表 15 - 5　基于能量分布的 3D-PSF 选取的复原效果（10 倍）

3D-PSF	能量大小	空间大小	t/s	ISNR/dB
$h3\_3\_3$	0.092	27	57.54	0.117
$h3\_3\_5$	0.153	45	75.648	0.123
$h3\_3\_7$	0.213	63	96.692	0.156
$h3\_3\_9$	0.270	81	117.315	0.123
$h3\_3\_11$	0.326	99	147.249	0.130
$h3\_3\_13$	0.379	117	174.271	0.167
$h3\_3\_15$	0.430	135	212.385	0.250
$h3\_3\_17$	0.478	153	228.71	0.376
$h3\_3\_19$	0.523	171	250.416	0.563
$h3\_3\_21$	0.565	189	299.576	0.725
$h5\_5\_15$	0.609	375	536.906	0.465
$h5\_5\_17$	0.678	425	627.844	0.602
$h5\_5\_19$	0.742	475	727.469	0.794
$h5\_5\_21$	0.804	525	880.391	0.949
$h7\_7\_21$	0.901	1 029	1 419.75	1.357
$h11\_11\_21$	0.953	2 541	3 626.687	1.914
$h21\_21\_21$	1	9 261	12 265.14	2.682

表 15 - 6　基于能量分布的 3D-PSF 选取的复原效果（20 倍）

3D-PSF	能量大小	空间大小	t/s	ISNR/dB
$h3\_3\_3$	0.212	27	59.078	0.253
$h3\_3\_5$	0.339	45	80.969	0.279
$h3\_3\_7$	0.449	63	106.891	0.327
$h3\_3\_9$	0.539	81	125.563	0.335
$h3\_3\_11$	0.610	99	154.031	0.417
$h3\_3\_13$	0.664	117	177.141	0.498
$h3\_3\_15$	0.702	135	202.281	0.614
$h3\_3\_21$	0.756	189	287.375	0.972
$h5\_5\_13$	0.813	325	408.079	1.133
$h5\_5\_15$	0.863	375	483.875	1.263
$h5\_5\_19$	0.923	475	648.938	1.584
$h7\_7\_19$	0.952	931	1 227.407	2.101
$h21\_21\_21$	1	9 261	12 099.42	3.150

表 15-7　基于能量分布的 3D-PSF 选取的复原效果（40 倍）

3D-PSF	能量大小	空间大小	t/s	ISNR/dB
h3 _ 3 _ 3	0.343	27	58.694	0.287
h5 _ 5 _ 3	0.394	75	78.926	0.327
h3 _ 3 _ 5	0.510	45	76.768	0.327
h3 _ 3 _ 7	0.620	63	103.201	0.384
h3 _ 3 _ 9	0.682	81	124.191	0.469
h3 _ 3 _ 11	0.711	99	168.11	0.557
h5 _ 5 _ 9	0.781	225	303.563	0.992
h5 _ 5 _ 11	0.819	275	401.625	1.103
h7 _ 7 _ 11	0.859	539	689.421	1.686
h7 _ 7 _ 17	0.908	833	1 171.859	2.150
h9 _ 9 _ 19	0.953	1 539	2 237.125	2.90
h21 _ 21 _ 21	1	9 261	12 331.18	4.261

从表 15-5～表 15-7 中自上往下观察，可以发现，总体上，3D-PSF 的能量依次增大，选取能量区间由低往高递增，相应的空间大小和图像复原时间也基本呈放大趋势，图像复原质量（ISNR）也随之增强。在三维图像复原中，图像复原消耗的时间与复原使用的 3D-PSF 空间大小呈线性变化，因此，在实际复原应用中，可参照基于能量分布的 3D-PSF 选取结果，根据复原时间的限定来选取适当的 3D-PSF。可见，这种选取方法能实现在确定系统参数的情况下，选取确定能量范围内点扩散函数空间大小最小的 3D-PSF 集合，进而为图像复原节省时间消耗。

除此之外，从表 15-5 中可以看出，对于放大倍数是 10 倍的 3D-PSF，当能量处于较小阶段时，图像复原效果 ISNR 随点扩散函数能量的增大呈现出先降后增的变化，如 h3 _ 3 _ 7、h3 _ 3 _ 9、h3 _ 3 _ 11 、h3 _ 3 _ 13 的能量分别为 0.213、0.270、0.326、0.379，其空间大小分别是 63、81、99、117，然而相应的图像复原效果 ISNR 却是 0.156、0.123、0.130、0.167（dB）。这个现象的出现，提出了另一个问题：在仅改变 3D-PSF 层数的情况下，随着 3D-PSF 空间大小和能量的增大，其对图像复原的效果不呈现单调递增的规律。这说明，在对基于 3D-PSF 能量分布进行选取的研究中，对于特定放大倍数，还需要综合考虑 3D-PSF 的空间形状与能量分布的特点，从而更好地实现选取，这也是今后的待研究解决的问题之一。

15.3.2　基于图像复原效率的 3D-PSF 选取的应用

在基于图像复原效率的 3D-PSF 选取的应用中，以放大倍数为 40 倍的显微镜光学系统 3D-PSF 为例，拐点在（0.807，0.147 7）处，能量阈值 E_γ 为 0.807，最接近该阈值点的起点 3D-PSF 是 h9 _ 40，选择 h9 _ 40 作为起点 3D-PSF。若希望快速获得可用于一般观察浏览的复原图像，可以选择 h9 _ 40 或稍大的 h11 _ 40 等 3D-PSF，以获得快速复原处理速度。若复原图像用于精确分析测量研究，可以选择更大的 $h15\_40$、$h19\_40$ 等 3D-PSF，以获得更好更精确的复原效果。分别使用 $h7\_40$、$h9\_40$ 、$h15\_40$ 、$h19\_40$ 进行复原，得到复原结果如图 15－8 所示。

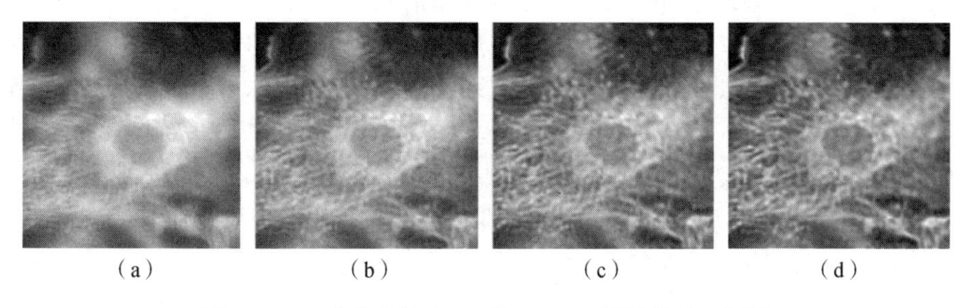

(a)　　(b)　　(c)　　(d)

图 15－8　放大倍数为 40 倍 3D-PSF 选取结果复原图

(a) $h7\_40$ 复原结果 E：0.58，ISNR：0.79，q：0.29；

(b) $h9\_40$ 复原结果 E：0.84，ISNR：1.91，q：0.13

(c) $h15\_40$ 复原结果 E：0.95，ISNR：3.44，q：0.04；

(d) $h19\_40$ 复原结果 E：0.99，ISNR：4.13，q：0.02

图 15－8 中 (a)、(b)、(c)、(d) 分别是使用 $h7\_40$、$h9\_40$ 、$h15\_40$ 、$h19\_40$ 进行复原的仿真结果。从仿真实验结果看，使用能量为 0.84 的 $h9\_40$ 复原的图像复原效果（ISNR：1.91 dB）明显高于使能量为 0.58 的 $h7\_40$ 复原的图像效果（ISNR：0.79 dB），且清晰度基本满足一般浏览的要求，可作为快速观察图像信息使用。利用 $h15\_40$ 、$h19\_40$ 进行复原获得的图像细节已经比较丰富，可满足分析测量使用。但比较这两个点扩散函数对图像复原的效果，仍然可以看出，用 $h19\_40$ 复原得到的复原图像质量（ISNR：4.13 dB）略高于用 $h15\_40$ 复原得到的复原图像质量（ISNR：3.44 dB），从复原结果图上看，图 15－8 (d) 也较图 15－8 (c) 细节成分更丰富，前者能满足更高要求的观测需要。

这说明，在考虑 3D-PSF 能量分布的情况下，以图像复原效率 q 作为图像复原的评价准则，可以实现在三维显微图像复原阶段对 3D-PSF 的有效选取。

从以上选取结果应用可以看出，两种选取方法分别从基于能量分布和基于图像复原效率的角度考虑 3D-PSF 的选取。从选取结果来看，基于能量分布的选取方法能选出确定能量范围内点扩散函数空间大小最小的 3D-PSF 的集合，在图像复原阶段，可根据复原时间的限定来选取适当的 3D-PSF，对于对复原时间有严格要求的数字共焦系统比较适用。基于图像复原效率的选取方法综合考虑了图像复原过程中复原效果 ISNR 和复原时间 t 两种因素，选取的结果实现了对这两种复原参数的平衡，这种方法比较适用于指定复原用途的数字共焦显微系统。

以上分析对三维显微成像系统 3D-PSF 的选取提出了一个新的思路，在对显微成像系统 3D-PSF 选取时，可结合基于能量分布和基于图像复原效率这两种选取方法。首先利用基于图像复原效率的思想，在大量复原实验的基础上，获得复原效率-能量拟合曲线，由拟合曲线确定能量阈值及起点点扩散函数，选定用于复原的 3D-PSF 能量值。在此基础上，采用基于能量分布的方法，选取选定能量值范围内空间大小最小的 3D-PSF，以此达到最优 3D-PSF 的选取。

15.4 本章小结

本章针对显微成像系统中 3D-PSF 的能量分布情况，提出了基于能量分布和基于图像复原效率的两种 3D-PSF 选取方法，用于数字共焦显微系统中三维显微图像的复原。在基于能量分布的 3D-PSF 选取方法中，实现了在指定系统参数的情况下，选取确定能量范围内点扩散函数空间大小最小的 3D-PSF；在基于图像复原效率的 3D-PSF 选取方法中，提出了将图像复原效率作为一项图像复原的评价指标，根据不同复原要求选取用于三维显微系统图像复原的 3D-PSF。最后分别实验验证了这两种选取方法在三维显微成像系统中的有效应用，并提出一种用于 3D-PSF 选取的研究设想。

第 16 章
基于区间估计的 3D-PSF 空间大小选取方法

本章根据 3D-PSF 结构模型及能量分布，提出了基于区间估计[1-3]的 3D-PSF 空间大小选取方法。采用层距相同、层数不同、径向大小不同的 3D-PSF 对退化图像复原，根据改善信噪比 ISNR 的正态分布，建立不同复原要求下的数学模型，确定区间端点值，并根据图像复原质量值对 3D-PSF 进行选取。

16.1　3D-PSF 的结构

根据前面章节的研究，光学显微镜成像系统 3D-PSF 为双锥体的空间结构，如图 16－1 所示。

在图 16－1 中，3D-PSF 轴向尺寸越大、径向直径越大，其空间也就越大，3D-PSF 所包含的能量也越大，对三维显微图像的复原效果就越好，但复原所需时间也越长。本项目组前期研究表明，光学系统不同的放大倍数，3D-PSF 能量分布不同。为研究方便，将本项目组前期研究的 3D-PSF 轴向剖面上能量分布图放在本节，如图 16－2 所示。

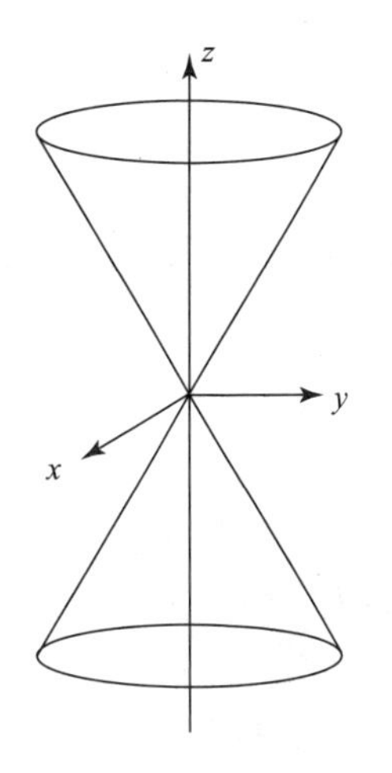

图 16－1　三维点扩散函数双锥体空间结构

从图 16－2 中看出，当放大倍数不同时，其 3D-PSF 能量分布，在沿 z 轴方向，放大倍数越大，能量扩散越快。在 40 倍时，能量几乎集中于中间区域。在 10 倍时，能量则沿光轴向两侧延伸较远区域。在径向方向，随着放大倍数变大，能量基本集中于中间区域，扩散程度较慢。

为研究 3D-PSF 的结构，进行以下处理：设 b 表示图 16－2，为待处理的图片，$\max(b)$ 表示图片中能量的最大值，$\min(b)$ 表示图片中能量的最小值，令阈值 $t=[\max(b)+\min(b)]/2$ ，对 b 中的所有能量值，只保留大于 t 的所有值，结果如图 16－3 所示。

从图 16－3 中可以看出，随着放大倍数的增大，点扩散函数的结构明显发生变化，双锥体向外扩张的角度变大，PSF 轴向和径向的比值减小，40 倍下 PSF 的径向大小和轴向大小已经接近相等。

研究表明，3D-PSF 的能量主要集中在双锥体结构中间的顶点处，并向四周快速衰减，3D-PSF 双锥体结构空间的中间小部分区域集中了其大部分能量。因此，目前在进行图像复

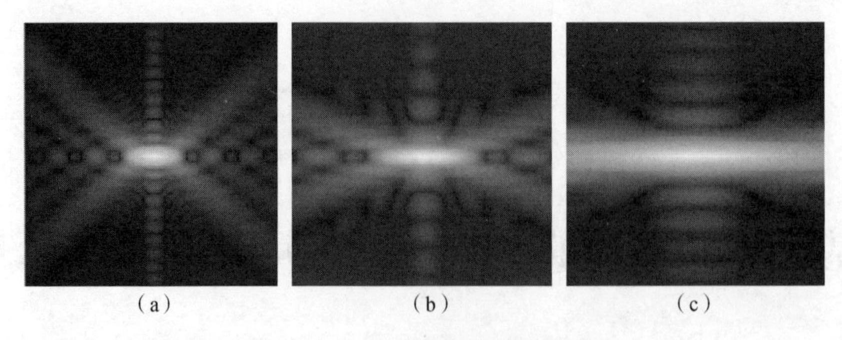

图 16-2　轴向剖面能量灰度图

(a) $M=40$；(b) $M=20$；(c) $M=10$

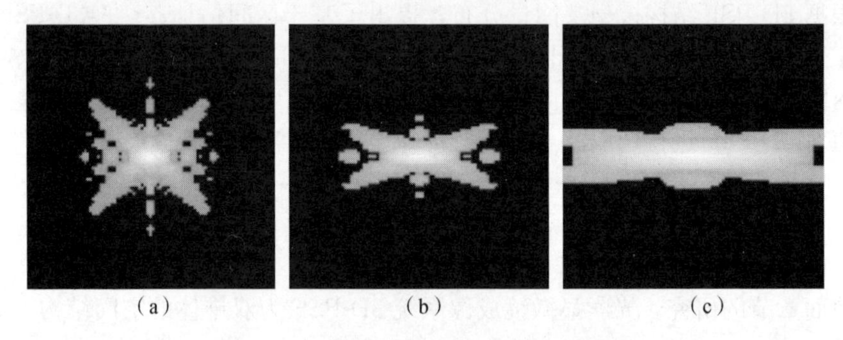

图 16-3　经阈值处理后轴向切面能量灰度图

(a) $M=40$；(b) $M=20$；(c) $M=10$

原时，研究者们大多是舍去 3D-PSF 周围能量稀少的大部分区域，而只采用中间的小部分区域。这样的选取理论依据不强，具有一定的随意性。在实际应用中还会因为采样稀疏、3D-PSF 选取不够而造成复原效果达不到要求，或者因 3D-PSF 选取过大造成复原时间太长。

16.2　基于区间估计的选取方法

本项目组主要采用改善信噪比 ISNR 作为指标评价，对图像复原效果进行评价，ISNR 越大，图像复原效果越好。根据本项目组大量的实验结果，ISNR 以其最大值归一化后，其频率分布如图 16-4 所示。

从图 16-4 中看出，ISNR 的分布高峰位于中部，并从中部向两旁逐渐均匀下降，左右分布大致对称。可以设想，如果样本数逐渐增大，组段不断细分，那么 ISNR 的频率分布应越近似于数学上的正态分布，类似于钟形曲线。

根据本项目前期的研究结果可以知道，复原效果极差与极好都是具有较小的发生概率，而复原效果大多是一般或者稍好，与图 16-3 所呈分布相似，复原效果也呈现为近似正态分布，因此我们可以按正态分布规律处理。根据统计学中正态分布的区间估计知识，考虑到不同复原要求下 ISNR 在一定的区间内波动，那么可以统计出 ISNR 的均值 μ 和标准差 σ，确定对应的区间。当 ISNR 属于某个复原要求的区间范围，则认为该 ISNR 符合该复原要求，与此 ISNR 对应的 3D-PSF 即是一个可选结果，具体计算方法为

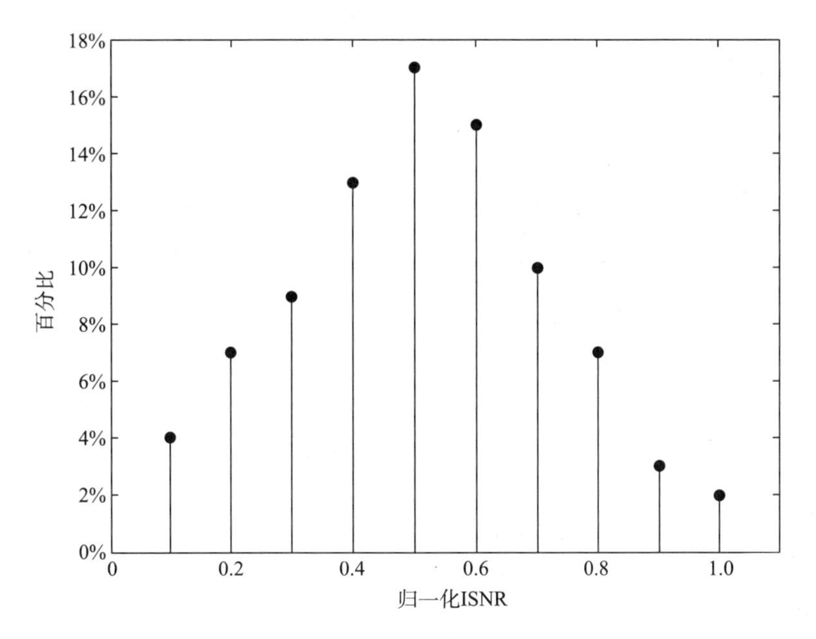

图 16-4　归一化后 ISNR 频率分布图

$$\begin{cases} a_1 < \dfrac{H-\mu}{\varepsilon\sigma} < a_2 & \text{快速浏览} \\ b_1 < \dfrac{H-\mu}{\varepsilon\sigma} < b_2 & \text{正常查看} \\ c_1 < \dfrac{H-\mu}{\varepsilon\sigma} < c_2 & \text{精细分析} \end{cases} \tag{16-1}$$

其中，H 表示复原效果评价指标，即 ISNR；a_i、b_i 和 c_i 分别表示对应区间的端点值；ε 是系数，决定选取结果的精确程度，ε 取值越小，符合某个复原要求的区间越窄，对应的3D-PSF的选取结果越精确。

对于不同的复原要求，定义为："快速浏览"指图片可以用于快速观看，要求图片的基本轮廓大致可辨别，可以有些微细节部分，但要求复原时间较快；"正常查看"指图片可以用于正常地观看或者对精细程度要求不高的一般计算，要求图片的轮廓清晰可见，有一部分细节内容，复原时间适中；"精细分析"指图片可以用于精细的分析测量，要求图片的轮廓和细节都清晰，对分辨率要求高，复原时间可以稍长。之后的研究实验都采用此定义。

由于不同复原要求下对应的 ISNR 是在一定区间范围内波动，所以会有多个可选3D-PSF结果，为选取最适合的结果，定义图像复原质量 Q：若用于复原的 3D-PSF 空间大小为 s，复原后图像的改善信噪比为 ISNR，则 Q 表示单位空间大小内获得的复原效果，表达式为

$$Q=\text{ISNR}/s \tag{16-2}$$

根据上述思想，得到 3D-PSF 的选取步骤为：

（1）通过复原实验，得到 ISNR，统计计算 ISNR 的均值 μ 和标准差 σ。

（2）选取确定参数 a_i、b_i、c_i 以及 ε，确定不同复原要求下的可选区间。

（3）将 ISNR 代入区间计算式，得到不同复原要求下的可选 3D-PSF 结果。

（4）对于可选 3D-PSF 结果，计算复原质量 Q，得到最终结果。

16.3 仿真实验

仿真实验的流程图如图 16-5 所示。

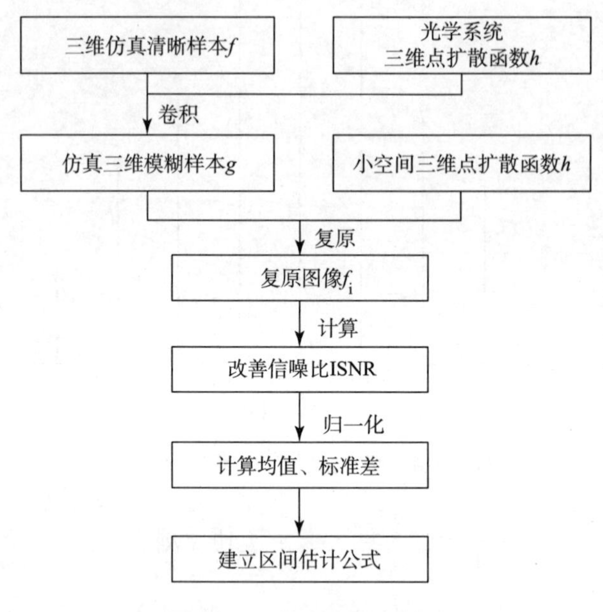

图 16-5 仿真实验流程图

1. 3D-PSF 制作

在光学显微系统中，设 3D-PSF 的空间大小为 $R\times R\times n$，$R\times R$ 表示径向 $x-y$ 直径，大小与 $x\times y$ 大小相等。n 表示 3D-PSF 的层数。参考显微镜物镜的实际参数进行试验：机械镜筒长度为 160 mm，光源波长为 550 nm，CCD 参数为 1/4 in，像素为 640×480。分别取三种放大倍数 M 及对应的数值孔径 NA 来表示三种不同的光学系统：

（1）$M=10$，NA=0.25。

（2）$M=20$，NA=0.45。

（3）$M=40$，NA=0.60。

层距保持不变，为 0.1 μm，根据光学传递函数式（2-3）制作三组直径 R 为 21、层数 n 为 21 的 3D-PSF，大小为 21×21×21，以 h_{10}、h_{20}、h_{40}表示，对应三种不同的放大倍数。

2. 仿真图像制作

以图 16-6（a）二维原始清晰图像（151×151，256 灰度级）作为初始样本，通过微量角度的旋转，获得 21 幅二维图像，叠加制作成三维仿真样本图像 f，空间大小为 151×151×21。分别利用 h_{10}、h_{20}、h_{40}与图像 f 进行卷积，模拟显微镜图像采集的退化过程，得到三维模糊模图像 g_{10}、g_{20}、g_{40}，并分别取 f 和 g_{10}、g_{20}、g_{40} 的中心层，即第 11 层，如图 16-6 (b)～(d) 所示。

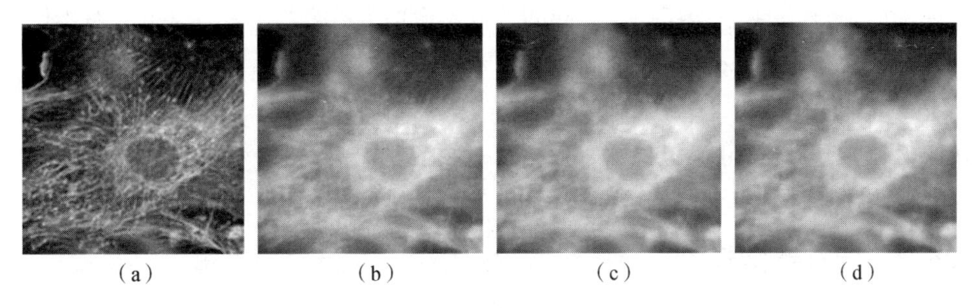

图 16-6　清晰图像与模糊图像

(a) 清晰图像 f；(b) 模糊图像 g_{10}；(c) 模糊图像 g_{20}；(d) 模糊图像 g_{40}

3. 图像复原过程

以 h_{10}、h_{20}、h_{40}共 3 个大空间 3D-PSF 的空间中心点（11，11，11）为中心，依次向外截取空间大小分别为 3×3×3，3×3×5，3×3×7，…，3×3×21，5×5×5，5×5×7，…，21×21×21，不同放大倍数各为一组，得到 3 组 3D-PSF，每组 100 个，总共 300 个，命名为 hM_R_n（其中 M 表示放大倍数，R 表示径向大小，n 表示层数）。

用以上步骤中抽取的 3 组小空间的 3D-PSF 对相应放大倍数的模糊图像 g_{10}、g_{20}、g_{40}依次进行复原，复原过程采用最大似然法，迭代次数为 500 次，并计算每次复原后图像的 ISNR。

16.4　实验结果分析

分别记录以上 3 组小空间 3D-PSF 每次复原后图像的 ISNR，每组 ISNR 都作归一化处理，并求出相应的 ISNR 的均值和标准差，如表 16-1 所示。

表 16-1　不同放大倍数的归一化 ISNR 均值与标准差

放大倍数	均值 μ	标准差 σ
10	0.490 6	0.280 3
20	0.507 0	0.281 0
40	0.551 3	0.282 6

从表中数据可以看出，随着放大倍数增大，ISNR 的均值也增大，这说明了高放大倍数的点扩散函数复原效果要比低放大倍数的相对好一些，与我们现有的点扩散函数理论是相符合的。

不同放大倍数时，对区间的端点值 a_i、b_i、c_i进行不同的选取确定。根据多次实验经验，区间的端点值的选取如表 16-2 所示。

表 16-2　不同放大倍数下区间的端点值

放大倍数	a_1	a_2	b_1	b_2	c_1	c_2
10 倍	−2	−1.5	−0.5	0	2	2.5
20 倍	−2.25	−1.8	−0.9	−0.4	1.6	2.3
40 倍	−2.5	−2	−1	−0.5	1.5	2

可以看出，随着放大倍数增加，区间的端点在数轴上慢慢往左移动，并且每个区间的长度基本保持相同，区间与区间之间的间隔也基本保持不变。

16.5 3D-PSF 的选取

16.5.1 建立选取模型

以 40 倍为例，从表 16-1 和表 16-2 得知，归一化后 ISNR 的均值为 0.551 3，标准差是 0.282 6，ε 取经验值 0.35，区间的端点值依次是 −2.5、−2、−1、−0.5、1.5、2，则根据式（16-1），40 倍下的区间估计公式为

$$\begin{cases} -2.5<\dfrac{H-\mu}{\varepsilon\sigma}<-2 & \text{快速浏览} \\ -1<\dfrac{H-\mu}{\varepsilon\sigma}<-0.5 & \text{正常查看} \\ 1.5<\dfrac{H-\mu}{\varepsilon\sigma}<2 & \text{精细分析} \end{cases} \tag{16-3}$$

将 40 倍下归一化后的所有 ISNR 值代入式（16-3），当 ISNR 落在某个复原要求的区间内，则该 ISNR 对应的 3D-PSF 就是一个可选结果，为便于查看结果，对 3D-PSF 的空间大小以最大值（21×21×21）进行了归一化，如表 16-3 所示。

表 16-3 40 倍时不同复原要求下 3D-PSF 可选结果

复原要求	3D-PSF 可选结果	ISNR	归一化 s
快速浏览	$h7\_7$	0.318 4	0.037 0
	$h7\_9$	0.348 3	0.047 6
	$h11\_3$	0.307 3	0.039 2
	$h13\_3$	0.339 0	0.054 7
	$h15\_3$	0.347 9	0.072 9
正常查看	$h7\_17$	0.454 6	0.089 9
	$h7\_19$	0.474 0	0.100 5
	$h7\_21$	0.490 1	0.121 9
	$h9\_9$	0.459 0	0.078 7
	$h9\_11$	0.490 8	0.096 2
	$h11\_7$	0.498 4	0.091 5
	$h13\_5$	0.464 1	0.091 2
	$h15\_5$	0.493 6	0.121 5
精细分析	$h11\_21$	0.707 7	0.274 4
	$h13\_13$	0.713 4	0.237 2
	$h13\_15$	0.743 3	0.273 4
	$h15\_9$	0.704 5	0.218 7
	$h21\_7$	0.703 1	0.3333

可以看到，不同复原要求下有多个可选结果，因此还需要进行下一步的最后确定。

对于多个 3D-PSF 可选结果进行最后的确定时，有两种方法，一种是利用公式 $e=k_1\times \text{ISNR}+k_2\times s$ ，即对 ISNR 和 s 赋予不同的权值，计算两者加权和，以计算结果最大者为优；一种是根据式（16－2）计算图像复原质量 Q，图像复原质量表示 3D-PSF 单位空间大小内获得的 ISNR 改善率，Q 值最大者即是最终结果。

对于第一种方法，加权系数的取值为：$k_1=k_2=0.5$ ，即对复原效果 ISNR 和 PSF 空间大小 s 权重相同，也就是对复原质量和复原时间都同等考虑。利用两种方法计算的结果如表 16－4 所示。

表 16－4 40 倍 3D-PSF 可选结果的加权 e 值及其图像复原质量 Q 值

复原要求	3D-PSF 可选结果	e	Q
快速浏览	*h*7 _ 7	0.177 7	8.596 8
	*h*7 _ 9	0.198 0	7.314 3
	*h*11 _ 3	0.173 2	7.834 0
	*h*13 _ 3	0.196 9	6.192 3
	*h*15 _ 3	0.210 4	4.773 2
正常查看	*h*7 _ 17	0.272 3	5.054 1
	*h*7 _ 19	0.287 3	4.715 1
	*h*7 _ 21	0.306 0	4.020 2
	*h*9 _ 9	0.168 9	5.831 0
	*h*9 _ 11	0.293 5	5.101 3
	*h*11 _ 7	0.294 9	5.449 4
	*h*13 _ 5	0.277 7	5.086 4
	*h*15 _ 5	0.307 5	4.063 3
精细分析	*h*11 _ 21	0.491 0	2.579 3
	*h*13 _ 13	0.475 3	3.007 2
	*h*13 _ 15	0.508 4	2.718 7
	*h*15 _ 9	0.461 6	3.221 9
	*h*21 _ 7	0.518 2	2.109 3

从表 16－4 中可看出，如果采用加权求和的方法，对应于复原要求“快速浏览”“正常查看”“精细分析”，加权结果 e 最大值分别为 0.210 4、0.307 5、0.518 2，相对应的 3D-PSF 为 *h*15 _ 3、*h*15 _ 5、*h*21 _ 7。但是，我们可以发现，在复原要求为“快速浏览”时，虽然加权结果位列第一的值 0.210 4 与位列第二的值 0.198 0 相差较大，区分度明显，但是 e 最大值 0.210 4 对应的 3D-PSF 为 *h*15 _ 3，用该 3D-PSF 来复原时，其实际复原时间相对较长，与复原要求中的“快速”相悖，不符合要求。其次，复原要求为“正常查看”时，e 值位列第一的 0.307 5 与位列第二的 0.306 0 仅仅只有 0.001 5 之差，差距不明显，不足以说明最大值的优势所在。最后，复原要求为“精细分析”时，e 值位列第一的 0.518 2 所对应的 3D-PSF 是 *h*21 _ 7，用该 3D-PSF 来复原时，实际复原时间不仅很长，而且其 3D-PSF 空间结构中半径 R 为 21，径向大小过大，不符合选取的思想。因此，采用加权求值的方法不符合实际应用。

若是采用求图像复原质量 Q 的方法，复原要求为“快速浏览”“正常查看”“精细分析”时，Q 值最大的是 8.596 8、5.831 0、3.221 9，对应的 3D-PSF 为 $h7\_7$、$h9\_9$、$h15\_9$。从表中第四列数据可以看出，不同复原要求时，不仅 Q 的值位列第一与位列第二之间差距较大，而且 Q 的最大值对应的 3D-PSF 空间结构也较合理，与现有的理论相符合，并且实际用于复原时间的也比较合适。

综上所述，采用求图像复原质量 Q 的方法来选取最终的 3D-PSF，综合考虑了复原的效果和 3D-PSF 空间大小，若 Q 值越大，则复原效果越好，对应的 3D-PSF 的空间大小也越合适，该方法也越符合实际应用的要求。

16.5.2 选取结果

从表 16－4 中看出，当放大倍数为 40 倍时，经过计算，复原要求为“快速浏览”时，Q 值最大的是 8.596 8，对应的 3D-PSF 为 $h7\_7$；“正常查看”时，Q 值最大的是 5.831 0，对应的 3D-PSF 为 $h9\_9$；“精细分析”时，Q 值最大的是 3.221 9，对应的 3D-PSF 为 $h15\_9$。则 $h7\_7$、$h9\_9$、$h15\_9$ 就是符合不同复原要求的最终的 3D-PSF，对应复原处理后的结果如图 16－7 所示。

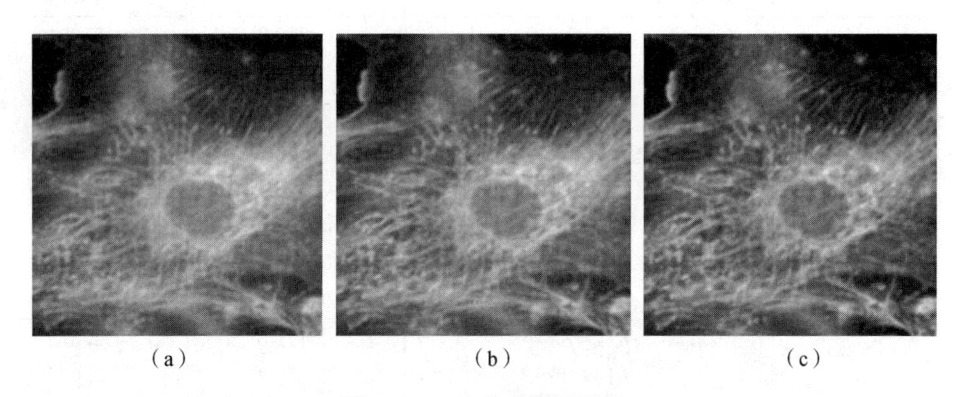

图 16－7　40 倍时复原结果

(a) $h7\_7$ 复原结果；(b) $h9\_9$ 复原结果；(c) $h15\_9$ 复原结果

从图 16－7 中结果可看出，用 $h7\_7$ 进行图像复原，复原后的图像（归一化 ISNR＝0.318 4）已经满足快速观看的要求，并且图像轮廓也较清晰，可以作为快速浏览图像使用；用 $h9\_9$ 复原得到的图像（归一化 ISNR＝0.459 0）已经满足正常观看或者一般计算的要求，细节比较丰富，轮廓更清晰，可以作为正常查看图像使用；$h15\_9$ 复原后的图像（归一化 ISNR＝0.704 5）细节则较之前的更为丰富，轮廓清晰可见，分辨率较高，已经满足精细的分析计算使用。

为进一步验证该方法的可行性，使用大脑神经元图片 f_2、血液凝块图片 f_3 以及运动神经元图片 f_4 三幅图片作为清晰图像，对三幅图像再次进行仿真复原实验，先对原图片进行退化，然后用上文选取出的与不同复原要求对应的点扩散函数 $h7\_7$、$h9\_9$、$h15\_9$ 分别复原，每张图片的子图 (c)、(d)、(e) 即是复原要求分别为“快速浏览”“正常查看”“精细分析”时的 3D-PSF 的复原结果，如图 16－8～图 16－10 所示。

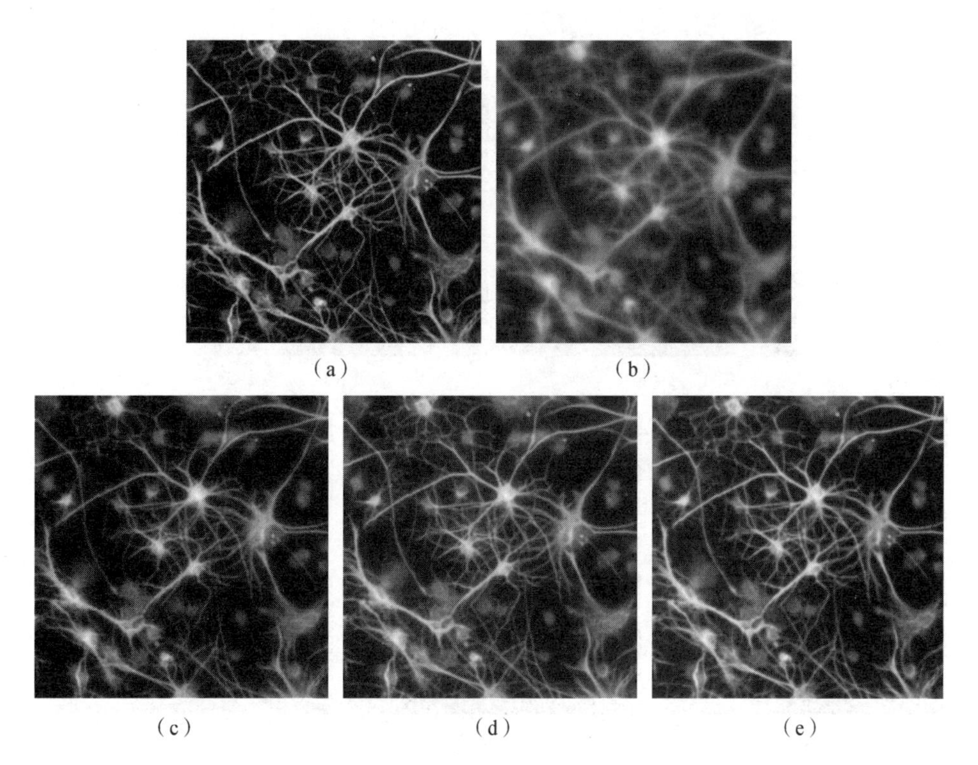

(a)　(b)　(c)　(d)　(e)

图 16－8　40 倍时图片 f_2 验证结果

(a) 清晰图像 f_2；(b) 模糊图像；(c) $h7\_7$ 复原结果；(d) $h9\_9$ 复原结果；(e) $h15\_9$ 复原结果

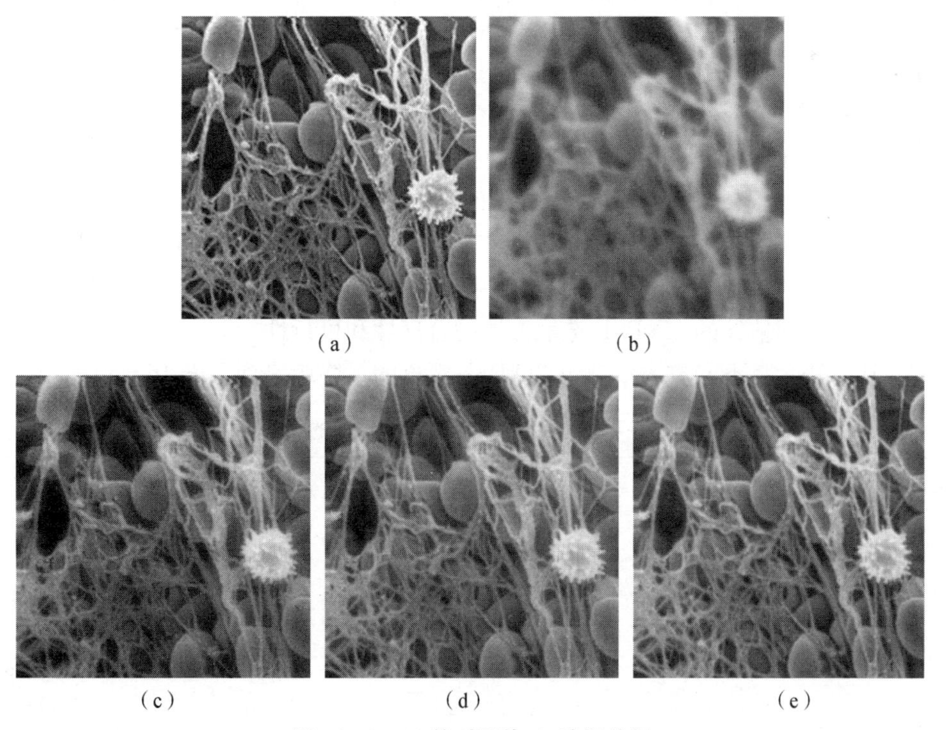

(a)　(b)　(c)　(d)　(e)

图 16－9　40 倍时图片 f_3 验证结果

(a) 清晰图像 f_3；(b) 模糊图像；(c) $h7\_7$ 复原结果；(d) $h9\_9$ 复原结果；(e) $h15\_9$ 复原结果

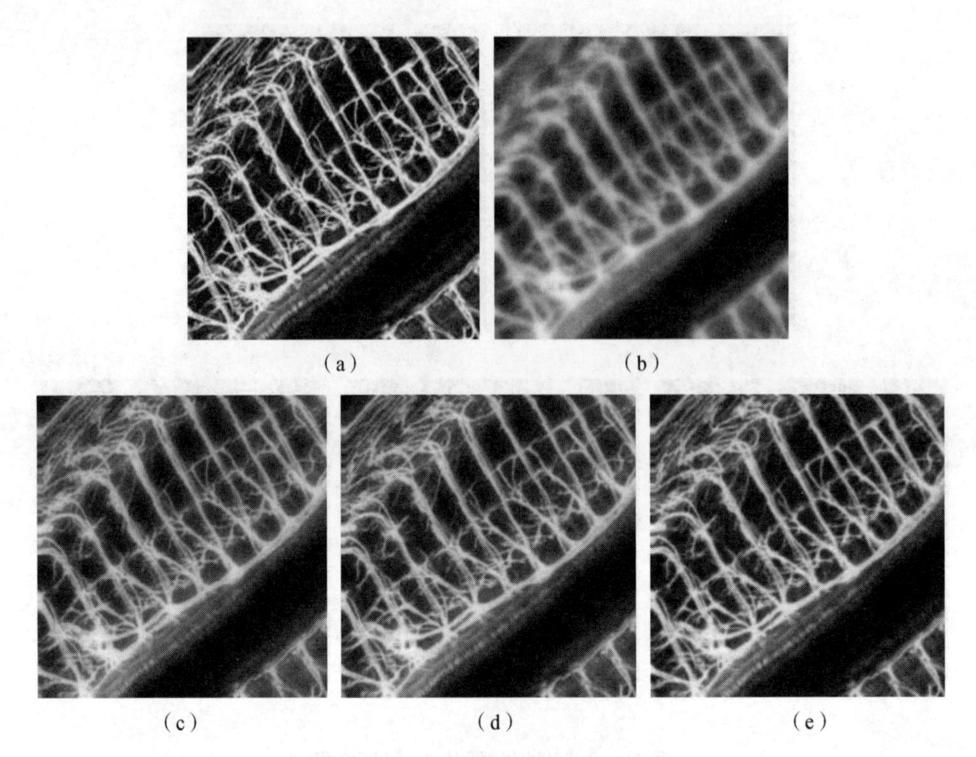

图 16－10　40 倍时图片 f_4 验证结果

(a) 清晰图像 f_4；(b) 模糊图像；(c) $h7\_7$ 复原结果 (d) $h9\_9$ 复原结果 ；(e) $h15\_9$ 复原结果

从图 16－8～图 16－10 中可以看出，用上文选取出的 3D-PSF 对模糊图片做复原处理时，都达到了不同的复原要求。图 16－8（c）、图 16－9（c）、图 16－10（c）的图片轮廓可以辨别，相对模糊图片来说易辨识，对应了“快速浏览”的复原要求；图 16－8（d）、图 16－9（d）、图 16－10（d）的图片轮廓已经更为清晰，并且细节部分有许多，对应了“正常查看”的复原要求；图 16－8（e）、图 16－9（e）、图 16－10（e）的图片细节部分与原始清晰图像相比差距较小，轮廓也鲜明得多，对应了“精细分析”的复原要求。

图片 f_2、f_3 以及 f_4 三幅图片的实验结果，说明了上文选取出的 3D-PSF 符合实际要求，验证了基于区间估计的 3D-PSF 选取方法的合理性和可行性。

根据上述方法，将不同放大倍数下 3D-PSF 选取的最终结果列于表 16－5 中。

表 16－5　不同放大倍数下 3D-PSF 选取的最终结果

复原要求	放大倍数	10 倍	20 倍	40 倍
快速浏览	3D-PSF	$h9\_5$	$h7\_7$	$h7\_7$
	ISNR	0.323 2	0.292 1	0.318 4
	s	0.043 7	0.015 8	0.037 0
	Q	7.390 5	18.402	8.596 8
正常查看	3D-PSF	$h11\_7$	$h11\_7$	$h9\_9$
	ISNR	0.439 8	0.460 2	0.459 0
	s	0.091 5	0.091 5	0.078 7
	Q	4.808 7	5.031 7	5.831 0

续表

复原要求	放大倍数	10 倍	20 倍	40 倍
精细分析	3D-PSF	$h15\_11$	$h15\_9$	$h15\_9$
	ISNR	0.678 1	0.665 4	0.704 5
	s	0.267 2	0.218 6	0.218 7
	Q	2.537 3	3.043 0	3.221 9

16.6 本章小结

本章以点扩散函数的空间结构为切入点，包括 3D-PSF 的轴向和径向平面结构、不同放大倍数的 3D-PSF 轴向切面能量分布图以及处理图，分析了 3D-PSF 的能量分布、径向大小和轴向大小对复原效果的影响，并在此基础上进行实验仿真。实验在三种放大倍数下，用层距相同、直径不同、层数不同的 3D-PSF 对模糊图像复原，用 ISNR 为复原指标，通过统计分析 ISNR 的均值和标准差，利用区间估计的知识，建立不同复原要求下数学模型，提出了 3D-PSF 空间大小的选取方法。

参 考 文 献

[1] ITU 2R. Methodology for the subjective assessment of quality of television pictures [S]. BT 500210，ITU，2000.

[2] Wang Z，Bovik A C，Hamid R S，et al. Image quality assessment：from error visibility to structural similarity [J]. IEEE Transactions on Image Processing，2004，13(4)：600 -612.

[3] 潘磊．基于图像熵的密集人群异常事件实时检测方法 [J]. 计算机科学与探索，2016，10(7)：1044 - 1050.

第 17 章

SIFT 算法与 3D-PSF 空间大小的选取

三维图像复原作为数字共焦显微技术的核心环节，其复原效果与光学系统的 3D-PSF 密切相关。本章结合 SIFT 算法，对如何选取 3D-PSF 进行了研究。通过仿真实验，在放大倍数为 40 倍、20 倍和 10 倍下，研究了复原之后的结果图片的特征点与清晰图片特征点之间相互匹配的问题，得出匹配点数目、匹配点增量与复原用的 3D-PSF 的直径、层数之间的关系曲线，并根据曲线提出另一种点扩散函数的选取方法。

17.1 SIFT 算法

SIFT 算法，即尺度不变特征变换算法，该算法由 Lowe D. G. 于 1999 年发表[1]，并在 2004 年总结完善[2]。SIFT 是图像处理领域中的一种局部特征描述子，可以检测出图像中的关键点（或特征点），应用范围包含了物体识别、影像追踪、3D 模型建立、图像配准等领域。SIFT 特征与图像大小以及旋转无关，对噪声、微视角、光线的改变有很强的容忍度，并且 SIFT 算法具有局部特征稳定性、特征独特性、多量行、算法高速性、可扩展性等优点，可以解决一定程度的目标旋转缩放平移、图像投影变换、光照影响、目标遮挡、场景复杂、噪声等问题，综合性能优良，因此成为目前应用最广泛的特征点提取算法之一，也是研究的热门方向之一。

17.1.1 SIFT 特征检测

SIFT 算法的本质是查找关键特征点，Lowe D. G. 把 SIFT 特征检测分为以下四个步骤：

（1）尺度空间极值检测，即在尺度空间中寻找满足尺度不变、旋转不变的关键点。

在这一步中，Lowe D. G. 首先利用高斯差分（Difference-of-Gaussian，DOG）函数构建尺度空间。DOG 函数即不同差分核的高斯函数与图像的卷积所形成。不同差分核的高斯函数与原图像卷积后得到不同尺度的高斯滤波图像。Lowe 用 8 个不同尺度、相同大小的高斯滤波图像作为一层，用降采样方法自下而上形成图像尺寸递减的多层金字塔结构。对每一层，尺度相邻的高斯滤波图像两两相减得到高斯差分图像，形成新的金字塔，即尺度空间。

然后检测极值点，对每一个采样点，选择该点所在图像的 8 邻域与上下相邻图像的 9 邻域，一一进行比较，当且仅当该点的像素值小于邻域内所有点或者大于邻域内所有点，该点才是一个极值点。

（2）关键点定位，即精确定位关键点的位置并去除伪关键点。

这一步主要是利用泰勒公式，去除低对比度的关键点和边缘点。第一步中得到的极值点是离散空间中的，位置和连续空间中的存在误差。因此，对 DOG 利用泰勒展开式拟合后求二次导数，二次导数为零就是极值点的准确位置，结合内插值法，便可以去除低对比度的点；利用 DOG 边缘的边缘方向和垂直方向的主曲率便能去除边缘点。

（3）方向确定，即为关键点分配方向。

该步骤主要是利用梯度方向保证每一个关键点的旋转不变性。首先计算关键点邻域像素的梯度方向，建立梯度方向的直方图，选择直方图峰值对应的方向作为此关键点的主方向，超过最大值 80%的梯度所对应的方向是辅助方向。

（4）关键点描述，即用高维度向量描述每一个关键点。

这一步是为关键点生成特征描述符，保证关键点对尺度、方向的不变性。Lowe D. G. 在关键点周围划分 4×4 的区域，每一个子区域中包含 8 个方向，即生成 4×4×8=128 维的向量，归一化后就是 SIFT 的特征描述符。

17.1.2　SIFT 特征匹配

经过 SIFT 特征检测的步骤，我们便可以利用 SIFT 算法对两幅图像进行特征匹配。用于特征检测的两幅原始图像如图 17－1 所示。

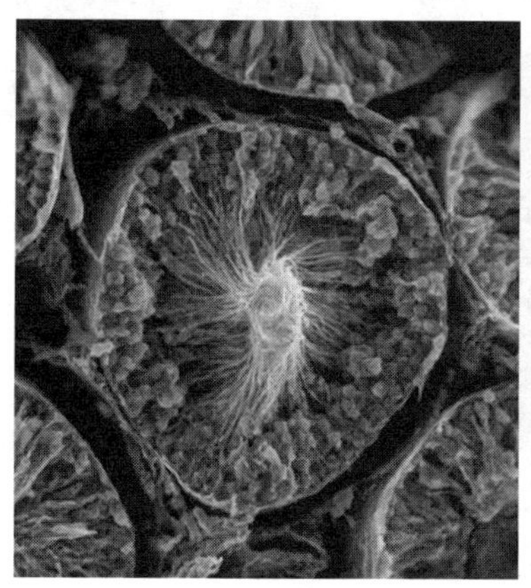
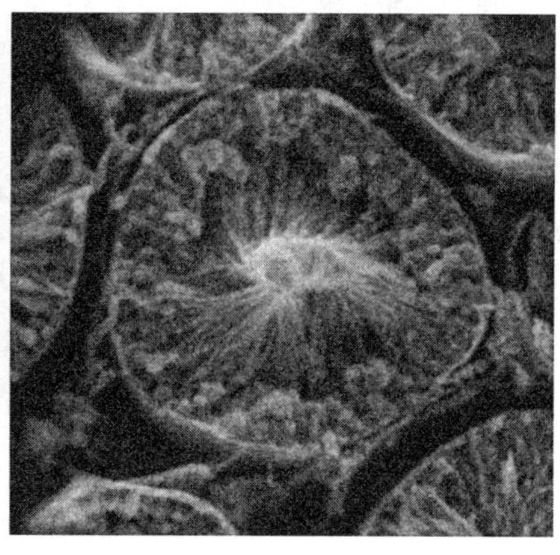

图 17－1　用于特征检测的两幅原始图像

可以看出图 17－1 中两幅图像有相同细胞主体，但是图像的清晰程度不同，并且细胞的角度也有明显差别。对这两幅图，分别查找特征点，统计特征点数目，并为特征点分配方向，如图 17－2 所示。

从图 17－2 中可以看到，对两幅图像分别都检测出了较多的特征点，其中第一幅检测出 3 311 个特征点，第二幅检测出 1 705 个特征点，特征点的主方向也已经在图中表明。

检测出特征点之后，对于两幅图像之间的特征点，采用欧式距离来作为两幅图像中特征点的相似性判定度量。即取第一幅的某个关键点，该点有自己的特征描述符，与第二幅的所有特征点的特征描述符分别计算欧式距离，选择计算结果最小的两个距离，若最近距离除以次近距离小于某个阈值 ratio，则这两个特征点就是一对匹配点。Lowe D. G. 推荐的阈值 ratio 为 0.8，近年研究结果表明，ratio 取值在 0.4～0.6 较好。本次研究取 ratio 为 0.5，并

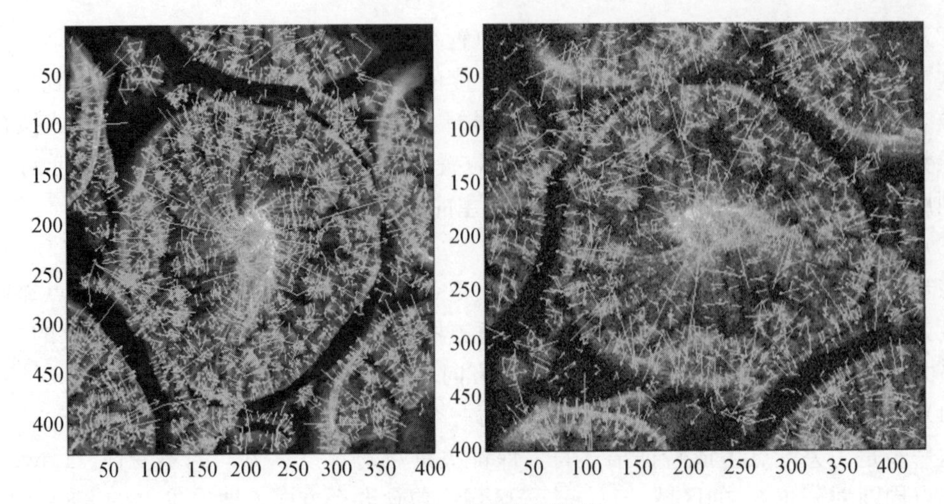

图 17-2 特征检测结果

将两幅图像相互匹配的特征点用直线连接，结果如图 17-3 所示。

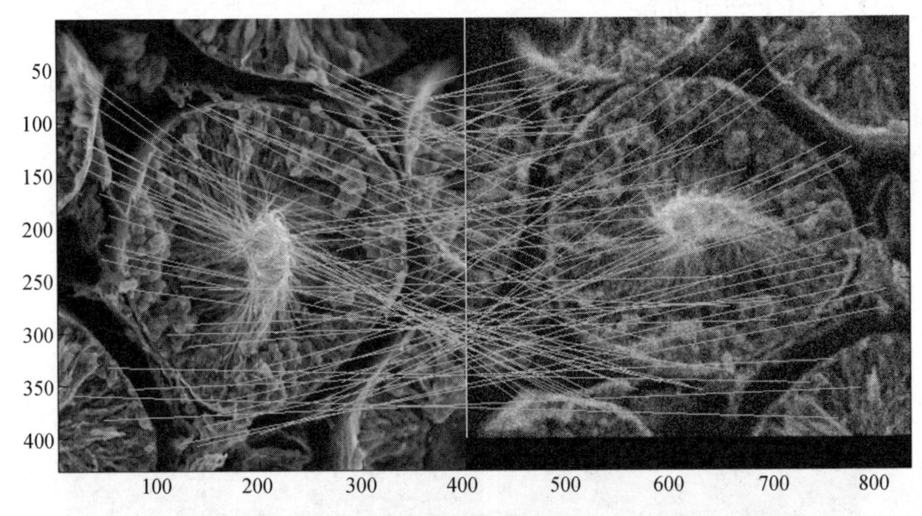

图 17-3 特征点匹配结果

可以看到，对于两幅主体相同、旋转角度不同、清晰程度不同的图像，特征点匹配的结果的正确性，说明 SIFT 算法能够准确找出特征点并且能够对两幅图像中相同的特征点进行匹配。在图 17-3 中，相互匹配的特征点数目为 100 个。

选择清晰度介于图 17-1 中两幅图像的第三幅图像，如图 17-4 所示，并与图 17-1 中第一幅图做特征匹配，其结果如图 17-5 所示。

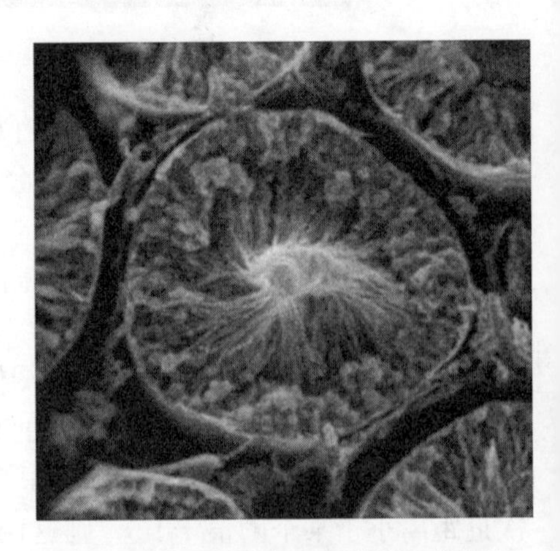

图 17-4 用于特征匹配的第三幅图像

在图 17-5 中，两幅图像相互匹配的特征点数目为 233 个，其中第三幅图检测出了 2 096 个特征点。可以看出，当待匹配图像清晰度提高后，能检测到的特征点数目增多，同时与原图像的特征匹配结果也

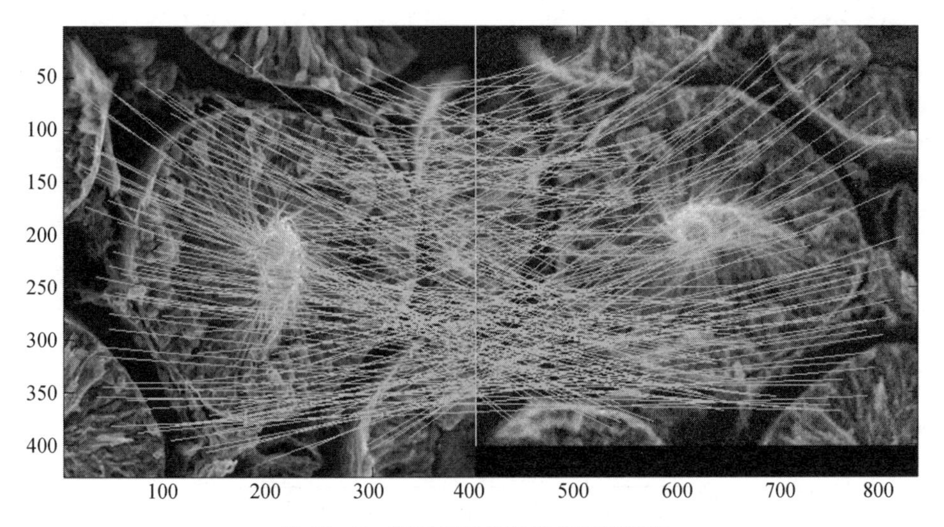

图 17 - 5　第三幅图像特征点匹配结果

增多。

根据以上实验结果，可以看出若待匹配图像与原图像相似程度越高，那么能检测出的特征点数目越多，与原图匹配时能够匹配的特征点数目也应该越多。不难推断，若用于特征匹配的两幅图像完全一样，则这两幅图像的特征点必定能够一一匹配。

综上所述，两幅图像间相匹配的特征点数目可以作为图像复原效果的一种评价方法，相匹配的特征点数目越多，表明图像复原的效果越好。

17.2　SIFT 特征匹配与图像复原关系分析

从大空间的 3D-PSF 中抽取出一系列不同直径、不同层数的小空间的 3D-PSF，并用这些 3D-PSF 对模糊图像进行复原，对复原后的图片分别检测特征点，记录特征点数目，并与原始清晰图像的特征点匹配。

可以预测，随着 3D-PSF 的空间增大，复原后图像的特征点数目会增加，与原始清晰图像匹配时，匹配点的数目也会增加，即图像的复原效果越好。若直径保持不变，则层数增加时，特征点的数目增加，并且与原始清晰图像相匹配的特征点数目先快速增加，即复原图像的质量快速增加。当层数到达某个值后，相匹配的特征点数目便开始趋于平缓，复原图像的质量也达到了某一个程度，但此时复原所需要的时间却越来越多。

根据上述的分析，本节在放大倍数为 40 倍、20 倍和 10 倍的情况下，保持层距为 0.1 μm 不变，使用不同层数、不同直径的点扩散函数对模糊图像进行复原，研究特征点匹配数目与 3D-PSF 直径、层数以及图像复原的关系。

17.3　仿真实验

本节仿真实验流程图如图 17 - 6 所示。

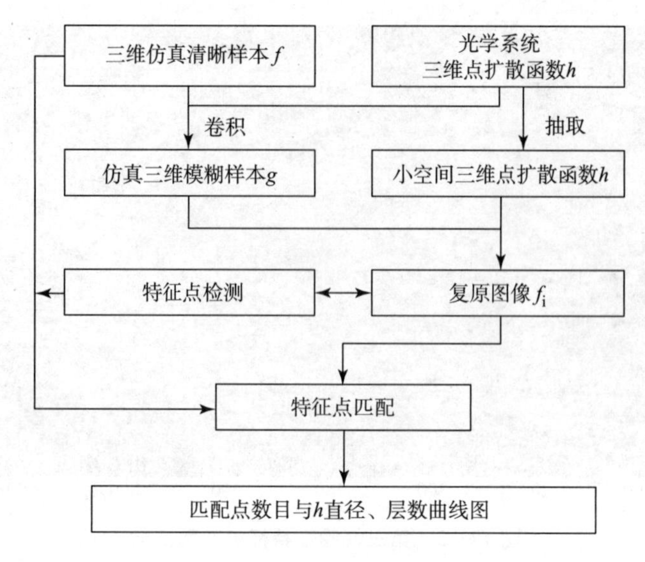

图 17-6　本节仿真实验流程图

17.3.1　仿真实验方法

仿真实验方法：将对原始清晰图像 f、复原后的结果图像 f_i，分别进行特征点的检测，将复原后图像与原始清晰图像做 SIFT 特征匹配，记录匹配点的数目，并与相应的 3D-PSF 的直径（径向 $x=y$ 方向的点数）、层数对应，找出相应的关系。

在放大倍数为 40 倍、20 倍、10 倍的情况下，仿真实验所需要的三维清晰样本、仿真样本、3D-PSF 的制作过程采用 13.3 节中提到的方法。待匹配的结果图像也采用 13.3 节的图像复原结果。

17.3.2　实验结果与分析

放大倍数为 40 倍、20 倍、10 倍下的特征点匹配数目与 3D-PSF 直径、层数等实验数据，分别如表 17-1～表 17-3 所示。

表 17-1　M=40 时特征点匹配数目与 3D-PSF 直径、层数数据

特征点匹配数目（40 倍）	直径=3	直径=5	直径=7	直径=9	直径=11	直径=13	直径=15	直径=17	直径=19	直径=21
3 层	9	10	15	26	35	37	39	46	47	51
5 层	9	12	31	56	71	71	82	86	87	90
7 层	9	14	39	67	87	95	99	109	114	114
9 层	9	13	40	68	88	94	105	112	121	123
11 层	9	12	46	80	103	113	124	127	130	146
13 层	9	12	48	87	105	114	135	148	154	170
15 层	9	14	53	87	106	119	136	159	164	171
17 层	9	16	54	89	106	120	136	159	165	171
19 层	10	16	55	90	107	122	138	167	168	175
21 层	10	16	55	95	107	122	138	167	168	175

表 17-2　$M=20$ 时特征点匹配数目与 3D-PSF 直径、层数数据

特征点匹配数目（20 倍）	直径=3	直径=5	直径=7	直径=9	直径=11	直径=13	直径=15	直径=17	直径=19	直径=21
3 层	7	11	18	24	25	26	36	36	37	45
5 层	7	12	25	49	68	76	87	91	100	101
7 层	7	12	28	53	82	108	112	123	130	131
9 层	7	12	28	66	94	110	121	137	145	147
11 层	7	12	29	68	102	111	127	138	152	154
13 层	8	12	29	75	104	112	127	142	160	165
15 层	8	12	29	80	108	120	130	148	162	171
17 层	8	12	32	85	109	122	133	151	163	173
19 层	8	12	32	87	113	122	133	155	166	174
21 层	8	12	33	87	113	123	133	155	166	174

表 17-3　$M=10$ 时特征点匹配数目与 3D-PSF 直径、层数数据

特征点匹配数目（10 倍）	直径=3	直径=5	直径=7	直径=9	直径=11	直径=13	直径=15	直径=17	直径=19	直径=21
3 层	6	12	19	37	42	44	54	56	66	59
5 层	6	15	25	41	74	83	99	101	106	110
7 层	6	16	27	63	89	107	120	127	139	140
9 层	6	17	29	67	94	108	122	133	154	155
11 层	6	17	30	68	97	112	131	149	160	162
13 层	7	17	32	69	100	113	134	150	162	163
15 层	7	15	33	70	100	114	136	151	162	165
17 层	7	18	33	70	101	116	137	152	168	168
19 层	7	16	34	71	101	117	137	153	169	170
21 层	7	16	34	76	108	117	144	153	170	171

从表 17-1～表 17-3 可以看出：①放大倍数和直径不变时，随着层数增加，特征点匹配数目增加；②放大倍数和层数不变，直径增大时，特征点匹配数目也会增加；③放大倍数不变，当直径较小，特征点匹配数目随层数增加得较慢，当直径比较大时，特征点匹配数目随层数快速增加；④直径和层数都相同时，放大倍数变大，特征点匹配数目也会增大。

表 17-4 列出了不同放大倍数下，清晰图像 f 与模糊图像 g 的特征点数目以及匹配数目。三维模糊图像 g 分别为 g_{10}、g_{20}、g_{40}，用于与图像 f 进行卷积的 3D-PSF 分别为 h_{10}、h_{20}、h_{40}，它们的大小均为 21×21×21。

表 17-4　清晰图像、模糊图像特征点数目

特征点数目	40 倍	20 倍	10 倍
原始清晰图像 f	298	295	290
模糊图像 g	57	46	32
f 与 g 特征点匹配数目	10	8	6

从表 17 - 4 可看出，f 与 g 特征点匹配数目很少，只相当于表 17 - 1～表 17 - 3 中直径＝3 的 3D-PSF 复原结果图的匹配数目。

为研究特征点匹配数目与点扩散函数直径、层数关系，根据表 17 - 1～表 17 - 3 中数据，分别以层数为横坐标，在不同放大倍数下，绘制曲线图，如图 17 - 7 所示。

对比图 17 - 7（a）、（b）、（c）的曲线，可以看出：当 3D-PSF 的直径较小时，即使层数增加，复原后的图片与原始清晰图片之间相互匹配的特征点数目增加非常缓慢，即图像复原的效果不明显；当直径大于某个值时，特征点的匹配数目随着层数增加出现先快速增加后保持平稳的走势，图像复原的效果也快速增加之后增加缓慢；当层数和直径都增大到一定程度时，虽然特征点匹配数目较多，图像复原效果较好，但是复原所需要的时间却越来越长。

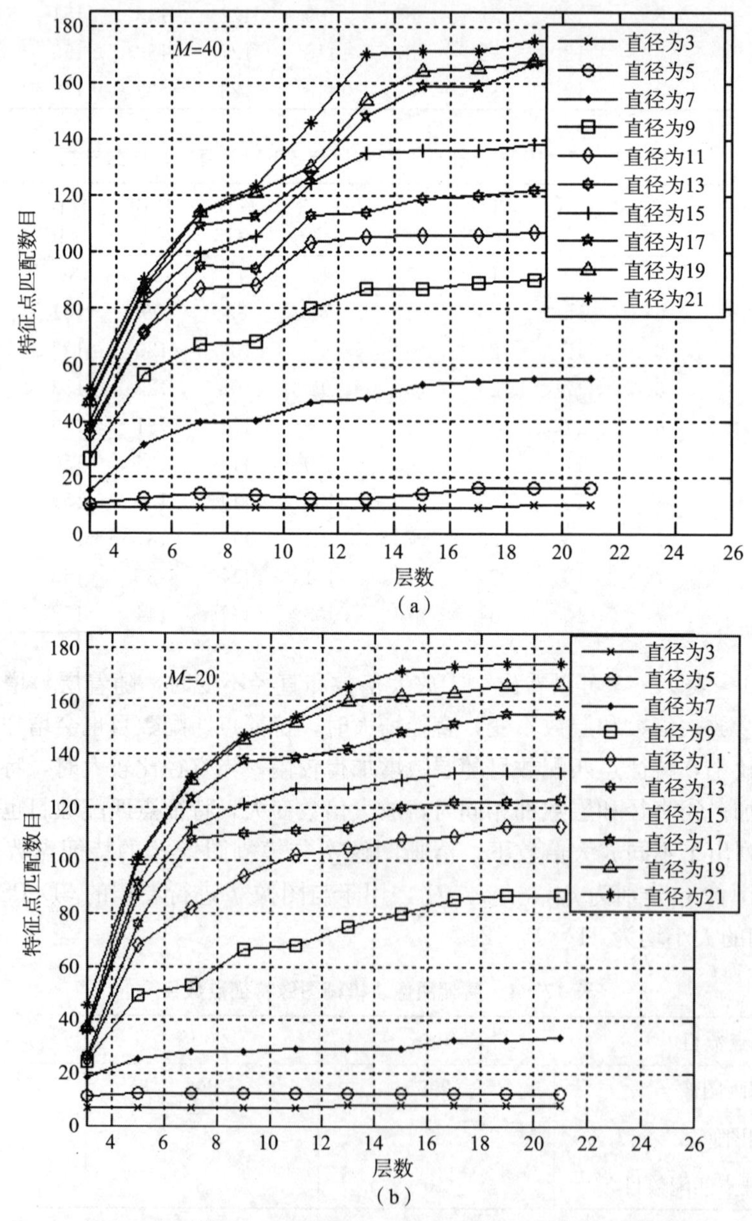

图 17 - 7　特征点匹配数目与 3D-PSF 直径、层数关系曲线

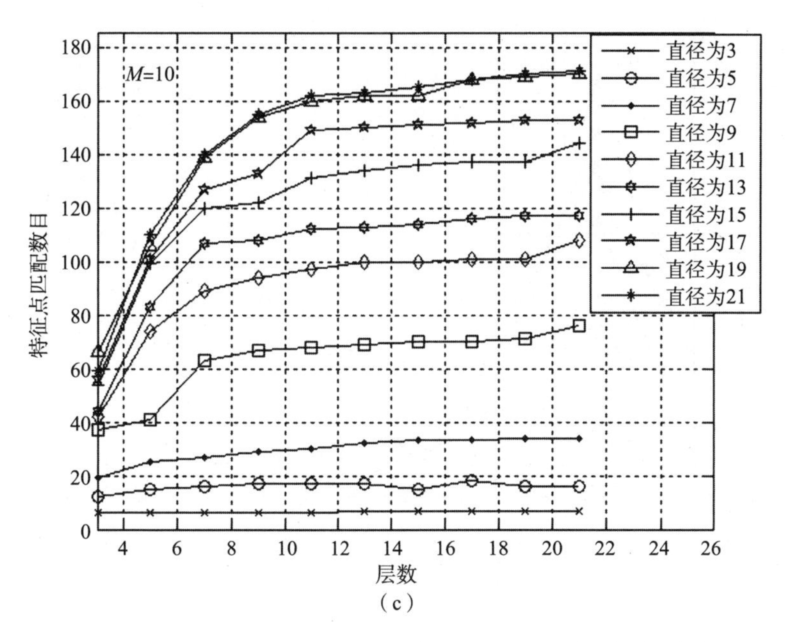

(c)

图 17-7　特征点匹配数目与 3D-PSF 直径、层数关系曲线（续）

为明确 3D-PSF 的直径、层数与特征点匹配数目直径的关系，对表 17-1～表 17-3 计算匹配点数增量，即对表中每一列数据，用后一行的值减去前一行的值，第一行的值则减去对应放大倍数下模糊图像与清晰图像的特征点匹配数目，将得到的匹配点数增量与 3D-PSF 的直径、层数绘制曲线图，其结果如图 17-8 所示。

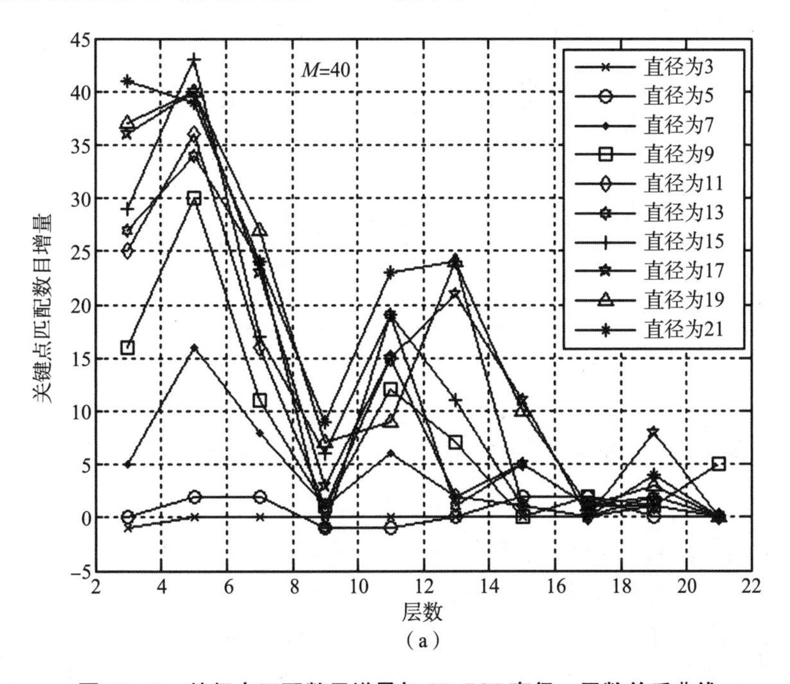

(a)

图 17-8　特征点匹配数目增量与 3D-PSF 直径、层数关系曲线

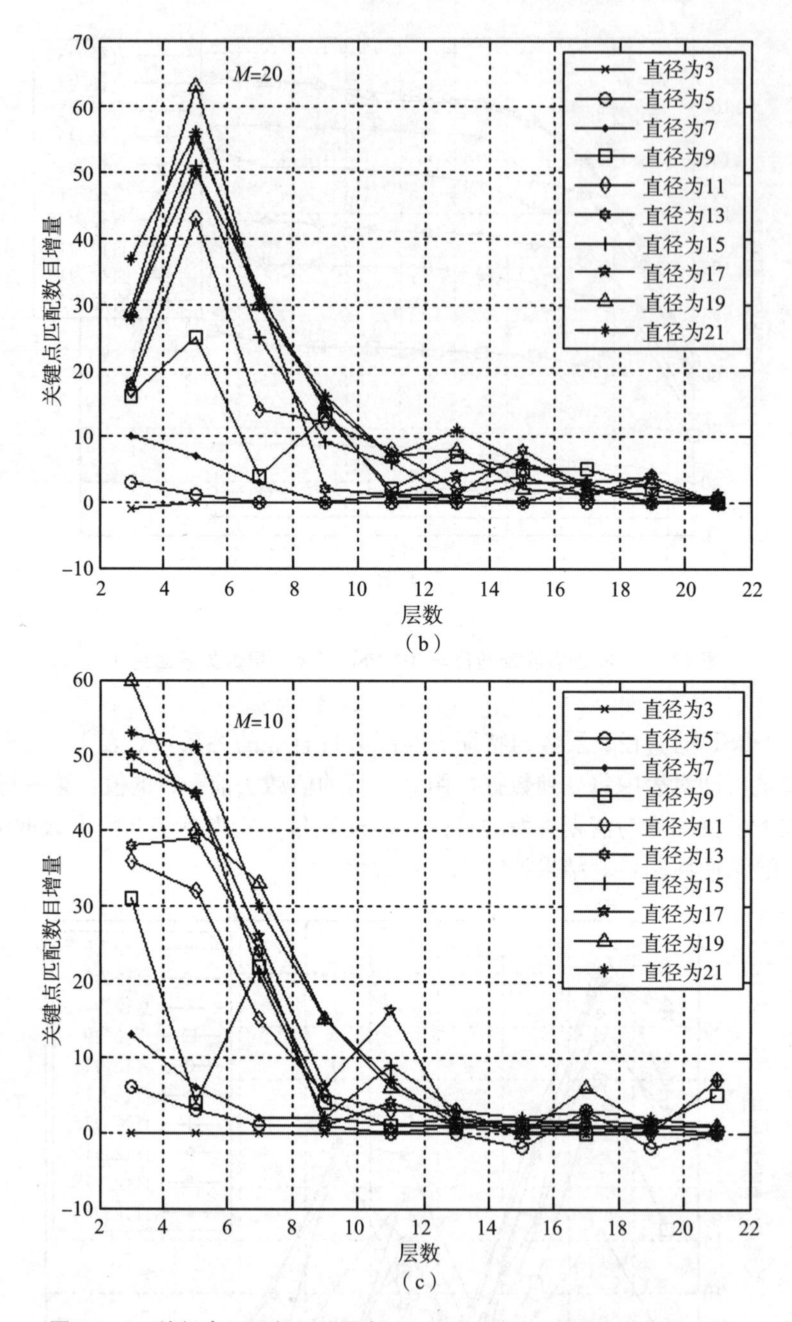

（b）

（c）

图 17-8　特征点匹配数目增量与 3D-PSF 直径、层数关系曲线（续）

根据图 17-8（a）、（b）、（c）的曲线，分析如下：

（1）$M=40$ 时，随着 3D-PSF 层数增加，特征点匹配数目增量总体呈现波动式下降：在层数为 9 层时，特征点匹配数目增量首次达到极小值，在 11 层、13 层时，处于极大值，在 17 层时第二次达到极小值。这说明在层数较小时，图像复原效果一直处于增加状态，层数为 9 时复原效果达到了某一个稳定值，之后层数继续增加，在 11 层或 13 层时，复原效果又达到了一个较高的值，之后随着层数增加，图像复原效果增加缓慢甚至保持不变。

（2）$M=20$ 时，随着 3D-PSF 层数增加，特征点匹配数目增量总体呈现先快速上升后下降并趋于稳定：在层数为 11 层时，特征点匹配数目增量达到极小值，之后虽有波动但不明显，特征点匹配数目增量缓慢趋于平稳。这说明在层数为 3 层或 5 层时，图像复原效果处于快速增加状态，之后层数增加，虽然特征点匹配数目增量减小，但是图像复原效果仍然处于增加状态，层数为 11 时复原效果才达到了某一个稳定值，之后随着层数增加，图像复原效果增加缓慢甚至保持不变。

（3）$M=10$ 时，随着 3D-PSF 层数增加，特征点匹配数目增量总体呈现一直下降走势：在层数为 13 层时总体达到最小值，之后虽然存在波动但波动范围不大，特征点匹配数目增量也缓慢趋于平稳。这说明了随着层数增加，图像复原效果一直处于增加状态，复原效果增加相对较慢，在 13 层时图像复原效果达到了某一个稳定值，之后随着层数增加，图像复原效果增加缓慢甚至保持不变。

根据以上分析，结合图 17－7 和图 17－8 的曲线，点扩散函数用 hM_R_n（其中 M 表示放大倍数，R 表示径向大小，n 表示层数）表示，考虑不同放大倍数的 3D-PSF 的结构差异，可以对 3D-PSF 进行选择：

（1）若复原要求为“快速浏览”，40 倍时可以选择 3D-PSF 的层数 n 小于 9，直径与层数相同，如 $h40\_7\_7$；20 倍时可以选择 3D-PSF 的层数 n 小于 11，直径不大于层数，如 $h20\_7\_9$；10 倍时可以选择 3D-PSF 的层数 n 小于 13，直径小于层数，如 $h10\_9\_11$、$h10\_9\_9$。

（2）若复原要求为“正常查看”，40 倍时可以选择 3D-PSF 的层数 n 为 9，直径与层数相同，如 $h40\_9\_9$；20 倍时可以选择 3D-PSF 的层数 n 为 11，直径不大于层数，如 $h20\_9\_11$；10 倍时可以选择 3D-PSF 的层数 n 为 13，直径小于层数，如 $h10\_11\_13$、$h10\_9\_13$。

（3）若复原要求为“精细分析”，40 倍时可以选择 3D-PSF 的层数 n 为 11、13，直径与层数相同，如 $h40\_11\_11$、$h40\_13\_13$；20 倍时可以选择 3D-PSF 的层数 n 大于 11，直径不大于层数，如 $h20\_11\_13$；10 倍时可以选择 3D-PSF 的层数 n 大于 13，直径小于层数，如 $h10\_13\_15$、$h10\_11\_15$。

选择结果如表 17－5 所示。

表 17－5　不同放大倍数下 3D-PSF 选择结果

复原要求	快速浏览	正常查看	精细分析
40 倍	$h7\_7$	$h9\_9$	$h11\_11$
20 倍	$h7\_9$	$h9\_11$	$h11\_13$
10 倍	$h9\_11$	$h11\_13$	$h13\_15$

17.4　选取方法的分析与比较

本章提出了两种 3D-PSF 空间大小的选取方法，第一种方法是基于区间估计的 3D-PSF 空间大小选取方法，第二种方法是基于 SIFT 特征匹配算法的 3D-PSF 空间大小选取方法。

下面针对这两种方法进行比较分析，同时与现有的其他 3D-PSF 空间大小选取方法也进行对比分析。

17.4.1 两种选取方法分析比较

第一种方法是基于区间估计的 3D-PSF 空间大小选取方法，主要以统计学理论为基础，从大量实验结果中得出了 ISNR 的频率服从正态分布这一结论，并在此基础上运用区间估计的方法，结合图像复原质量 Q，以 Q 的最大值对应的 3D-PSF 为最终的选取结果。

第二种方法是基于 SIFT 特征匹配算法的 3D-PSF 空间大小选取方法，主要从尺度空间这一角度出发，根据两幅图像越相似，特征点匹配数目越多这一实验结论，通过复原图像与原始清晰图像进行一一匹配，得到匹配点数与 3D-PSF 空间大小关系、匹配点增量与 3D-PSF 空间大小关系两种曲线，结合点扩散函数结构特性对 3D-PSF 空间大小进行选取。

两种方法选取结果对比如表 17－6 和图 17－9 所示。

表 17－6 两种方法选取结果

放大倍数	复原要求	第一种方法的 ISNR/t	第二种方法的 ISNR/t
40 倍	快速浏览	$h7\_7$/ 0.318 4 /8.88	$h7\_7$/0.318 4/8.88
	正常查看	$h9\_9$/0.459 0/17.84	$h9\_9$/0.459 0/17.84
	精细分析	$h15\_9$/0.704 5/48.86	$h11\_11$/0.583 0/34.37
20 倍	快速浏览	$h7\_7$/0.292 1/8.62	$h7\_9$/0.298 7/11.44
	正常查看	$h11\_7$/0.460 2/20.55	$h9\_11$/0.408 8/21.09
	精细分析	$h15\_9$/0.665 4/48.78	$h11\_13$/0.531 7/38.68
10 倍	快速浏览	$h9\_5$/0.323 2/9.60	$h9\_11$/0.370 2/20.77
	正常查看	$h11\_7$/0.439 8/19.51	$h11\_13$/0.488 8/36.21
	精细分析	$h15\_11$/0.678 1/57.77	$h13\_15$/0.605 1/58.48

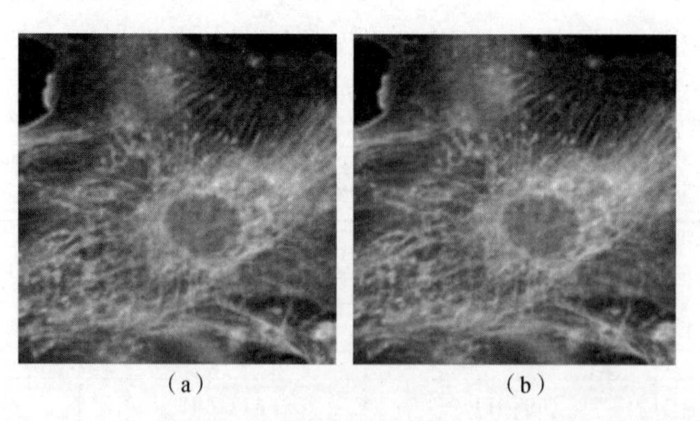

(a)　　(b)

图 17－9 40 倍“精细分析”时，方法一与方法二选取复原结果对比

(a) 方法一复原结果；(b) 方法二复原结果

根据表 17－6 以及图 17－9，在不同复原要求和放大倍数时，两种选取方法的结果存在一些差别，分析如下：

40 倍时，复原要求为“快速浏览”和“正常查看”时，两种方法选取的结果相同；复原要求为“精细分析”时，两种方法选取的 3D-PSF 分别是 $h15\_9$、$h11\_11$，其中方法一获得的 ISNR(0.704 5) 比方法二获得的 ISNR(0.583 0) 高 0.121 5，从图 17-9 可以看出两种方法的复原结果相差不大，但方法一复原时间（48.86）却比方法二（34.37）长。

20 倍时，复原要求为“快速浏览”，第二种方法选取的结果在层数上比第一种方法的多，ISNR 依次为 0.292 1、0.297 8，对复原效果影响差别较小，如图 17-10（a）与图 17-10（d）；复原要求为“正常查看”和“精细分析”时，两种方法选取的结果都出现了第一种方法在径向上大于但是在层数上小于第二种方法的情况，这是由于第一种方法考虑了复原效果和 3D-PSF 最小空间因素，而第二种方法考虑复原效果和 3D-PSF 结构因素，两种方法各有特点，但对复原效果的影响较小，如图 17-10（b）与图 17-10（e）、图 17-10（c）与图 17-10（f）。

10 倍时，复原要求为“快速浏览”与“正常查看”时，第二种方法选取的结果在层数上比第一种方法多，复原要求为“精细分析”时，第一种方法在径向上大于但在层数上小于第二种方法，与 20 倍时相类似。

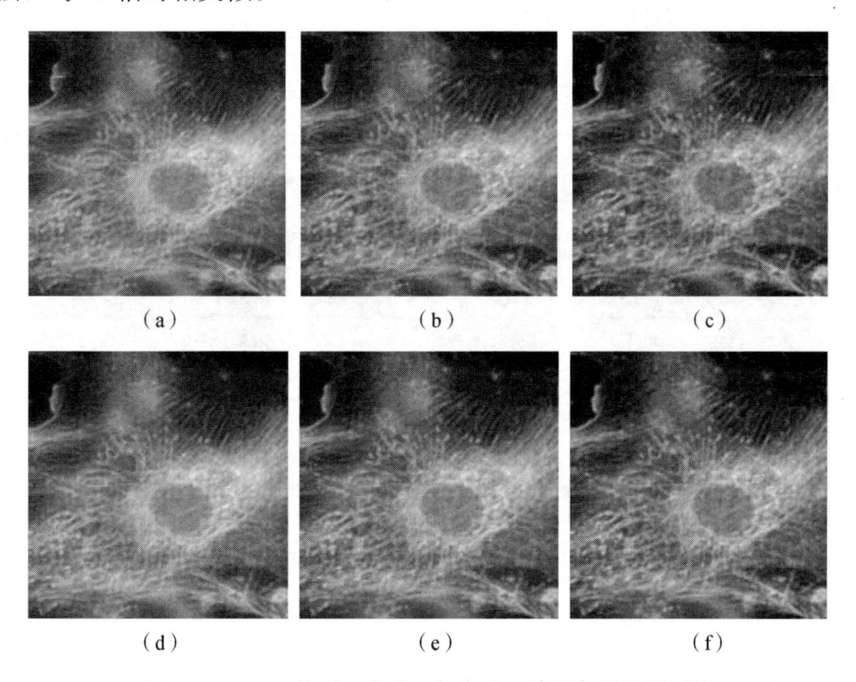

图 17-10　20 倍时，方法一与方法二选取复原结果对比

(a) 方法一 $h7\_7$ 复原结果；(b) 方法一 $h11\_7$ 复原结果；(c) 方法一 $h15\_9$ 复原结果；
(d) 方法二 $h7\_9$ 复原结果；(e) 方法二 $h9\_11$ 复原结果；(f) 方法二 $h11\_13$ 复原结果

从实际应用来看，基于区间估计的选取方法同时考虑了图像复原效果与点扩散函数的最小空间两方面，实现了对两种参数的综合权衡，适用于复原用途已被指定的数字共焦显微系统；基于 SIFT 特征匹配的选取方法考虑的是复原后满足不变的点，结合了现有的点扩散函数空间结构理论，对于点扩散函数结构要求高但复原时间要求不严格的数字共焦系统比较适用。在实际应用中，可以根据不同的要求适当选择选取方法。

17.4.2　与现有方法比较

目前已有的三维点扩散函数空间选取方法为：文献［3］中蔡熠提出的基于能量分布的

显微成像系统3D-PSF选取方法，文献［4］中杨凤娟提出的基于图像复原效率3D-PSF选取方法。其中，文献［3］的方法以3D-PSF的能量为基础，在系统参数已经确定的情况下，选取出了某一能量范围内的3D-PSF空间大小最小的3D-PSF集合，但并未给出具体的选取结果；文献［4］的方法通过拟合复原效率曲线，以曲线拐点为3D-PSF选取起点，实现选取过程。

由于文献［3］的选取方法只给出3D-PSF集合，并未具体到某一个3D-PSF，因此，本章的方法只与文献［4］的方法进行比较分析。以放大倍数为40倍时为例，将点扩散函数选取结果列于表17-7中。表中最后一行括号内数字分别表示归一化ISNR和归一化复原时间。

表17-7　40倍时不同选取方法对照

复原要求	文献［4］的方法	本章方法一	本章方法二
快速浏览	未给出	$h7\_7$	$h7\_7$
正常查看	$h9\_9$	$h9\_9$	$h9\_9$
精细分析	$h15\_15$(0.807 5，81.90)	$h15\_9$(0.704 5，48.86)	$h11\_11$(0.583 0，34.37)

对表17-7中“精细分析”情况下的选取复原对比结果如图17-11所示。

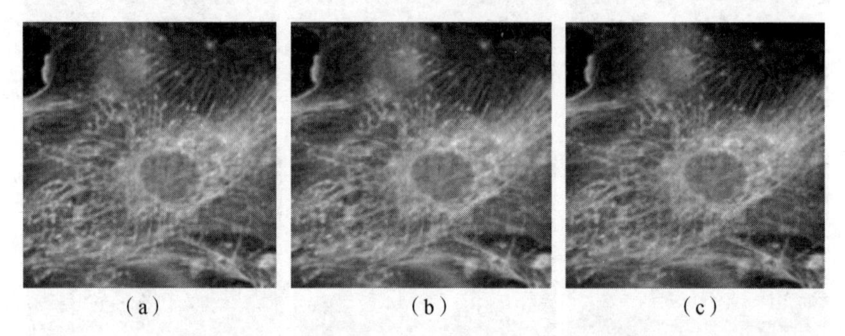

(a)　　(b)　　(c)

图17-11　40倍“精细分析”时，三种方法选取复原结果对比

(a) 文献［4］复原结果；(b) 本章方法一复原结果；(c) 本章方法二复原结果

结合表17-7与图17-11，对三种方法的分析如下：

(1) 对于复原要求等级，文献［4］的方法只划分出两个复原要求等级，没有“快速浏览”这一复原要求，而本章的两种方法都划分了这一复原要求等级。

(2) 对于复原要求为“正常查看”时，文献［4］与本文的两种方法选取的结果相同，都是$h9_9$，即3D-PSF的径向大小为9、层数为9层。

(3) 当复原要求为“精细分析”时，文献［4］的选取结果$h15_15$与本章方法一的选取结果$h15_9$的径向大小相同，但后者层数比前者小，而本章方法二的选取结果$h11_11$的径向、层数都要小于$h15_15$。从图17-11看出，本章方法一的复原效果与文献［4］的复原效果相差较小，ISNR差别也较小，但本章方法一的复原时间远小于文献［4］；本章方法二的复原效果虽比文献［4］细节成分稍少，但复原时间少。

因此，在实际应用中，可以根据实际需要对三种方法进行选择。若是相对注重复原效果，可以选择文献［4］的方法；若是希望较少复原时间内得到较好的复原效果，可以选择用本章的选取方法。

17.5 本章小结

本章首先简要介绍了 SIFT 算法的基础原理和知识，介绍了 SIFT 特征检测与特征匹配过程，并用图片验证了 SIFT 特征匹配的正确性，然后将 SIFT 特征匹配引入本研究课题。在放大倍数为 40 倍、20 倍、10 倍的情况下，首先是对复原后的图片依次做 SIFT 特征检测，同时检测原始清晰图片、模糊图片的特征点，分别记录特征点数目，之后将复原后图片与清晰图片做 SIFT 特征匹配，记录匹配点数目，并将匹配点数目与复原用的 3D-PSF 直径、层数对应，得到特征点匹配数目与直径、层数关系曲线，最后计算特征点匹配数目的增量，通过绘制特征点匹配数目的增量与 3D-PSF 直径、层数关系曲线，结合 3D-PSF 结构特性，对 3D-PSF 直径、层数径向选取。此外，在本章末尾还对本文的两种选取方法进行了比较分析，同时也与现有的选取方法做对比，给出了实际应用中的选取建议。

参考文献

[1] Lowe D. G. Object recognition from local scale-invariant features [C]. Computer Vision, 1999. The Proceedings of the Seventh IEEE International Conference on. IEEE, 1999, 2: 1150 - 1157.

[2] Lowe D. G. Distinctive image features from scale-invariant keypoints [C]. International Journal of Computer Vision, 2004: 91 - 110.

[3] 蔡熠. 三维点扩散函数能量分布与选取方法研究 [D]. 南宁：广西大学，2014.

[4] 杨凤娟. 三维点扩散函数空间大小选取方法的研究 [D]. 南宁：广西大学，2014.

第 18 章

序列光学切片自动采集方法

18.1 引　言

数字共焦显微技术主要包括数字图像处理技术和显微镜自动控制技术。为获得理想的去模糊复原效果，保证所处理的显微图像清晰度，基于三维显微图像去卷积复原处理和三维重构的要求，需要对生物细胞进行亚微米等间距序列光学切片的采集。为此，研究显微镜自动聚焦及序列切片采集控制技术，成为数字共焦显微仪研发的基础性重要工作[1,2]。

18.2 细胞光学切片采集过程

数字共焦显微仪由荧光生物显微镜、CCD 图像探测器、图像采集卡、单片机控制器、细分驱动器和计算机等部分组成，如图 18－1 所示。荧光显微镜用于实现光学成像，其中的载物台由单片机控制的步进电机驱动，可控制载物台上下移动；CCD 和图像采集卡用来将光学影像转换成数字信号后传输到计算机；单片机和细分驱动器通过步进电机对载物台进行精确的位移控制，以实现细胞光学切片的控制与采集；计算机实现数据的分析处理及系统控制功能。

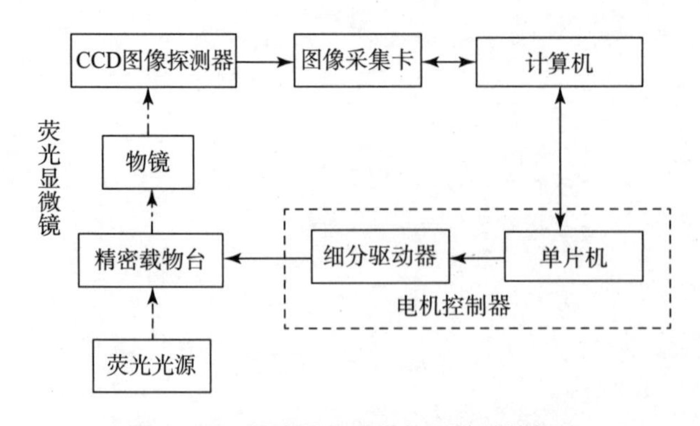

图 18－1　数字共焦显微仪系统结构框图

系统对细胞光学切片的控制与采集过程分为两个步骤：第一步是计算机对采集到的切片图像进行分析，然后通过电机控制器控制载物台移动进行调焦，获得生物细胞中部面积最大切片的清晰图像，实现细胞自动聚焦；第二步是在计算机控制下，显微镜物镜对细胞顶部进行自动调焦定位，然后按照预先设置的采集步长等参数，对细胞进行等间距切片采集，同时细胞底部进行自动调焦定位，确定切片采集范围，并将采集到的切片图像存到计算机预定目录。

18.3　清晰度评价函数

在数字共焦显微仪中，采用图像处理法实现自动调焦，调焦的过程中采用清晰度评价函数采集到的每一个切片图像的清晰度进行判断。理想的清晰度评价函数应该具有单峰性、无偏性、实时性，还应具有对不同对比度图像具有良好的聚焦稳定性，计算量不应太大。

常用的清晰度评价方法有灰度熵法、灰度差分法、灰度梯度向量模法和罗伯特梯度函数法、拉普拉斯函数法等算法[2-9]。各种清晰度评价函数各有优缺点，比如灰度熵法实现比较简单，但是聚焦精度不够；灰度差分法形式简单计算量小，但是在焦点附近灵敏度不高；拉普拉斯函数法计算量较大但是在焦点附近灵敏度高。单一采用某种清晰度评价函数，在聚焦速度和精度上不易协调，本章采用了灰度差分法和拉普拉斯函数法结合的自适应聚焦方法，解决调焦速度和准确性的矛盾。

1. 灰度差分法

图像清晰度可以利用边缘的锐利程度来表征，而梯度值可以反映边缘的锐利程度。因此可以用图像像素间的灰度差异来表征图像清晰度。灰度差分法利用图像 $f(x, y)$ 的相邻像素灰度值差的绝对值之和 $S(X)$ 作为清晰度评价函数：

$$\begin{aligned} S(X)=&|f(x, y)-f(x, y-1)|+\\ &|f(x, y)-f(x+1, y)| \end{aligned} \tag{18-1}$$

2. 拉普拉斯函数法

拉普拉斯算子是一个二阶微分算子，其差分函数 $L(X)$ 形式如下：

$$\begin{aligned} L(X)=&|2f(x, y)-f(x-1, y)-f(x+1, y)|+\\ &|2f(x, y)-f(x, y-1)-f(x, y+1)| \end{aligned} \tag{18-2}$$

18.4　自动聚焦的实现方法

数字共焦显微仪是通过步进电机驱动载物台上下移动来实现调焦的，因此步进电机的最小旋转角度和旋转步数，决定了载物台上下移动的步长，我们采用 ADH802X 细分驱动器来驱动精密步进电机，可以进行 2～256 细分；在 32 细分下可达到 0.156 μm 的步距，可满足对生物细胞光学进行切片的需要。

作为第一个步骤，自动聚焦过程分两个阶段完成，一是采用灰度差分算法进行大步长粗调焦寻找细胞，并使焦点进入细胞中部；二是焦点在细胞中间切片附近采用拉普拉斯函数法实现小步长的精确聚焦。由于灰度差分算法的计算量比较小，而且在大步长条件下，可以快速搜索到中间切片附近区域；而在中间切片附近，则利用拉普拉斯函数法的高灵敏度特点，达到高精度准确定位在中间切片。

在离焦比较大时，清晰度评价函数的梯度值比较小，而在中间切片附近时，梯度值会明显增大。因此，通过实验测试，可以选择一个合适的阈值 η_0 来判断是否接近中间切片区域，以确定聚焦过程中所处的阶段，进而采用不同的函数与步长。对应的评价函数形式为

$$M(n)=\begin{cases}S(X), & \eta<\eta_0\\L(X), & \eta\geqslant\eta_0\end{cases} \tag{18-3}$$

式中，$M(n)$ 为不同位置对应的评价函数值，$S(X)$ 为灰度差分法对应的清晰度评价函数；$L(X)$ 为拉普拉斯函数法对应的清晰度函数；η 为一个与评价函数梯度有关的值，对应的表达式如下：

$$\eta=\frac{M(n)-M(n-1)}{M(n)} \tag{18-4}$$

式中，n 表示调焦过程中的当前位置。式中将前后两个位置获得的清晰度函数差值再除以当前的函数值，可以保证在不同图像条件下，η 值具有比较好的一致性。调焦过程中的步长也是由阈值 η_0 来选择的，当 $\eta<\eta_0$ 时，采用大步长，从而能加快调焦速度；当 $\eta\geqslant\eta_0$ 时，使用小步长，可以确保调焦准确性。

焦点的搜索方法采用逐步逼近的爬山式进行搜索[10]，如图 18-2 所示。首先，在步进电机控制下，载物台作某一方向上下移动，并假定从 M 点开始搜索，确定搜索方向，N 点的清晰度值大于 M 点，从而确定向 N 点方向运动，直到越过 P 到达 P_1 为止，第一次搜索（路径为 $M-N-P-P_1$）结束；接着减小步长反向运动，完成路径为 P_1-P-P_2 第二次搜索；最后由 P_2 点向 P 点运动，完成聚焦过程。

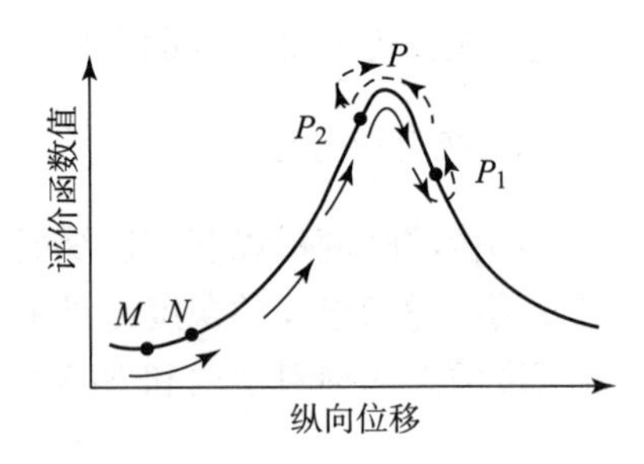

图 18-2　爬山式自动调焦

18.5　生物细胞的序列切片采集

除了自动聚焦功能外，第二个步骤还对细胞顶部进行自动调焦定位，进行序列切片采集，其原理如图 18-3（a）所示。当沿着 z 轴（光轴）方向由上向下移动载物台时，细胞切面图像会出现由离焦—大小不等的序列焦面—离焦的 3 个阶段。当焦面落在细胞上时会得到一系列清晰图像。为了能够自动对三维球形细胞进行切片图像采集，关键是要确定细胞在 z 轴上的上、下两个端点的位置。其基本原理是：由细胞结构的特点可知，在细胞中心切面时所对应的清晰图像面积最大，细节也最丰富，因而所对应的清晰度评价值最大，由中心向上下两侧的其他切面所对应的清晰图像面积逐渐减小，细节也在减少，因而清晰度评价值也在变小，当焦面开始离开细胞两端时细胞处于离焦状态，评价函数值变化很小，理想的清晰度函数评价曲线如图 18-3（b）所示。

根据离焦状态下（即聚焦面处于细胞之外）的清晰度评价函数值几乎不变的特点，来确定细胞在 z 轴上的上、下两个端点 S_1 和 S_2，从而可实现对三维球形细胞进行自动切片图像采集。具体方法如下：

（1）控制载物台向上步进，使原来已处于细胞内部的聚焦面移向细胞下部，清晰度评价函数值将不断减小，直到评价函数变化值小于某一设定值时，载物台停止向上步进，确定细胞下端点 S_1。

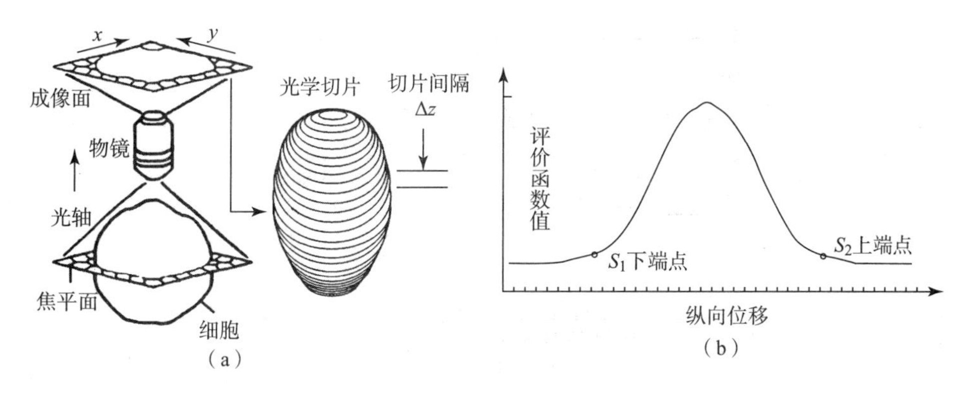

图 18－3　细胞序列切片示意图及理想清晰度值曲线

(a) 细胞序列切片示意图；(b) 理想清晰度值曲线

(2) 控制载物台反向步进，并顺序等距离采集细胞切片图像，清晰度评价函数值先由小变大，然后又由大变小。

(3) 当评价函数变化值小于设定的某一值时，停止载物台步进，此时焦面移到细胞另一端点 S_2，完成切片采集过程。

实验表明，根据清晰度函数评价值是能够比较准确的定位细胞的上下端点，从而可以实现对细胞体自动进行等间距序列切片的采集工作。

18.6　实验结果与分析

采用配置为 P4 2.1G/512M，Windows XP 操作系统作为主控计算机，编程工具为 Builder C++ 6.0；图像采集采用 MVC1000 摄像机和 MV110 采集卡。

18.6.1　自动聚焦的实验

在 40×/0.65 倍物镜条件下，采用本章提出的自动聚焦方法对直径 100 μm 生物细胞进行实验，在聚焦点附近，连续采集 90 多幅细胞切片图像（包含离焦—聚焦—离焦的调焦过程），分析得到对应清晰度评价函数曲线，如图 18－4 所示，图中 $R_1 \sim R_2$ 区间为焦点附近，使用拉普拉斯评价函数，其他区域使用灰度差分评价函数。清晰度评价函数曲线总体为一个单峰曲线，但局部区域的值有波动，出现局部的极大值，对自动聚焦产生一定的影响。

图 18－5 所示为调焦过程的部分图像，其中图 18－5 (b) 所示为当细胞附近的杂质颗粒处于聚焦面上时，会对聚焦过程的评价函数产生局部的极大值，如图 18－4 中 B 点。另外由于细胞内部 z 轴方向的不同切面上会存在结构的差异，导致聚焦过程的评价函数值产生局部波动，这些因素都容易造成聚焦失败。大量实验表明，只要选择合适的阈值 ηS_0 就可以有效地避免清晰度评价函数值波动对自动聚焦的影响，从而保证聚焦的准确性。采用灰度差分与拉普拉斯函数相结合的自适应聚焦算法，既保证了聚焦准确性，又提高了速度。

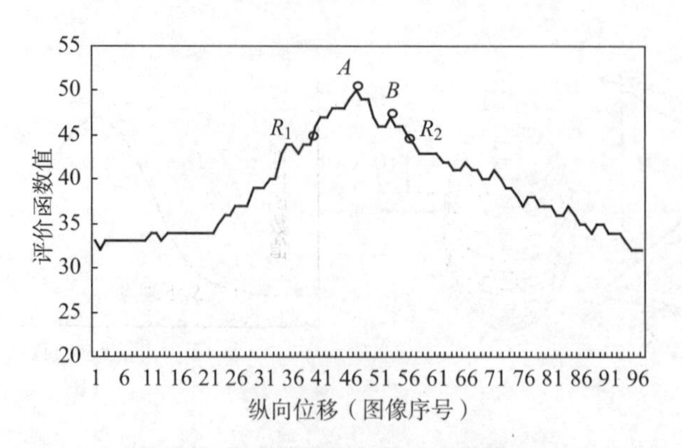

图 18-4　自动聚焦评价函数值曲线

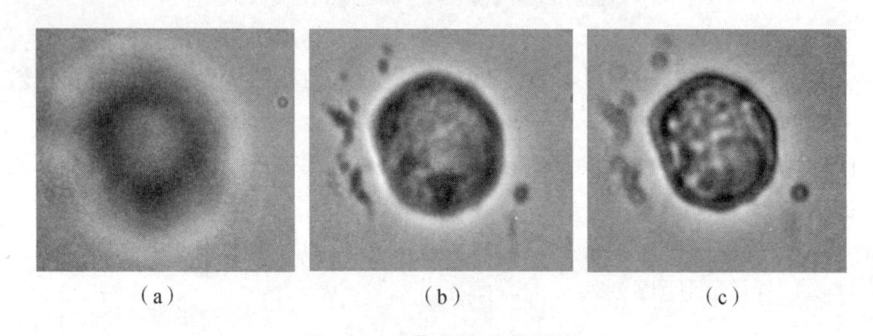

图 18-5　聚焦实验的图像

(a) 离焦的模糊图像；(b) 局部极大值的离焦图像；(c) 聚焦完成的清晰图像

18.6.2　阈值 η_0 的验证

在粗精调焦过程中，η_0 的选择非常关键，我们选择了 4 组不同的生物细胞图像来验证 η_0 值大小范围，测试结果如表 18-1 所示。实验结果表明，阈值 η_0 的取值在 0.05～0.06 时，这 4 种情况下，都能准确聚焦，说明 η_0 的取值具有一定的普遍性。

表 18-1　阈值 η_0 范围确定

测试样本	样本 1	样本 2	样本 3	样本 4
阈值 η_0	0.065	0.058	0.071	0.064

18.6.3　生物细胞序列切片实验

在显微镜使用 40×/0.65 的物镜条件下，采用本章介绍的方法对三维球形生物细胞沿着 z 轴方向进行序列切片采集，系统能正确地自动聚焦，并搜索到细胞体的上、下端点（S_1，S_2），准确完成对细胞的切片，并得到序列切面图像。图 18-6 所示为序列切片图像对应的清晰度评价函数值曲线，与理想评价函数值曲线基本一致。

图 18-7 所示为实验中所采集到的部分图像，图（a）～（e）分别为聚焦面位于细胞不同部位的切片图像，其对应的清晰度评价函数值分别为 46、53、59、50 和 46，符合细胞的结构特点。其中图 18-7（c）的中心切面中细胞能清晰聚焦的面积最大，图 18-7（b）对应

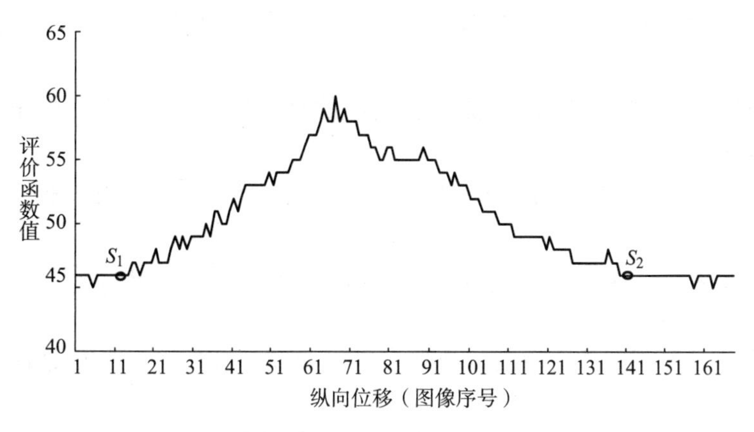

图 18－6　细胞序列切片对应的清晰度值曲线

的细胞中下部切面中细胞能清晰聚焦的面积相对较小，图 18－7（a）和（e）则由于聚焦面位于细胞体两端，清晰度评价函数值明显较小。通过大量实验表明，本章的方法是能够比较准确地对细胞体进行亚微米等间距序列切片采集的，简单易行，效果良好。

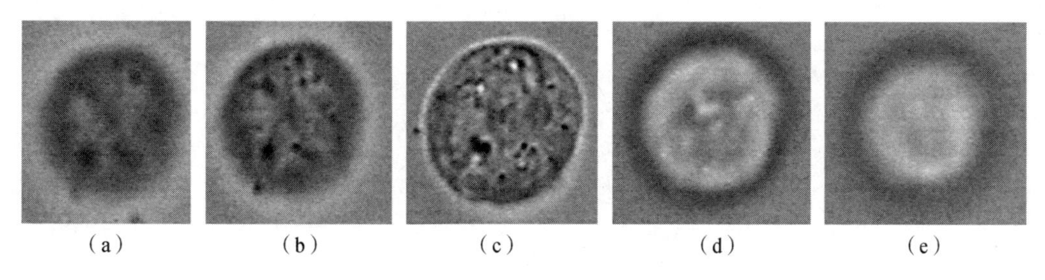

图 18－7　细胞不同位置切面的灰度图像

（a）S_1 下端点切面；（b）中下部切面片；（c）中心切面；（d）中上部切面；（e）S_2 上端点切面

18.7　本章小结

本章提出了数字共焦显微仪序列光学切片自动采集方法。方法采用清晰度评价函数作为判别标准，将灰度差分算法与拉普拉斯函数法相结合，实现细胞自动聚焦和细胞光学切片起始点自动调焦定位的自适应调焦控制。实验结果表明，方法有较高的自动聚焦和细胞起始点定位的速度和准确性，对三维球形细胞序列光学切片图像进行采集，简单易行，效果良好。

参考文献

[1] 陈华，金伟其，苏秉华，等. 数字共焦显微技术及其处理算法的进展 [J]. 光电子技术与信息，2005，18(2)：1－5.

[2] 祝良荣，邹华东，王选择，等. 快速自动聚焦算法在影像精密测高中的应用 [J]. 计算机测量与控制，2009，17(9)：1816－1818，1821.

[3] 方以，郑崇勋，闫相国. 显微镜自动聚焦算法的研究 [J]. 仪器仪表学报，2005，26(12)：1275－1277.

[4] 李阳超，熊显名. 嵌入式自动聚焦系统的设计 [J]. 仪器仪表学报，2007，28(4 S1)：62 - 65.
[5] 高赞，姜威，朱孔凤. 基于最大梯度和阈值的自动聚焦算法 [J]. 电子测量与仪器学报，2007，21(4)：49 - 54.
[6] 王凤宇，王睿，张广军. 基于 DSP 的自动聚焦系统 [J]. 光电工程，2007，34(8)：134 -138.
[7] 赵秋玲，赵建森，蒋永华. 改进 DCT 的自动聚焦算法 [J]. 中国图像图形学报，2007，12(7)：1206 - 1208.
[8] 王勇，王典洪. 基于图像清晰度的快速自动聚焦算法 [J]. 计算机测量与控制，2008，16(3)：370 - 372.
[9] 王勇，谭毅华，田金文. 一种新的图像清晰度评价函数 [J]. 武汉理工大学学报，2007，29(3)：124 - 126.
[10] 姜志国，韩冬兵，袁天云，等. 基于全自动控制显微镜的自动聚焦算法研究 [J]. 中国图像图形学报，2004，9(4) ：396 - 401.

第 19 章

基于数控电位器调节的压电陶瓷驱动电源研究

数字共焦显微技术中，采用光学切片[1,2]的方式，沿着光轴移动样本通过显微镜的焦平面的方式获取一系列二维切片图像，提供给计算机进行后续的三维显微图像复原处理。三维显微图像复原处理需要二维切片图像间的间距为亚微米级的层距，这对显微物镜驱动器提出了较高的要求。采用压电陶瓷驱动技术可实现这一要求。为实现压电陶瓷驱动器高精度、低噪声的特点，控制系统起着关键的作用，而控制系统的核心在于驱动电源的设计。本章开展压电陶瓷驱动电源的研究、设计与实现。

19.1 压电陶瓷驱动电源的设计要求

压电陶瓷驱动器是由很多压电片构成的容性器件，且压电陶瓷驱动器受驱动电源控制，驱动电源性能的好坏将直接决定微位移驱动器的优点能否顺利实现，性能良好的驱动电源是压电陶瓷致动器正常工作的基本保证[3,4]。

本章研究的是和德国 Piezosystem Jena 公司的电压控制型压电陶瓷驱动器 MIPOS100 匹配的驱动电源，应用于数字共焦显微仪的物镜驱动。该驱动器的等效电容近似值为 7.2 μF，输入控制的正电压范围为－10～150 V，行程 100 μm，精度可达 10 nm。由于压电陶瓷驱动器的实际输出位移与控制电压要求近似地保持线性关系，以便于检测传感装置采集实际的位移，构成闭环的反馈控制系统，其位移电压之比为 100/160＝0.625（nm/mV）。另外，为了能较好地驱动压电陶瓷驱动器，带动物镜在竖直方向进行位移变化，要求细胞序列切片图像采集之间的间隔，也就是物镜驱动器步进位移的最小值能达到 50 nm，所以要求最小步进电压，即步进电压分辨率至少能达到 50/0.625＝80（mV）。

因此，在基于研究数字共焦显微仪硬件控制平台的背景和给定的实验室条件下，为满足课题要求，压电陶瓷驱动电源的输入信号通常是小幅度电压信号，由微处理器来实时控制。整个驱动电源需实现以下功能[5]：

（1）输出控制电压在 0～210 V 变化（最大值大于 150 V），不失真、连续可调、负载驱动能力强，且能跟随输入信号电压呈良好的线性变化。

（2）驱动电源的输出电压步进分辨率要求高于 80 mV。

（3）要求压电陶瓷驱动器具备高精度定位功能，所以驱动电源的输出电压要稳定，即纹波要小于 20 mV，防止对压电陶瓷驱动器的微位移产生干扰。

（4）驱动电源应具有较大的驱动电流，驱动电源最大驱动电流一般大于 150 mA。

(5) 为实现数字共焦显微仪对细胞二维切片图像的动态采集功能，要求驱动电源能达到数百赫兹的驱动频率，且具备供容性负载快速放电的回路。

(6) 驱动电源的额定功率要求不大，但是要能在瞬间输出数百瓦的峰值功率，实现对压电陶瓷驱动器的快速驱动控制。

19.2 驱动电源工作原理及设计

传统的压电陶瓷驱动电源的放大电路部分是采用数模转换、电压放大加功率放大的形式，如文献 [6]。该种形式的驱动电源会把输入偏移电压也附加在信号端一起放大，导致输出电压不稳定，且瞬间最大输出电流较小，不能实现对压电陶瓷驱动器快速充电。另外，压电陶瓷驱动电源的测试基本是针对输入信号幅值较大的情况，如文献 [4]。因为驱动数字共焦显微仪压电陶瓷物镜驱动器时，衡量压电陶瓷驱动电源的性能关键在于静态线性特征和输入信号幅值较小时的动态响应特性。

本方案设计了一种全新的压电陶瓷驱动电源，其最大的创新之处在于设计了一种新型的高压数控电位器，代替数模转换模块实现对输入信号的准确调节，改变了传统的电压放大加功率放大的形式，采用前级高压稳压作为输入，后级电压跟随功率放大的形式，由单片机系统、前级高压稳压电路、数控电位器、功率放大电路、高压稳压电源和放电回路六部分组成。

前级高压稳压电路产生 210 V 的直流稳压电压，输出到数控电位器，数控电位器受单片机系统的控制，分压后通过数控电位器的调整端输出连接功率放大电路的同相输入端，功率放大电路由高压稳压电源供电，采用电压跟随的放大形式，由低压功放和高压功放组成，其输出经过放电回路后控制压电陶瓷驱动器的位移。其中，高压稳压电源仍采用之前的设计，为功率放大电路提供能量来源；放电回路作为压电陶瓷驱动器放电之用。基于数控电位器调节的压电陶瓷驱动电源设计原理框图如图 19-1 所示。

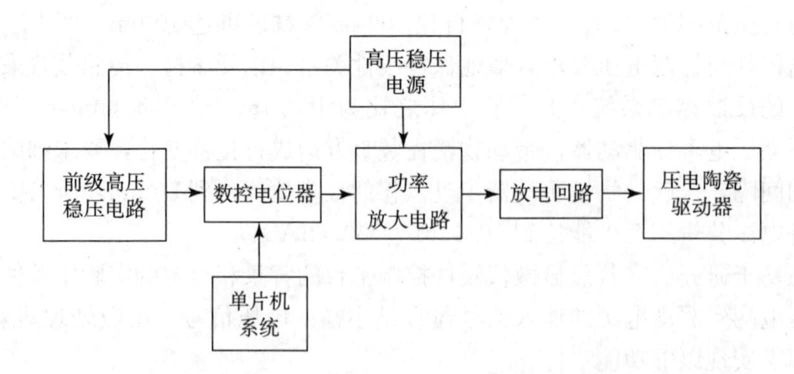

图 19-1 基于数控电位器调节的压电陶瓷驱动电源设计原理框图

19.2.1 高压稳压电源和前级高压稳压电路的设计

高压稳压电源由 11 组分别经过变压、整流、滤波、稳压的电路串联组成，如图 19-2 所示。变压器的初级接入 220 V 的交流电压，次级输出 11 组交流电。前 10 组低压稳压电路中每组分别输出 30 V 的直流稳压电压，并将这 10 组输出依次串联起来，共 300 V。最后一组输出负 15 V 的直流稳压电压，具备大电流输出。所以，该高压稳压电源输出的正端 VCC＋的对地电压为＋300 V，负端 VEE－对地电压为－15 V。

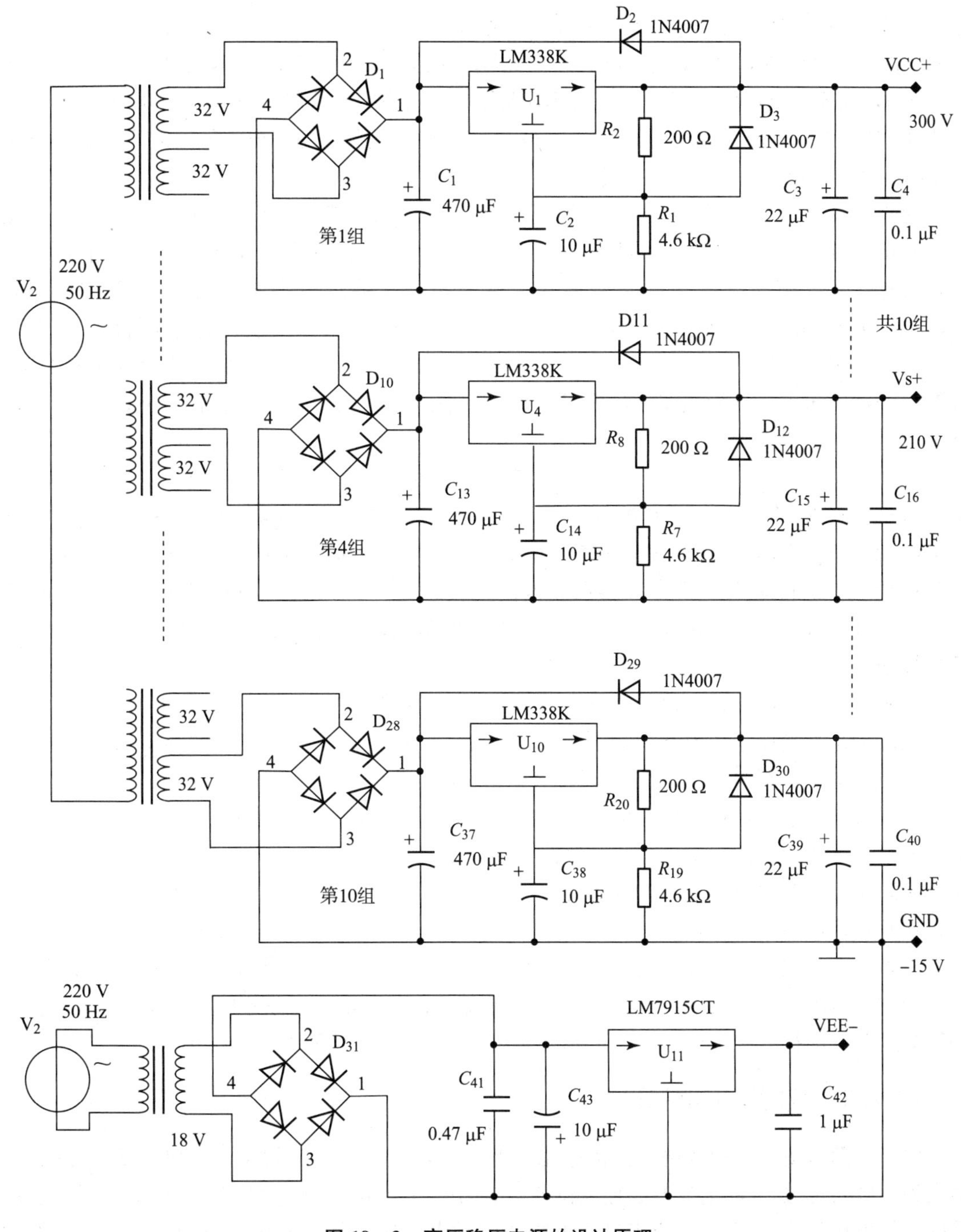

图 19－2　高压稳压电源的设计原理

前 10 组稳压单元电路采用的三端稳压芯片均为 LM338K，该三端稳压器的输出电压与输入电压之间的电压差可在3～35 V内变化。输出端与调整端之间的参考电压稳定在1.25 V，输出电流最大值为5 A。此外，LM338K的输入输出电压线性调整率仅为0.005%/V，即当输入电压波动1 V的时候，输出电压仅变化1×0.005%=0.05（mV），其输出电压的10 Hz到10 kHz内的纹波系数仅为0.001%。令单组LM338K稳压单元电路输入电压变化量为ΔV_{i1}，输出波动为ΔV_{o1}，则ΔV_{o1}的最大值为9.1×0.005%+30×0.001%（V），即0.75 mV，10组并联后其纹波电压为7.5 mV。而最后1组稳压单元电路的三端稳压器为LM7915，其输出电压为−15 V，作为高压运放的反相供电电压源，其输出电压的10 Hz到10 kHz内纹波电压最大值仅为375 μV。因此，高压稳压电源的输出电压纹波主要取决于前10组低压稳压电路。

前10组稳压单元电路的三端稳压器U1为LM338K，其输入端的电解滤波电容的容值为470 μF，主要对桥堆整流后的脉动电压进行平滑滤波。二极管D_2对LM338K进行断电保护，防止输入端突然掉电后，输出端电压对三端稳压器进行损害。二极管D_3主要防止LM338K调整端的电压高于输出端电压。电容C_2主要对电阻R_1两端的电压进行滤波，防止输出电压出现大的波动。另外，由于LM338K的输出端与调整端之间的电压稳定在1.25 V，而其调整端的输出电流为微安级，所以在此设其输出端电压为V_{o1}，则输出电压的大小可由下式求得：

$$V_{o1}=1.25\times(1+R_2/R_1) \tag{19-1}$$

调整电阻R_2的大小，可使输出电压V_{o1}为30 V，则10组串联后的最终电压输出可达300 V，高压稳压电源的最大输出电流由LM7915稳压单元电路决定，其大小为1.5 A。

在硬件电路制作完毕后，采用示波器测得高压稳压电源输出电压纹波的最大值小于10 mV，由于高压运放具有数十分贝的电源电压抑制比，避免了对压电陶瓷驱动电源输出电压的扰动。

前级高压稳压电路是从高压稳压电源中分压，能够提供210 V稳定的直流电压输出信号。该部分是从高压稳压电源中分压组成，取高压稳压电源中的第4组到第10组共7组低压稳压单元电路，每组输出30 V的直流稳压电压，共210 V，其输出端正端Vs+接数控电位器的高端，负端接数控电位器的低端并接地。这样便可减少市网电压的波动对数控电位器的输入信号电压造成的扰动，而且前级高压稳压电路仅仅作为数控电位器的输入信号电压之用，所以需要的输出电流极小，仅为几个毫安，所以，便直接从高压稳压电源中分压而得，不影响其稳定性。

此外，由于之前测得高压稳压电源的输出电压纹波的最大值小于10 mV。这里只采用了其中的7组串联，对其输出电压纹波进行测试，得到前级高压稳压电路输出210 V的直流稳压电压时，测得其纹波电压最大值小于6 mV，对数控电位器的影响极小。

19.2.2 数控电位器的设计

由于目前市场上的数控电位器都应用于低电压场合下，且分辨率最高仅为2^{10}，总阻值最大为100 kΩ。如世界上生产数控电位器最著名的XCOR公司的X9110数控电位器，能承受的模拟电压仅为10 V，不能满足压电陶瓷驱动电源输入信号电压调节的需要，于是考虑自行设计高压数控电位器，其分辨率和耐压值都可根据实际需要自由扩展，这里分辨率选2^{12}，其总体结构设计如图19-3所示。

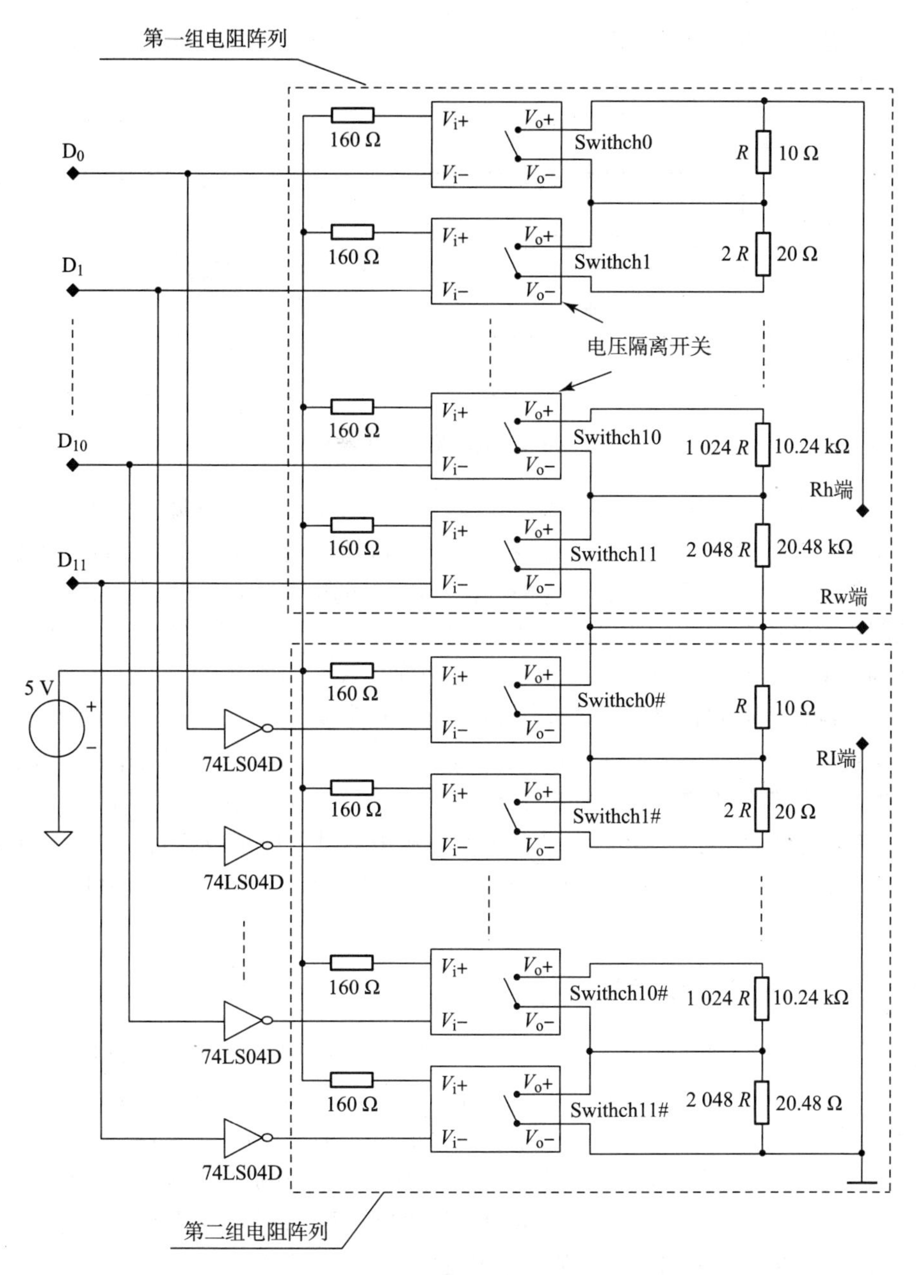

图 19-3　数控电位器结构

该数控电位器由顺序串联的两组精密电阻阵列构成，每一组电阻阵列均由 12 个呈 2 倍关系依次递增的电阻串联而成，每个电阻的两端并联一个电压隔离开关。第一组电阻阵列中的电压隔离开关开启时，第二组电阻阵列中的电压隔离开关则关闭。因此，两组电阻阵列中的 12 个电压隔离开关相互呈互补关系。其控制端采用单片机产生的数字信号 $D_0 \sim D_{11}$ 进行并行控制，保证数控电位器的总电阻维持不变。调整端 Rw 取自两组电阻阵列的公共端，对负端 RI 之间的电阻可实现在 $R \sim 2^{12}R$ 的范围内高分辨率数控可调。R 取 10 Ω，则数控电位器的总阻值为 40.96 kΩ，电阻步进分辨率为 10 Ω。

数控电位器内部的电压隔离开关采用光耦式的场效应管驱动器 LH1262CB，驱动控制 N

沟道 MOS 管 IRFP250 导通或开路来实现，如图 19－4 所示，具有高电压隔离，毫欧级导通电阻和高耐压值的特点。

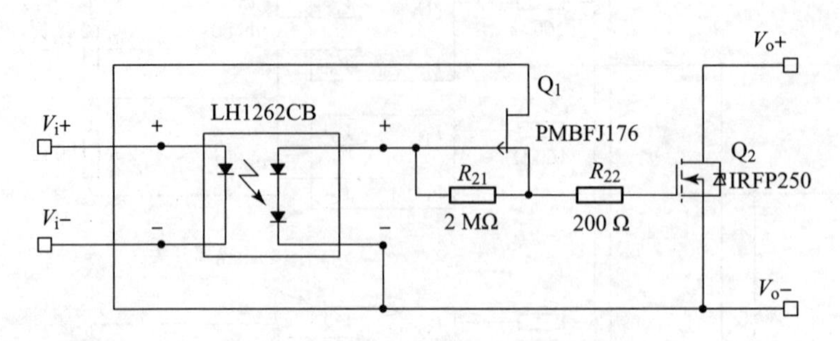

图 19－4　电压隔离开关结构

其中，V_i＋和 V_i－分别为光耦式驱动器 LH1262CB 输入的正负端，也就是电压隔离开关输入的正负端。LH1262CB 输出的正端连接 P 沟道结型场效应管 PMBFJ176 的栅极，电阻 R_{21}的阻值为 2 MΩ，保证光耦驱动器开启时有足够的电压输出，其值在 13 V 左右。IRFP250 的漏极与源极分别等效于电压隔离开关的 V_o＋端与 V_o－端，在 V_o＋与 V_o－之间可并联相应的电阻。场效应管 IRFP250 要么工作于饱和状态，要么工作于截止状态，所以静态功耗极小，制作硬件实物时，不需要在 IRFP250 上安装散热片。

当光耦式的场效应管驱动器 LH1262CB 开启时，IRFP250 导通并工作于饱和状态，其漏极与源极之间的阻值为毫欧级，且耐压值最大为 200 V，对与其并联的电阻呈现出短路的特性；当 LH1262CB 关闭时，IRFP250 的栅级与源极的结电容能够通过 PMBFJ176 的 P 沟道和电阻 R_{22}进行快速放电，迅速让 IRFP250 处于截止状态，对与其并联的电阻呈现出开路的特性。

19.2.3　功率放大电路的设计

功率放大电路的设计如图 19－5 所示。该部分采用电压跟随功率放大的形式，由前级低压功放和后级高压功放组成，后级高压功放的输出端通过接负反馈电阻 R_{29}与前级低压运放的反相输入端相接连，并在 R_{29}的两端并联一小电容 C_{44}，防止产生自激振荡[7]。功放 PA85A 的输出通过电压采样电阻 R_{25}分压后输出到后级高压功放，后级高压功放采用两组 N 沟道 MOS 管单元电路并联的方式共同承担给压电陶瓷驱动器充电的电流，实现大功率驱动。每一组 MOS 管单元电路均设有独立的限流保护。

其中，电阻 R_{28}的大小可限制功放 PA85A 的最大输出电流，设功放 PA85A 第 1 脚的输出电压为 V_{o1}，电阻 R_{25}两端的电压为 $V_{R_{25}}$，则 $V_{R_{25}}$ 可由下式近似求得：

$$V_{R_{25}} \approx V_{o1} \cdot \frac{R_{25}}{R_{25}+[1/(1/R_{29}+1/R_{33}+1/R_{34})]} \tag{19-2}$$

在图 19－5 中电阻 R_{33}和 R_{34}是放电回路中的串联电阻，R_{29}为反馈电阻，与以上三个电阻串联的其他电阻由于阻值较小可忽略。电阻 R_{25}两端的电压 $V_{R_{25}}$ 不可能超过 4 V，这是因为当 $V_{R_{25}}$ 大于4 V时，两个 MOS 管均处于导通状态，其漏极与源极之间的导通电阻仅为数十毫欧，整个功率放大电路的输出电压会无限接近于供电正端的 300 V 电压，而输出电压已通过负反馈加以限制，与功放的输入电压成比例放大，最大不会超过 210 V。

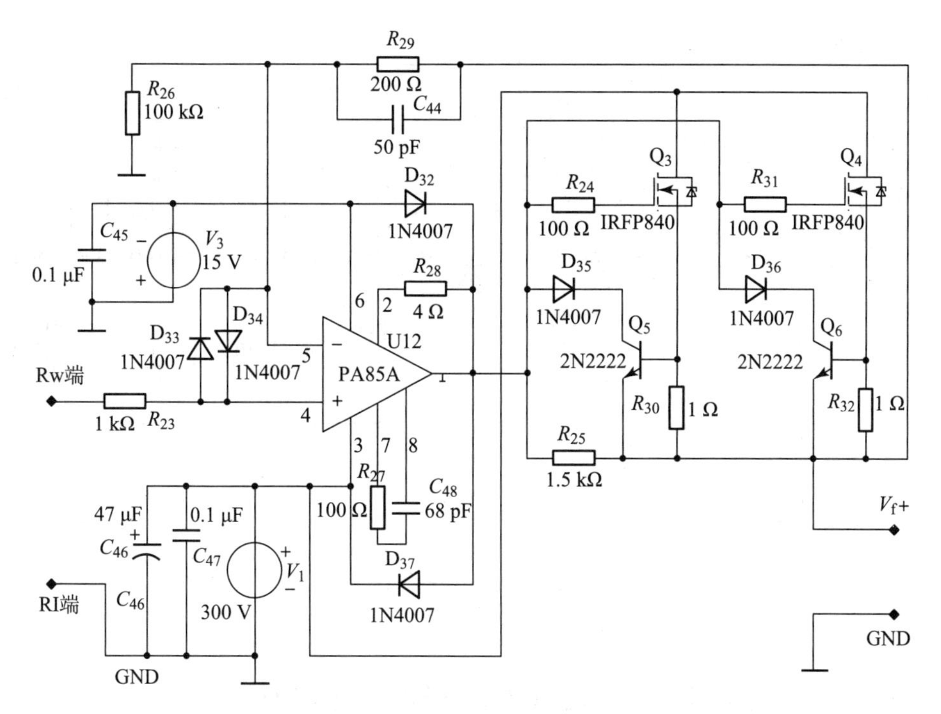

图 19－5　功率放大电路的设计

为使 $V_{R_{25}}$ 稳定在 4 V，由式（19－2）计算可知，PA85A 的输出电压至少要大于 28 V，即整个功率放大电路的输出端正端 V_f＋电压大于 24 V，此时，两个 MOS 管 IRFP840 均工作在临界导通状态，其漏极所接的高压稳压电源的纹波主要消耗在两个 MOS 管 IRFP840 上，则输出电压具有高稳定性。因此，当输入电压低于 24 V 或者功率放大电路的输入电压频率较低时，两个 MOS 管均截止，对压电陶瓷驱动器的充电电流主要来自功放 PA85A 的输出；而当输出电压大于 24 V 或者功率放大电路的输入电压频率较高时，对压电陶瓷驱动器的充电电流主要来自两组 MOS 管单元电路。

19. 2. 4　放电回路的设计

由于压电陶瓷驱动器的端电压不能发生突变，所以压电陶瓷驱动电源中必须串联有放电回路，对压电陶瓷驱动器进行快速放电，但有的驱动电源设计中却不带有任何放电回路，如文献［8］和［9］。整个放电回路的设计如图 19－6 所示。

该放电回路采用二极管对功率放大电路的输出电压进行采样，当二极管 D_{38} 正端电压减少量较大时，二极管 D_{38} 截止，比较器 LM311N 控制 Q_7、Q_8、Q_9、Q_{10} 导通对电压陶瓷驱动器进行快速放电。当二极管 D_{38} 正端的电压减少较小时，二极管 D_{38} 导通，此时压电陶瓷驱动器主要通过电阻 R_{34} 和 R_{39} 构成的回路进行放电，所以这两个电阻不宜取太大，以提高放电特性，同时又不能取太小，以减少驱动电源的静态功耗。

放电回路的输入端 V_f＋连接功率放大电路的输出端 V_f＋，输入的负端接地，输出端 V_p＋作为压电陶瓷驱动电源输出的正端连接压电陶瓷驱动器的正端，其负端接地。

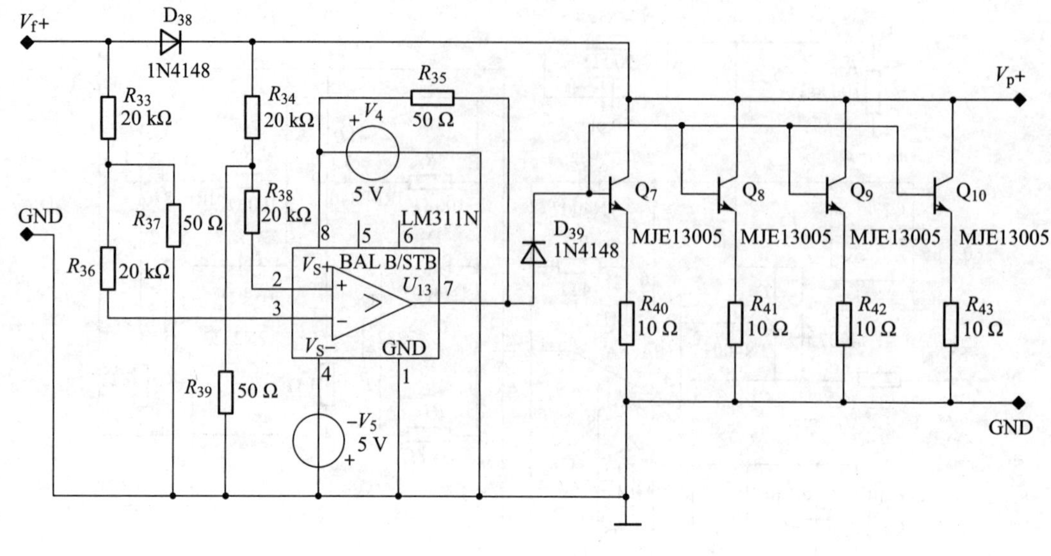

图 19-6　放电回路

19.3　功率放大电路级联放电回路的仿真分析

由于高压数控电位器采用光耦驱动器的控制来实现，不便于仿真，在制作硬件之前，先通过 Multisim 11.0 电路仿真软件对功率放大电路和放电回路串联的电路性能进行分析与测试。

19.3.1　线性度分析

由于功率放大电路的输出电压与输入电压的比值为 1，以下便对功率放大电路的电压放大倍数进行仿真分析。在图 19-5 中的输入端，即 Rw 与 RI 端之间接入一接入 0～210 V 的直流电压源，对整个放大过程进行直流扫描分析，输入电压每次步进增加的电压值为 210/4 096≈51（mV），与数控电位器的输出电压步进分辨率等效。

设功率放大部分电路的输出端 V_f＋的电压为 V_o，输入端 Rw 的电压为 V_i，则两者之间的比值为 $1+R_{26}/R_{29}\approx 1$，V_o 与 V_i 之间的线性关系如图 19-7 所示。

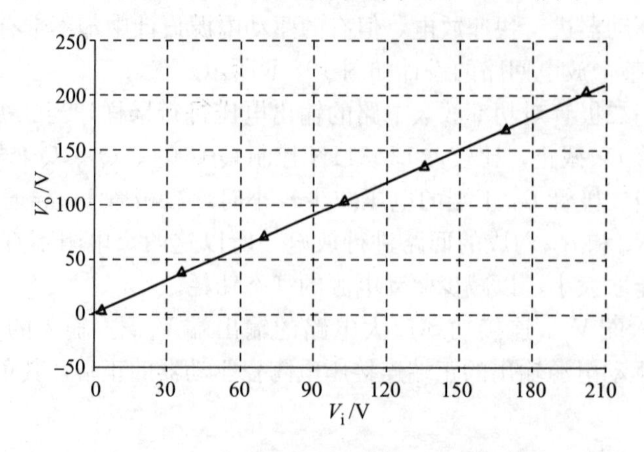

图 19-7　高压跟随式功率放大电路线性图

由此可见，功率放大电路的输出电压跟随输入电压在 0～210 V 范围内变化，具有良好的线性特征。

19.3.2　输出偏移量分析

由 PA85A 的使用手册可知，其输出偏移电压的最大值为 0.5 mV，当输入偏移电压为 0.5 mV 时，其输出偏移电压的理论计算值为 0.5×1=0.5（mV）。因此，令图 19－5 所示电路中的输入端 Rw 直接接地，进行瞬态扫描分析，取前 100 ms 的结果，如图 19－8 所示。

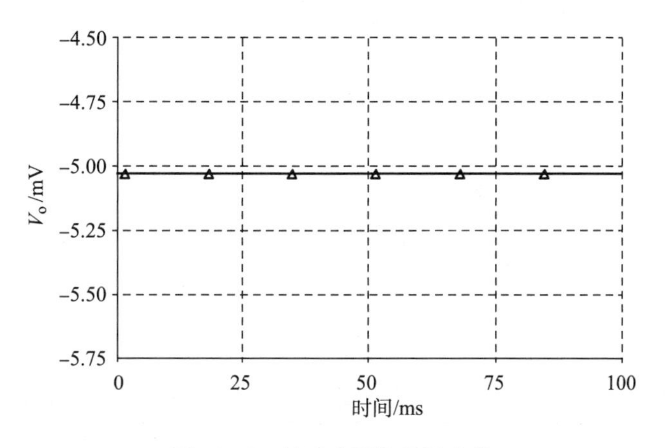

图 19－8　输出电压偏移量曲线

由图 19－8 中可以得知，当输入电压为零时，功率放大电路输出电压 V_o 的偏移值最大值约为－5.04 mV，与理论计算的值相差较大，但对于要求输出电压分辨力为 80 mV 以下的驱动电源，功率放大电路造成的影响是有限的。

19.3.3　动态响应分析

由于前级高压稳压电路的输出直流稳压电压为 210 V，则驱动电源的输出电压步进分辨率为 210/4 096≈51（mV）。即当单片机系统送给数控的电位器的 12 位数字信号的等效数值每加 1 时，驱动电源的输出电压应当步进增加 51 mV。因此，在进行动态仿真分析时，为了模拟通过数控电位器调节驱动电源输出电压的场景，同时为排除放电回路中电压采样二极管上的压降对动态响应的影响，输入电压最小值应大于 0.7 V。令输入正弦信号电压的峰峰值为 50 mV，直流电压为 1 V，则功率放大电路级联放电回路后对应输出端正弦电压的峰峰值也为 50 mV，输出电压的直流部分仍为 1 V。

因此，在功率放大电路的输入端 Rw 接入峰峰值为 50 mV，直流电压为 1 V 的正弦电压信号，并不断地变化该信号电压的频率。最后分析得知，信号频率为 250 Hz 时，功率放大电路级联放电回路后的输出端电压仍具有良好的动态响应特性，如图 19－9 所示。

其中，V_i 曲线对应输入信号，其幅值为 25 mV；V_o 曲线对应输出信号，其幅值为 23.8 mV，输入信号频率为 250 Hz。这说明当输入正弦电压信号的直流电压部分为 1 V，频率为 250 Hz，幅值为 25 mV 时，其输出电压存在微小的损耗，该损耗来源于电压采样二极管，大小与输入电压直流部分成反比，与输入电压的交流部分信号频率成正比。

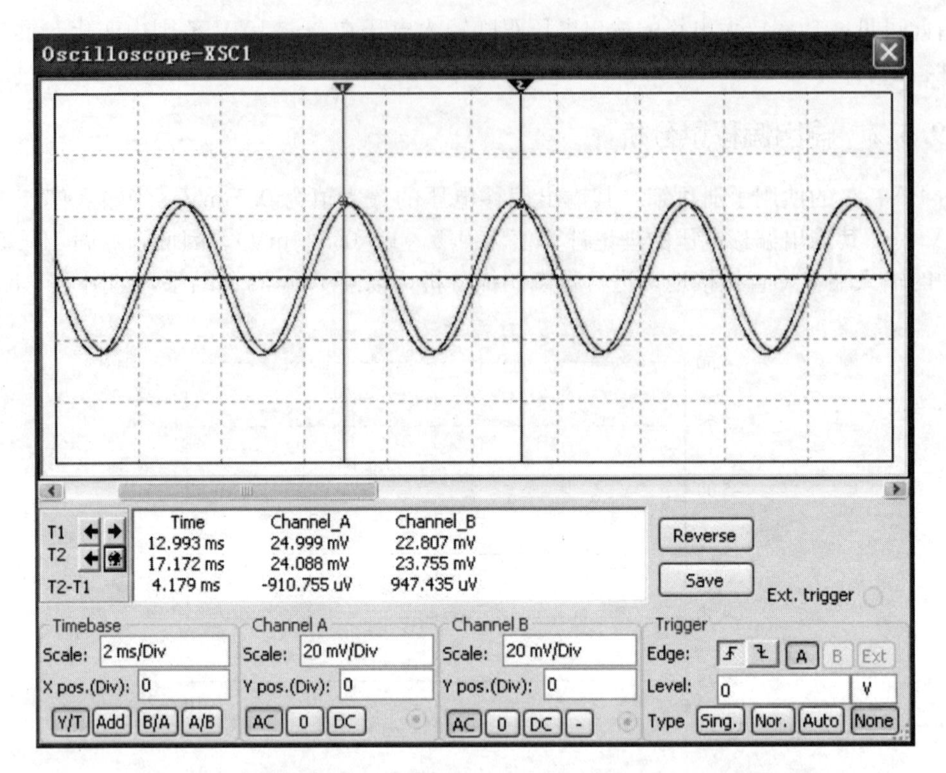

图 19-9　直流电压 1 V，频率为 250 Hz 的正弦信号响应仿真曲线

经过反复的仿真实验表明，频率为 250 Hz，幅值为 25 mV 的输入正弦电压信号直流电压部分达 10 V 时，该损耗便接近于零，即输出电压变化量与输入电压变化量之比为 1。

19.4　驱动电源性能测试

为了测试压电陶瓷驱动电源的性能，本章以上述的仿真分析为基础，采用高精度的 4 位半的数字万用表与模拟示波器测试该驱动电源的静态性能与动态响应。

19.4.1　静态性能测试

在对压电陶瓷驱动电源进行静态性能测试时，通过单片机系统控制，来测量其静态电压输出。压电陶瓷驱动电源的输入数字信号来源于单片机输出的 12 个并行 I/O 口。初始化时，12 位数字输入信号置高电平，并设定单片机系统中的两个键值的相应功能分别为使 12 个并行 I/O 口的等效数值加一和减一，同时采用数码管来显示当前设定的 12 位数字信号的等效数值。

当单片机查询到有按键信息时，便读取按键的键值，控制数码管显示该键值，执行相应键值对应的子程序，并控制数控电位器进行分压。每次都用万用表测量当前驱动电源的输出电压，以便于电压的连续步进。这样，在记录压电陶瓷驱动电源的 12 位数字输入信号的等效数值在 0～4 095 变化时，输出电压在 0～210 V 变化，输入数字信号每加一，驱动电源的输出电压便相应增加 210/4 096，即 51 mV，根据所记录的数值，绘制出输入输出变化曲线图，如图 19-10 所示，可看出驱动电源的输出电压随着输入信号呈良好的线性变化。

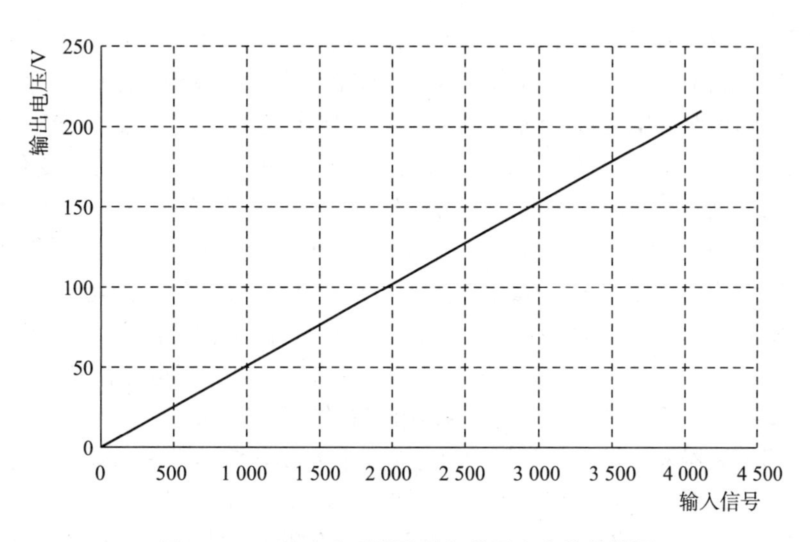

图 19－10　输出电压跟随输入信号变化的线性图

设 12 位数字输入信号的等效数值为 D，功率放大器的输入电压为 V_i，压电陶瓷驱动电源的输出电压为 V_o，取所有测试中的一些典型值，记录如表 19－1 所示。

表 19－1　静态性能测试

D	0	20	100	200	400	600	800	1 200
V_i/V	0.001	1.03	5.13	10.25	20.52	30.17	40.25	60.34
V_o/V	0.11	0.61	4.68	9.77	19.98	29.56	39.74	59.81
V_o/V_i	110.000	0.592	0.912	0.953	0.94	0.980	0.987	0.991
D	1 600	2 000	2 400	2 800	3 200	3 600	4 000	4 095
V_i/V	80.52	102.57	120.71	143.59	161.08	184.62	205.2	210.1
V_o/V	79.98	102.07	120.12	143.05	160.51	184.02	204.5	209.5
V_o/V_i	0.993	0.995	0.995	0.996	0.996	0.997	0.997	0.997

可知，当功率放大电路的输入电压低于 1 V 时，其放大倍数与理论值 1 偏差较大。这是因为放电回路中的电压采样二极管需要消耗压降，为 0.4～0.7 V，且该压降随着输入电压的增加而缓慢增大。因此当只有输出电压大于 1 V 时，当驱动电源的输出电压才能跟随输入电压的变化。

此外，输出电压在 0～210 V 变化，当输出为 210 V 时，用示波器的交流挡测量纹波电压的最大值约为 16 mV，由此可以看出该驱动电源在采用高压稳压电源供电和高电源电压抑制比的功放芯片 PA85A 后，其输出具有良好的静态稳定性，满足压电陶瓷驱动器静态驱动的要求。

19.4.2　动态响应测试

本章设计的压电陶瓷驱动电源用于控制压电陶瓷驱动器，作为数字共焦显微仪的物镜驱动器来使用，可带动物镜在竖直方向上移动，保证数字共焦显微仪采集到生物细胞不同截面的二维光学切片图像。所以，为了快速准确地对活的生物细胞进行切片图像的采集，要求物镜驱动器能快速准确地移动，这样就需要压电陶瓷驱动电源能达到一定的驱动频率。

由于该压电陶瓷驱动电源在静态时的输出电压单次最小步进可达 51 mV，所以为了测试其动态特性，保证光学切片图像的动态采集，故考虑测量输出电压动态变化 51 mV，即等于其输出电压步进分辨率时，跟随压电陶瓷驱动电源输入数字信号动态变化的情况。本方案采用单片机系统的定时器产生并输出频率为 380 Hz，峰值为 5 V 的矩形波，送给数控电位器的 D_0，控制数控电位器中阻值最小的电阻短路或开路，随着 D_0 的矩形波信号的变化处于交替开关的状态，达到开关的目的；而其他的高 11 位输入数字信号 D_{11} 到 D_1 分别给二进制信号 11111001101，经过非门取反后得到 00000110010，由计算可知，其等效数值为 100，乘以 2 以后得 200，故高 11 位二进制信号控制的等效电压直流部分为 $200\times51\approx1$（V）。

用模拟双踪示波器来测量压电陶瓷驱动电源的输出电压随着单片机系统产生的矩形波信号 D_0 而相应变化的波形图，其结果如图 19 - 11 所示。从图中可以看出，单片机系统产生的矩形波信号 D_0 控制数控电位器中与非门 74LS04 连接的阻值最小的电阻 R 两端的电压变化时，压电陶瓷驱动电源的输出电压随着电阻 R 两端的电压变化而相应地变化。

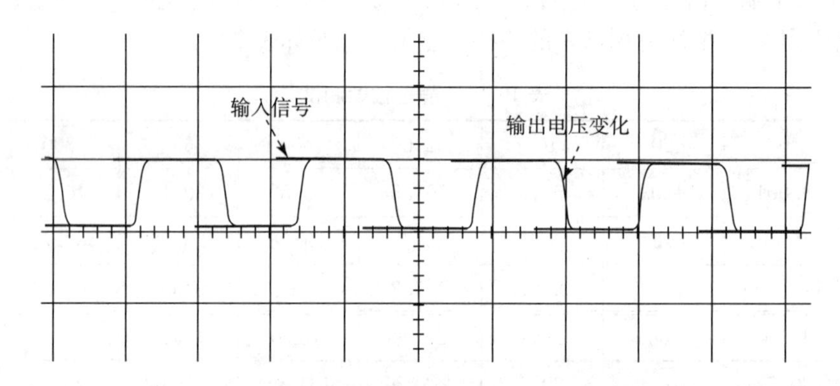

图 19 - 11　输出电压跟随输入信号的动态响应

其中，输入矩形波信号的高电平为 5 V，低电平为 0 V，频率为 380 Hz，压电陶瓷驱动电源的输出矩形波电压的高电压为 50 mV，低电压为 0 V，延时仅为 1.6 ms，动态效果良好。其中，延时主要来自光耦驱动器，因为中间经过了电能到光能再到电能的能量转换过程，但为了可以通过计算机串口控制，该延时影响不大。

19.5　本章小结

本章设计了一种基于数控电位器调节的压电陶瓷驱动电源（已申请了国家发明专利），应用于数字共焦显微仪，控制压电陶瓷驱动器带动显微镜的物镜上下移动。该压电陶瓷驱动电源采用新型高压数控电位器调节和功率放大相结合，代替了传统的电压放大和功率放大结合的方式，更加有利于扩展和实现高精度数控可调。整个过程可实现对电压精密控制，输出电压范围可在 0～210 V 数控可调，稳定性好、控制方便，输出峰值电流可达 1.5 A，为整个控制平台的构造奠定了基础。

参考文献

[1] McNally J G, Karpova T, Cooper J, et al. Three-dimensional imaging by deconvolution microscopy [J]. Methods, 1999, 19: 373-385.

[2] Markham J, Conehelle J A. Fast maximum likelihood image-restoration algorithms for three-dimensional fluorescence microscopy [J]. Opt. Soc. Am. A, 2001, 18(5): 1062-1072.

[3] 李福良. 基于 PA85 的新型压电陶瓷驱动电源 [J]. 压电与声光, 2005, 25(4): 392-394.

[4] 周亮, 姚英学, 张宏志. 低波纹波快速响应压电陶瓷驱动电源的研制 [J]. 压电与声光, 2000, 22(4): 237-239.

[5] 林伟, 叶虎年, 冯海, 等. 压电陶瓷致动器驱动电源的研究 [J]. MEMS 器件与技术, 2006, 3: 139-140.

[6] Sam Robinson. Driving piezoelectric actuators [M]. Applications Engineer, Apex Micro technology, Tucson, Ariz, April 2006.

[7] 赵建伟, 孙徐仁, 田莳. 低频压电陶瓷驱动器驱动电源研制 [J]. 压电与声光, 2002, 24(2): 107-110.

[8] 朱纪忠, 陈若雷, 陆忠. 低压微位移驱动电路及控制方法 [J]. 应用光学, 2007, 28(3): 354-357.

[9] 林伟, 冯海. 压电陶瓷电源控制系统的设计与实现 [J]. 现代电子技术, 2007, 30(16): 44-45.

第 20 章

基于遗传算法的离线优化模糊 PID 控制算法

数字共焦显微技术中的压电陶瓷物镜驱动系统，除了要用精密的器件外，还需要有优良的控制算法相辅助，才能进一步提高系统的控制精度。而 PID 控制算法是工程上常用的控制方法[1]。本章在分析模糊 PID 控制器的控制性能的基础上，结合遗传算法的全局优越性的特点，开展基于离线优化的控制方法的研究，以保证压电陶瓷物镜驱动系统对控制精度和响应速度的要求。

20.1 常规闭环 PID 控制器

本章首先设计了压电陶瓷物镜驱动器控制系统的常规 PID 闭环控制框图，如图 20－1 所示。

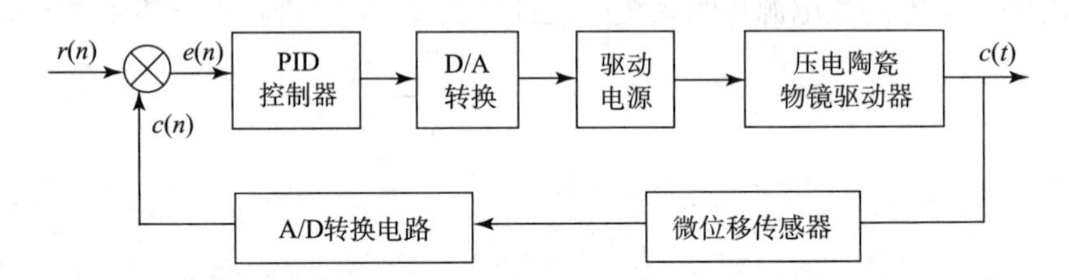

图 20－1 PID 闭环控制系统框图

PID 控制器对系统偏差 e 进行比例、积分和微分运算后得到相应的调整量，再经过 D/A 转换后变成相对应的电压值，使驱动电源对压电陶瓷驱动器进行驱动控制，输出位移。微位移传感器将测得的驱动器输出位移量经信号调理器变成与之对应的电压值，然后传送到A/D 转换器，转换成处理器可运算的数字量。处理器将预设值与实测输出值做比较，得出两者之间的偏差，再将偏差 e 输入到 PID 控制器中做进一步的控制调整，依此循环，直至满足控制精度要求。

20.1.1 控制器参数整定

压电陶瓷驱动器与电压放大电路的等效充放电电阻可以组成 RC 电路。因此，压电陶瓷物镜驱动器的传递函数可以用式（20－1）表示[2-4]：

$$G_1(s)=\frac{K_m}{T_m s+1} \tag{20-1}$$

式中，K_m 为驱动器的电压位移转换系数（μm/V）；时间常数 $T_m=RC$，R 为电压放大电路的等效充放电电阻（Ω），C 为压电陶瓷物镜驱动器的等效电容（μF）。

根据本研究所采用的压电陶瓷物镜驱动器相关参数，可计算出相应的参数

$$K_m=100/150=0.667(\mu m/V),\ T_m=RC=3.6\times10^{-6}\times200=0.000\,72$$

因此，压电陶瓷物镜驱动器的传递函数为

$$G_1(s)=\frac{0.667}{0.000\,72s+1} \tag{20-2}$$

根据式（20-2），再按照稳定边界法 PID 参数的整定步骤，可获取 Z-N 法整定的系统 PID 控制器参数。

首先，将比例系数 K_p 置为 1，系统可以平稳运行，再将 K_p 置为 100，系统的输出出现增幅振荡，之后采用折半查找法。最终，当 K_p 的值为 7.85 时，系统的输出出现等幅振荡，因此，临界增益 $K_{pcr}=7.85$，此时，测得 $T_{cr}=0.052$。

最后，根据 PID 控制律，可得 PID 控制器三个参数的值：比例系数 $K_p=4.71$，积分系数 $K_i=181.2$，微分系数 $K_d=0.03$。

20.1.2　实验结果与分析

Matlab 软件是由美国 Math Works 公司推出，用于算法开发、数值计算和图形图像处理的科学计算语言和交互式环境，其代表着当今国际科学计算软件的领先水平。本章的仿真实验在 Matlab 7.8 平台下完成。

在 Matlab 7.8 平台下，采用 Z-N 法在 Simulink 仿真环境下对压电陶瓷物镜驱动器控制系统进行仿真实验。其中，PID 控制器的三个参数的值为：$K_p=4.71$，$K_i=181.2$，$K_d=0.03$。整定参数后系统驱动物镜的时间-位移响应曲线如图 20-2 所示。

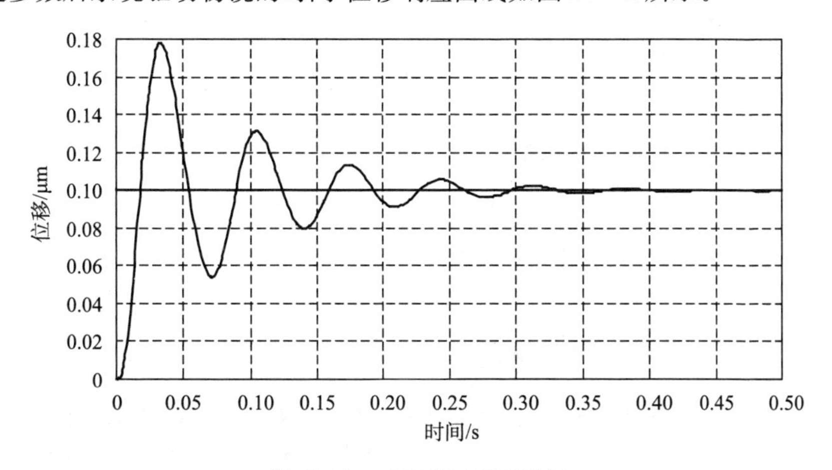

图 20-2　常规 PID 仿真结果

由图 20-2 中的响应曲线可以看出，当控制系统要求物镜定位在 0.1 μm 处时，物镜经多次来回调整后才达到稳定，这一调整过程的时间达 0.4 s，并且第一个调整峰值达 0.18 μm，输出超调量达 80%。控制效果不能令人满意。

因此，在工程上往往是利用 Z-N 法获取整定参数后再进行人工调整，凭借丰富的经验和学识，通过实验来进一步优化 PID 参数，以期达到更好的控制效果。

20.2 模糊 PID 控制

鉴于常规 PID 控制器的控制性能无法满足课题的需要，为了进一步提高控制精度，需要寻求其他更为优越的控制算法来对系统进行控制。因此，本章采用将智能控制引入与 PID 控制器结合的模糊 PID 控制方式。这种方式的控制算法对系统控制时不再依赖控制对象的数学模型，而且控制过程中还可以实现在线自适应调整，使压电陶瓷驱动器的控制精度和响应速度都得到改善。

20.2.1 模糊 PID 控制器设计

本章设计的模糊 PID 控制器为两输入三输出的结构形式，以系统偏差 e 和偏差变化率 ec 作为输入语言变量，以 ΔK_p、ΔK_i 和 ΔK_d 作为输出语言变量，其结构框图如图 20－3 所示。参数计算公式如下：

$$\begin{cases} K_p = K_{p0} + \Delta K_p \\ K_i = K_{i0} + \Delta K_i \\ K_d = K_{d0} + \Delta K_d \end{cases} \tag{20-3}$$

式中，K_{p0}、K_{i0} 和 K_{d0} 为 PID 控制器初始参数；ΔK_p、ΔK_i 和 ΔK_d 为模糊控制器的三个输出值。

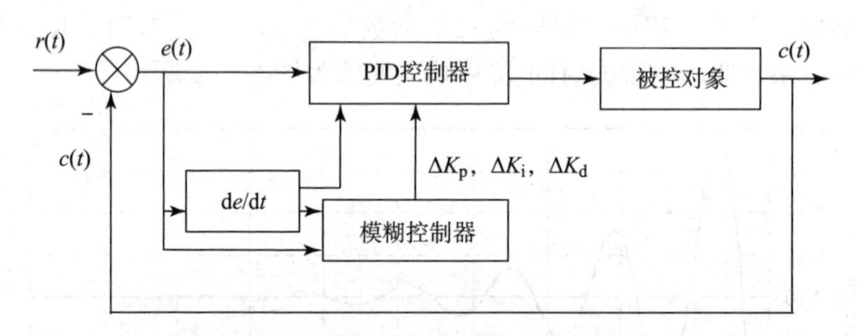

图 20－3　模糊 PID 控制器结构框图

20.2.2 隶属度函数与控制规律

根据系统参数的整定原则，将输入语言变量 e 和 ec 及输出语言变量 ΔK_p、ΔK_i 和 ΔK_d 分为 7 个模糊子集，{正大、正中、正小、零、负小、负中、负大}，分别用语言值 {PB、PM、PS、ZR、NS、NM、NB} 来表示。系统偏差 e 和偏差变化率 ec 的论域分别为 [−3, 3] 和 [−0.3, 0.3]，参数 K_p、K_i 和 K_d 的论域分别为 [−0.3, 0.3]、[−0.06, 0.06]、[−0.3, 0.3]，隶属函数中 PB 采用 S 型、NB 采用 Z 型，其他均采用三角形，并使用非均匀分级法及全交迭形式，如图 20－4 所示。

根据参数的调整原则和工程技术专家的操作经验，可得出 PID 控制器 K_p、K_i 和 K_d 三个参数的模糊控制规则[5]，如表 20－1 所示。

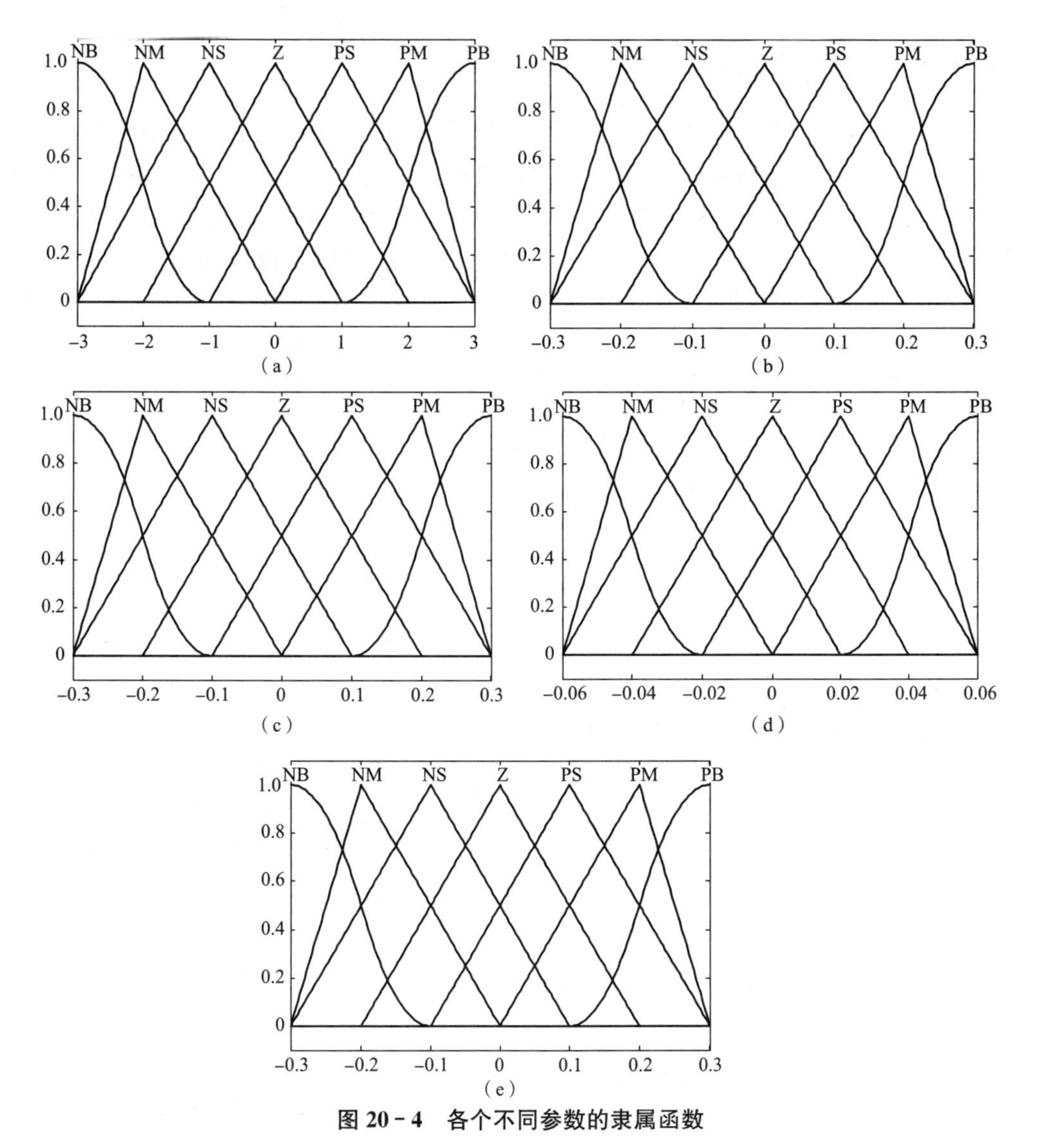

图 20-4　各个不同参数的隶属函数

(a) 偏差 e 的隶属函数；(b) 偏差变化率 ec 的隶属函数；(c) 参数 K_p 的隶属函数；(d) 参数 K_i 的隶属函数；(e) 参数 K_d 的隶属函数

表 20-1　参数的模糊控制规则表

$K_pK_iK_d$		偏差变化率 ec						
		NB	NM	NS	ZR	PS	PM	PB
偏差 e	NB	PB,NB,PS	PB,NB,NS	PM,NM,NB	PM,NM,NB	PS,NS,NB	ZR,ZR,NM	ZR,ZR,PS
	NM	PB,NB,PS	PB,NB,NS	PM,NM,NB	PS,NS,NM	PS,NS,NM	ZR,ZR,NS	NS,ZR,ZR
	NS	PM,NB,ZR	PM,NM,NS	PM,NS,NM	PS,NS,NM	ZR,ZR,NS	NS,PS,NS	NS,PS,ZR
	ZR	PM,NM,ZR	PM,NM,NS	PS,NS,NS	ZR,ZR,NS	NS,PS,NS	NM,PM,NS	NM,PM,ZR
	PS	PS,NM,ZR	PS,NS,ZR	ZR,ZR,ZR	NS,PS,ZR	NS,PS,ZR	NM,PM,ZR	NM,PB,ZR
	PM	PS,ZR,PB	ZR,ZR,NS	NS,PS,PS	NM,PS,PS	NM,PM,PS	NM,PB,PS	NB,PB,PB
	PB	ZR,ZR,PB	ZR,ZR,PM	NM,PS,PM	NM,PM,PM	NM,PM,PS	NB,PB,PS	NB,PB,PB

20.2.3 实验结果与分析

在 Matlab 7.8 平台下进行仿真实验，调用 Matlab 中的 FIS（Fuzzy Inference System，模糊推理系统）编辑器进行模糊控制器编辑，再根据压电陶瓷物镜驱动器系统传递函数式（20－2），利用 Z-N 法获得初始参数 $K_{p0}=4.71$，$K_{i0}=181.2$，$K_{d0}=0.03$。在 Matlab 平台下搭建模糊 PID 控制的仿真实验，图 20－5 所示为模糊 PID 仿真控制模型。图 20－5 中，K_e、K_{ec}为偏差量化因子和偏差变化率量化因子；K_{fp}、K_{fi}、K_{fd}分别为比例增益系数，积分增益系数和微分增益系数。

系统驱动物镜的时间—位移响应曲线如图 20－6 所示。

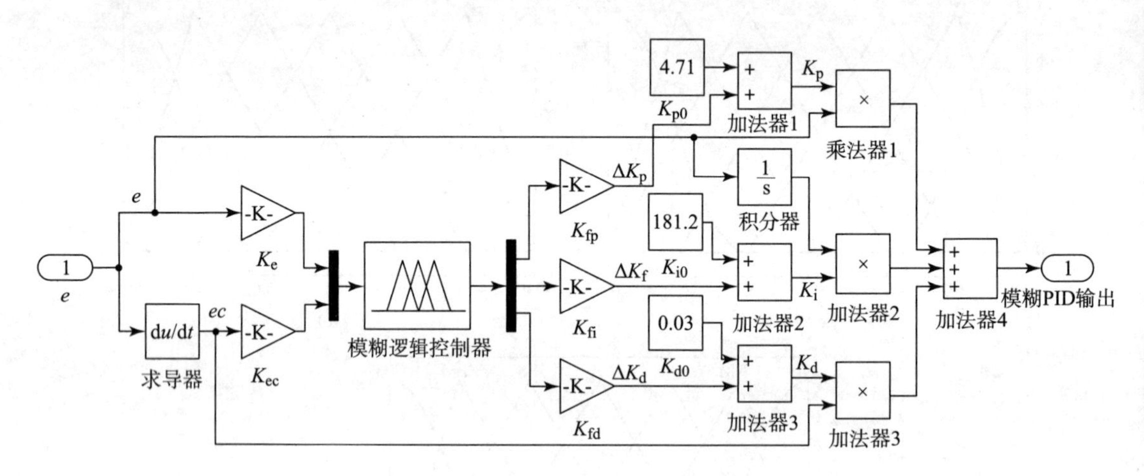

图 20－5 模糊 PID 仿真控制模型

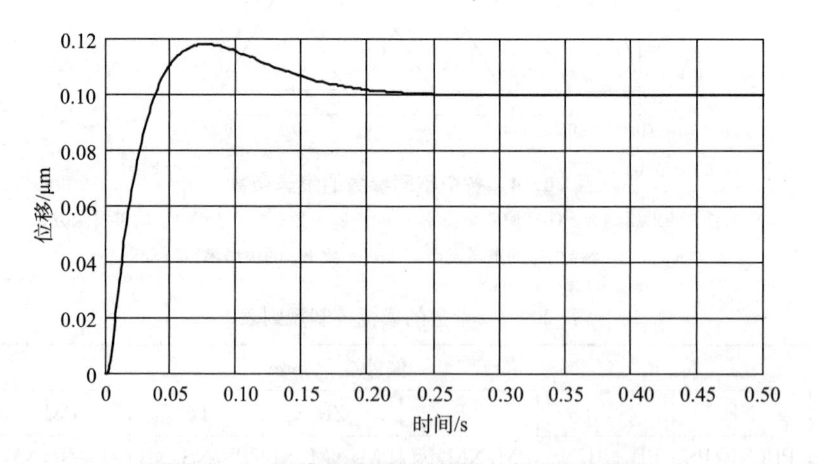

图 20－6 系统驱动物镜的时间－位移响应曲线

当控制系统要求物镜定位在 0.1 μm 时，由图 20－6 中的响应曲线可以看出，物镜不需经多次反复调整后就能达到稳定，稳定时间约 0.25 s，系统调整的最大峰值约 0.119 μm，输出超调量达 19％。控制效果虽然跟常规 PID 控制相比有较为明显的改进，但这样的控制效果依然不能令人满意，未能较好达到系统的控制要求。

20.3　基于遗传算法的模糊 PID 控制研究

20.3.1　基于遗传算法的模糊 PID 控制思想

鉴于 Z-N 法整定的参数和模糊 PID 控制致使系统的超调量过大及响应速度较慢，为了解决这些问题，本研究提出初始参数离线优化思想。算法的具体设计思想如下：将初始参数的优化时间从在线实时调整的时间中分离出来，使参数优化该部分工作在离线预控制状态下完成，从而使在线调整时间和调整次数减小，缩短系统的单次定位时间，提高系统响应速度，进而减少整个系统在驱动控制过程中的时间开销。

PID 控制器初始参数的离线优化，本研究利用具有全局优化特性的遗传算法来对 PID 控制器的初始参数进行离线优化，以获得优化初始参数，然后再利用模糊 PID 控制方法对系统进行在线实时控制。具体步骤如下：

（1）采用遗传算法 PID 对初始参数进行离线优化，将初始参数优化的时间从在线实时控制时间中分离出来，获得优化初始参数，供系统在线控制使用。

（2）将步骤（1）得到的优化初始参数置于模糊 PID 控制中，进行在线实时反馈调整，控制系统进行微步进定位驱动。

（3）系统每次精确定位结束后，按照系统控制需求，重复步骤（2）进行下一次的定位控制，直至采集的样本序列切片图像达到要求的数量，系统控制结束。

基于遗传算法的模糊 PID 控制系统框图如图 20-7 所示。

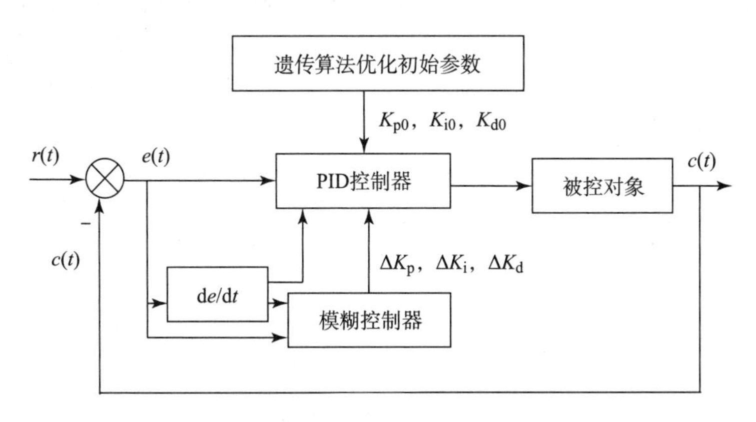

图 20-7　基于遗传算法的模糊 PID 控制系统框图

虽然遗传算法寻优收敛时间可能会比较长，但本研究是在离线状态下采用遗传算法进行离线寻优的，在系统在线控制调整之前就已经预先做好初始参数优化这一准备工作。所以，遗传算法寻优过程中所耗费的时间并不包括在系统控制时间内，因此不需对此顾虑。当然，寻优时间越短越好。

20.3.2　参数离线优化

根据第 2 章中的遗传算法操作流程，对 PID 控制器初始参数进行离线优化。本章采取二进制的编码方式，按照参数 K_p、K_i 和 K_d 串接的编码顺序组成个体，兼顾搜索效率和搜索空间，每个参数都用10位二进制码来表示，因此，每个个体的长度为30。本文的种群规模 $N=30$、交叉概率 $P_c=0.8$、变叉概率 $P_m=0.10-[1:1:N]\times 0.01/N$。

本控制系统的控制目的是有较小系统超调和较快系统响应速度，尽可能使控制偏差接近于零。因此，本章选取时间乘绝对误差积分ITAE作为个体最优的性能评价指标：

$$J=\int_0^{\infty} t|e(t)|\,\mathrm{d}t \tag{20-4}$$

则适应度函数 $F=\dfrac{1}{J}=\dfrac{1}{\int_0^{x} t|e(t)|\,\mathrm{d}t}$。

通过离线优化操作，可获得的优化初始参数 $K_{p0}=10.48$，$K_{i0}=0.11$，$K_{d0}=0.25$。

20.3.3 实验结果与分析

将上述获得的优化初始参数配置于模糊PID控制中，并利用Matlab 7.8平台进行仿真实验。

在该实验中，同样要求物镜定位在0.1 μm处，系统的采样时间为5 ms，由实验数据得到驱动系统的时间-位移关系，实验数据如表20-2所示，系统响应曲线如图20-8所示。根据表20-2中序号23～32对应的数据可知，当控制时间为0.070 s时，系统的定位位移即可达到目标位移0.100 μm处，实验一直持续到0.5 s，可以看到，控制系统的定位位移一直都稳定在0.100 μm处，控制精度为±0.1%。由系统控制物镜的时间-位移响应曲线图20-8可以看出，当系统要求控制定位在0.100 μm处时，控制系统并不需要进行多次振荡调整，而是直接驱动显微镜物镜逐渐向目标位移逼近，几乎无系统超调。可见，基于遗传算法的模糊PID控制与普通PID控制器及模糊PID控制器相比，在控制性能上有着明显改进，控制效果令人满意。

表20-2 驱动系统的时间-位移关系

调整序号	时间/s	位移/μm	调整序号	时间/s	位移/μm	调整序号	时间/s	位移/μm
0	0	0	11	0.033	0.092	22	0.066	0.099
1	0.003	0.003	12	0.036	0.094	23	0.069	0.1
2	0.006	0.018	13	0.039	0.095	24	0.072	0.1
3	0.009	0.035	14	0.042	0.096	25	0.075	0.1
4	0.012	0.052	15	0.045	0.097	26	0.078	0.1
5	0.015	0.064	16	0.048	0.097	27	0.081	0.1
6	0.018	0.072	17	0.051	0.098	28	0.1	0.1
7	0.021	0.079	18	0.054	0.098	29	0.2	0.1
8	0.024	0.083	19	0.057	0.098	30	0.3	0.1
9	0.027	0.087	20	0.06	0.099	31	0.4	0.1
10	0.03	0.089	21	0.063	0.099	32	0.5	0.1

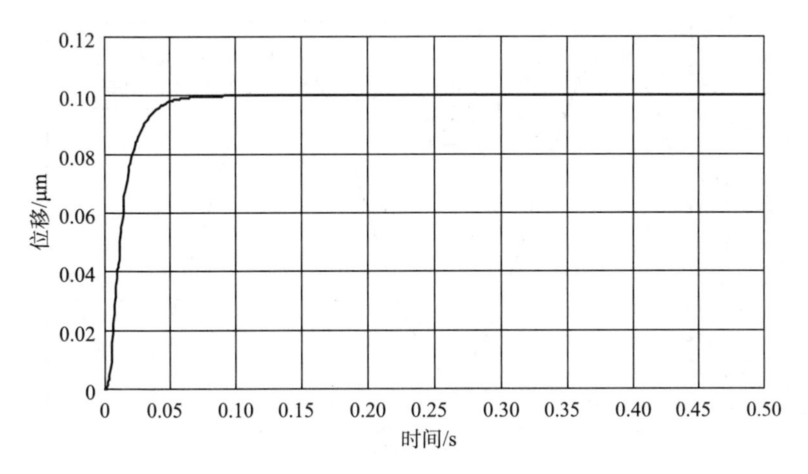

图 20-8　基于遗传算法的模糊 PID 控制仿真结果

为了进一步验证系统的抗干扰能力及其稳定性，本章在系统稳定时间 0.25 s 处加入一幅值为 0.135 μm 的干扰信号，观察系统的响应如图 20-9 所示。由于干扰信号的加入，系统出现了扰动，不过由图 20-9 可知，系统扰动出现的最大超调小于 8%，且只需时间约 0.05 s 就能够快速重新达到平稳输出。由此可见，系统有较好的抗干扰能力。

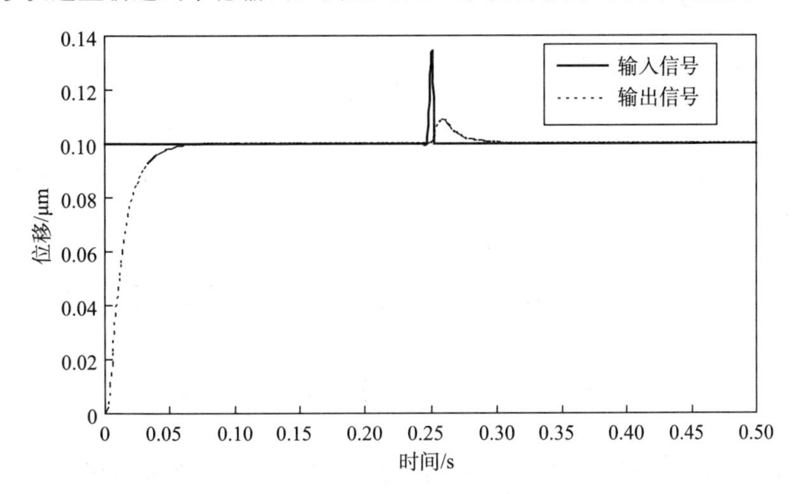

图 20-9　基于遗传算法的模糊 PID 控制抗干扰实验

同时，本章对该新型控制方法进行输入与系统输出的跟随实验，输入频率为 4 Hz、幅值为±0.1 μm 的正弦信号，监测基于遗传算法的模糊 PID 控制压电陶瓷物镜驱动器的输出位移值，实验结果如图 20-10 所示。为了更加直观地进行观察，对图 20-10 中跟随误差较大的 0.04～0.12 s 的跟随曲线图进行放大，如图 20-11 所示。

图 20-12 是对输入位移与输出位移误差绝对值的分析。由图 20-10 的输入数值曲线与输出数值曲线可以看出，驱动器的输出位移值几乎能同时跟随输入设定值的变化而不断变化。由图 20-11 可以更加清楚地看出，输出值相对输入值的延时时间小于 0.01 s，最大误差小于 0.01 μm。由图 20-12 可明显看出，在同一时刻，输出位移值与设定位移值之间的误差基本在 0.004 μm 以内。由此可见，控制器的跟随性能良好，系统的输出位移能实时跟随系统的输入设定值变化而变化。

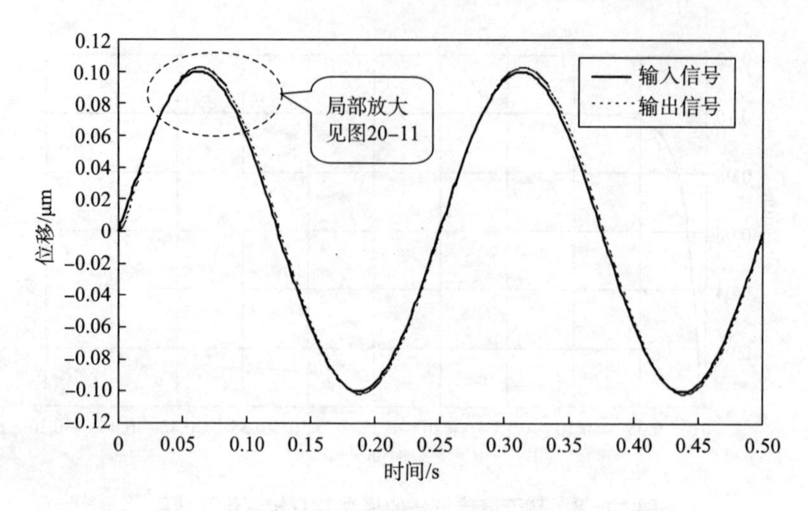

图 20-10　基于遗传算法的模糊 PID 控制系统输出跟随实验

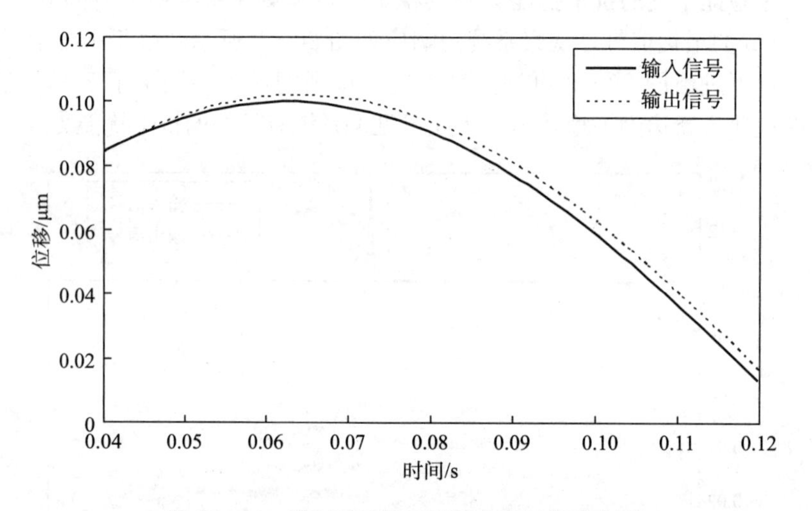

图 20-11　控制系统输出跟随实验局部放大图

由于对 PID 控制器的初始参数预先进行了离线优化，可以将提前获得的优化初始参数暂时存储下来，以供系统进行在线控制时使用，这样，就缩短了系统在线单次定位时间，同时提高了系统的响应速度，进而大大缩短了生物细胞序列切片采集的总体时间。以上实验结果表明，基于遗传算法的模糊 PID 控制的控制效果与课题项目需求相吻合，能够符合系统快速响应和高精度且稳定输出的要求。

20.4　本章小结

本章根据课题需求的特殊性，进行基于遗传算法的离线优化模糊 PID 控制算法的研究。研究提出了 PID 控制器初始参数离线优化思想，在离线状态下对 PID 控制器的参数初始值进行全局优化，并将遗传算法的全局优越性与 PID 控制器的简便性以及模糊控制的鲁棒性和灵活性融为一体，应用于压电陶瓷物镜驱动器控制系统的控制中，发挥了各自的长处。同

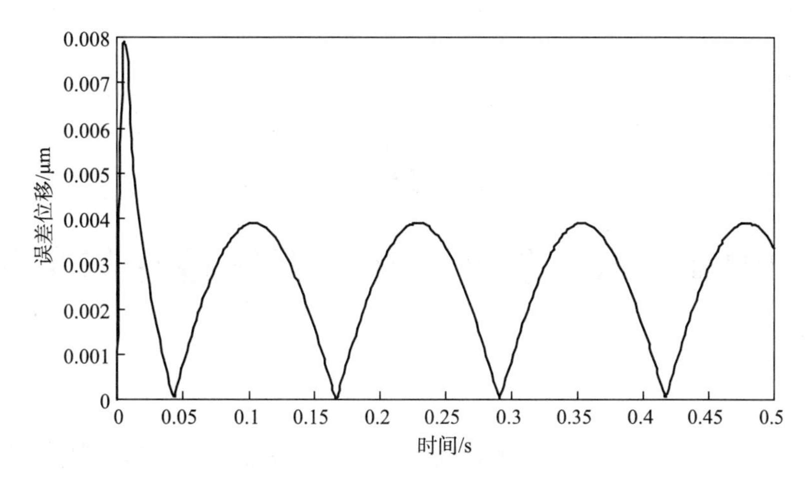

图 20 - 12　基于遗传算法的模糊 PID 控制系统输出跟随实验误差分析

时利用 Matlab 7.8 平台对该方法进行了仿真实验研究，仿真实验表明，基于遗传算法的模糊 PID 控制器达到了提高系统稳定性及加快系统响应速度的控制目的，控制效果有着显著改善，它既减少了参数在线实时调整的时间开销，加快了系统响应速度，又使系统输出平稳且精度高。这种新型的控制方法易于实现，便于工程应用，具有较强的实际意义，对压电陶瓷驱动器的进一步应用研究提供了较大的参考价值。

参考文献

[1] Åström K J，Hägglund T. The future of PID control [J]. Control Engineering Practice，2001，9(11)：1163 - 1175.

[2] 薛实福，李庆祥. 精密仪器设计 [M]. 北京：清华大学出版社，1991：193 - 199.

[3] 贾宏光. 基于变比模型的压电驱动微位移工作台控制方法研究 [D]. 长春：中国科学院长春光机所，2000.

[4] 周晓峰. 基于 PZT 微定位系统控制研究 [D]. 杭州：浙江大学，2004.

[5] 刘金琨. 先进 PID 控制及其 MATLAB 仿真 [M]. 北京：电子工业出版社，2003：67 - 80.

第21章
压电陶瓷物镜驱动器控制系统设计与实现

在数字共焦显微技术中，为了获取精确的等间隔生物细胞序列切片图像，需通过驱动显微镜物镜与载物台之间亚微米的相对步进微位移来进行采集。而采用压电陶瓷控制技术进行显微镜物镜驱动，可以高精度地实现显微镜物镜与载物台之间的相对步进微位移。为了发挥压电陶瓷物镜驱动器的高精度和高响应速度的特点，控制技术是控制系统的核心。本章对压电陶瓷物镜驱动器控制系统的构建及其控制技术进行研究，构建一套应用于数字共焦显微系统中的压电陶瓷物镜驱动器控制系统。

21.1 系统结构总体设计方案

本章设计的一种压电陶瓷物镜驱动器控制系统结构设计方案，采用模块化形式构建控制系统，主要由微处理器、PID 控制器、数控电位器、驱动电源、压电陶瓷物镜驱动器、微位移传感器、信号调理电路和 A/D（Analog-to-Digital，模拟/数字）转换电路等模块组成。总体结构如图 21-1 所示。

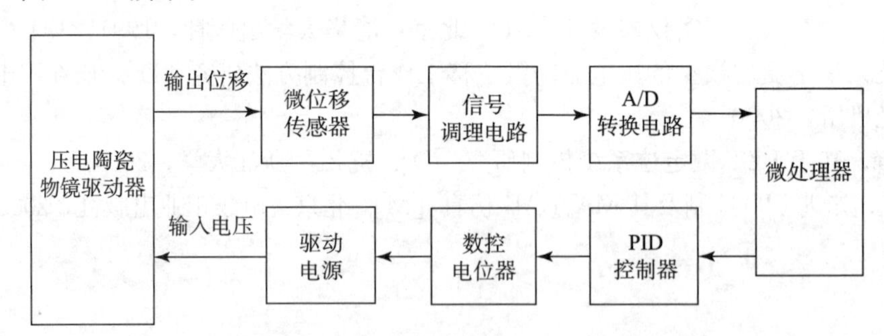

图 21-1 压电陶瓷物镜驱动器控制系统结构框图

系统的工作原理如下：根据控制需要，由微处理器设定一系统定位位移值，并利用 PID 控制器对控制量进行优化后，将其转换成数字信号控制数控电位器来实现数模转换，进而控制驱动电源对压电陶瓷物镜驱动器进行位移输出，然后再利用微位移传感器对压电陶瓷驱动器的实际输出位移进行实时检测，同时经信号调理电路及 A/D 转换电路，将驱动器的实际输出位移值以数字量形式反馈回微处理器中，微处理器将实际输出位移与设定的位移值进行比较，获取两者之间的偏差值，同时判断是否达到所要求的输出位移，若还没达到，则在 PID 控制器中经控制算法将该偏差值进行优化运算后，再次转换为相应的驱动电压值，再次调整压电陶瓷驱动器的输出位移，依此循环反复，以达到定位控制要求为止，之后再进行下一位移的定位控制。

21.2　控制系统组成

21.2.1　压电陶瓷物镜驱动器

本系统采用的压电陶瓷物镜驱动器，是国产的 XPSL 型压电陶瓷驱动器，如图 21－2 所示。该驱动器具有位移量大、驱动能力强、分辨率高等优点，其工作电压范围在 0～150 V，最大行程为 100 μm，分辨率可达 5 nm，运动方向的推力为 100 N，因此，其位移电压比为 100/150＝0.667（nm/mV）。根据课题控制需要，要求压电陶瓷物镜驱动器的输出位移与输入设定量呈近似线性关系，而课题中需要等间隔地采集细胞序列切片图像，间隔要达到 100 nm以下，也就是压电陶瓷物镜驱动器的步进精度至少要达到 100 nm，因此，其对应的步进控制电压为 100/0.667＝150（mV）。

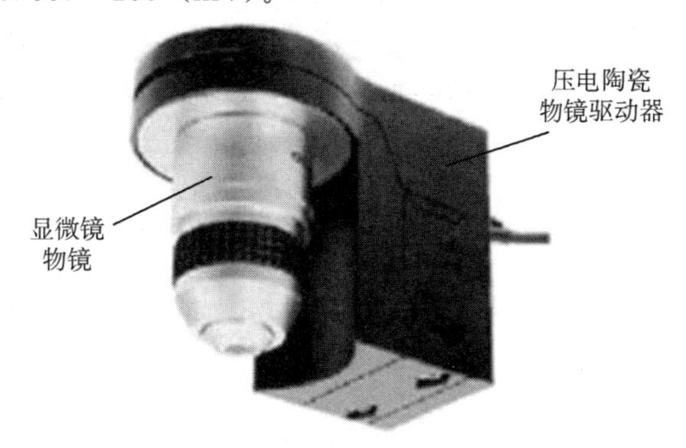

图 21－2　压电陶瓷物镜驱动器实物图

在空载情况下，厂家利用测微仪对压电陶瓷驱动器进行电压-位移曲线测定实验，测试环境温度 21.8 ℃，数据发送时间间隔 5 s。实验输入电压值从 0 V 上升，每隔 0.1 V 测量一次输出位移，直到最大值 150 V，然后再从 150 V 下降至 0 V，每隔 0.1 V 测量一次输出位移。测得实验数据共 3 000 个，部分实验数据如表 21－1 所示。由实验测得的数据可绘制出本章研究的 XPSL 型压电陶瓷物镜驱动器的电压-位移曲线，如图 21－3 所示。

表 21－1　输入电压与输出位移关系

上升电压/V	0.0	10.0	20.0	30.0	40.0	50.0	60.0	70.0
上升位移/μm	0.00	6.18	13.46	21.42	29.80	34.06	46.76	54.96
下降电压/V	150.0	140.0	130.0	120.0	110.0	100.0	90.0	80.0
下降位移/μm	106.70	103.12	98.82	94.02	88.80	83.18	77.14	70.70
上升电压/V	80.0	90.0	100.0	110.0	120.0	130.0	140.0	150.0
上升位移/μm	62.80	70.26	77.30	83.94	90.16	96.00	101.50	106.70
下降电压/V	70.0	60.0	50.0	40.0	30.0	20.0	10.0	0.0
下降位移/μm	63.78	56.40	48.54	40.20	31.32	21.90	11.90	0.10

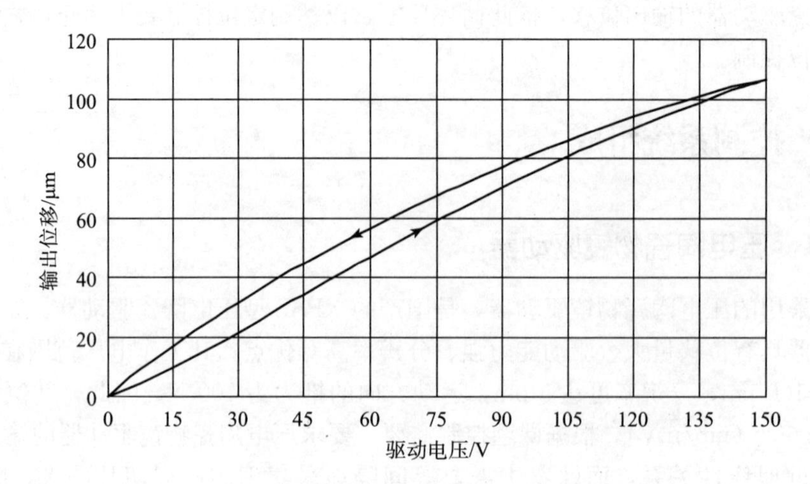

图 21－3　XPSL 型压电陶瓷物镜驱动器的电压-位移曲线

从图 21－3 可以看出，本章研究的压电陶瓷物镜驱动器的正反向电压-位移曲线的最大差值为 9.7 μm，正向曲线在 30～90 V 的电压范围内，曲线的线性度比较好。

图 21－4 所示为本章所研究的 XPSL 型压电陶瓷物镜驱动器的蠕变特性曲线。

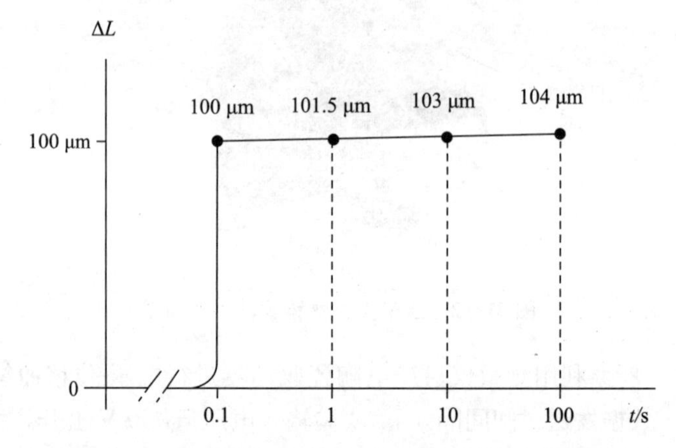

图 21－4　XPSL 型压电陶瓷物镜驱动器的蠕变特性曲线

为了能够在计算机仿真环境下对压电陶瓷物镜驱动器的控制做相关仿真研究，需要使用到能够反应压电陶瓷物镜驱动器固有特性的传递函数，这样便可以在计算机仿真平台下较为贴近真实情况地对驱动器进行模拟控制等研究。被控对象的传递函数不仅能表征驱动器的动态特性，还影响到系统的控制性能。

压电陶瓷驱动器的传递函数可以通过几种方法来确定[1,2]。结合前面第 2 章中对压电陶瓷驱动器的特性研究，可知压电陶瓷驱动器与电压放大电路的等效充放电电阻可以组成 RC 电路。因此，压电陶瓷物镜驱动器的传递函数表达式为[3−5]

$$G_1(s)=\frac{K_m}{T_m s+1} \tag{21-1}$$

式中，K_m 为驱动器的电压位移转换系数（μm/V）；时间常数 $T_m=RC$，R 为电压放大电路的等效充放电电阻（Ω），C 为压电陶瓷物镜驱动器的等效电容（μF）。

根据本研究所采用的压电陶瓷物镜驱动器相关参数，可计算出相应的参数：

$$K_{\mathrm{m}}=100/150=0.667\ (\mu\mathrm{m/V}),\quad T_{\mathrm{m}}=RC=3.6\times10^{-6}\times200=0.000\ 72$$

因此，压电陶瓷物镜驱动器的传递函数为

$$G_1(s)=\frac{0.667}{0.000\ 72s+1} \tag{21-2}$$

21.2.2　驱动电源

系统的驱动电源采用电压控制式电源，该电源是本课题所属项目组之前开发出的高精度驱动电源，为系统的精密控制奠定了基础。系统所使用的电源采用数控电位器调节，由前级高压稳压电路、单片机系统、高压数控电位器、功率放大电路和放电回路等部分组成，其设计框图如图 21－5 所示[6]。

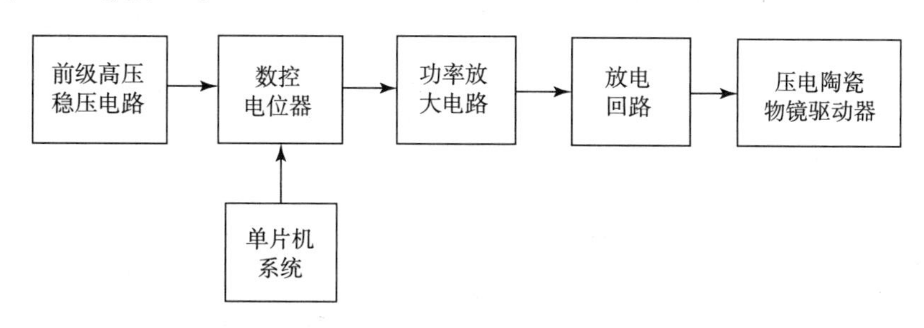

图 21－5　压电陶瓷驱动电源设计框图

在驱动电源中，前级高压稳压电路整流出 150 V 直流稳压电压，再利用单片机系统对数控电位器进行控制，将 150 V 直流稳压电压进行分压后，由数控电位器的输出端输出到功率放大电路的输入端。功率放大电路由低压功放和高压功放两部分组成，采用电压跟随放大的形式，经其放大后的电压连接放电回路再输入到压电陶瓷驱动器，以便驱动器能及时充满和释放能量，从而对其进行精密位移控制。

数控电位器及其工作原理：在本控制系统中，数控电位器的功能相当于一个高精密的滑动变阻器，通过对数控电器位的控制来实现控制系统的 D/A（Digital-to-Analog，数字/模拟）转换功能。

数控电位器由阻值精密的两组电阻阵列串联构成，依次呈两倍递增关系的 12 个精密电阻串联组成每一组电阻阵列，分辨率为 2^{12}，如图 21－6 所示。Rh 和 RI 分别为输入电压 150 V 的正端和接地端，Rw 为数控电位器的调整电压输出端。

每个电阻的两端接一个作为电压隔离开关的光电耦合器，且第一组电阻阵列与第二组电阻阵列相对应在电阻所接的光电耦合器不同时开启与闭合。如当第一组电阻阵列中的电阻 R 所接的光电耦合器 Switch0 开启的时候，第二组电阻阵列中的电阻 R 所接的光电耦合器 Switch0＃就闭合，反之亦然，其他 11 组光电耦合器工作原理也是如此。光电耦合器的开闭动作由单片机的输出端口 $D_0 \sim D_{11}$ 来进行控制实现，这样就能保证数控电位器的总电阻阻值总是维持不变。由此，就可以实现 Rh 和 Rl 两端之间电压的 2^{12} 的高分辨率，即数控电位器的输出电压步进为两端电压的 $1/2^{12}$。因此，理论上其性能可达到驱动电压步进为36.6 mV 的高分辨率，可以满足对系统在单步控制时所需 150 mV 的电压步进。12 位数字控制量与数控电位器的输出电压间的关系如表 21－2 所示。

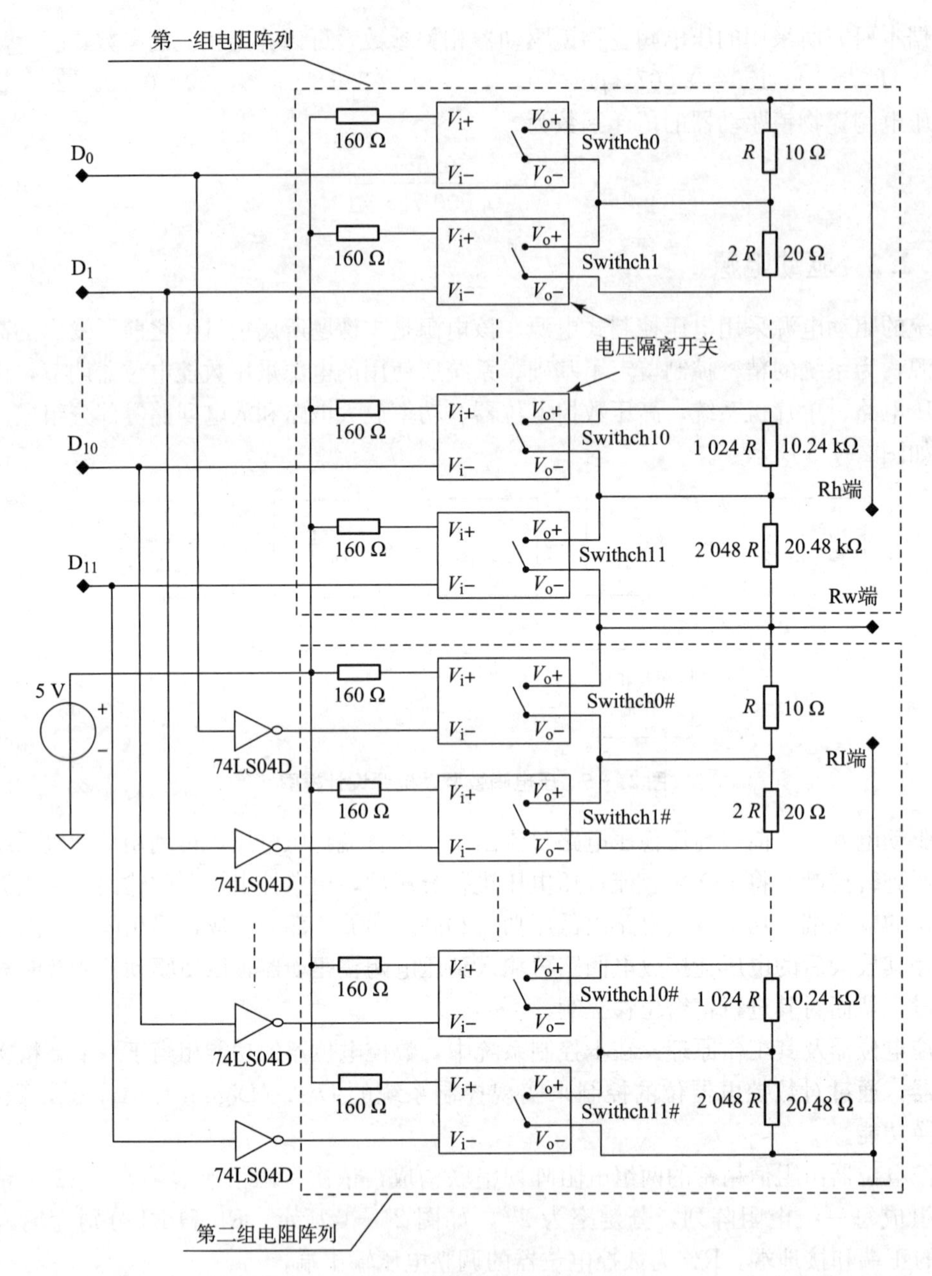

图 21-6　数控电位器结构

另外，本课题对驱动电源中的放电回路的硬件电路进行了改进。参考文献［6］中的图 21-5 中的 V_f＋经电阻 R_{33} 和 R_{37} 分压降 0.002 5 倍后再输入 LM311 比较器的输入端，LM311 的两输入端电压差才为 0.002 V，这微弱的压差很难使 LM311 产生相应的动作，从而使放电回路工作失效。因此，本研究将 LM311 的供电电源改为±15 V，且电阻 R_{37} 和 R_{38} 都改为阻值为 1.4 kΩ、功率为 1W 的电阻，电阻 R_{35} 也改为功率 1 W、阻值为 500 Ω。这样，既可使通过电阻 R_{37} 和 R_{38} 的电流减小，又可以使放电回路的输入电压经分压后，输入到 LM311 两端的电压之差达到 0.04 V，且当最高输入电压 150 V 输入到放电回路时，比较器两端的输入电压也不会超过 10 V，小于 LM311 比较器的供电电压，从而使比较器顺利工作。

表 21－2　12 位数字控制量与数控电位器的输出电压间的关系

12 位控制量	控制量等效 10 进制数值	输出电压/V
1111 1111 1111	4 095	150.000 0
1111 1111 1110	4 094	149.963 4
1111 1111 1101	4 093	149.926 8
1111 1111 1100	409 2	149.890 2
⋮	⋮	⋮
0000 0000 0011	3	0.109 8
0000 0000 0010	2	0.073 2
0000 0000 0001	1	0.036 6
0000 0000 0000	0	0.000 0

21.2.3　微位移传感器

系统采用的微位移传感器为国产电阻应变片式传感器。该微位移传感器采用全桥连接方式，并利用慢性胶粘贴在压电陶瓷的表面。图 21－7 所示为微位移传感器工作原理图，图 21－8 所示为微位移传感器实际安装图[7]。

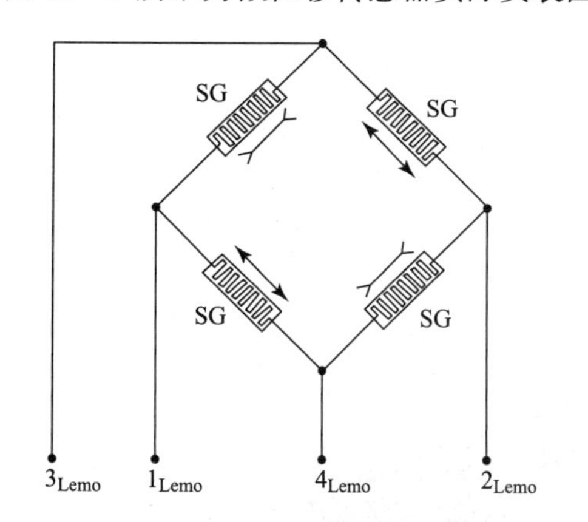

图 21－7　微位移传感器工作原理图

图 21－8　微位移传感器实际安装图

电阻应变片式传感器输入＋10 V 的基准电压，而传感器输出的是微弱的差分信号，因此，需要经过差分放大和放大调零电路之后，将其转换变为 0～10 V 的模拟信号。该微位移传感器的线性度为＜0.1%F.S.，灵敏系数为 1.86～2.20，在室温条件下，机械滞后为 0.52 μm/m，漂移为 1 μm/m，蠕变为±2.3 μm/m，优于应变计国家标准 A 级指标。

微位移传感器性能的优劣直接影响着整个系统的控制性能及精度。传感器一般是由敏感元件、转换元件及其他辅助元件所组成的，有时还需要信号调理电路[8]。位移传感器的种类有很多种，其中包括电感式位移传感器、电容式位移传感器、电阻式位移传感器、光电式位移传感器和霍尔式位移传感器等。

电阻应变式位移传感器是将电阻应变片粘贴在弹性元件上，并利用电阻应变片将其应变转换成阻值变化，从而反映出被测量的大小。其特点是结构简单、精度高且频率响应特性较好。

电阻应变式传感器的几个参数影响着其性能的优劣，它们是：灵敏度系数 K，一般根据材料来决定，为固定常数；电阻应变片原始阻值 R；原始长度 L 等。

电阻应变片的应变等于应变片伸长量 $\mathrm{d}L$ 与原始长度 L 的比值，即

$$\varepsilon=\frac{\mathrm{d}L}{L} \tag{21-3}$$

电阻应变片的灵敏度系数等于电阻的相对变化 $\Delta R/R$ 正比于应变 ε，即

$$K=\frac{\Delta R/R}{\varepsilon} \tag{21-4}$$

由式（21-3）和式（21-4）可得

$$K=\frac{\Delta R/R}{\mathrm{d}L/L} \tag{21-5}$$

因此

$$\mathrm{d}L=\frac{L}{RK}\Delta R \tag{21-6}$$

由此可知，应变片的伸长量 $\mathrm{d}L$ 与电阻变化值 ΔR 成正比。所以，根据式（21-6）可知，只要知道电阻应变片的原始长度、原始电阻值和灵敏系数，便可根据电阻值的变化来反映应变片的伸缩量，从而得知所要测量物体的伸缩量。

21.2.4 信号调理电路

由于微位移传感器电阻应变片原始输出的是差分电压信号，因此需要经过信号调理电路进行处理转换，将其变成可用于 A/D 转换的对应模拟信号。信号调理电路通过差分比较、信号滤波及信号放大后，将微小的模拟信号转变并放大成 0～10 V 的模拟信号输出。厂家按本课题的设计要求所制作出的信号调理电路模块实物图如图 21-9 所示。

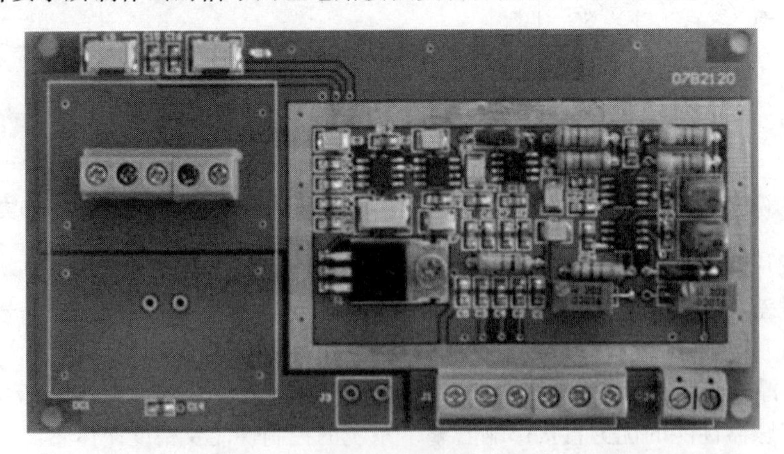

图 21-9 信号调理电路模块实物图

21.2.5 A/D 转换电路

课题需要压电陶瓷物镜驱动器的输出位移步进达到 100 nm 的高精度，因此，由

100 μm/100 nm＝1 000＜2^{10}＝1 024，故至少得采用 10 位 A/D 转换芯片，因此为了保证高精度转换，系统采用 12 位 ADC 芯片 MAX187。MAX187 是具有转换速度为 75 ksps（采样千次/秒）的串行接口 12 位 A/D 转换器，内部线性误差 1/2LSB，内部基准电压 4.096 V，仅有 8 个引脚，外围接线少，体积小、速度快、精度高。根据课题需要，本研究设计并制作了 A/D 转换模块。图 21－10 所示为 MAX187 外部引脚图及应用电路图。表 21－3 是 MAX187 各引脚功能说明[9]。

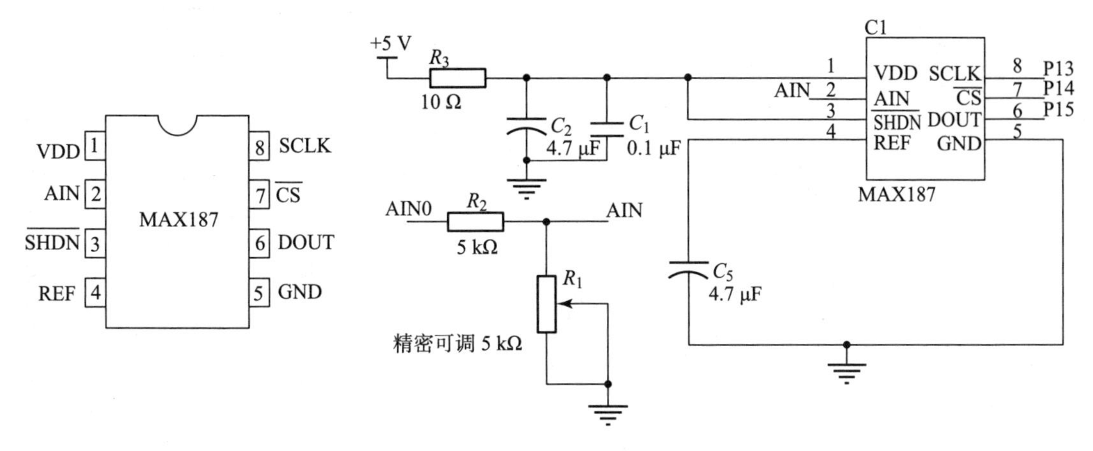

图 21－10　MAX187 外部引脚图及应用电路图

表 21－3　MAX187 各引脚功能说明

引脚	功能	引脚	功能
VDD	芯片供电端	SCLK	串行时钟输入端
AIN	模拟量输入端	CS	片选输入端，低电平有效
SHDN	操作模式选择端	DOUT	串行数据输出端
REF	参考电压输入端	GND	模拟地端

因为 MAX187 芯片的模拟量的输入范围为 0～V_{ref}，本设计使用的是内部基准电压模式。因此，需对微位移传感器的 0～10 V 模拟信号进行分压处理，经计算可得，精密可调电阻 R_1 的取值为 3.469 kΩ。MAX187 有内部基准电压 4.096 V，如果使用内部参考电压，则 REF 脚需对地接一个 4.7 μF 的电容。当$\overline{SHDN}$端为低电平时，芯片处于休眠模式，如果要处于正常操作模式，则该端口需悬空或置高电平。

21.2.6　微处理器

基于实用性和易操作性考虑，系统所采用的微处理器为 Atmel 公司生产的一款 8 位微处理器 AT89S52。该单片内部有 8 KB 的 Flash 存储器和 256 B 的 RAM，还有 8 个中断源和 32 个 I/O 端口以及 3 个 16 位定时器等，基本可以满足课题的控制需要。微处理器系统结构框图和 AT89S52 单片机最小系统如图 21－11 所示。根据控制系统的需求，本研究设计并制作了 AT89S52 单片机最小系统硬件电路。

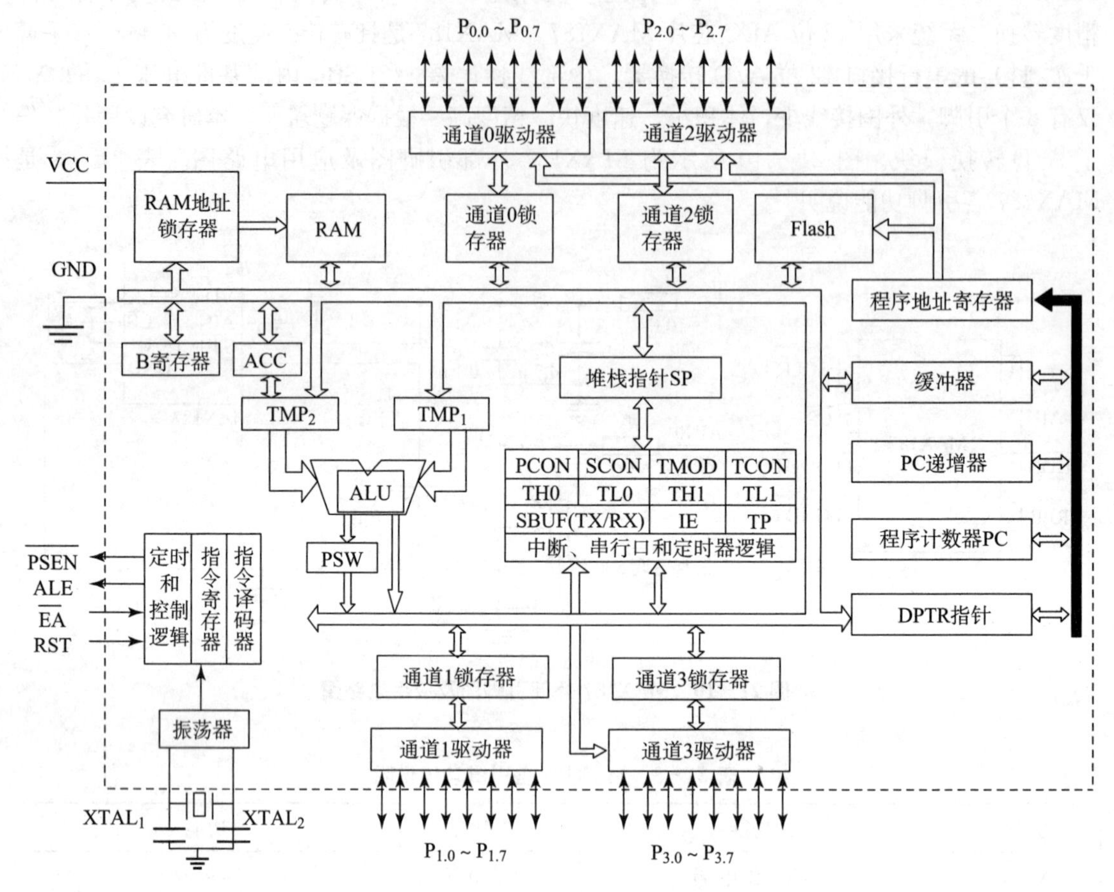

图 21-11　AT89S52 微处理器内部结构框图

21.3　系统控制流程

系统除了上述主要硬件模块外，还有一些辅助模块，如显示功能采用了数码管显示，预设位移值的调节除了自动调节外还可以采用按键进行控制等。本研究对这些辅助模块都进行了设计并制作。

采用 8 位共阴极 LED（Light-emitting Diode，发光二极管）数码管用于显示当前设定位移所对应的等效数值和反映驱动器位移值的 A /D 转换输出数值，LED 数码管显示亮度高且快速可靠。同时为了实现对设定的位移值能够采取手动方式调节，调整设定位移值增加和减小，系统设定了两个按键，可实现单次步进调整的设定位移值增加和减小 24.4 nm。每隔一定的短暂时间，单片机会扫描一次按键，当扫描到有按键按下时，便会执行该按键所对应的中断子程序，更新最新设定的位移值，同时控制数控电位器对其输出电压进行控制调整。系统的控制流程如图 21-12 所示。

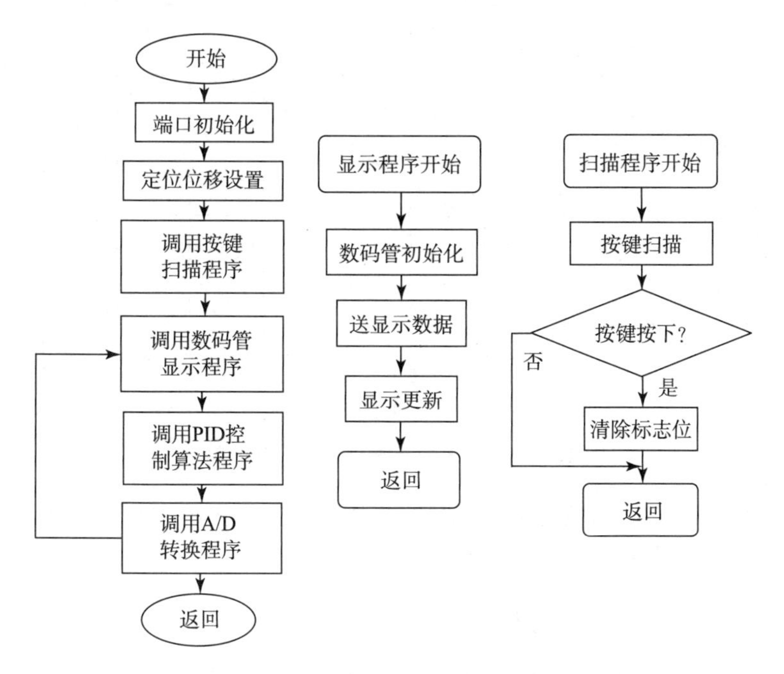

图 21-12　主程序和显示及扫描程序流程图

21.4　控制系统各模块测试与分析

将本项目组提出的基于遗传算法的模糊 PID 新型控制算法，运用构建的系统硬件平台，对控制系统的整体性能进行测试，并对实验结果和测试过程中遇到的问题及改进措施做详细分析和阐述。

为了分析各模块是否已经分别达到设计的控制性能要求，同时进一步明确系统控制量之间的关系，因此，在系统整体性能测试之前，先对系统各硬件模块进行测试分析。

21.4.1　数控电位器测试分析

本研究利用 AT89S52 单片机作为微处理器，将控制量以 12 位二进制数字量来控制数控电位器的输出。然而，在对课题所属项目组前期研发出的数控电位器进行测试时，发现数控电位器的输入端并没有随单片机的端口降为低电平而变为数字量 0，反而是单片机端口输出为 0 时被数控电位器输入端影响拉高为高电平。

经过测试，当单片机端口输出为 0 时，此时的数控电位器和单片机的端口实际电压为 1.3 V 左右。经测试分析，这是由于数控电位器模块中的光电耦合器供电电源导致其输入端口电压被抬升，而且单片机的端口带负载能力又较弱，这一现象将导致数控电位器控制失效。为了解决这一问题，经反复设计与测试，本研究最终制作成以 74HC32 二输入或门为主芯片的中间模块，连接在单片机输出端口与数控电位器输入端之间，可实现当单片机端口输出数字量 0 时，数控电位器的输入端口快速跟随降低为低电平。实验测得数控电位器的输出电压与输入信号间的关系如图 21-13 所示。

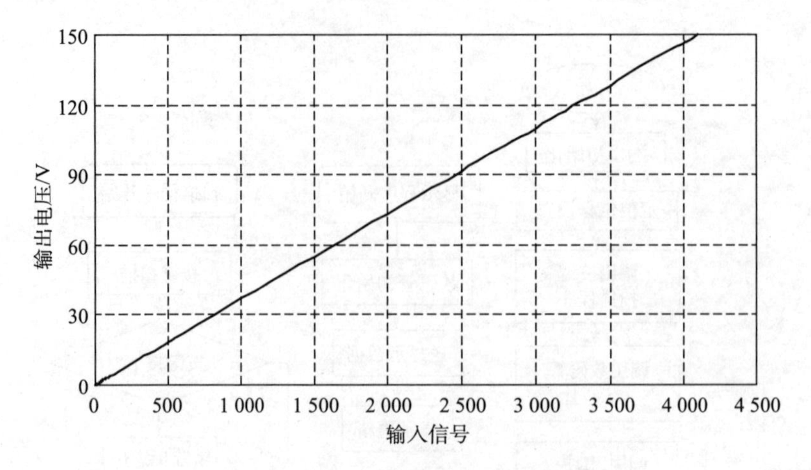

图 21-13 输出电压与输入信号间的关系

由图 21-13 可知，输入到数控电位器的 12 位数字信号在 0～4 095 变化时，数控电位器的输出电压线性地跟随其在 0～150 V 变化。

21.4.2 微位移传感器测试分析

结合信号调理电路，对本研究所采用的微位移传感器的性能进行测试。对经信号调理电路转换放大后的传感器输出电压值进行测试，每隔 0.1 V 测一次数据，同时采用测微仪测量压电陶瓷物镜驱动器的实际输出位移，记录它们之间的数据关系，绘制出驱动器输出位移与传感器输出电压关系图，如图 21-14 所示。由图中可以看出，传感器输出的电压值与驱动器的输出位移值呈良好的线性关系。

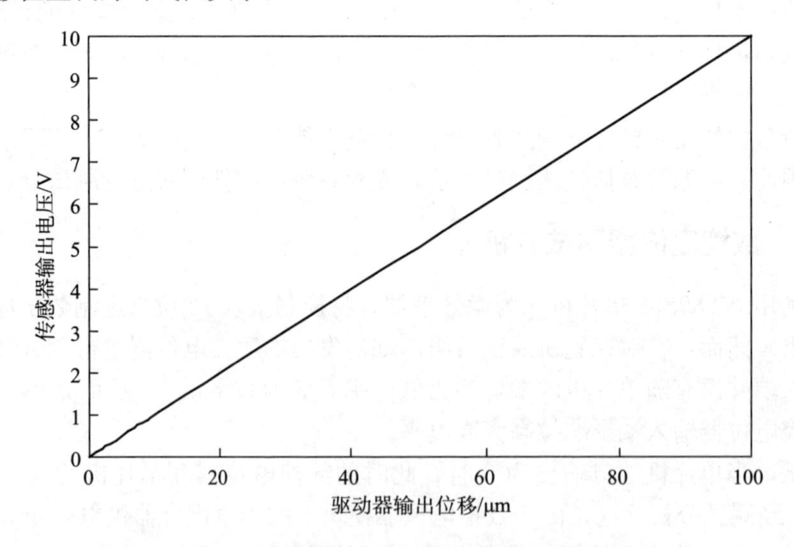

图 21-14 传感器输出电压与驱动器输出位移间的关系

21.4.3 A/D 转换模块测试分析

信号调理电路将位移传感器输出信号进行处理得到 0～10 V 模拟电压，作为输入电压提供给 A/D 转换模块。由于 12 位 A/D 转换模块的参考电压为 4.096 V，因此输入电压的最大值不能超过 4.096 V，所以，需要将位移传感器输出的电压值进行 0.409 6 倍的精密分压后再输入到 A/D 转换器中进行模数转换。在测试中，根据 A/D 转换回来显示的数值，每隔数值 1 对其输入电压进行一次测量，记录输入电压和输出数值间的一系列数据，绘制出输入电压与 A/D 转换输出数值间的关系图，如图 21－15 所示，可知 A/D 转换模块输入电压与输出数值间呈良好的线性关系。

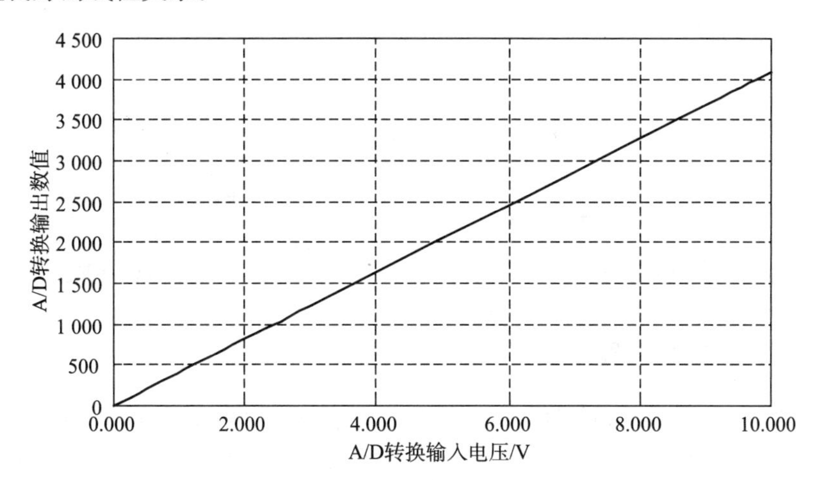

图 21－15　A/D 转换模块输入电压与输出数值间的关系

21.5　控制系统整体性能测试与分析

21.5.1　系统控制过程

控制系统的测试过程及各模块之间的控制关系如下：

首先，设定系统所要定位的位移量，由单片机端口根据控制算法来输出 0～4 095 数字量，从而控制数控电位器输出 0～150 V 直流电压，以驱动压电陶瓷物镜驱动器输出位移 0～100 μm。然后，经微位移传感器检测和信号调理电路转换后，将输出的位移量转换成 0～10 V 的模拟电压值，该电压值经过精密分压后输入到 A/D 转换模块中，A/D 转换模块输出 0～4 095 数字量反馈回单片机中。最后，单片机再根据反馈量与设定位移量间的关系进行控制调整。

21.5.2　系统测试量

本研究采用的微位移传感器其线性度较优良，传感器输出的模拟电压值几乎与驱动器的输出位移值呈线性关系，而 12 位 A/D 转换器输出的数字量与其输入的模拟电压量也呈线性关系，如图 21－14 和图 21－15 所示。因此，驱动器的位移量与 A/D 转换模块的输出数字量 S 成正比关系，即位移 0～100 μm 线性对应 A/D 的输出数字量 0～4 095，如图 21－16 所示。由此可知，当 S 的数值每增加 1，就反映驱动器的输出位移增加了约 24.4 nm。

由课题需求及数控电位器可知，系统所要定位的位移量 0～100 μm 范围与在单片机中设定的数字量 T 在 0～4 095 范围内对应呈线性关系，如图 21－17 所示，这样便可以做到定位位移的数字量化，从而对压电陶瓷物镜驱动器进行线性控制。由此可知，T 的数值每增加 1，定位位移就增加约 24.4 nm。因此，由图 21－16 和图 21－17 可知，当单片机设定的数字量 T 与 A/D 转换回来的数字量 S 相等时，可知此时的控制偏差为 0，即完全达到所要求的位移控制，所以它们两者间的偏差即是输入给 PID 控制器的系统偏差 e。

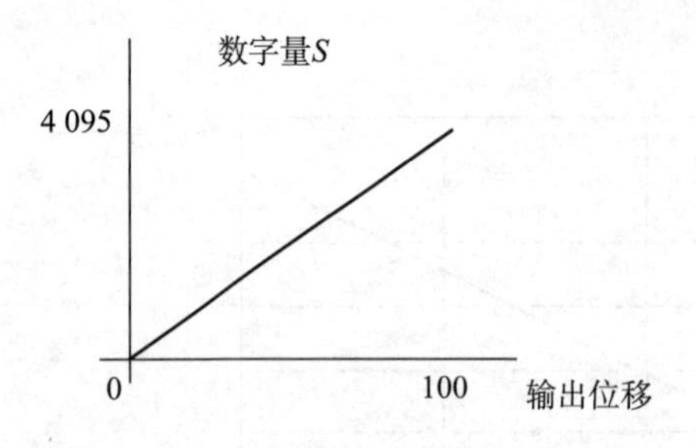

图 21－16　输出位移与数字量 S 的关系

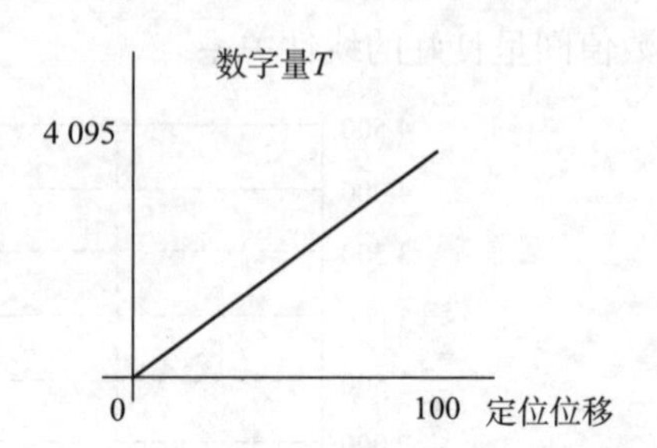

图 21－17　定位位移与数字量 T 的关系

21.5.3　系统测试结果及分析

在单片机中设定定位位移所对应的数字量 T，然后监测反映压电陶瓷物镜驱动器的实际输出位移的 A/D 反馈数字量 S，从而得出系统定位位移与实际输出位移之间的误差。在实验中，为了测试记录数据方便，采用手动方式将控制输入电压从 0 V 逐渐增加至 150 V，采样时间为 5 ms，每隔 1 s 记录一次数据并对设定位移加 100 nm，即数字量 T 每 1 s 加 4。在不同的时间段里，对系统进行三次实验测试，由三组测试数据发现它们的结果十分相近，其中一组测试数据的部分测试数据记录如表 21－4 和表 21－5 所示。其中，表 21－4 的数字量 T 的步进量为 4，即设定位移值每次步进 97.6 nm，这一位移步进量为课题对输出位移的控制要求，表 21－5 的数字量 T 的步进量为 100，即设定位移值每次步进 2.440 μm。由实验所测得数据中数字量 T 与数字量 S 之间的关系如图 21－18 所示。

表 21－4　数字量 T 与数字量 S 间关系

序号 n	数字量 T	数字量 S	偏差的绝对值 $\|S-T\|$	偏差 $\|S_n-S_{n-1}\|-\|T_n-T_{n-1}\|$	序号 n	数字量 T	数字量 S	偏差的绝对值 $\|S-T\|$	偏差 $\|S_n-S_{n-1}\|-\|T_n-T_{n-1}\|$
1	1 200	1 196	−4	—	11	1 240	1 236	−4	0
2	1 204	1 200	−4	0	12	1 244	1 240	−4	0
3	1 208	1 205	−3	1	13	1 248	1 244	−4	0
4	1 212	1 208	−4	−1	14	1 252	1 248	−4	0
5	1 216	1 212	−4	0	15	1 256	1 252	−4	0
6	1 220	1 216	−4	0	16	1 260	1 256	−4	0
7	1 224	1 220	−4	0	17	1 264	1 260	−4	0
8	1 228	1 224	−4	0	18	1 268	1 264	−4	0
9	1 232	1 228	−4	0	19	1 272	1 268	−4	0
10	1 236	1 232	−4	0	20	1 276	1 272	−4	0

表 21 - 5　数字量 T 与数字量 S 间关系

序号 n	数字量 T	数字量 S	偏差的绝对值 $\|S-T\|$	偏差 $\|S_n-S_{n-1}\|-\|T_n-T_{n-1}\|$	序号 n	数字量 T	数字量 S	偏差的绝对值 $\|S-T\|$	偏差 $\|S_n-S_{n-1}\|-\|T_n-T_{n-1}\|$
1	1 500	1 496	−4	—	11	2 500	2 496	−4	0
2	1 600	1 596	−4	0	12	2 600	2 596	−4	0
3	1 700	1 696	−4	0	13	2 700	2 696	−4	0
4	1 800	1 796	−4	0	14	2 800	2 796	−4	0
5	1 900	1 896	−4	0	15	2 900	2 896	−4	0
6	2 000	1 996	−4	0	16	3 000	2 996	−4	0
7	2 100	2 096	−4	0	17	3 100	3 096	−4	0
8	2 200	2 196	−4	0	18	3 200	3 196	−4	0
9	2 300	2 296	−4	0	19	3 300	3 296	−4	0
10	2 400	2 396	−4	0	20	3 400	3 396	−4	0

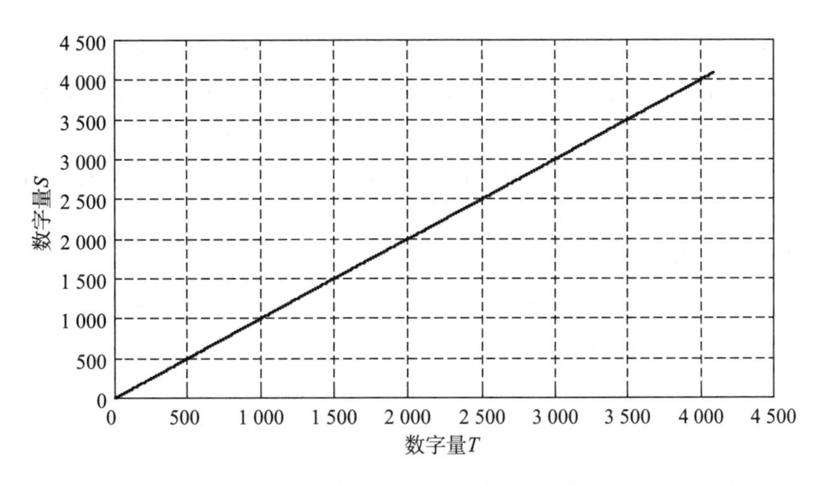

图 21 - 18　数字量 S 与数字量 T 的关系

由表 21 - 4 可知，反映驱动器实际输出位移的数字量 S 与设定位移值的数字量 T 之间存在的偏差在数值 3～5，大部分相差为数值 4，也就是位移偏差约 100 nm，相当于延时一步动作。但是，课题主要关注的是每两步间的实际输出位移间隔，由表 21 - 4 的误差 $|S_n-S_{n-1}|-|T_n-T_{n-1}|$ 列可知，在实际输出位移中，每两步间的位移间隔其数值偏差几乎为 0，即偏差位移为 0 nm，即达到等间隔位移输出，只有少量存在偏差为 ±1，即24.4 nm 的位移偏差，也就是 12 位数控电位器控制所能达到的最小位移步进量。可见，对压电陶瓷物镜驱动器的控制效果基本达到了纳米级的步进位移等间隔输出的课题要求。

由表 21 - 5 可知，在设定位移增加幅度较大时，驱动器的实际输出位移依然能够精确地跟随设定位移的变化而快速定位。可见，在大幅调整定位位移时，系统仍可做到高精度地输出位移，即亦可实现高精度地大位移输出。

由图 21 - 18 可知，反映驱动器实际输出位移的数字量 S 与设定位移的数字量 T 能达到良好的线性关系，这实际上也就是反映了压电陶瓷物镜驱动器的实际输出位移与设定位移能够满足线性控制的要求，如图 21 - 19 所示。

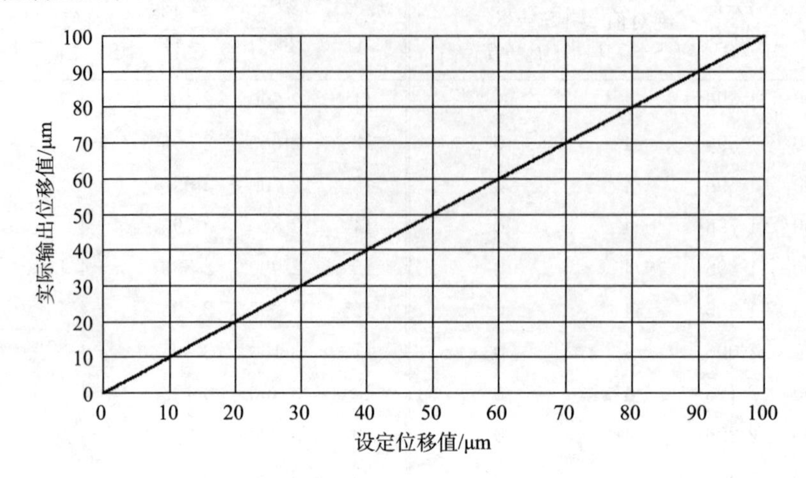

图 21 - 19　实际输出位移值与设定位移值的关系

经进一步测试分析，数字量 S 与数字量 T 间的误差，这是由于系统驱动电源部分中的功率放大电路和放电回路不能达到对压电陶瓷物镜驱动器进行快速充放电所导致的。因为实验中的数字量 T 增加较快，根据压电陶瓷物镜驱动器的迟滞和电容特性可知，如果不能对其进行快速的充放电，则有可能导致驱动器反应延缓，未能马上达到所要求的输出位移。因此，今后的研究还可以在这方面对控制系统进一步改善。

为了进一步测试控制系统的响应速度，定性分析系统的响应时间，对控制系统进行了自动递增步进位移实验，定位位移每隔 0.1 s 自动增加 24.4 nm 位移。在该实验中，观察到数字量 S 与数字量 T 的个位数值在不断快速变化增加，S 的十位数字几乎立即跟随 T 的十位数值变化而变化。由此可见，控制系统有较快的响应速度。

由实验测试结果可见，本研究提出的基于遗传算法的模糊 PID 控制算法结合本研究构建的系统硬件平台对压电陶瓷物镜驱动器的整体控制性能稳定，实现了对压电陶瓷物镜驱动器精密快速的控制，定位控制精度满足 100 nm 的控制要求，响应速度较快。

21.6　本章小结

本章采用闭环控制方式设计出控制系统的硬件总体结构，构建了一套压电陶瓷物镜驱动器控制系统硬件平台，并将所研究提出的新型控制算法结合在本研究构建的系统硬件平台上对压电陶瓷物镜驱动器进行闭环控制驱动，对压电陶瓷物镜驱动器控制系统的整体控制性能进行了测试，根据多组测试数据分析可知，系统整体性能优良，可以达到课题对压电陶瓷物镜驱动器进行精确且快速的控制的要求。

参 考 文 献

[1] 朱炜. 基于 Bouc-Wen 模型的压电陶瓷执行器的迟滞特性模拟与控制技术的研究 [D].

重庆：重庆大学，2009.
[2] 胡寿松. 自动控制原理 [M]. 4 版. 北京：科学出版社，2001.
[3] 薛实福，李庆祥. 精密仪器设计 [M]. 北京：清华大学出版社，1991：193 - 199.
[4] 贾宏光. 基于变比模型的压电驱动微位移工作台控制方法研究 [D]. 长春：中国科学院长春光机所，2000.
[5] 周晓峰. 基于 PZT 微定位系统控制研究 [D]. 杭州：浙江大学，2004.
[6] 贺斌. 压电陶瓷物镜驱动器驱动电源技术研究 [D]. 南宁：广西大学，2011.
[7] [英] J·范兰德拉特，R·E·塞德林顿. 压电陶瓷 [M]. 北京：科学出版社，1981：4 -17.
[8] 杨艳，安盼龙. 电阻应变式传感器的研究 [J]. 物理与工程，2010，20(2)：29 - 33.
[9] MAX187 datasheet，MAXIM products data book，2002.

第 22 章

基于小功率运放桥式电路的压电物镜控制器驱动电源设计

压电物镜控制器驱动电源是直接驱动压电物镜驱动器的硬件，其性能好坏直接影响后续的控制算法应用乃至图像采集的效果。本章通过对项目组之前研制的压电物镜控制器驱动电源进行实验分析，设计一种新的基于 LTC6090 的桥式驱动电源。

22.1 控制器设计指标提出

22.1.1 控制器设计指标计算涉及的若干公式

1）最小响应时间

当输入一个阶跃控制电压，压电陶瓷第一次达到设定位移所需要的最小响应时间 $T_{\min}$ 为

$$T_{\min} = 1/3f_0 \tag{22-1}$$

式中，f_0 是压电陶瓷的谐振频率。

2）峰值电流

正弦电压和阶跃电压驱动容性负载时峰值电流计算公式分别如式（22-2）和式（22-3）所示。

$$I_{\max} = \pm V_{p-p}\pi Cf \tag{22-2}$$

$$I_{\max} = C\frac{V_s}{t} \tag{22-3}$$

式中，$I_{\max}$ 是输出（吸收）峰值电流；V_{p-p} 是电压峰峰值；C 是电容；f 是输出频率；V_s 是阶跃电压；t 是阶跃响应时间。

3）压电物镜驱动器额定功率

本章采用的压电物镜驱动器是用于正置显微镜的 XP－721 系列压电物镜驱动器中的闭环型号 XP－721.SL，在闭环动态应用中额定功率应小于等于 3 W。式（22-4）为厂商给出的动态应用中额定功率的经验计算公式。

$$P = V_{p-p}^2 Cf \tag{22-4}$$

式中，P 是动态应用额定功率；V_{p-p} 是电压峰峰值；C 是静电容量；f 是输出频率。

22.1.2 控制器设计指标计算

为满足数字共焦显微技术中的光学切片显微图像的采集，以及控制器能够控制显微镜物

镜完成快速定位聚焦等应用的实际需要，压电物镜控制器需要控制物镜进行快速稳定的等间隔步进，最小步进间隔为 50 nm。

本章压电物镜驱动器 XP-721. SL 实际所带物镜负载约为 200 g，由技术参数可知谐振频率为 200 Hz，根据式（22－1）可得在开环阶跃控制下，压电陶瓷第一次到达设定位移的最小响应时间约为 1.7 ms，换作有上升阶跃和下降阶跃的方波则是 300 Hz。XP-721. SL 控制电压范围 0～＋150 V，对应行程范围 100 μm，理想线性状态下 50nm 步进位移相当于步进电压约为 75 mV。但由于压电陶瓷位移输出的非线性，电压分辨率应小于 75 mV。综上所述，将本章控制器的驱动电源输出分辨率指标定为 36 mV，开环控制输出 75 mV 方波指标达到 300 Hz。

为了满足显微镜的步进扫描、快速定位、自动聚焦等瞬态动态应用需求，驱动电源需要能输出一定电流，驱动压电物镜驱动器进行快速响应。将 50 nm 小幅步进驱动参数 C＝3.6 μF，V_s＝75 mV，t＝1.7 ms 代入式（22－3）得 I_{max}≈0.16 mA，可知步进 50 nm 需要的驱动电流很小。同理计算 1 μm 步进驱动电流约为 3.18 mA，一般驱动电源可以满足。为了保护压电物镜驱动器不会因过载造成损坏，驱动电源输出电流设计指标不从步进控制这部分考虑，而是根据满幅动态应用和开环额定功率计算得到。由式（22－2）和式（22－4）可知，当开环动态额定功率为 P＝5 W，输出电压峰峰值为 V_{p-p}＝150 V 时，计算可得驱动电流为 I_{max}≈±105 mA。光学切片采集没有大幅度的位移输出应用，不需要大电流输出，同时为了保护压电物镜驱动器，可将驱动电源的峰值电流设置为±100 mA。因此驱动电源输出峰值电流设计指标为±100 mA。驱动电源的输出纹波影响着控制的精度和稳定性，因此将驱动电源带负载输出静态纹波峰峰值指标定为＜15 mV。

由于实验室没有外部微位移测量仪器，因此本章所有的实验都采用 XP-721. SL 内置的 SGS 电阻应变片式传感器及厂家配套的传感器信号调理电路输出信号作为输出位移测量标准。XP-721. SL 闭环分辨率为 5 nm，考虑到控制需求、驱动电源纹波和微位移传感器信号调理电路输出噪声的影响，将控制器静态闭环控制误差绝对值设为＜10 nm。

由前面计算可知带 200 g 物镜负载的 XP-721. SL 最小响应时间约为 1.7 ms，但是实际测试发现其响应时间远大于 1.7 ms。由于厂家没有提供 XP-721. SL 最小响应时间参数，并且也没有进行阶跃响应的测试。所以本章采用 XP-721. SL 内置的 SGS 电阻应变片式传感器及其信号调理电路对最小响应时间进行测试，测试结果示波器截图如图 22－1 所示。

图 22－1（a）、（c）分别为输入一个 100 mV 阶跃电压和一个 10 V 阶跃电压后 XP-721. SL 两端电压的变化；图 22－1（b）、（d）所示为其对应的传感器信号调理电路输出电压变化，该电压变化对应的是 XP-721. SL 输出位移的变化。从图中可以看出，XP-721. SL 两端电压变化 100 mV 时间约为 200 μs，对应位移输出响应时间约为 200 ms；XP-721. SL 两端电压变化 10 V 时间约为 320 μs，对应位移输出响应时间约为 230 ms。压电陶瓷两端阶跃电压响应时间都小于其位移响应的理论最小响应时间 1.7 ms，因此能够满足压电陶瓷快速位移输出响应的驱动要求[1]。但是实测位移输出响应大大超过 1.7 ms，响应稳定时间基本达到 250 ms，同时位移响应曲线并没有阻尼振荡。这可能是由于 XP-721. SL 技术参数中的谐振频率并不是压电陶瓷的谐振频率，或者是内置传感器机械滞后和传感器信号调理电路的延迟导致响应变慢。考虑到控制算法处理需要时间，特别是闭环控制算法，会降低整个系统的响应时间。所以本章将最后的控制器步进控制指标定为步进分辨率 50 nm，步进响应时间

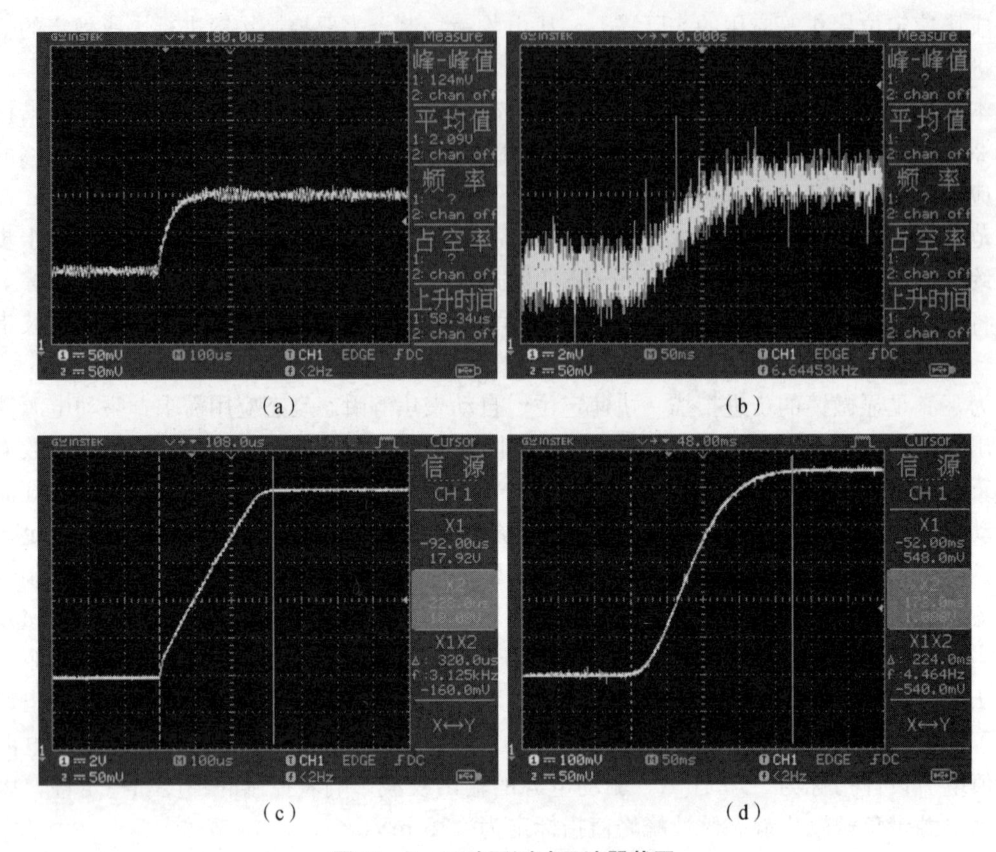

图 22-1　环阶跃测试示波器截图

(a) V_{in}=100 mV；(b) D_{out1}；(c) V_{in}=10 V；(d) D_{out2}

500 ms，即步进速率 2 步/s。最后总结控制器设计指标如下：

(1) 驱动电源电压输出范围：0～+150 V。

(2) 驱动电源输出峰值电流：±100 mA。

(3) 驱动电源输出分辨率：36 mV。

(4) 驱动电源方波响应：300 Hz (V_{p-p}=75 mV)。

(5) 驱动电源静态纹波峰峰值：<15 mV。

(6) 控制器闭环控制误差绝对值：<10 nm。

(7) 控制器步进分辨率：50 nm。

(8) 控制器步进速率：2 步/s。

22.2　项目组研制的驱动电源问题分析

本项目组之前研制的控制器组成框图如图 22-2 所示的虚线部分。

控制器驱动电源核心部分包括高压数控电位器、功率放大、放电回路以及高压直流源。下面就高压数控电位器、功率放大电路和放电回路这三部分电路进行分析测试。

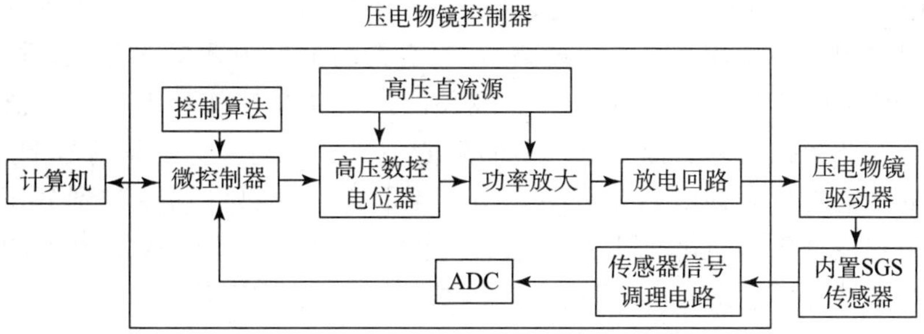

压电物镜控制器
控制算法
高压直流源
计算机
微控制器
高压数控电位器
功率放大
放电回路
压电物镜驱动器
ADC
传感器信号调理电路
内置SGS传感器

图 22-2　项目组研制的控制器组成框图

22.2.1　高压数控电位器分析测试

项目组研制的驱动电源直接采用一个自制的 12 位高压数控电位器对 150 V 进行分压输出，代替了 DAC 以及电压放大部分，其结构图如图 22-3 所示。从图中可以看出该高压数控电位器由分压电阻阵列以及其互补阵列组成。分压电阻阵列由 12 个非门、12 个光电开关子模块以及受光电开关控制的 12 个阻值按二进制位数递增的可调电阻组成，分压电阻互补阵列即在上述分压电阻阵列基础上去掉非门。这两组阵列控制端并联，由 12 位来自微控制器的信号控制，最终分压通过两组阵列中间输出。

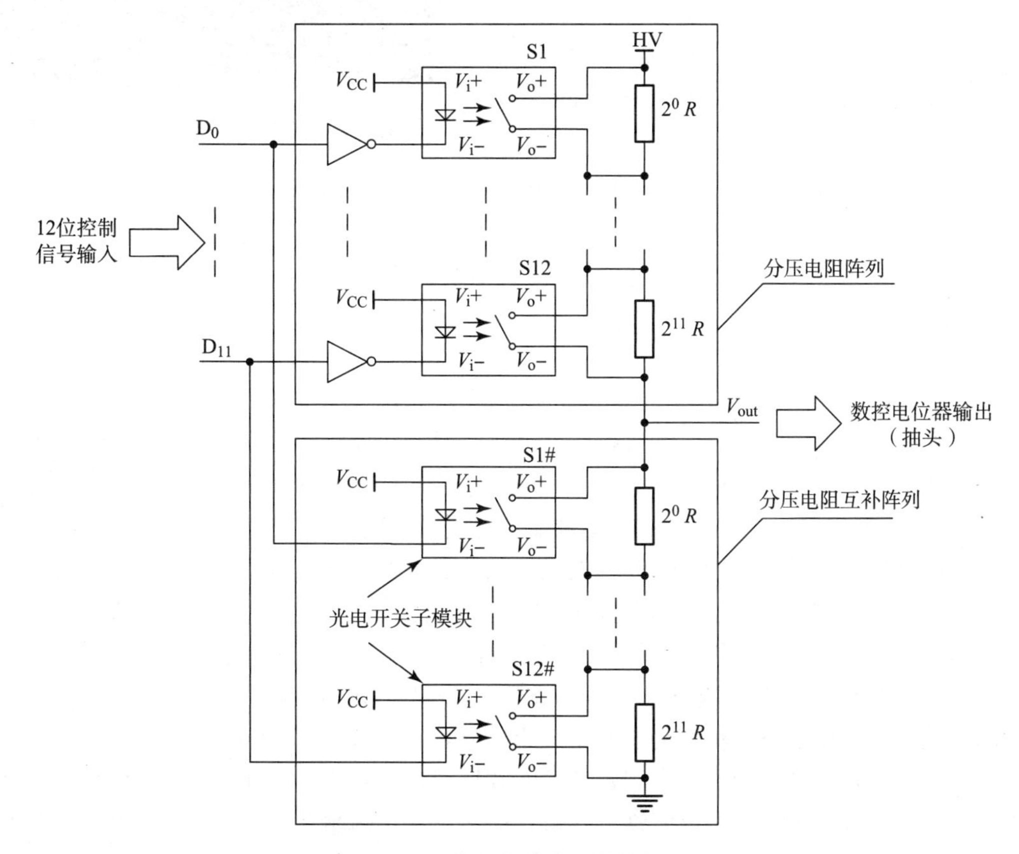

图 22-3　高压数控电位器结构图

该数控电位器采用光耦来驱动低导通电阻的 MOS 管构成光电开关子模块，实现对分压电阻的开启关闭（并联开路或并联短路），只有开启的电阻才参与分压。同时其采用互补设计，即分压电阻阵列中有电阻被开启或关闭，对应互补阵列中相等阻值的电阻就被关闭或开启，保持数控电位器分压电阻总的阻值不变。当输入二进制信号 $D_0 \sim D_{11}$ 进行控制，信号中的高电平对应的电阻就在分压电阻互补阵列中被开启参与到分压当中，低电平对应的电阻则在分压电阻阵列中被开启参与到分压当中，则代表高电平的电阻在数控电位器抽头下方被分压输出。$D_0 \sim D_{11}$ 对应该数控电位器中阻值为 $2^0 R \sim 2^{11} R$ 的电阻，即 12 个阻值为 $2^0 R \sim 2^{11} R$ 的电阻直接代表了二进制的 12 位数，因此可实现一个 12 位的高压数控电位器。在对 150 V 电压进行分压输出时，其理论上输出分辨率为 2^{12}，即电压分辨率为 36.6 mV。

在空载情况下，控制数控电位器输出 12 位分辨率的 150 V 正弦波进行测试。测试中发现其输出频率特性较差，输出波形不平滑，且带有幅值较大的毛刺，如图 22-4 所示。分析其原因，可能是光电开关子模块中光耦及 MOS 管开关特性不一致导致。

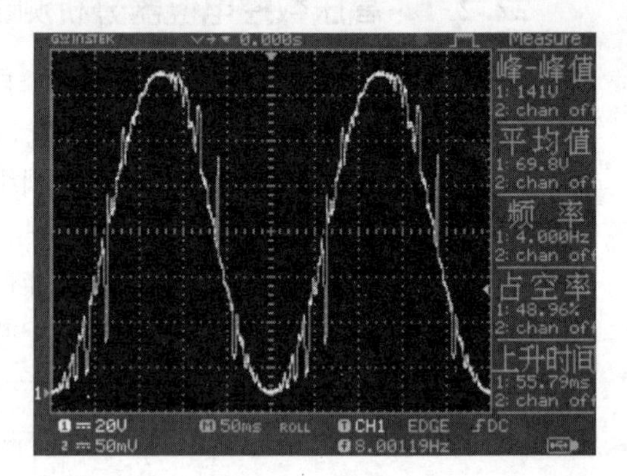

图 22-4　空载输出正弦波测试示波器截图

除了上述问题之外，该数控电位器还存在几点不足：由于采用分立元件来提高耐压性，容易导致元件参数不一致，进而使开关控制不同步产生毛刺，同时使分压电阻阻值调试复杂，影响输出精度；增加分辨率是通过增加光电开关子模块和分压电阻实现的，分辨率越高体积越大；分压电阻一般取大阻值以降低静态电流，因此其输出的驱动电流较小，需要后级进行功率放大；由于是电阻分压输出，其输出电阻随输出改变而变化，不适合对阻抗变化敏感的电路。

22.2.2　功率放大电路分析测试

高压数控电位器的输出直接接到功率放大电路进行电流放大，其电路如图 22-5 所示。这部分电路是一个放大倍数为 1 的误差放大电路，通过运放驱动并联的功率 MOS 管进行扩流。在运放输出电流较小，在电阻 R_3 上产生的电压达不到 MOS 管开启电压时，运放就直接通过电阻 R_3 输出电流驱动负载；当运放输出电流增大使得 R_3 上的压降达到 MOS 开启电压，MOS 开启并通过限流电阻 R_8 输出大电流驱动负载。二极管 D_1、三极管 Q_5 和限流电阻构成限流电路。当 MOS 管输出电流达到设定值，其在 R_8 上产生的压降会达到三极管的发射结电压，三极管开始工作，对其基极电流进行放大，对运放输出电流进行分流。这样会降低流经 R_3 上的电流进而降低电压，使 MOS 管关闭，其输出电流减小。

测试发现该功放电路大幅度动态驱动效果较好，采用大功率 MOS 管使其输出电流可达到 1 A 以上，但是发热比较严重，需要良好的散热措施才能进行长时间大功率输出。并且这种简单采用 N 沟道 MOS 管的功率放大电路只能实现大电流输出（充电），不能实现电流吸收（放电），不具备对压电陶瓷这种容性负载进行充放电的能力，所以还需要增加额外放电回路进行放电。同时由前面设计指标分析可知，本章应用不需要大电流大功率输出，并且采

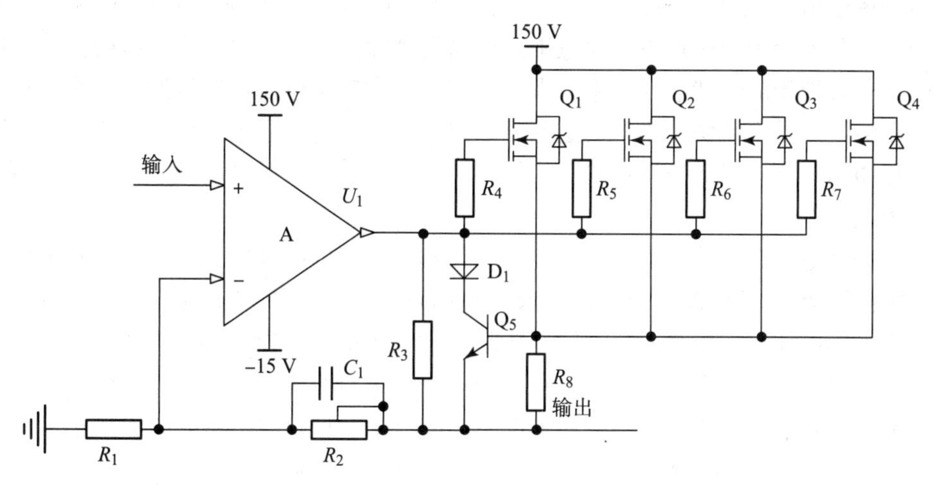

图 22－5　功率放大电路

用 MOS 管等大功率器件还会相对地增大电路体积及成本，因此本章应用不需要采用 MOS 管。

22. 2. 3　放电回路分析测试

功率放大电路输出接到放电回路再连接压电物镜驱动器，其电路如图 22－6 所示。

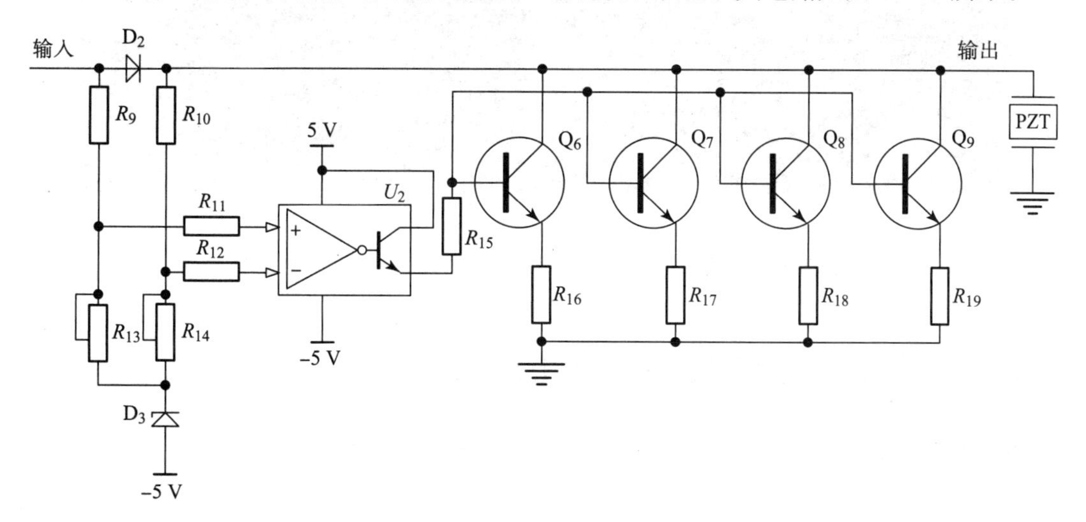

图 22－6　放电回路

从图 22－6 中可以看出，功率放大电路和压电物镜驱动器间设置有一个采样二极管 D_2。放电回路通过对 D_2 两端电压进行采样，然后输入到电压比较器进行比较输出，驱动功率三极管进行放电。由于比较器是低压器件，当功率放大电路输出高压时 D_2 两端也会出现高压，因此采样电压需要经电阻分压后才输入比较器。当输入端电压上升且高于输出端电压，放电回路不工作，功率放大电路通过 D_2 对负载进行充电；当输入端电压下降且小于输出端电压，电流会被 D_2 拦截避免回流到功率放大电路，同时放电回路开始工作进行放电。当放电使输入和输出端电压平衡又会停止放电。

如果分压电阻 R_{13}、R_{14} 下端接地，当功放电路输出只有几伏电压时，D_2 两端压降会比较小，分压后两者会十分接近参考地电平，容易受到噪声干扰而引起比较器误操作。这会使得放电回路一直处于放电状态，功率放大电路则一直在输出电流，导致发热严重，有时会因电流过大而烧毁高压直流源。本章对这部分电路进行了改进，采用一个－5 V和一个稳压管 D_3，将分压电阻下端降低到－3 V左右，使得功率放大输出较低电压时，采样电压能够大于噪声，避免误操作。

对整个驱动电源进行输出线性度测试，其达到了较高的线性度。但是也发现采样二极管 D_2 在运放闭环之外，其误差不能由误差放大电路进行消除，影响了输出精度。同时实验发现静态输出不同电压时二极管压降不同，压降最大最小值之差能达到0.2 V，这对几十毫伏的精密控制有较大影响。在空载和电容负载情况下，进行小幅度方波输出测试，测试点为放电回路中输出端，测试结果示波器截图如图22－7所示。可以看出空载时输出正常，但接上电容负载之后方波被滤掉，输出几乎成了一条平坦的线。然而在相同情况下测试带电容负载时的输入端的波形，发现是正常的方波输出。分析可能是由于采样二极管 D_2 导通压降为0.6 V左右，因此无法响应变化小于0.6 V的电压控制。

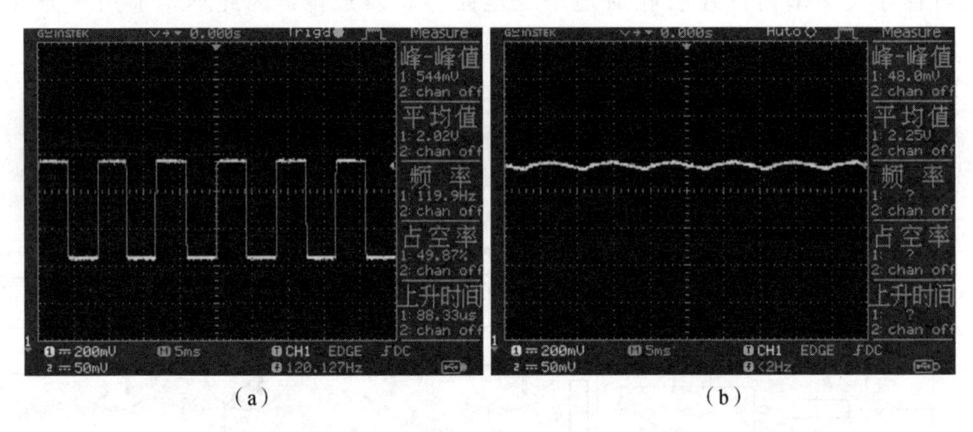

图22－7 空载（a）和电容负载（b）的方波波形示波器截图

22.3 压电物镜控制器的驱动电源设计

根据上面对本项目组之前研制的驱动电源问题的分析，本节在此基础上进行新的设计研究。

22.3.1 压电物镜控制器的组成

本节设计的压电物镜控制器包含驱动电源硬件部分和控制算法软件两部分，其组成框图如图22－8中虚线部分所示。其中驱动电源包含微控制器模块、DAC数模转换模块、传感器信号调理模块、ADC模数转换模块、放大电路模块以及高压直流源供电模块。控制算法直接放到微控制器中，以提高控制的实时性。控制算法的设计研究将在后面章节论述。

从上述对项目组研制的控制器驱动电源的实验分析可知，其采用高压数控电位器的驱动电源方案存在着一些问题，需要进一步提高分辨率、简化电路、减小体积并改善小信号响应。下面将进行一种新的基于小功率运放的桥式压电物镜驱动电源的设计。

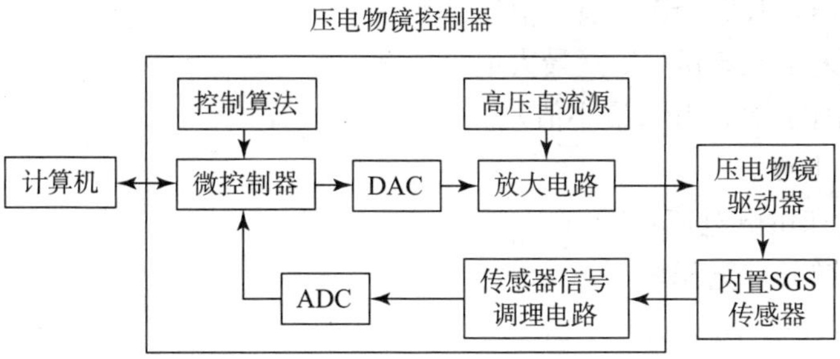

图 22－8　本节压电物镜控制器组成框图

22.3.2　驱动电源类型选择

高压功率运放式驱动电源和误差放大式驱动电源是四种电压控制型驱动电源中常用的形式。高压功率运放式驱动电源设计中，通常采用 APEX 公司的 PA 系列 Mosfet 输出高压功率运放。其集成了电压放大、功率放大、电流限制、电路保护及相位补偿等环节，可以满足大部分压电陶瓷驱动应用的设计要求。并且该系列运放针对压电陶瓷驱动提供了较为详细的应用资料，因此这类驱动电源设计简单实用，被广泛采用。高压功率运放式的驱动电源可以满足本节压电物镜控制器的驱动电源设计指标，但这类高压功率运放属于军工级产品，应用成本较高[2]，不适合本节低成本设计应用。而误差放大式驱动电源可在前端采用小功率运放进行电压放大，然后在输出端采用分立元件进行功率放大，以此来达到或者提高高压功率运放的功率输出效果。这种形式的电路在保有一定的高压功率运放出色性能的同时，有效降低了成本。因此本节压电物镜控制器的驱动电源选择以误差放大式驱动电源为基础来进行设计。

22.3.3　放大电路设计

目前，通过查找资料发现各大芯片厂商推出的小功率高压运放的最高输出为 140 V，因此直接采用小功率高压运放设计的单路误差放大电路只能满足 XP-721.SL 驱动电流的要求，无法满足 XP-721.SL 的 0～＋150 V 驱动电压要求。但 XP-721.SL 的驱动电压是浮地单极性电压，因此可以采用输出与地无关的桥式电路结构对输出电压进行翻倍提高。通过桥式电路结构可以将 150 V 输出平均分配给两路 75 V 输出的放大电路来实现。因此本节放大电路采用两路误差放大电路结合成桥式电路的形式进行设计。

1. 小功率高压运放 LTC6090 介绍

LTC6090 系列运放是凌力尔特推出的一种小功率 140 V 轨至轨输出运算放大器，内部集成过热保护功能，具有小体积、低功耗、高精度、低噪声等优点，可以满足本节设计要求。

LTC6090 性能概要如下：

（1）供电电源范围：±4.75 V 至±70 V（140 V）。

（2）0.1～10 Hz 噪声：3.5 μV_{p-p}。

（3）输入偏置电流：50 pA（最大值）。

(4) 低失调电压：1.25 mV (最大值)。

(5) 低失调漂移：±5 μV/℃ (最大值)。

(6) 共模抑制比：130 dB (最小值)

(7) 轨至轨输出级。

(8) 输出吸收和供电电流：50 mA。

(9) 12 MHz 增益带宽积。

(10) 21 V/μs 压摆率。

(11) 11 nV/√Hz 噪声密度。

(12) 热停机。

(13) 采用耐热性能增强型 SOIC-8E 或 TSSOP-16E 封装。

本节选择的是 LTC6090 系列中噪声增益大于等于 5 稳定的 LTC6090-5 运放，其有更高的压摆率 (37 V/μs) 和增益带宽积 (24 MHz)，可提高运放电路响应速度和稳定性。

2. 单路误差放大电路设计

为了使放大电路能够有效地对压电陶瓷这种容性负载进行充放电，其输出部分采用互补对称输出结构，进而可以省去上述放电回路，简化电路、提高输出精度。单路误差放大电路如图 22-9 所示，其是参考 LTC6090/LTC6090-5 数据表中典型应用进行设计的。该电路采用小功率运放通过驱动电阻直接驱动三极管互补对管进行功率放大输出，并通过二极管钳位进行限流。

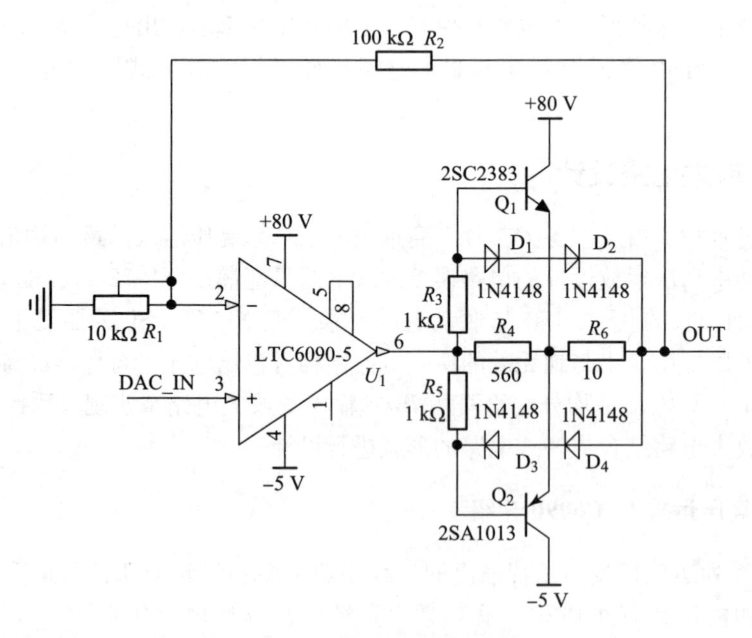

图 22-9　单路误差放大电路

由实际应用需求及输出峰值电流设计指标±100 mA 可知，采用常用小功率三极管即可满足放大部分的功率输出要求。本节选用 2SC2383/2SA1013 三极管对管进行设计。这对互补对管具有±160 V 的最大反向击穿电压，远小于单路误差放大电路输出电压需求；其±1 A 的最大集电极电流也能够满足输出电流需求，因此可以满足设计要求。如图 22-9 所示，运放及三极管对管都采用不对称双电源供电，这是由于 LTC6090-5 不是轨至轨输入运放，其存在共模输入范围限制，并且三极管对管互补输出需要提供一定输出压差。该电路的运放反馈采用串联电压负反馈电路，使其输入端阻抗很大，适合带负载能力较弱的 DAC 直接输入。运放 LTC6090-5 通过 1 kΩ 驱动电阻直接驱动 2SC2383/2SA1013 对管进行输出。当运放输出电流在电阻 R_4 上产生的电压未达到三极管发射结电压时，功率放大部分不工作，运放电流直接输出作为驱动电流；当 R_4 上电压达到发射结电压时，三极管进入导通状态，对运放输出流经 R_3 的基极电流进行放大后流经限流电阻 R_6 输出。为了满足设计要求，同时防止瞬间电流过大对元器件及压电陶瓷造成伤害，该误差放大电路采用二极管钳位限流电路进行了电流限制。导通后的二极管 D_1 和 D_2 两端电压分别约 0.6 V，三极管 Q_1 处于导通状态时发射结电压约 0.7 V，则两个二极管和三极管发射结在限流电阻 R_6 上的钳位电压约为 $2\times0.6-0.7=0.5$（V），通过设置 R_6 阻值即可限制输出电流大小，吸收电流限制原理相同，此处不再赘述。

3. 桥式放大电路设计

运放桥式电路原理示意图如图 22－10 所示，左边 A_1 运放称为主运放，右边 A_2 运放称为从运放。主运放通常采用同相或反向比例运算电路对输入信号进行放大输出，从运放则采用放大倍数为－1 的反相比例运算电路对主运放输出进行大小相等极性相反的跟随输出，因此桥式电路可实现电压翻倍输出。桥式电路相对于单运放电路还具有输出电流提高一倍、压摆率提高一倍和二次谐波有效减少等优点[3,4]，因此本节采用桥式电路结构实现输出扩压，以达到驱动电源输出电压 0～＋150 V 设计要求。

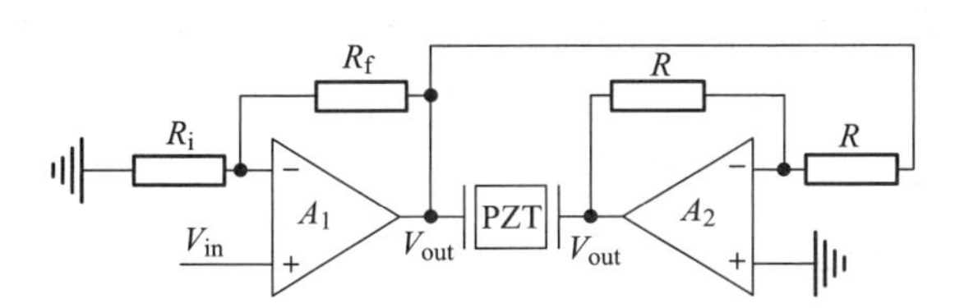

图 22－10　运放桥式电路原理示意图

本节以两路误差放大电路桥接形成桥式电路，提出了一种新的浮地单极输出 150 V 桥式压电物镜驱动器驱动电源，其核心放大电路如图 22－11 所示。左侧的主放大电路为＋80 V 和－5 V 供电的电压串联负反馈同相放大电路，输入端具有很高的阻抗，方便后续 DAC 选型；右侧的从放大电路为－80 V 和＋5 V 供电的电压并联负反馈反相比例跟随电路。DAC 输入的正电压经主放大电路同相放大为 0～＋75 V 的电压输出，同时从放大电路将这 0～＋75 V 进行反向跟随输出 0～－75 V 电压。由主放大电路输出的正 75 V 与从放大电路输出的－75 V 共同组成浮地 150 V 电压输出。

从上述单路误差放大电路设计中可知，在电路输出（吸收）峰值电流时限流电阻 R_6 上的钳位电压被限制在±0.5 V 左右，取 R_6 为 10 Ω 则可得主放大电路的峰值电流约为±0.5/10=±50（mA）。由于主放大电路的输出电压直接限制了从放大电路的输出电压，在输出电流充足的情况下，从放大电路的输出电流会被主放大电路限制为±50 mA。因此整个桥式放大电路的峰值电流为±100 mA。从主放大电路驱动从放大电路的原理及整个电路的保护出发，通常主放大电路和从放大电路都需要进行外部限流，并且主放大电路峰值电流

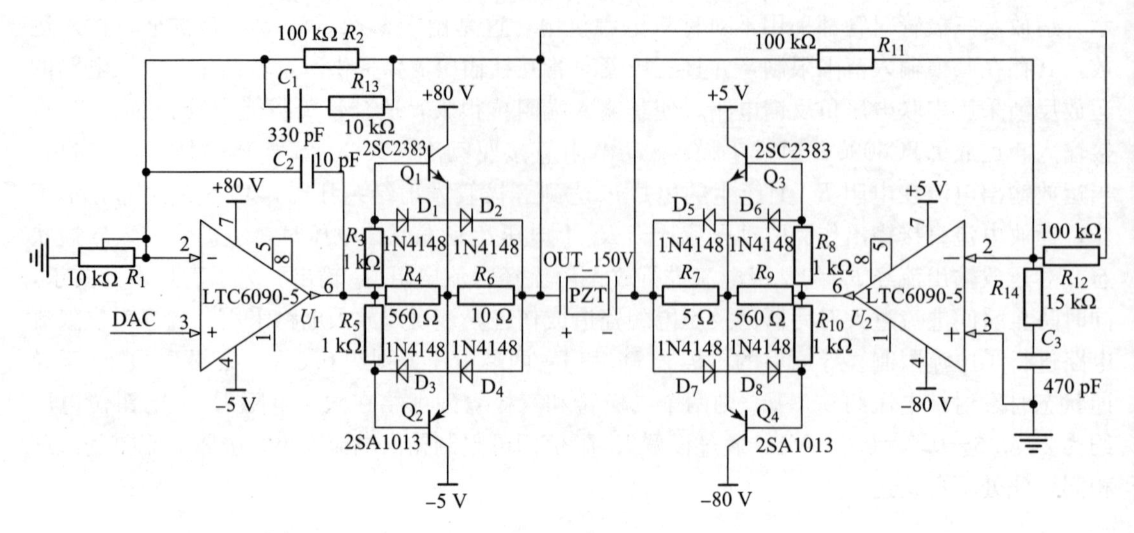

图 22-11　本节驱动电源的放大电路

要小于从放大电路峰值电流[3]。本节采用 150 V 满幅阶跃上升下降实验来对从放大电路峰值电流进行选取。最后综合实验结果选取限流电阻 R_7 为 5 Ω，由钳位电压±0.5 V 可得从放大电路最终峰值电流限制为±100 mA。

使用运放电路驱动容性负载易导致电路的不稳定，甚至产生自激震荡，烧坏元器件。因此驱动电源的放大电路需要加入补偿电路使电路工作稳定，同时消除过冲或振铃等现象，获得较好的瞬态响应。本节通过对补偿方法的试验来确定补偿电路。最后补偿电路为在从放大电路上采用噪声增益补偿电路（加电阻 R_{14} 和电容 C_3），在主放大电路中采用双反馈补偿电路（加电容 C_2）和超前补偿电路（加电阻 R_{13} 和电容 C_1）。补偿电路参数是以加装了物镜的 XP-721. SL 作为输出负载的情况下调试得到的。

22.3.4　高压直流源设计

三端稳压器稳压电路具有成本低廉、易用稳定、输出纹波小等优点，并且通过串联多组独立的 3 端可调稳压器稳压电路，可得到稳定的高压输出[5-7]。本节驱动电源放大电路的±80 V 高压直流源也采用这种方案，其电路如图 22-12 所示。

稳压电路串联的必要条件是每一组稳压电路的输入都是独立的，则输出端可直接串联实现串联高压输出。为了节省电路成本及空间，本节选择了最大可调输出达 45 V 的 3 端可调稳压器 LM317HV 进行设计。相比于低压型号 LM317，采用 LM317HV 只需串联 2 组 40 V 稳压电路即可实现 80 V 输出。由于负电压输出的 3 端可调稳压器没有与 LM317HV 对应的高压型号，为了简化设计，±80 V 直接通过两个 80 V 来实现。±80 V 高压直流源电路如图 22-12 所示，由 4 组独立的 LM317HV 稳压电路串联得到 160 V 输出，取中间为输出参考地，则电路首尾输出分别为+80 V 和−80 V。放大电路的±5 V 供电也采用三端稳电路实现，通过固定输出三端稳压器 LM7805 和 LM7905 提供。微控制器、DAC 模块和 ADC 模块等数字电路采用独立 5 V 供电，传感器信号调理电路采用±15 V 供电。

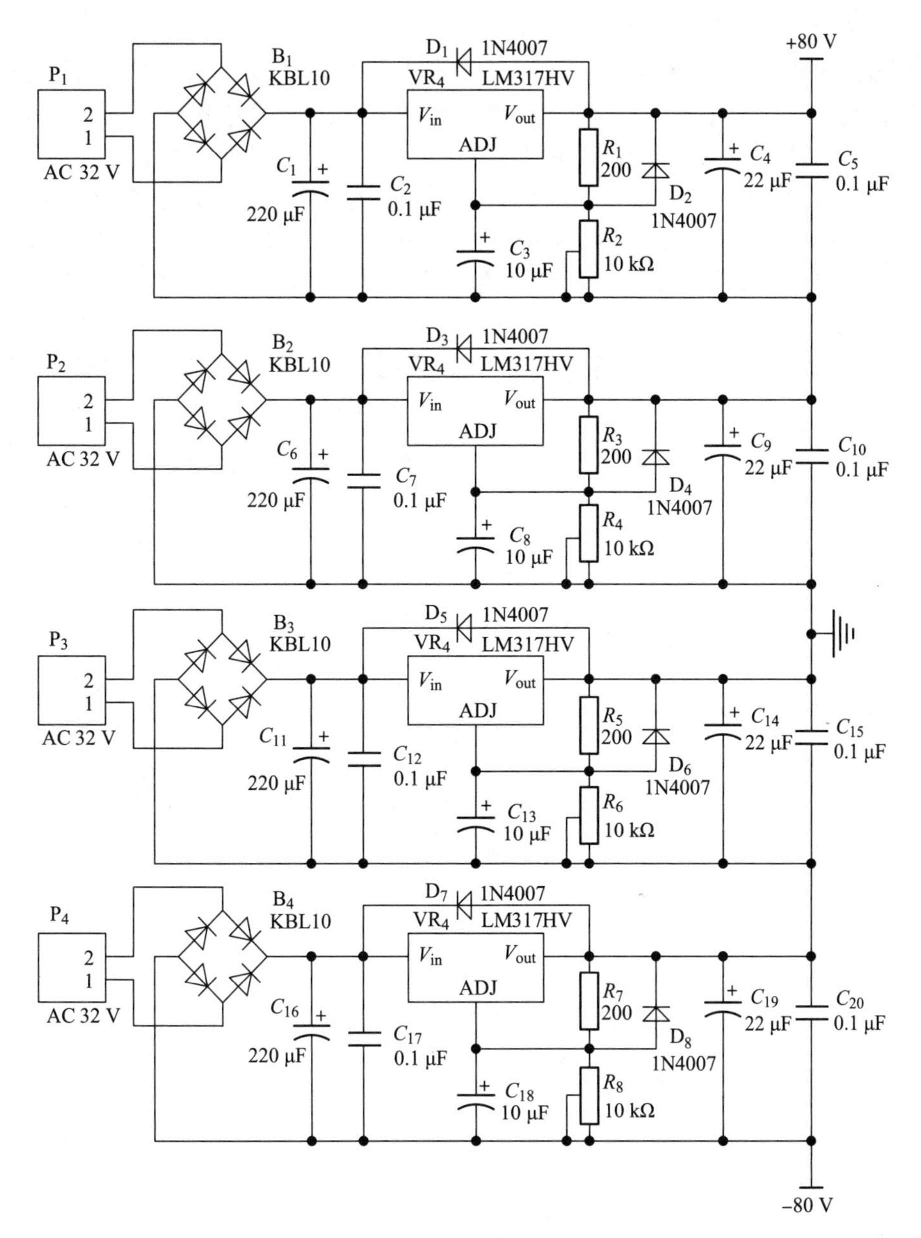

图 22 - 12　高压直流源电路

22.3.5　微控制器及 DAC 选择

传统的 8051 单片机作为微控制器入门器件，能满足大部分基础控制的需求。但是其内核及外设相对简单，一些较大程序或者复杂算法较难在 8051 单片机上实现。针对控制算法实时性需求，本节选择高性能的 STM32 系列微控制器用于控制。基于 ARM Cortex-M3 内核的 STM32 微控制器以其低功耗、高性能等优点，广泛应用于嵌入式系统设计领域。本节采用的 STM32F103ZET6 是 STM32F103 系列的增强型号，其最高时钟频率达 72 MHz，拥有大容量内存及丰富的接口，支持库函数和寄存器编程开发，能够满足本节控制器的信号采集、数据处理和控制输出等应用的需求。

作为微控制器和放大电路间的桥梁，DAC的分辨率直接影响到后级模拟放大电路的输出分辨率。由设计指标可知，驱动电源满幅150 V输出分辨率要求达到36 mV，即150 V输出要求达到12位的分辨率。采用12位DAC难以满足要求，因此本节选用16位DAC提高输出分辨率，进而提高控制精度。LTC2641-16是凌力尔特推出的一款16位高速DAC，属于无缓冲电压输出型。其在整个温度范围提供了16位单调分辨率和±1 LSB最大偏移误差，具有良好的低偏移和低漂移特性，可以满足本节驱动电源输出分辨率及精度的要求。LTC2641-16的输出范围小于供电电压，并由外部电压基准决定。为了减小放大电路的增益，LTC2641-16设置为输出0～+4.096 V，并采用小型串联电压基准LT6654-4.096为其提供外部的4.096 V基准电压。同时为了减小输出高频噪声，在LTC2641-16输出端串接了一个RC低通滤波器，DAC输出通过滤波器后接入放大电路中，最后DAC模块电路如图22－13所示。DAC输出电压最大为电压基准的4.096 V，则放大电路的增益需要设置为150/4.096≈36.621。

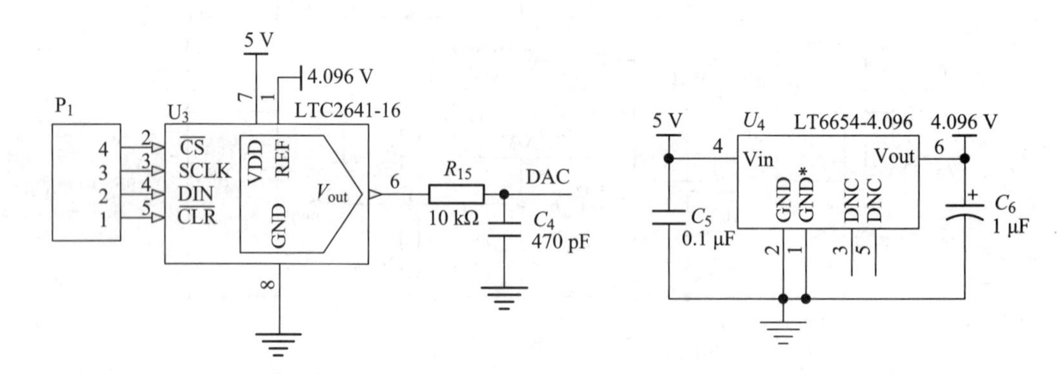

图22－13　DAC模块电路

22.3.6　传感器信号调理模块介绍及ADC选择

XP-721.SL内置了全桥连接的SGS电阻应变片式传感器。由外部提供一个基准电源给传感器，当压电陶瓷发生微位移后，传感器会反馈出一个毫伏级的模拟信号，需要经信号调理电路放大才能被ADC采样。

本节的传感器信号调理模块直接采用了XP-721.SL厂商的XMT-CQ电阻应变片传感器信号调理模块，如图22－14所示。

该XMT-CQ电阻应变片传感器信号调理模块的原理框图如图22－15所示。该模块需要±15 V供电，其包括基准电源、差分放大、滤波及放大、调零电路。首先该模块给电阻应变片式传感器提供一个10 V的基准电源，当压电陶瓷发生微位移，传感器就会返回位移差分信号，然后信号调理模块就对其进行差分放大、滤波，最后将传感器的微小模拟信号转变和放大成0～+10 V模拟信号输出。传感器测量的微位移和信号调理电路输出是线性的，所以这0～+10 V电压可近似对应为压电物镜驱动器0～100 μm的位移。因此根据信号调理电路输出的传感器反馈信号就可以实现一个闭环控制系统。

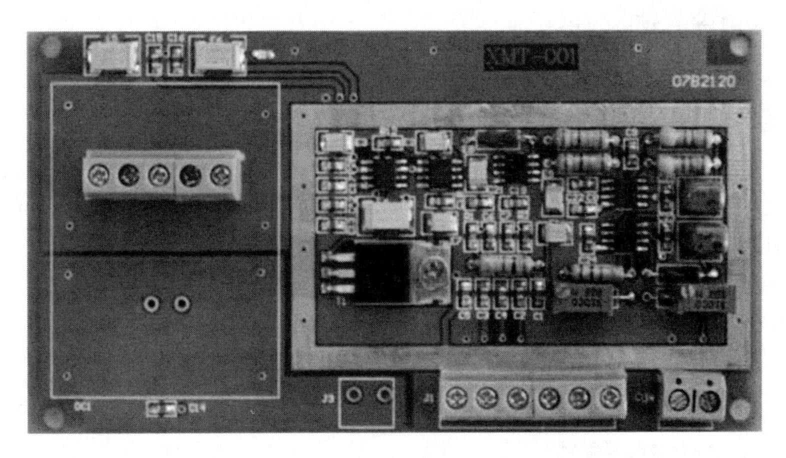

图 22-14　传感器信号调理模块实物图

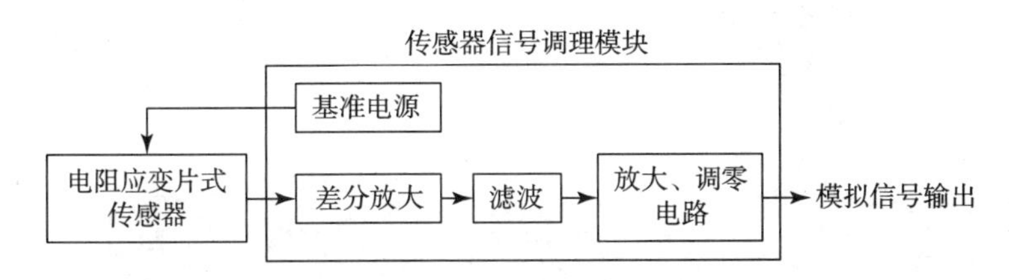

图 22-15　传感器信号调理模块原理框图

传感器信号调理模块输出的模拟信号是 0～+10 V，但通常 ADC 的输入范围都达不到这个要求。一种常用的方法是采用精密电阻分压后再进行电压采样，但采用分立电阻分压会产生较大误差。因此直接选择输入范围是 0～+10 V 的 ADC 芯片，省去外围电路，提高测量精度。同时，为了和 DAC 输出分辨率对应，方便编程设计，需要选择 16 位的 ADC 芯片。综合上述考虑，本节选择了 LTC1609 作为 ADC 采样芯片。它是一款 16 位、200 kbps 串行采样 ADC 芯片，可选双极性输入±10 V、±5 V、±3.3 V，单极性输入 0～+10 V、0～+5 V、0～+4 V。本节选择该芯片 0～+10 V 输入的电路进行设计，其电路如图 22-16 所示。

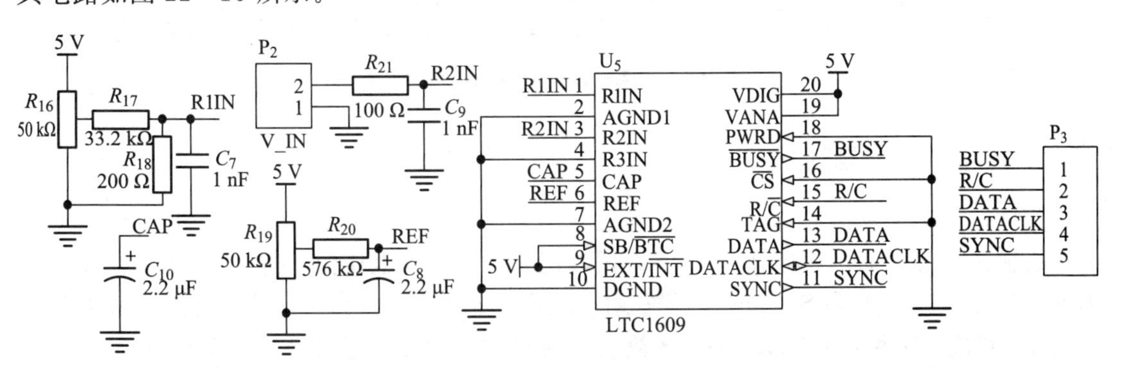

图 22-16　ADC 模块电路

根据芯片数据表，该电路输入阻抗只有 13.3 kΩ，如果要采样的点输出阻抗较大，会和该电路阻抗进行分压，这将影响 ADC 采样精度。但是传感器信号调理模块输出阻抗足够小，因此可以使用该电路进行电压采样。

22.4 驱动电源性能测试

图 22-17 所示为按照本设计的方案设计制作的压电物镜控制器硬件电路实物图。本节将对该控制器硬件电路进行测试。为实现对硬件电路测试，需要编写简单的测试程序控制驱动电源，并按照驱动电源设计指标对实际制作的驱动电源电路进行性能测试分析。测试中采用数字存储示波器记录动态测试波形数据，并采用 4 位半数字万用表对静态电压进行测试。

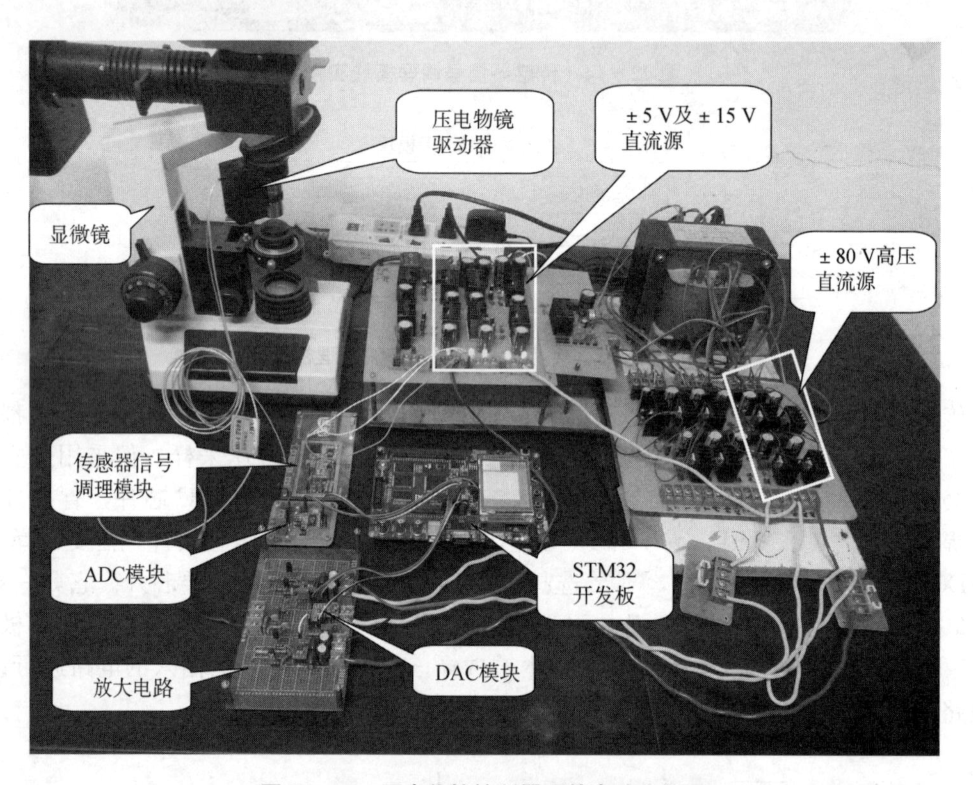

图 22-17 压电物镜控制器硬件电路实物图

22.4.1 电压输出线性度

以实际加装了物镜的 XP-721.SL 作为驱动电源的输出负载，控制驱动电源从 0 V 到 150 V 输出，每隔 10 V 用 4 位半数字万用表记录一次输出电压值，得到 16 个电压值数据如表 22-1 所示。其中 S_Out 为设置输出电压，Out_Value 为设置输出电压转换为 DAC 对应的 16 位数字量，V_Out 为按该数字量转换的实际设置输出电压，Fin_Out 为万用表测量到实际的输出电压。从表中可以看出驱动电源输出范围满足 0～+150 V 设计指标要求。

表 22 - 1　XP-721. SL 负载下电压输出线性度测试数据

S _ Out /V	Out _ Value	V _ Out /V	Fin _ Out /V
0	0	0.0000	0.0120
10	4 369	9.999 9	10.010
20	8 738	19.999 7	20.01
30	13 107	29.999 6	30.01
40	17 476	39.999 4	40.00
50	21 845	49.999 3	50.00
60	26 214	59.999 1	60.00
70	30 583	69.999 0	70.00
80	34 952	79.998 8	80.00
90	39 321	89.998 7	90.00
100	43 690	99.998 5	100.00
110	48 059	109.998 4	110.00
120	52 428	119.998 2	120.00
130	56 797	129.998 1	130.00
140	61 166	139.998 0	140.00
150	65 535	149.997 8	150.01

根据表中 Fin_Out 数据，采用 Matlab 进行直线拟合，拟合直线如图 22 - 18 所示。从图中可以看出本节驱动电源的控制和输出具有良好的线性关系。线性度计算公式如式（22 - 5）所示。

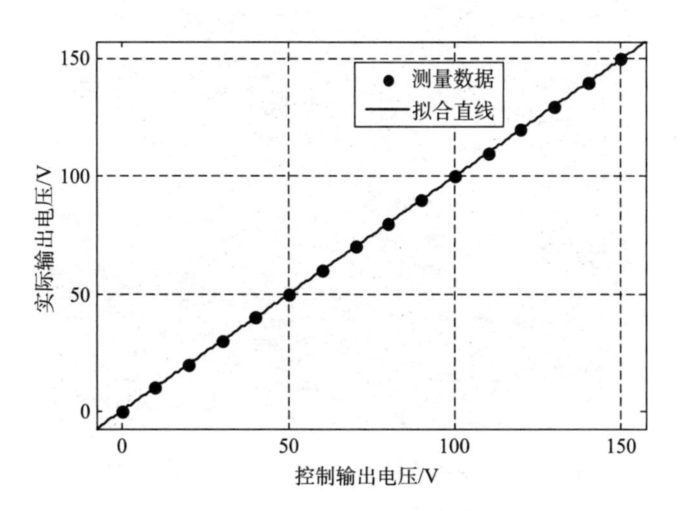

图 22 - 18　XP-721. SL 负载下电压输出线性度测试

$$\gamma_L = \Delta V_{max} / V_{FS} \times 100\% \qquad (22-5)$$

式中，γ_L是线性度，数值越小线性越好；ΔV_{max}是测量值与校准直线间的最大偏差；V_{FS}是满量程输出范围。

从表 22 - 1 的 S _ Out 和 Fin _ Out 数据可得，驱动电源在输出 0 V 时输出误差最大，为

0.012 0 V，加上万用表的精度及测量误差，可得最终 $\Delta V_{max}=0.02$ V，将其代入式（22－5）计算得到线性度 $\gamma_L=0.014\%$。因此本节驱动电源输出达到了较高的线性度。

22.4.2 峰值电流

式（22－6）和式（22－7）分别是正弦电压和阶跃电压驱动容性负载时峰值电流计算公式[8,9]。由于阶跃电压 V_s 可以看作矩形波电压的峰峰值 V_{p-p}，所以（22－7）同样也适用于矩形波驱动电流的计算。

$$I_{max}=\pm V_{p-p}\pi Cf \tag{22-6}$$

$$I_{max}=C\frac{V_s}{t} \tag{22-7}$$

式中，I_{max} 是输出（吸收）峰值电流；V_{p-p} 是电压峰峰值；C 是电容；f 是输出频率；V_s 是阶跃电压；t 是阶跃响应时间。

由式（22－6）和式（22－7）可知，可采用输出正弦电压或者阶跃电压的测试方法间接测得峰值电流。本节采用驱动电源输出正弦电压和阶跃电压两种方法，测试驱动电源输出峰值电流是否满足设计要求。

由式（22－6）可知，峰值电流 I_{max} 与正弦电压的峰峰值 V_{p-p}、输出频率 f、负载的电容 C 有关系。本节采用 CBB61 电容作为负载，实际万用表测量其容值为 3.34 μF，然后进行 $V_{p-p}=150$ V 的满幅正弦电压输出测试。将本节驱动电源峰值电流设计指标±100 mA 及以上参数代入式（22－6）可知，当输出正弦电压频率为 64 Hz 时，输出电流达到±100 mA。图 22－19 是输出 64 Hz 正弦电压的示波器截图，可以看出输出波形平滑且没有衰减。因此输出电流达到了±100 mA 设计要求。

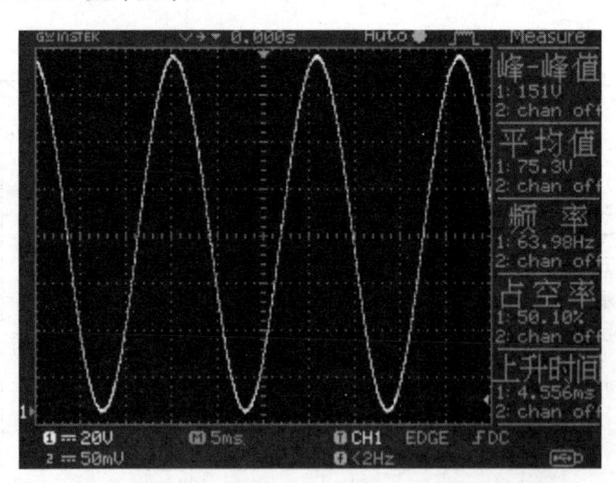

图 22－19　电容负载下正弦电压输出测试波器截图

由式（22－7）可知，峰值电流 I_{max} 可由阶跃电压 V_s、阶跃响应时间 t、负载的电容 C 计算得到。将本节驱动电源峰值电流设计指标±100 mA 及以上参数代入式（22－7）可知，当阶跃响应时间为 5 ms 时，输出电流达到±100 mA。在 3.34 μF 电容负载下，进行了 $V_s=150$ V 满幅阶跃上升和阶跃下降测试，测试示波器截图如图 22－20 所示。可以看出阶跃上升、阶跃下降响应时间达到 5 ms 左右，即输出电流达到±100 mA。

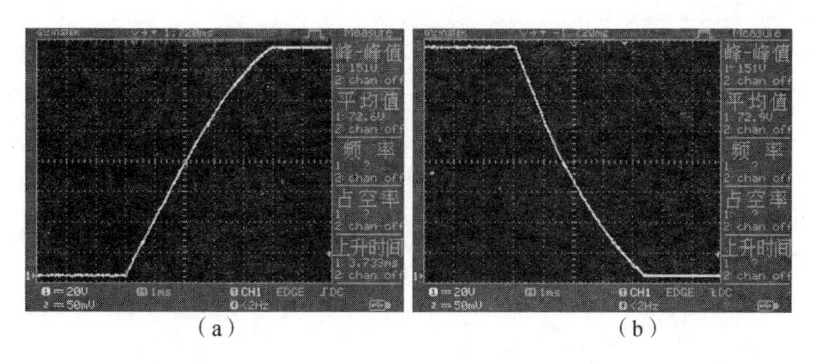

图 22-20　电容负载下满幅阶跃上升和阶跃下降测试示波器截图

22.4.3　方波响应

以实际加装了物镜的 XP-721.SL 作为驱动电源的输出负载，控制驱动电源输出不同频率和峰峰值的方波响应进行测试。为了保护压电物镜驱动器，减小测试损害，因此较大幅度的方波没有进行高频率的响应测试。方波响应测试示波器截图如图 22-21 所示。

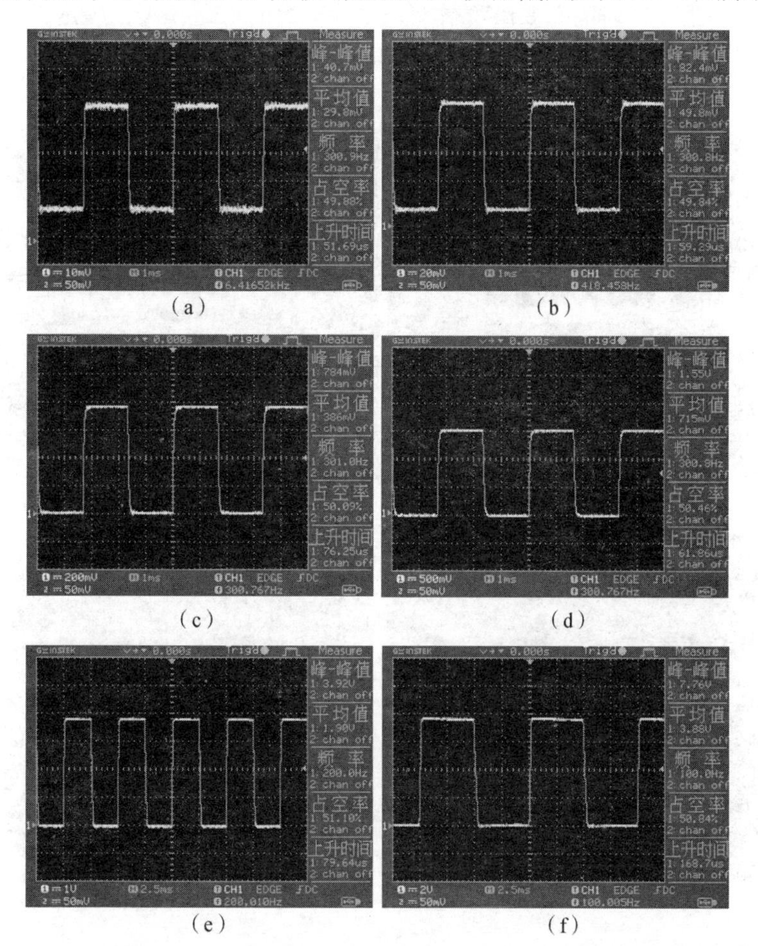

图 22-21　XP-721.SL 负载下方波响应测试示波器截图

(a) $V_{p-p}=37.7$ mV，$f=300$ Hz；(b) $V_{p-p}=75.5$ mV，$f=300$ Hz；

(c) $V_{p-p}=755$ mV，$f=300$ Hz；(d) $V_{p-p}=1.51$ V，$f=300$ Hz；

(e) $V_{p-p}=3.78$ V，$f=200$ Hz；(f) $V_{p-p}=7.55$ V，$f=100$ Hz

从图 22 - 21 中可看出方波响应没有过冲振铃，因此驱动电源对不同频率及幅度的方波有较好的响应。从图 22 - 21（b）和（a）可以看出驱动电源满足方波响应 300 Hz（V_{p-p}=75 mV）和输出分辨率 36mV 的设计指标。同时驱动电源也能满足大幅度方波的驱动需求，具有良好的分辨率和驱动性能。但是随着输出方波峰峰值增大，输出峰峰值误差也从最初的毫伏级加到了 200 mV 左右。其中一部分是测量误差，但是可见在带负载大幅度动态应用中，驱动电源开环输出还是存在较大误差的，需要后续采用控制算法对误差进行削减。

22.4.4 静态纹波

同样以加装了物镜的 XP-721.SL 作为驱动电源的输出负载，采用示波器对驱动电源输出端静态纹波进行测试。控制驱动电源从 0 V 到 150 V 输出，每隔 10 V 记录一次纹波。纹波测试示波器截图如图 22 - 22 所示，其只列出了输出 0 V、50 V、100 V 和 150 V 的测试图。从测试结果可知，输出电压增大会导致静态纹波峰峰值随之增大，驱动电源的带负载静态纹波峰峰值从输出 0 V 时的 5.8 mV 增大到 150 V 时的 12.6 mV，满足带负载静态输出纹波<15 mV 的设计指标，能够达到较高的控制精度并且具有良好的稳定性。

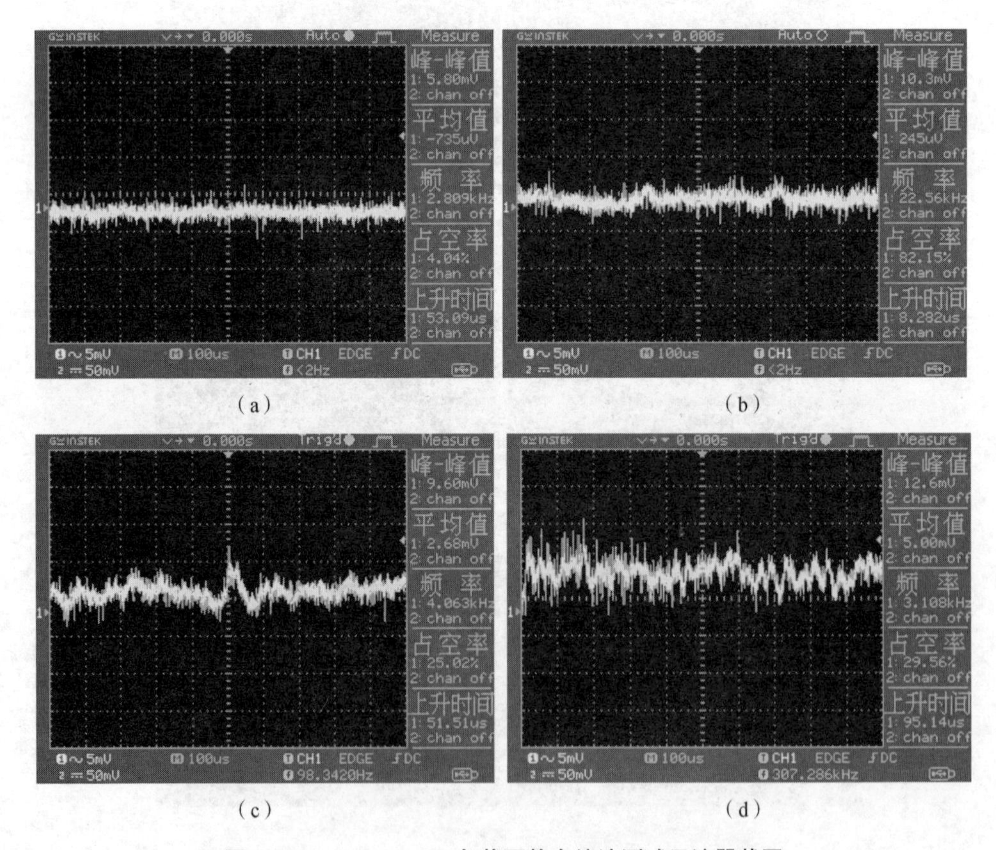

(a) (b) (c) (d)

图 22 - 22　XP-721.SL 负载下静态纹波测试示波器截图

(a) V_{out}=0 V；(b) V_{out}=50 V；(c) V_{out}=100 V；(d) V_{out}=150 V

22.4.5　频率响应

压电物镜驱动电源的频率响应主要由空载带宽和冲放电电流两部分决定。当驱动电流小于峰值电流时，驱动电源输出频率响应只由电路本身输出带宽决定；当驱动电流大于等于峰值电流时，驱动电流会被限制为驱动电源的峰值电流，由式（22－6）可知，峰值电流限制了驱动电源输出频率特性。

本节将空载输出时驱动电源的反馈电阻、补偿电容等电路等效为一个一阶 *RC* 电路，并通过测量一阶 *RC* 电路的时间常数 τ，进而获得近似的空载频率特性。式（22－8）是阶跃信号上升时间和时间常数的关系式[10]，式（22－9）是时间常数计算 3 dB 带宽公式[11]，式（22－10）是一阶 *RC* 电路归一化电压幅频特性公式[9]。

$$\tau=\frac{t_{10\%\sim90\%}}{2.195} \tag{22-8}$$

$$f_{3\mathrm{dB}}=\frac{1}{2\pi RC}=\frac{1}{2\pi\tau} \tag{22-9}$$

$$|H_{\mathrm{c}}(\mathrm{j}\Omega)|=\frac{1}{\sqrt{1+(\Omega RC)^2}}=\frac{1}{\sqrt{1+(2\pi f\tau)^2}} \tag{22-10}$$

式中，$t_{10\%\sim90\%}$为信号幅度从 10％上升到 90％所需要的时间；R 和 C 是电路等效电阻和电容；$f_{3\mathrm{dB}}$是 3dB 带宽；$|H_{\mathrm{c}}(\mathrm{j}\Omega)|$是归一化幅频特性；$\Omega$ 是模拟角频率；f 是模拟频率。

采用示波器测量空载输出 150 V 阶跃上升和阶跃下降的电压波形，测量结果示波器截图如图 22－23 所示。

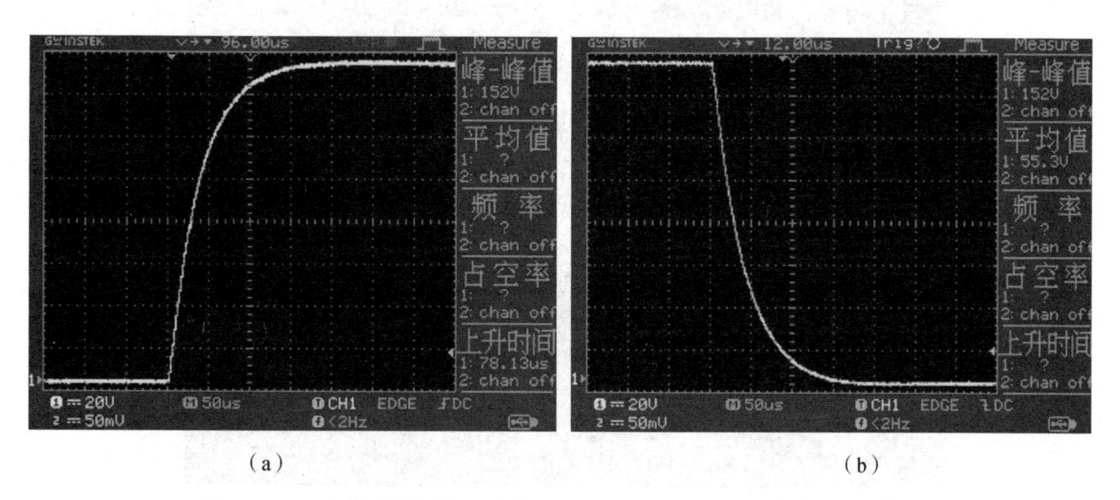

（a）　　　　　　　　（b）

图 22－23　空载下满幅阶跃上升（a）和阶跃下降（b）测试示波器截图

从图 22－23 中可以看出上升和下降波形是相同的，即上升时间和下降时间是相同的。示波器显示的上升时间即为信号幅度从 10％上升到 90％所需要的时间，因此可读数得 $t_{10\%\sim90\%}$约为 78.13 μs。根据式（22－8）可得时间常数 τ＝35.59 μs，根据式（22－9）计算 3 dB 带宽 $f_{3\mathrm{dB}}$＝4.47 kHz。再根据式（22－10）和式（22－9），利用 Matlab 可画出驱动电源空载和 3.6 μF 容性负载下的幅频响应曲线，如图 22－24 所示。

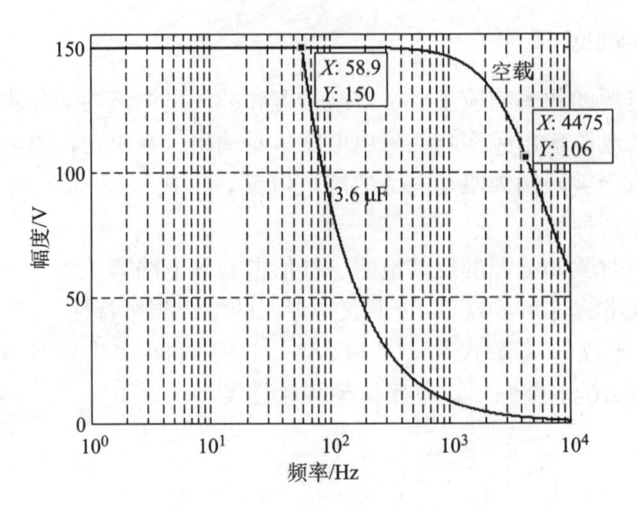

图 22-24　驱动电源的幅频响应曲线

然后再通过空载输出 $V_{p-p}=150$ V 正弦电压验证 f_{3dB}，如图 22-25 所示。当输出衰减 0.707 即衰减到 106 V 时输出正弦电压频率即为 f_{3dB}，从图中可以看出输出衰减到 108 V 时频率为 4.464 kHz，基本符合 $f_{3dB}=4.47$ kHz，因此本节驱动电源空载带宽为 4.4 kHz。

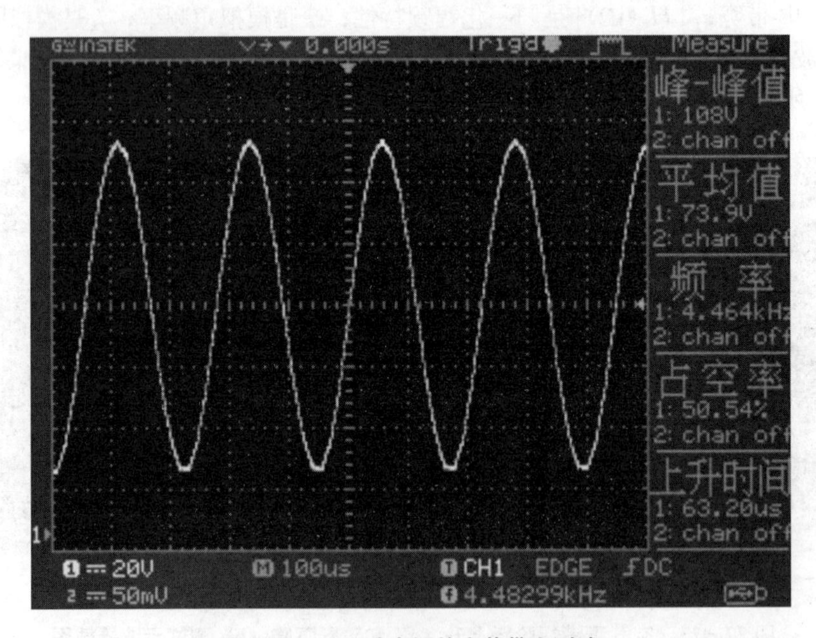

图 22-25　驱动电源的空载带宽测试

从以上 5 种性能测试可以看出本节提出的基于 LTC6090 的低成本驱动电源能够实现 16 位分辨率的 150 V 浮地单极性电压输出，线性度达 0.014%，峰值电流达±100 mA，带负载静态纹波<15 mV，空载带宽为 4.4 kHz，具有良好的方波响应及动态特性。这些指标达到了压电陶瓷驱动电源主流产品的性能指标，能够满足压电物镜驱动器控制需求。同时该驱动电源采用小功率器件有效降低了成本，具有较好的实际应用价值。

22.5　本章小结

本章结合实际控制需求分析得出了的控制器设计指标。同时对项目组研制的一个压电物镜控制器的驱动电源存在的问题进行分析，在此基础上设计制作了一种新的基于 LTC6090 的低成本压电物镜驱动器驱动电源，按照设计指标对驱动电源电路性能进行实验测试。结果表明该驱动电源满足设计要求，为下一步控制算法应用奠定了基础。

参考文献

[1] 王涛，王晓东，王立鼎. 压电陶瓷快速响应特性与应用研究 [J]. 传感技术学报，2009，22(6)：785 - 789.

[2] 钟文斌，刘晓军，卢文龙，等. 一种误差放大式压电陶瓷驱动电源的研制 [J]. 压电与声光，2014，36(2)：311 - 313.

[3] Apex Microtechnology. Bridge circuit drives [EB/OL]. [2014 - 10 - 07]. http://www.apexanalog.com/wp-content/uploads/2012/10/AN03U_E. pdf

[4] Apex Microtechnology. Bridge mode operation of power amplifiers [EB/OL]. [2014 - 10 - 07]. http://www.apexanalog.com/wp-content/uploads/2012/10/AN20U_F.pdf.

[5] 单博. 压电陶瓷微位移驱动控制技术研究 [D]. 哈尔滨：哈尔滨工业大学，2010.

[6] 王志亮. 高频响低纹波压电陶瓷驱动电源研究 [D]. 哈尔滨：哈尔滨工业大学，2011.

[7] 许广宇. 压电微定位系统的设计研究 [D]. 武汉：湖北工业大学，2014.

[8] Physik Instrument. Piezoelectric Actuators [EB/OL]. [2015 - 03 - 23]. http://piceramic.com/fileadmin/FileDatabase/CAT128E_R2_Piezoelectric_Actuators.pdf

[9] Fleming A J. A megahertz bandwidth dual amplifier for driving piezoelectric actuators and other highly capacitive loads [J]. Review of Scientific Instruments，2009，80(10)：104701.

[10] 王秀杰，周胜海. 用示波器测量上升时间的讨论 [J]. 信阳师范学院学报（自然科学版），2008，21(3)：478 - 480.

[11] 童诗白，华成英. 模拟电子技术基础 [M]. 4 版. 北京：高等教育出版社，2006.

第 23 章
压电物镜控制器控制算法分析、实验对比及选取

由压电陶瓷的特性可知，压电物镜驱动器存在迟滞、蠕变等非线性，需要采用前馈补偿、闭环控制等方法进行控制。本章在第 22 章压电物镜控制器驱动电源设计的基础上加入控制算法，完成压电物镜控制器的设计。本章分别对前馈补偿控制、闭环控制及两者的复合算法进行理论分析、实验对比，选择适合本章压电物镜控制器的控制算法。

23.1　项目组研究的控制算法分析

图 23－1 所示为本项目组前期研究采用的基于遗传算法的模糊 PID 控制算法框图。该算法是应用广泛的一种改进 PID 控制算法，其主要分为遗传算法 PID 初始参数优化和在线模糊 PID 控制两部分。其中模糊 PID 控制是在线调整的控制算法，其根据误差及误差变化率，采用模糊规则进行推理得到 PID 初始参数的调整量 ΔK_p、ΔK_i 和 ΔK_d，对初始参数 K_{p0}、K_{i0} 和 K_{d0} 进行在线调整，以提高控制效果。而该遗传算法 PID 的初始参数优化采用的是离线的形式，其采用数字 PID 控制算法及被控对象的传递函数构成一个仿真闭环控制系统，通过遗传算法在这个仿真闭环系统中迭代，得到最优化的 PID 的初始参数直接作为 K_{p0}、K_{i0} 和 K_{d0} 应用到模糊 PID 中。

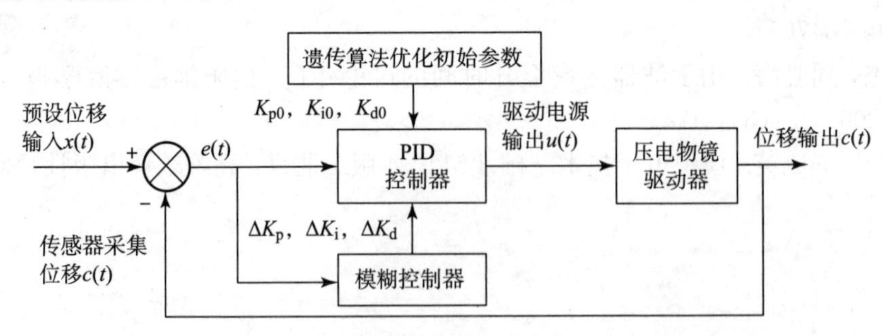

图 23－1　基于遗传算法的模糊 PID 控制算法框图

可以说基于遗传算法的模糊 PID 控制算法本质还是 PID 控制，因为 PID 的比例、积分、微分参数直接影响着控制效果，所以采用智能算法对这三个参数进行整定及在线调整可以提高控制效果。但是在实验中发现，仿真闭环控制系统中的压电物镜驱动器的模型或传递函数比较难以确定，需要进行大量复杂的实验来求得，而且求得的模型或传递函数往往是等效的，并不完全适用于实际控制应用。项目组现有的基于遗传算法的模糊 PID 控制算法也是

基于一个等效的传递函数对 PID 初始参数进行优化，因此该参数并不是实际最优的。直接将该参数用于新的驱动电源硬件系统中进行 PID 实验，发现有明显过冲，加入初始参数模糊调整部分，控制效果有所改善，但是依然不是很好。分析可能模糊 PID 中论域的范围也需要根据实际进行调整，这就增加了调试的复杂性。

23.2　压电物镜控制器控制算法研究与分析

23.2.1　逆 Preisach 前馈补偿控制算法

逆模型控制原理框图如图 23-2 所示，预设位移输入根据逆模型计算得到相应的控制电压，该电压对应输出位移和压电物镜驱动器输出位移关于线性位移对称，所以可以抵消非线性，使压电物镜驱动器输出位移是线性的。

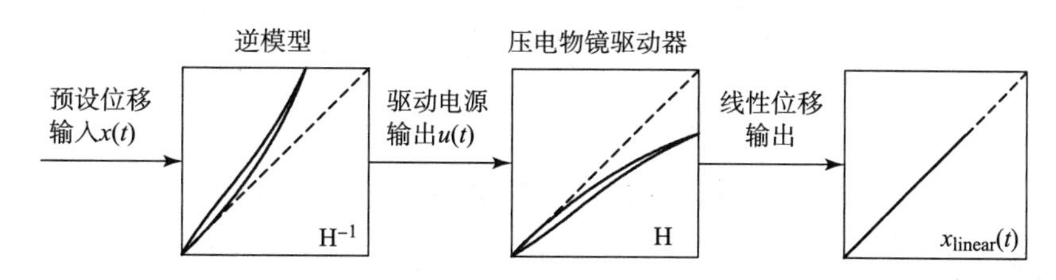

图 23-2　逆模型控制原理框图

由于基于物理现象的压电陶瓷模型是从非线性现象本身出发进行建模，不需要压电陶瓷的物理机理知识，因此建模相对简单，应用较为广泛。其中 Preisach 迟滞模型是描述迟滞效应中应用最广泛的一种模型。由压电陶瓷的特性可知，压电陶瓷基本满足擦除特性和小迟滞环一致性，因此可以用经典 Preisach 迟滞模型来对其进行描述。

1. 经典 Preisach 迟滞模型及其数值实现

Preisach 模型采用无数个加权的迟滞算子 $\gamma_{\alpha\beta}[u(t)]$ 的叠加来描述迟滞现象，如图 23-3 所示。在单个迟滞算子 $\gamma_{\alpha\beta}[u(t)]$ 中，当输入电压 $u(t)$ 大于该算子的上升电压阈值 α，则输出为 1；当小于下降电压阈值 β，则输出为 0。每个迟滞算子都乘以其对应的密度函数 $\mu(\alpha,\beta)$，然后进行叠加得到输出位移 $x(t)$。可以看出 Preisach 模型具有非局部记忆的效应，输出位移 $x(t)$ 与输入电压 $u(t)$ 历史有关。经典 Preisach 模型的数学表达式如下：

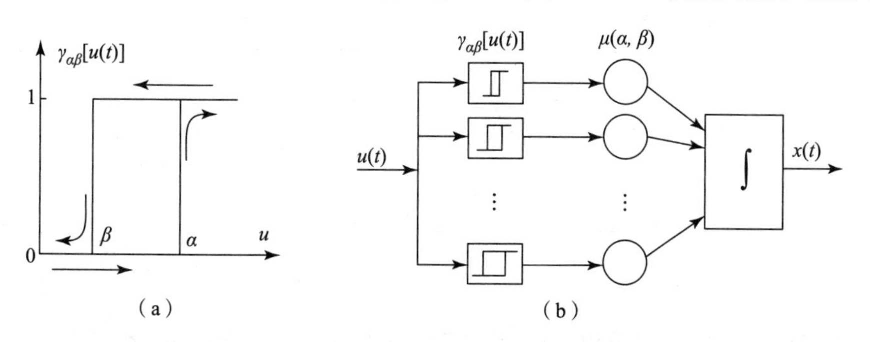

图 23-3　$\gamma_{\alpha\beta}[u(t)]$（a）和 Preisach 模型框图（b）

$$x(t)=\iint_{\alpha>\beta}\gamma_{\alpha\beta}[u(t)]\mu(\alpha,\beta)\mathrm{d}\alpha\mathrm{d}\beta \tag{23-1}$$

Preisach 模型还可以通过几何来进行解释，其几何解释 $\alpha-\beta$ 图如图 23－4 所示。α 轴是上升电压轴，β 轴是下降电压轴。输入电压 $u(t)$ 最大值为 α_0'，最小值为 β_0'，且 $\alpha_0'\geqslant\alpha\geqslant\beta_0'$。$T_0$是限制三角形，迟滞算子 $\gamma_{\alpha\beta}[u(t)]$被限制在 T_0 中，T_0 代表最大输出位移量。S^+ 是 $\gamma_{\alpha\beta}[u(t)]$ 被置为 1 的区域，代表当前输出位移量。当输入电压 $u(t)$ 上升，迟滞环处于上升环路时，S^+ 区域沿上升电压 α 轴从下向上增大，如图 23－4（a）所示；当输入电压 $u(t)$ 下降，迟滞环处于下降环路时，S^+ 区域沿下降电压 β 轴从右向左减小，如图 23－4（b）所示。

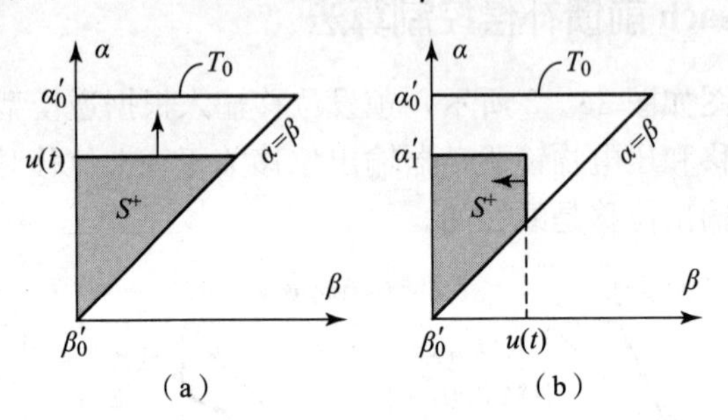

图 23－4　上升环路（a）和下降环路（b）的 $\alpha-\beta$ 图

由于迟滞算子 $\gamma_{\alpha\beta}[u(t)]$被置为 0 的区域积分为 0，所以式（23－1）可写为下式：

$$x(t)=\iint_{S^+}\mu(\alpha,\beta)\mathrm{d}\alpha\mathrm{d}\beta \tag{23-2}$$

由于密度函数 $\mu(\alpha,\beta)$ 求解及二重积分计算比较复杂，Preisach 迟滞模型通常采用数值方法实现。为了避开密度函数 $\mu(\alpha,\beta)$ 求解并去掉二重积分，进一步化简式（23－2），Preisach 模型的数值实现方法将 Preisach 函数 $X(\alpha',\beta')$ 定义如下：

$$X(\alpha',\beta')=x_{\alpha'}-x_{\alpha'\beta'} \tag{23-3}$$

α'和β'分别代表输入电压$u(t)$ 的上升极大值和下降极小值。$x_{\alpha'}$是输入电压$u(t)$ 从 0 上升到α'时压电陶瓷的位移量，其位移曲线在主迟滞环上；$x_{\alpha'\beta'}$是输入电压$u(t)$ 从α'降到β'时压电陶瓷的位移量，其位移曲线称为一阶回转曲线，这个位移输出过程如图 23－5 所示。从图中可以看出，$X(\alpha',\beta')$ 代表点(α'，β') 向斜线 $\alpha=\beta$ 扩散的直角三角形区域，即 T_1区域，则式（23－3）还可以改写为

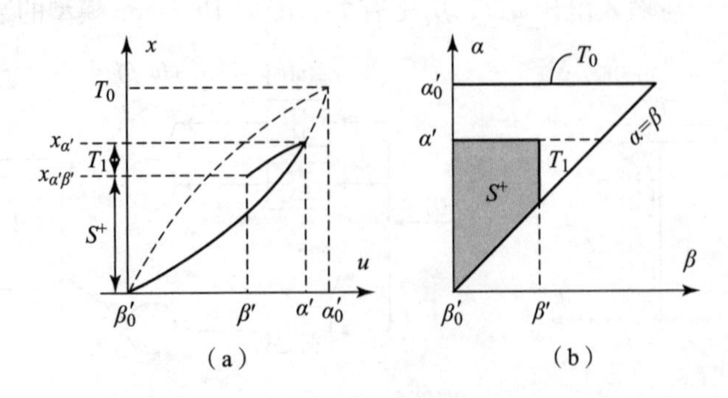

图 23－5　输入电压上升到 α' 再下降到 β' 的输出位移图（a）及其对应 $\alpha-\beta$ 图（b）

$$X(\alpha',\beta')=\iint_{T_1}\mu(\alpha,\beta)\mathrm{d}\alpha\mathrm{d}\beta \tag{23-4}$$

即 Preisach 函数 $X(\alpha',\beta')$ 代表的是输入电压从 α' 下降到 β' 时压电陶瓷的输出位移量的减少量。则代表压电陶瓷输出位移的梯形区域 S^+ 可表示为

$$\iint_{S^+}\mu(\alpha,\beta)\mathrm{d}\alpha\mathrm{d}\beta=X(\alpha',\beta'_0)-X(\alpha',\beta') \tag{23-5}$$

如果迟滞环包含多组极大极小值，区域 S^+ 则由多个梯形（或多个梯形和一个三角形）区域 S_k 组成，如图 23－6 所示。输入电压 $u(t)$ 所有的历史上升极大值 α'_k 和下降极小值 β'_k 都会被存储下来，用于表示区域 S^+：

$$\begin{aligned}\iint_{S^+}\mu(\alpha,\beta)\mathrm{d}\alpha\mathrm{d}\beta&=\iint_{S_1}\mu(\alpha,\beta)\mathrm{d}\alpha\mathrm{d}\beta+\iint_{S_2}\mu(\alpha,\beta)\mathrm{d}\alpha\mathrm{d}\beta+\iint_{S_3}\mu(\alpha,\beta)\mathrm{d}\alpha\mathrm{d}\beta\\&=[X(\alpha'_1,\beta'_0)-X(\alpha'_1,\beta'_1)]+[X(\alpha'_2,\beta'_1)-X(\alpha'_2,\beta'_2)]+X(u(t),\beta'_2)\end{aligned} \tag{23-6}$$

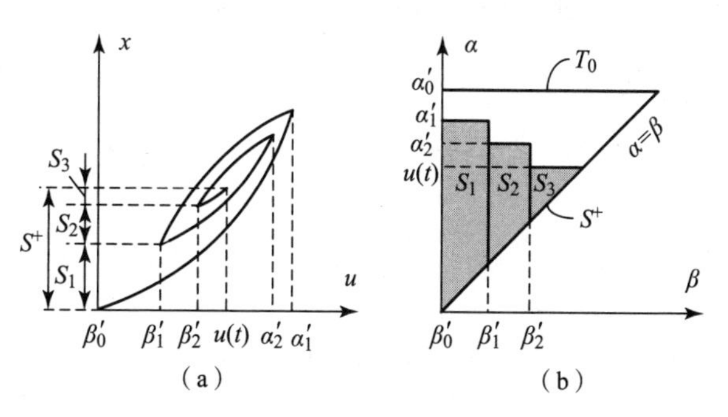

图 23－6　多组输入电压极值 α' 和 β' 的输出位移图（a）及其对应 α－β 图（b）

由于电压上升和下降时对应 S_k 最后一个区域分别为三角形和梯形，所以将电压上升和下降两种情况分开处理：

$$x(t)=\begin{cases}\sum_{k=1}^{N}[X(\alpha'_k,\beta'_{k-1})-X(\alpha'_k,\beta'_k)]+X(u(t),\beta'_N), & \Delta u>0\\ \sum_{k=1}^{N-1}[X(\alpha'_k,\beta'_{k-1})-X(\alpha'_k,\beta'_k)]+X(\alpha'_N,\beta'_{N-1})-X(\alpha'_N,u(t)), & \Delta u<0\end{cases} \tag{23-7}$$

式中，N 是被存储的极值 α'_k 的个数。通过式（23－7）可知，只需事先要得到 Preisach 函数 $X(\alpha',\beta')$ 的数值，即可通过查表计算求出模型的输出。但电压变化是无限的，即 $X(\alpha',\beta')$ 也是无限的，不能全部存储。因此通常将 T_0 网格化，划分为有限个矩形和三角形，只存储矩形及三角形顶点对应的 $X(\alpha',\beta')$，其他点通过插值求得，如图 23－7 所示。

插值的方法有许多，如双线性插值、样条插值、模糊插值等。为了简化计算，提高控制的实时性，本节采用双线性插值，其公式如下所示：

$$X(\alpha',\beta')=\frac{(\alpha_{i+1}-\alpha')(\beta_{j+1}-\beta')}{(\alpha_{i+1}-\alpha_i)(\beta_{j+1}-\beta_j)}X(\alpha_i,\beta_j)+\frac{(\alpha_{i+1}-\alpha')(\beta'-\beta_j)}{(\alpha_{i+1}-\alpha_i)(\beta_{j+1}-\beta_j)}X(\alpha_i,\beta_{j+1})+$$

$$\frac{(\alpha'-\alpha_i)(\beta_{j+1}-\beta')}{(\alpha_{i+1}-\alpha_i)(\beta_{j+1}-\beta_j)}X(\alpha_{i+1},\beta_j)+\frac{(\alpha'-\alpha_i)(\beta'-\beta_j)}{(\alpha_{i+1}-\alpha_i)(\beta_{j+1}-\beta_j)}X(\alpha_{i+1},\beta_{j+1}) \tag{23-8}$$

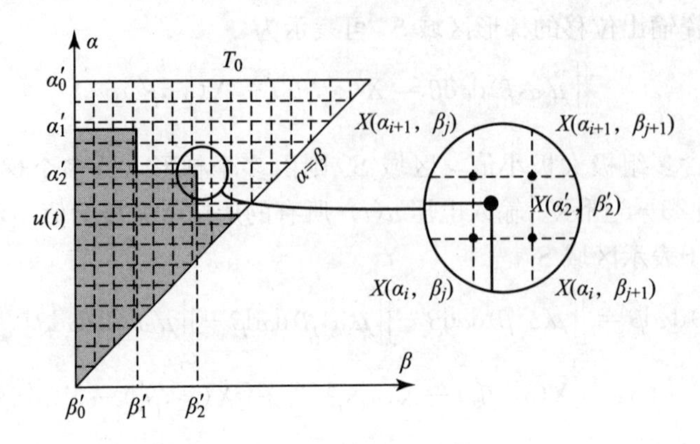

图 23－7　Preisach 函数插值示意图

将式（23－8）整理后得

$$X(\alpha',\beta')=a_{00}+a_{10}\alpha'+a_{01}\beta'+a_{11}\alpha'\beta'$$

其中：

$$\begin{aligned}
a_{00}&=X(\alpha_i,\beta_j)\alpha_{i+1}\beta_{j+1}-X(\alpha_i,\beta_{j+1})\alpha_{i+1}\beta_j-X(\alpha_{i+1},\beta_j)\alpha_j\beta_{j+1}+X(\alpha_{i+1},\beta_{j+1})\alpha_i\beta_j\\
a_{10}&=X(\alpha_i,\beta_j)\beta_{j+1}+X(\alpha_i,\beta_{j+1})\beta_j+X(\alpha_{i+1},\beta_j)\beta_{j+1}-X(\alpha_{i+1},\beta_{j+1})\beta_j\\
a_{01}&=-X(\alpha_i,\beta_j)\alpha_{i+1}+X(\alpha_i,\beta_{j+1})\alpha_{i+1}+X(\alpha_{i+1},\beta_j)\alpha_i-X(\alpha_{i+1},\beta_{j+1})\alpha_i\\
a_{11}&=X(\alpha_i,\beta_j)-X(\alpha_i,\beta_{j+1})-X(\alpha_{i+1},\beta_j)+X(\alpha_{i+1},\beta_{j+1})
\end{aligned} \tag{23-9}$$

由 Preisach 函数 $X(\alpha',\beta')$ 数值表事先计算好 a_{00}、a_{10}、a_{01} 和 a_{11} 四个插值系数表，则在计算模型输出时只需要根据坐标（α'，β'）查询插值系数即可计算得到 $X(\alpha',\beta')$。

最后为了满足 Preisach 模型的擦除特性，同时避免历史极值点的无限增加，需要对历史极值擦除更新。当输入电压 $u(t)$ 上升超过 α'_N，相应历史极值点（α'_N，β'_{N-1}）将被擦除，当输入电压 $u(t)$ 下降低于 β'_N，相应历史极值点（α'_N，β'_N）将被擦除。

2. 逆 Preisach 迟滞模型数值实现

Preisach 模型是输入控制电压得到输出位移，逆 Preisach 模型则是输入位移得到其控制电压。为了对压电陶瓷迟滞进行补偿，需要求解得到逆 Preisach 模型，然后输入位移获得其相应的控制电压。本节采用文献［1］的插值方法进行逆模型求解，其根据当前输入位移搜索计算，得到输出电压所在插值区域的坐标，查表得到插值系数，再反推计算出输出电压。由于输入位移上升对应控制电压上升，位移下降对应控制电压下降，因此逆 Preisach 模型也和 Preisach 模型一样，对上升和下降过程分开处理。

1）位移上升（控制电压上升）

设当前位移上升到达 $x(t)$，历史时刻 t_0 的电压 $u(t_0)$ 是历史电压下降局部最小值 β'_N，则时刻 t_0 输出位移 $x(t_0)$ 为

$$x(t_0)=\sum_{k=1}^{N}[X(\alpha'_k,\beta'_{k-1})-X(\alpha'_k,\beta'_k)] \tag{23-10}$$

由于 $X(\alpha'_k, \beta'_{k-1})$ 和 $X(\alpha'_k, \beta'_k)$ 是已知的历史 Preisach 函数，所以 t_0 时刻输出位移 $x(t_0)$ 可直接计算得到。将式（23-10）代入式（23-7）中电压上升部分的公式可得

$$X[u(t), \beta'_N]=x(t)-x(t_0) \tag{23-11}$$

将式（23-9）代入式（23-11）可得输入位移 $x(t)$ 和输出电压 $u(t)$ 关系如下

$$u(t)=\frac{x(t)-x(t_0)-a_{01}\beta'_N-a_{00}}{a_{10}+a_{11}\beta'_N} \tag{23-12}$$

因此，只需要确定包含 $X[u(t), \beta'_N]$ 的插值区域的 4 个插值系数即可求得控制电压 $u(t)$，而这个插值区域可以通过 α-β 图来搜索得到，如图 23-8 所示。

由于 $X[u(t), \beta'_N]$ 在 $\beta=\beta'_N$ 直线上，所以要先确定 β'_N。首先按 k 的大小从大到小搜索 $X(\alpha'_k, \beta'_k)$ 找到第一个满足 $X[u(t), \beta'_N]\leqslant X(\alpha'_k, \beta'_k)$ 的点即为 $X(\alpha'_N, \beta'_N)$，然后从下到上计算 $\beta=\beta'_N$ 直线与 α 轴上等分的网格横线的交点的 Preisach 函数 $X(\alpha', \beta'_N)$，当 $X(\alpha', \beta'_N)\geqslant X[u(t), \beta'_N]$ 时即根据 $X(\alpha', \beta'_N)$ 可找到 $X[u(t), \beta'_N]$ 所在的插值区域，并查表得到插值系数。最后通过式（23-12）求出控制电压 $u(t)$。

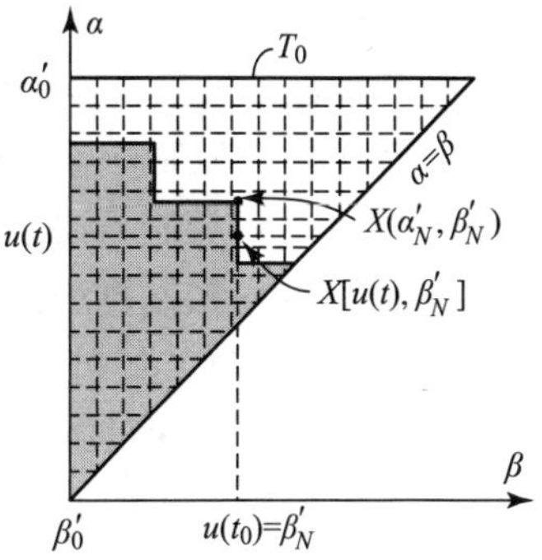

图 23-8　位移上升的逆 Preisach 模型原理

2）位移下降（控制电压下降）

位移下降与位移上升原理相同。设当前位移下降到达 $x(t)$，历史时刻 t_0 的电压 $u(t_0)$ 是历史电压上升局部最大值 α'_N，则时刻 t_0 输出位移 $x(t_0)$ 为

$$x(t_0)=\sum_{k=1}^{N-1}[X(\alpha'_k,\beta'_{k-1})-X(\alpha'_k,\beta'_k)]+X(\alpha'_N,\beta'_{N-1}) \tag{23-13}$$

由于 $X(\alpha'_k, \beta'_{k-1})$ 和 $X(\alpha'_k, \beta'_k)$ 是已知的历史 Preisach 函数，所以 t_0 时刻输出位移 $x(t_0)$ 可直接计算得到。将式（23-13）代入式（23-7）中电压下降部分的公式可得

$$X[\alpha'_N, u(t)]=x(t_0)-x(t) \tag{23-14}$$

将式（23-9）代入式（23-14）可得输入位移 $x(t)$ 和输出电压 $u(t)$ 关系如下：

$$u(t)=\frac{x(t_0)-x(t)-a_{10}\alpha'_N-a_{00}}{a_{01}+a_{11}\alpha'_N} \tag{23-15}$$

因此，只需要确定包含 $X[\alpha'_N, u(t)]$ 的插值区域的 4 个插值系数即可求得控制电压 $u(t)$，而这个插值区域可以通过 α-β 图来搜索得到，如图 23-9 所示。

由于 $X[\alpha'_N, u(t)]$ 在 $\alpha=\alpha'_N$ 直线上，所以要先确定 α'_N。首先按 k 的大小从大到小搜索 $X(\alpha'_k, \beta'_{k-1})$ 找到第一个满足 $X[\alpha'_N, u(t)]\leqslant X(\alpha'_k, \beta'_{k-1})$ 的点即为 $X(\alpha'_N, \beta'_{N-1})$，然后从右到左计算 $\alpha=\alpha'_N$ 直线与 β 轴上等分的网格竖线的交点的 Preisach 函数 $X(\alpha'_N, \beta')$，当 $X(\alpha'_N, \beta')\geqslant X[\alpha'_N, u(t)]$ 时即根据 $X(\alpha'_N, \beta')$ 可找到 $X[\alpha'_N, u(t)]$ 所在的插值区域，并查表得到插值系数。最后通过

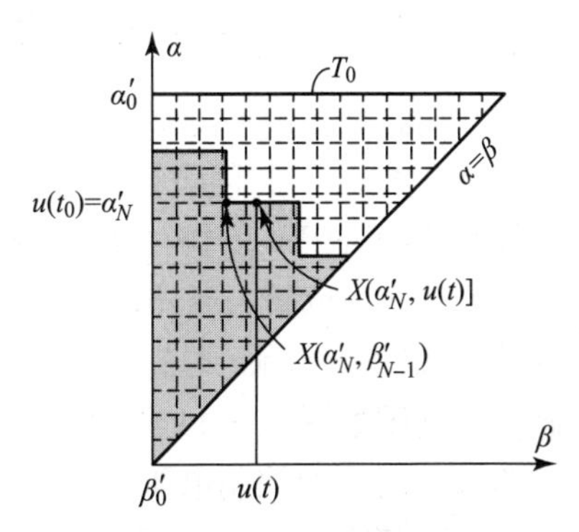

图 23-9　位移下降的逆 Preisach 模型原理

式（23－15）求出控制电压 $u(t)$。

将逆 Preisach 算法步骤总结如下：

（1）根据输入位移和上一次位移判断位移改变方向，并计算搜索得到局部极值。

（2）沿局部极值直线搜索得到包含输出电压的区域坐标。

（3）按区域坐标查表得到插值系数，并计算得到输出电压。

（4）更新电压历史极值并保存当前输入位移作为上一次位移。

23.2.2 PID 闭环控制算法

PID 控制是实际工程闭环控制应用中使用最广泛的控制算法之一。用于微控制器的数字 PID 控制算法按输出又分为位置式 PID 和增量式 PID。增量式 PID 算式计算简单，不需要累加，每次只输出控制增量，对故障或控制切换的影响冲击较小。因此本节选择闭环控制算法中的增量式 PID 控制算法进行研究。

增量式 PID 控制算法框图如图 23－10 所示。由于 $u(k-1)$ 是计算 $u(k)$ 的重要组成部分，所以通过 $u(k)$ 经过延时器 Z^{-1} 将其示出来，在程序中实现则如同其他需要保持的历史值一样，设置一个变量用于存储上一次输出电压值。增量式 PID 控制算式如下：

$$\begin{aligned}\Delta u(k)&=u(k)-u(k-1)\\&=K_p\Delta e(k)+K_i e(k)+K_d[\Delta e(k)-\Delta e(k-1)]\end{aligned}\tag{23-16}$$

式中，$\Delta u(k)$ 为控制增量输出；$e(k)$ 为预设值和被控对象实际输出值之差；$\Delta e(k)$ 为误差变化率，$\Delta e(k)=e(k)-e(k-1)$。可以看出 $\Delta u(k)$ 是当前控制输出 $u(k)$ 和上一次控制输出 $u(k-1)$ 的差值，因此可以通过 $\Delta u(k)$ 的累加得到实际的控制输出 $u(k)$。

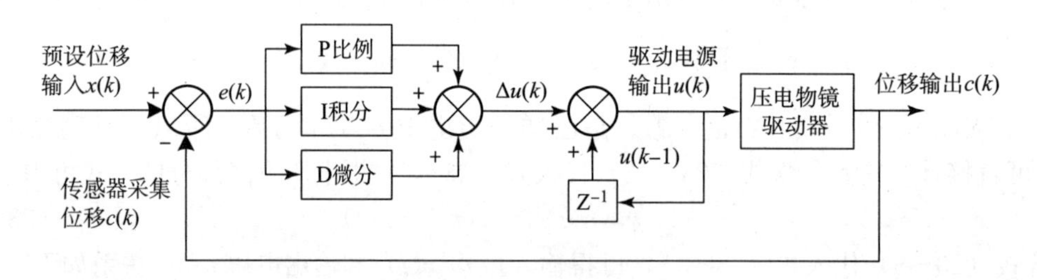

图 23－10　增量式 PID 控制算法框图

23.2.3 逆 Preisach 前馈补偿结合 PID 复合控制算法

前馈补偿控制精度不高，但是没有反馈环节，动态跟踪性能好；闭环控制精度高，但由于反馈环节容易产生振荡及控制延迟，动态跟踪误差相对较大。因此文献［2－6］都采用了前馈补偿结合闭环控制的复合控制算法来提高动态跟踪精度。

本节压电物镜控制器需要对压电物镜驱动器进行快速 50 nm 等间隔步进，也需要较好的动静态性能。因此本节选择逆 Preisach 前馈补偿结合 PID 复合控制算法进行研究，其控制算法框图如图 23－11 所示。可以看出，该复合控制算法首先用逆 Preisach 模型算出预设位移输入对应的控制电压 u_0 作为基础电压，然后根据误差采用增量式 PID 算出误差控制增量 $\Delta u(k)$ 和 u_0 进行相加得到最终的控制电压 $u(k)$。

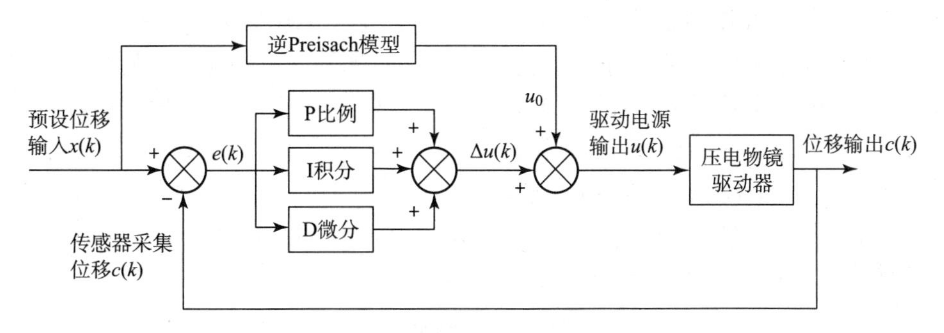

图 23-11　逆 Preisach 前馈补偿结合 PID 复合控制算法框图

23.3　三种控制算法实验比较分析

23.3.1　逆 Preisach 前馈补偿控制算法实验分析

逆 Preisach 前馈补偿控制算法的 4 个插值系数表需要根据实验得到的 Preisach 函数表 $X(\alpha', \beta')$表来求取。Preisach 函数表 $X(\alpha', \beta')$ 网格间隔越小，模型的描述越精确，计算量越大。本节驱动电压范围为 0～+150 V，为了简化搜索计算，将 Preisach 函数表$X(\alpha', \beta')$网格间隔设为 10 V，则 α'和 β'分别从 0 V 到 150 V 都有 16 条网格线，如图 23-7 中网格所示。Preisach 函数表需要实验测量出对应一阶回转曲线，并根据其定义求得。本节设置采集实验中电压从 0 V 上升到 α'后再降到 0 V，步进间隔为 10 V，每步时间间隔为20 s，来采集一阶回转曲线。部分采集实验中的迟滞环如图 23-12 所示，一阶回转曲线只是迟滞环中位移下降的曲线，这里将迟滞环中上升过程的曲线也画出来，方便分析。

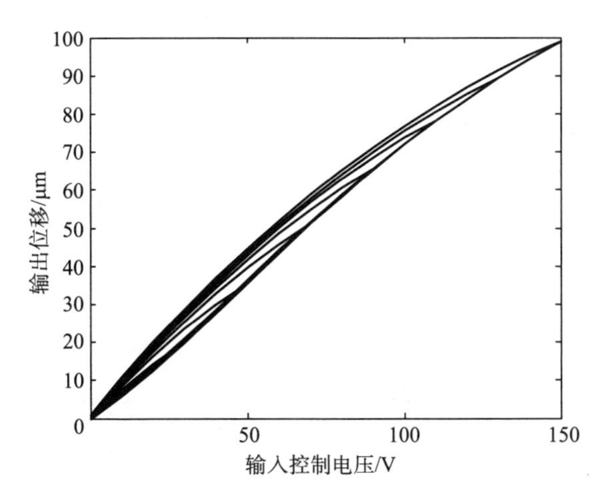

图 23-12　采集实验中的迟滞环

从图 23-12 可以看出，压电物镜驱动器输出位移上升过程的重复性不太好，位移越小对应的曲线间偏移越大。同时，电压上升极大值越大，再下降到 0 V 时，输出位移归 0 需要的时间越长。这种漂移可能压电陶瓷蠕变引起的，因为压电陶瓷蠕变持续时间为几百秒以上，而设置采集时间间隔 20 s 仍然不能有效消除蠕变引起的误差。

由于经典 Preisach 模型要求迟滞环是闭合的，而上述电压回到 0 V 时输出位移不归 0，这会使得模型描述不精确。考虑到只有计算 $X(\alpha', 0)$ 涉及电压回到 0 V 的输出位移，所以本节在计算好 Preisach 函数表 $X(\alpha', \beta')$ 之后，将 $X(\alpha', 0)$ 这列分别加上其对应一阶回转曲线中电压下降到 0 V 时的位移，以消除部分误差。同时为了使得插值都采用四个点的双线性插值计算，将 $\alpha=\beta$ 直线下方第一个点的值分别用其关于 $\alpha=\beta$ 对称的点的负值替换。最后计算得到一个 16×16 的 Preisach 函数表，如表 23 - 1 所示。根据表 23 - 1 计算得到 4 个 15×15 的插值系数表，保存在微控制器中，用于逆 Preisach 模型计算。

表 23 - 1　Preisach 函数表

$X(\alpha', \beta')$ β' / α'	0	10	20	30	40	50	60	70
150	98.942 6	94.239 7	89.211 9	83.935 3	78.150 6	72.021 1	65.540 6	58.576 3
140	88.236 9	83.709 4	78.912 1	73.801 8	68.238 3	62.351 5	56.072 4	49.341 5
130	79.047 9	74.576 9	69.855 8	64.821 8	59.348 4	53.557 7	47.371 7	40.775 1
120	70.331 9	65.915 9	61.257 4	56.267 6	50.850 7	45.136 2	39.049 4	32.593 2
110	62.079 9	57.695 9	53.077	48.120 9	42.781 7	37.157 3	31.175 8	24.881 3
100	54.284	49.932 1	45.357 5	40.450 1	35.181 2	29.642 2	23.787 3	17.686 7
90	46.961 2	42.639 8	38.109 4	33.240 3	28.050 7	22.613 9	16.914 7	11.076 5
80	40.096 2	35.811 4	31.317 6	26.498 8	21.396 2	16.081 5	10.595 9	5.131 6
70	33.670 6	29.420 9	24.968 4	20.209	15.214 8	10.080 2	4.907 4	0
60	27.669 2	23.460 7	19.052 4	14.380 1	9.546	4.678 5	0	−4.907 4
50	22.073 7	17.909 5	13.569 9	9.030 3	4.432 7	0	−4.678 5	0
40	16.864 3	12.767 2	8.532 9	4.199 3	0	−4.432 7	0	0
30	12.028 7	8.032 3	3.978 1	0	−4.199 3	0	0	0
20	7.580 7	3.749 1	0	−3.978 1	0	0	0	0
10	3.552 3	0	−3.749 1	0	0	0	0	0
0	0	−3.552 3	0	0	0	0	0	0

$X(\alpha', \beta')$ β' / α'	80	90	100	110	120	130	140	150
150	51.209 3	43.530 9	35.657 3	27.748 5	20.033 6	12.727 6	5.983 1	0
140	42.246 2	34.862 2	27.319 8	19.801 6	12.568 9	5.887	0	−5.983 1
130	33.855 2	26.695 6	19.464 4	12.397 9	5.809 1	0	−5.887	0
120	25.868 6	18.991 3	12.173 7	5.725 2	0	−5.809 1	0	0
110	18.393 2	11.879 1	5.626	0	−5.725 2	0	0	0
100	11.506 9	5.493 2	0	−5.626	0	0	0	0

续表

$X(\alpha', \beta')$ β' / α'	80	90	100	110	120	130	140	150
90	5.326 9	0	−5.493 2	0	0	0	0	0
80	0	−5.326 9	0	0	0	0	0	0
70	−5.131 6	0	0	0	0	0	0	0
60	0	0	0	0	0	0	0	0
50	0	0	0	0	0	0	0	0
40	0	0	0	0	0	0	0	0
30	0	0	0	0	0	0	0	0
20	0	0	0	0	0	0	0	0
10	0	0	0	0	0	0	0	0
0	0	0	0	0	0	0	0	0

本章设计静态测试实验中位移输出轨迹为 0 μm→60 μm→30 μm→80 μm→0 μm，中间每步间隔 1 μm，每步时间间隔 5 s。传感器信号调理电路输出经 ADC 每次采样 18 个点后，进行排序并去掉前后各 4 个点再求平均得到最终采样值输出，然后和控制量一起通过微控制器串口传输到计算机保存，最后采用 Matlab 进行画图。逆 Preisach 前馈补偿控制算法的输入输出曲线和其误差曲线如图 23－13 所示。可以看出，单独逆 Preisach 前馈补偿控制算法输出位移越小，误差越大，最大误差超过 1 μm。无法满足本章的控制器设计指标的误差绝对值<10 nm 的要求。

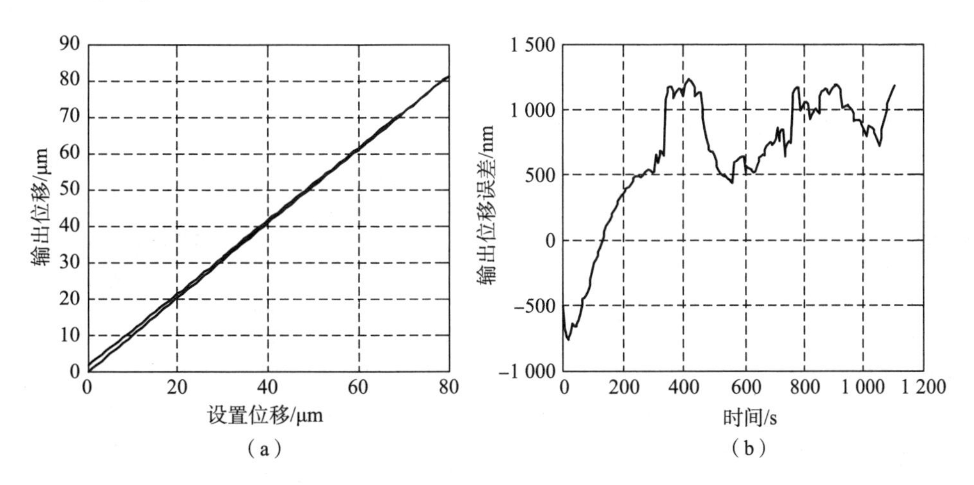

图 23－13　逆 Preisach 前馈补偿控制算法静态输入输出曲线（a）和其误差曲线（b）

将逆 Preisach 前馈补偿控制算法应用于步进控制，设置步进间隔 50 nm，每步时间间隔 2 s，从 10 μm 开始步进上升 20 步到达 11 μm，然后步进下降 20 步到达 10 μm，结果如图 23－14所示。该算法控制输出的 50 nm 步进基本可以分辨，但是输出位移整体比设置位移下降了 1 μm，并且输出位移有整体向右上角蠕变漂移的趋势。所以单独的逆 Preisach 前

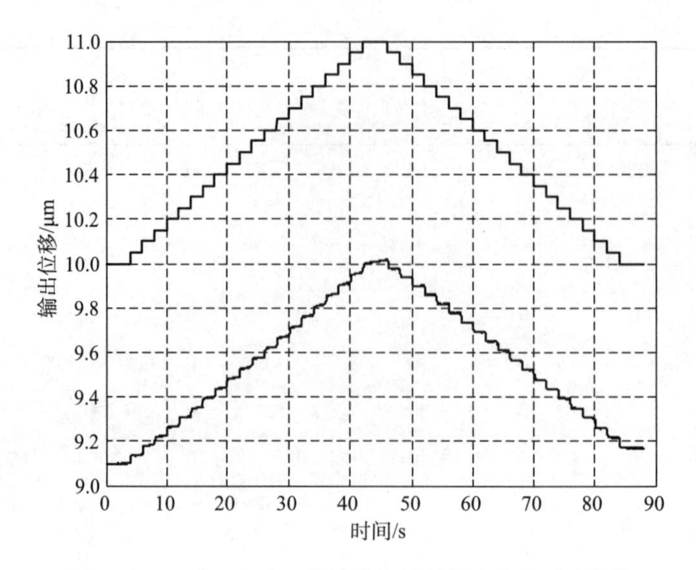

图 23-14　逆 Preisach 前馈补偿控制算法步进测试曲线

馈补偿控制算法不能满足本章动态控制精度的要求，有待继续研究改进，提高精度。

23.3.2　PID 闭环控制算法实验分析

直接采用试凑法调试得到 PID 初始参数 $K_p=1$、$K_i=0.05$、$K_d=0$，相当于 PI 控制器。同样按照逆 Preisach 前馈补偿控制算法的测试方法进行静态测试，结果如图 23-15 所示。可以看出 PID 控制算法控制误差绝对值达到<10 nm。但是最后控制输出小于 2 μm 时，由于控制电压不能小于 0 V，不能消除位移不归 0 的蠕变误差，会出现较大误差。

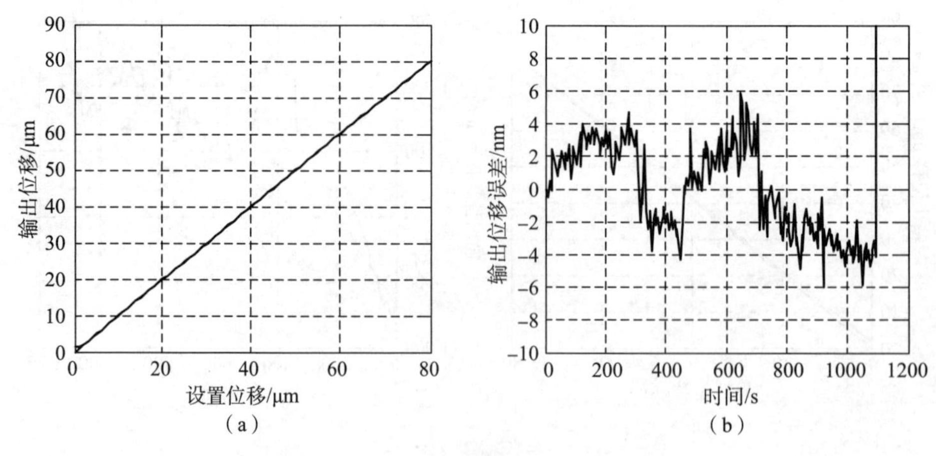

图 23-15　PID 控制算法静态输入输出曲线（a）和其误差曲线（b）

同样按照逆 Preisach 前馈补偿控制算法的方法进行步进测试，结果如图 23-16 所示。可以看出 PID 控制算法能很好地对连续步进跟踪。

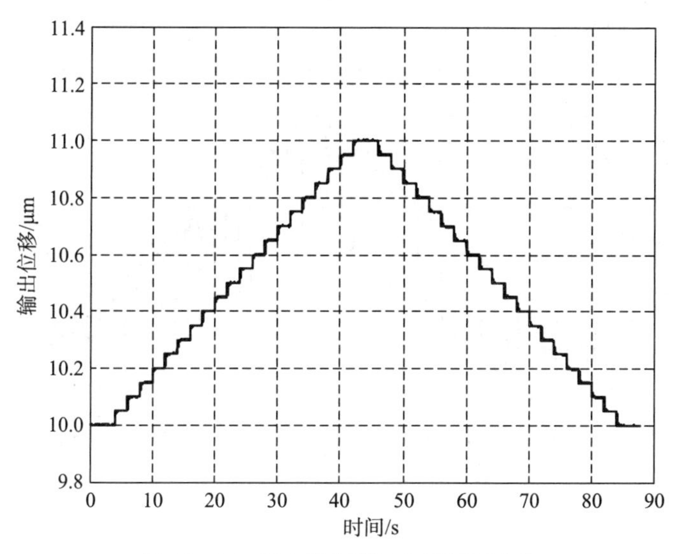

图 23-16　PID 控制算法步进测试曲线

23.3.3　逆 Preisach 前馈补偿结合 PID 复合控制算法实验分析

同样按照逆 Preisach 前馈补偿控制算法的测试方法进行静态测试，结果如图 23-17 所示。该算法和 PID 控制算法控制误差基本相同，因为消除误差的还是 PID 部分，逆 Preisach 前馈补偿控制算法的静态误差本身就远大于 10 nm，所以对静态精度贡献不大。

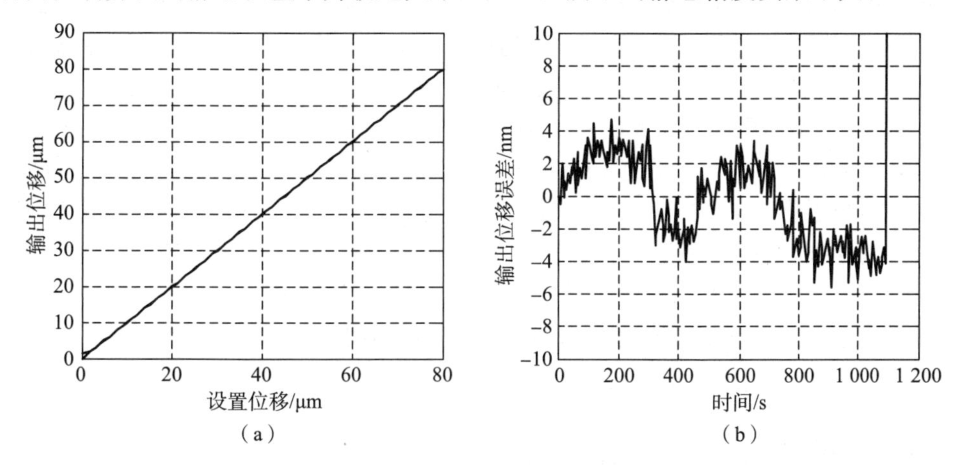

图 23-17　逆 Preisach 前馈补偿结合 PID 复合控制算法静态输入输出曲线（a）和其误差曲线（b）

同样按照逆 Preisach 前馈补偿控制算法的测试方法进行步进测试，测试结果如图 23-18 所示。

可以看出复合控制算法虽然能对连续步进进行跟踪，但是在步进阶跃开始时会产生很大的误差扰动。这是逆 Preisach 前馈补偿控制算法的误差大于 1 μm 引起的。因此加入误差较大的逆 Preisach 前馈补偿控制的复合控制算法也不能满足本文控制器控制需求。

从上面三种算法实验分析可得到一个结论：由于前馈补偿建模较为复杂且建模精度较难达到纳米等级，因此前馈补偿控制及其简单地与闭环控制结合的复合算法并不适合连续纳米级步进控制应用。

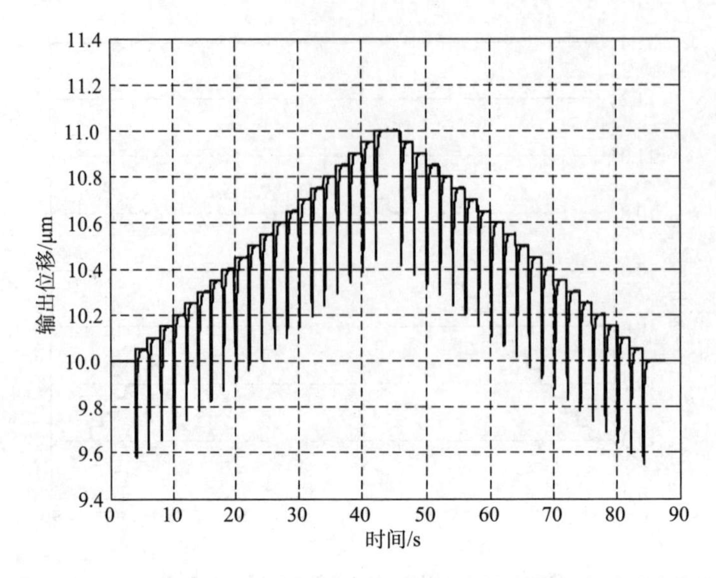

图 23-18　逆 Preisach 前馈补偿结合 PID 复合控制算法步进测试曲线

23.4　PID 控制算法控制器实验测试

从上述三种控制算法实验分析可知，PID 控制算法静态控制精度能达到误差绝对值<10 nm 的设计指标，并且对 50 nm 步进跟踪较好。因此本章采用 PID 控制算法作为本章控制器的控制算法。在 23.3.2 节 PID 控制算法实验中已经对 80 μm 范围的静态控制误差进行了测试，为了完整体现本文控制器控制性能，这里再次对完整 100 μm 范围的静态控制误差进行测试。实验同样通过微控制器的串口将 ADC 采集到的数据和控制量一起传输到计算机保存后，用 Matlab 画图。设置位移输出轨迹为 0 μm→100 μm→0 μm，中间每步间隔 1 μm，每步时间间隔 5 s，结果如图 23-19 所示。从图中可知其静态控制精度能达到误差绝对值<8nm，满足控制器静态误差绝对值<10 nm 的设计指标。但是在控制输出 0 μm 和 100 μm 附近时会出现 0.3～1.2 μm 的较大误差。这是因为控制电压不能小于 0 V 或大于 150 V，不能消除蠕变和传感器信号调理电路零点及满幅点的调试误差。所以在实际使用时

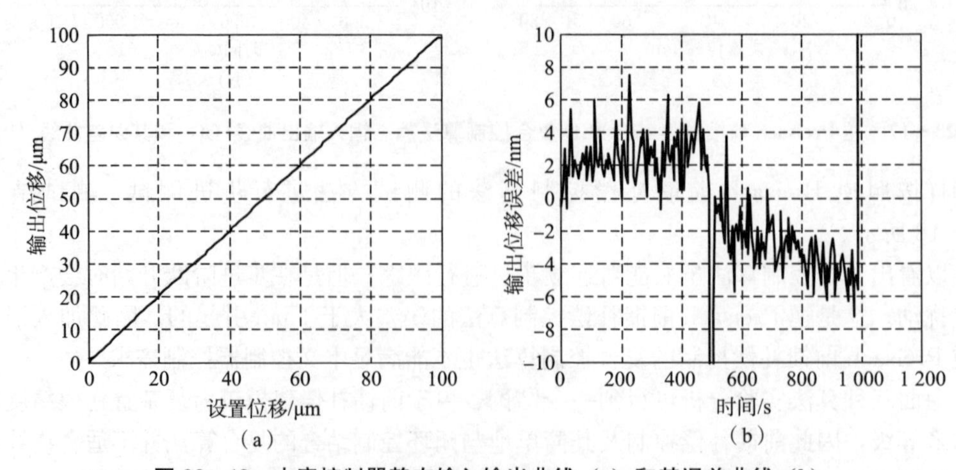

图 23-19　本章控制器静态输入输出曲线（a）和其误差曲线（b）

需要屏蔽掉 0 μm 和 100 μm 附近这两段误差区域，本章控制器线性控制范围为 2～99 μm。

步进响应时间测试选取 3 个典型基础位移来进行实验测试，以完整反映本章控制器步进控制性能。实验设置步进间隔 50 nm，每步时间间隔 1 s，分别从 10 μm、50 μm 和 90 μm 基础位移开始先步进上升 20 步再步进下降 20 步。测试结果的步进上升和下降部分经放大后如图 23－20 所示。

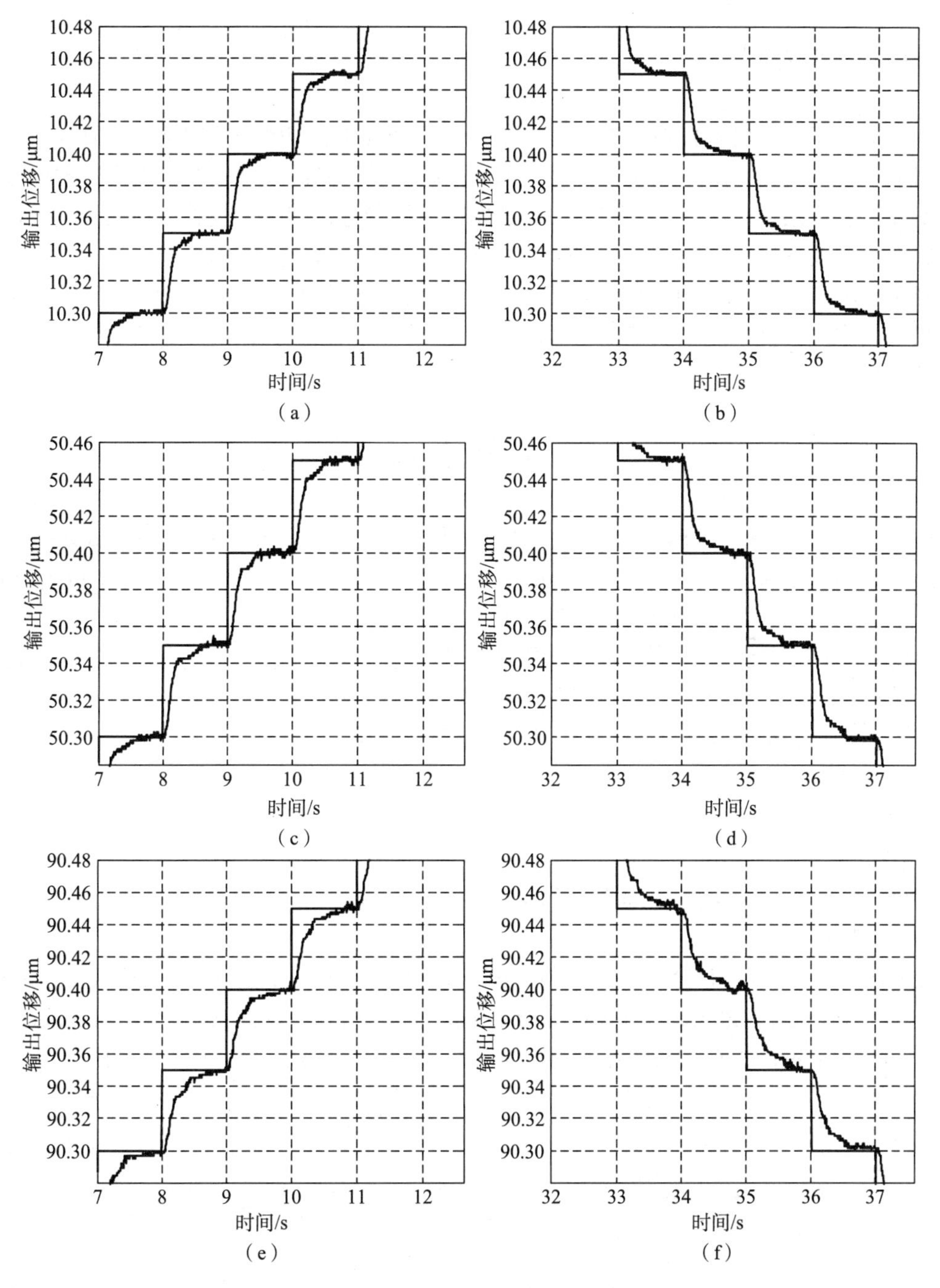

图 23－20　本章控制器步进测试曲线

从图中可以看出 10 μm 基础位移的每步步进响应稳定时间约为 600 ms，50 μm 基础位移的步进响应时间约为 700 ms，90 μm 基础位移的步进响应时间约为 800 ms。这是因为随着基础位移增加，偏移的驱动电压也随之增大，驱动电压纹波也越大，因此输出位移越大控制中的扰动越大，会影响闭环控制响应的稳定时间。同时采用试凑法实验获得初始参数的 PID 控制算法的响应速度有待提高。

23.5 本章小结

本章对近年来压电陶瓷控制中使用较多的基于前馈补偿与闭环控制结合的复合控制算法进行研究，对逆 Preisach 前馈补偿控制、PID 控制以及两者的复合控制算法进行理论分析和实验对比。实验结果表明，由于前馈补偿建模较为复杂且建模精度较难达到纳米等级，因此前馈补偿控制及其简单地与闭环控制结合的复合算法并不适合连续纳米级步进控制应用。本文选择了 PID 算法作为压电物镜控制器的控制算法，并按设计指标做了相应实验分析。实验结果表明本文设计的压电物镜控制器基本满足设计要求，但其控制步进的响应速度需要进一步改进。

参考文献

[1] Weibel F, Michellod Y, Mullhaupt P, et al. Real-time compensation of hysteresis in a piezoelectric-stack actuator tracking a stochastic reference [C]//Proceedings of the American control conference, 2008: 2939 - 2944.

[2] 田艳兵，王涛，王美玲，等. 波纹管驱动超精密定位平台建模及复合控制 [J]. 电机与控制学报，2014，18(7)：94 - 100.

[3] 赵广义，王伟国，李博，等. 压电陶瓷迟滞逆模型的前馈 PID 控制 [J]. 压电与声光，2014，36(6)：914 - 916.

[4] 王希花，郭书祥，叶秀芬，等. 压电陶瓷迟滞特性的建模及复合控制 [J]. 电机与控制学报，2009，13(5)：765 - 771.

[5] 王俐，饶长辉，饶学军. 压电陶瓷微动台的复合控制 [J]. 光学精密工程，2012，20(6)：1265 - 1271.

[6] Liang J W, Chen H Y, Lin L. Feedforward control for piezoelectric actuator using inverse Prandtl-Ishlinskii model and particle swarm optimization [C]//Automatic Control Conference (CACS), 2013 CACS International, IEEE, 2013: 18 - 23.

第 24 章
实验 3D-PSF 的构建

在数字共焦显微技术的图像复原中，通过实验获取的 3D-PSF 针对特定的显微镜光学系统，因此采用正确方法获取的实验点扩散函数进行三维显微图像复原，具有比理论点扩散函数更为准确的复原效果。本章以荧光微珠模拟点光源，通过数字共焦显微镜的光学切片技术，采集一系列荧光微珠不同散焦量的切片图像，并采用多图像平均法降低噪声对切片图像的影响。将该序列切片图像作为 2D-PSF 用于构建显微镜光学系统的实验 3D-PSF，并进行三维显微图像复原，与理论 3D-PSF 的复原情况进行比较。

24.1 实验点光源制作

点光源实验样品的制备：实验采用嵌于聚丙乙烯酰胺凝胶中的荧光微珠（F8803，Thermo Fisher）作为模拟点光源实验样品，荧光微珠直径为 0.1 μm，激发光波长为 460～485 nm，发射光波长为 510～525 nm。将荧光微珠溶液稀释 1 000 倍，快速混匀后滴加至载玻片，待凝固后使用。

24.2 实验 3D-PSF 的构建

24.2.1 荧光微珠光学切片图像采集

实验使用尼康 Nikon Ti-E 显微镜，通过手柄或控制器可以控制电动 XY 载物台和 Z 轴，可以实现光轴最小步进为 0.1 μm 的三维显微图像的采集。

实验参数：显微镜物镜放大倍数 $M=40$，数值孔径 NA＝0.55，光轴步进间隔 $\Delta=$ 0.2 μm。图像传感器使用非致冷单色 CCD，型号为 Nikon DS-Qi1。

图 24－1 为在显微镜所采集的荧光微珠图像，其中图 24－1（b）为（a）中所框荧光微珠对应的局部放大图。图 24－2 为采集的一组不同散焦量荧光微珠的部分图像，即一组不同散焦量的部分 2D-PSF（图中灰度值是经过归一化处理，以便显示和观察，并非反映实际强度值。下同）。

由图 24－2 可以明显看出，随着散焦量向两侧的增加，散焦像斑越来越大，同时两侧的散焦像斑存在差异。图 24－3 为对应 3D-PSF 能量分布曲线。其中图 24－3（a）为对应 3D-PSF 沿着 z 轴（$x=y=0$）的能量分布，图 24－3（b）为构建 3D-PSF 的各 2D-PSF 沿着径

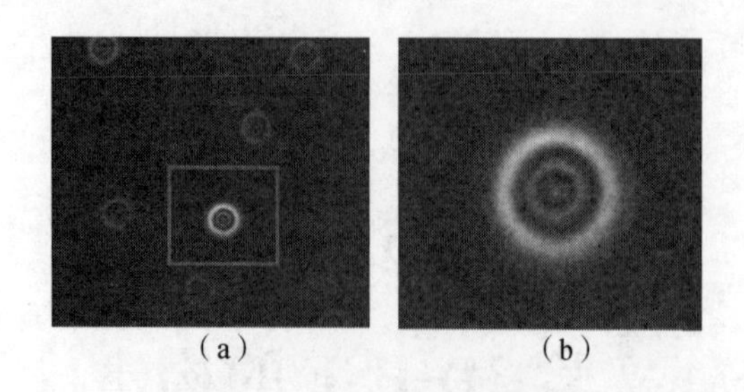

图 24-1　荧光微珠显微图像

(a) 显微镜采集的荧光微珠图；(b) 荧光微珠局部放大图

向方向的能量分布。从图 24-3 中曲线可以看出，①在光轴方向上，3D-PSF 在 $z=0$ 的焦面处能量最大，证实了 3D-PSF 的能量主要集中在双锥体中部的锥顶附近区域，离开焦面后能量迅速衰减；②在径向方向上，3D-PSF 越远离焦面其能量扩散范围越大。

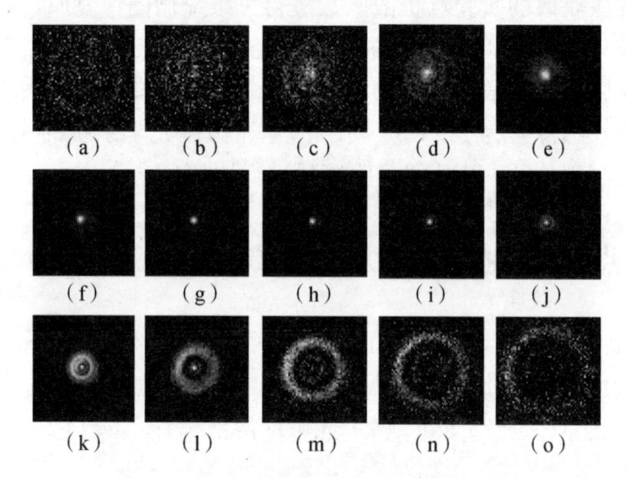

图 24-2　不同散焦量的序列 2D-PSF

(a) −12 μm；(b) −10 μm；(c) −8 μm；(d) −6 μm；(e) −4 μm；(f) −2 μm；(g) −1 μm；(h) 0 μm；(i) 1 μm；(j) 2 μm；(k) 4 μm；(l) 6 μm；(m) 8 μm；(n) 10 μm；(o) 12 μm

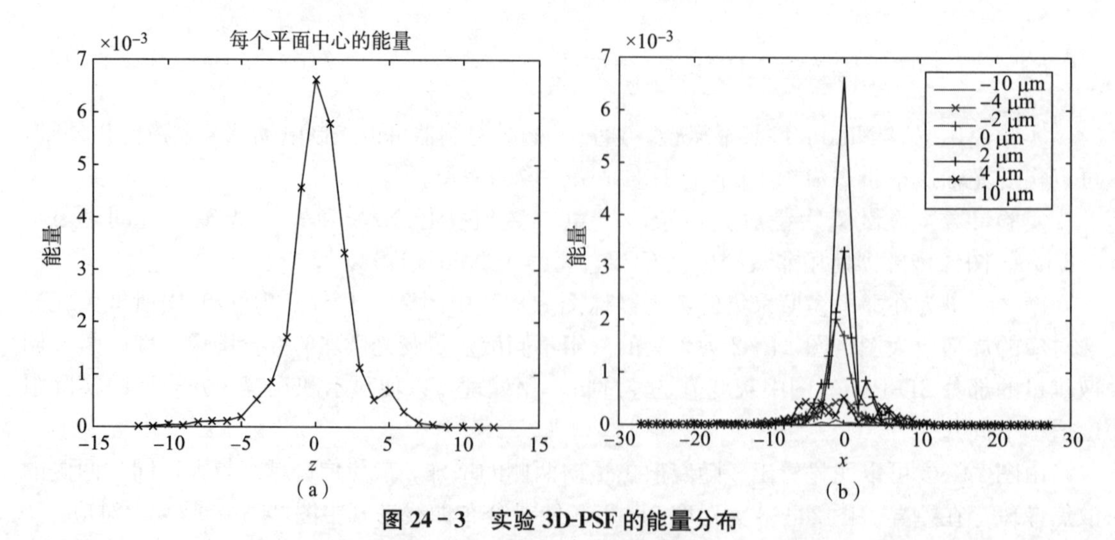

图 24-3　实验 3D-PSF 的能量分布

(a) 实验 3D-PSF 沿 z 轴方向的能量分布；(b) 实验 3D-PSF 沿径向方向能量的能量分布

24.2.2　多图像平均

图像采集采用的是非致冷 CCD 传感器，在采集过程中产生的噪声影响不可忽略。随着散焦量的逐步增大，散焦像的亮度会迅速降低，散焦 2D-PSF 的分布状况受影响的程度迅速加大，进而影响所构建的 3D-PSF 的准确性。为此，本实验采用多图像平均法，对荧光微珠多次图像采集以进行图像平均运算，降低噪声对所构建的 3D-PSF 的影响。

本实验对荧光微珠进行四次图像采集。图像采集时，在同一实验条件下，通过显微镜软件在光轴上对荧光微珠中心区域设置一固定的截面定位点，每次图像采集均以此截面定位点为基准，沿光轴从距离荧光微珠的上部 12 μm 至下部 12 μm 以 0.2 μm 的步进距离进行微珠图像采集，获取微珠不同散焦量序列切片图像。之后对四次采集的同一散焦量的四幅切片图像进行图像平均运算，平均后的图像作为构建 3D-PSF 的序列 2D-PSF。

在微珠图像采集过程中，随着时间推移，荧光微珠受激产生的能量（亮度）逐渐降低。为保证实验结果的准确性，在挑选荧光微珠时，尽可能挑选能量较高、其处于焦面时的中心能量尽量与 CCD 最大量化值相接近，同时尽量缩短单次图像采集曝光时间，以降低荧光微珠能量的衰减程度。

图 24－4 是部分在四次采集图像通过四图像平均法运算得到的不同散焦量的微珠序列切片图像，即 2D-PSF。对比图 24－2 单次采集的微珠序列切片图像，可以看出四次采样图像平均后能够比较明显地降低噪声的影响。

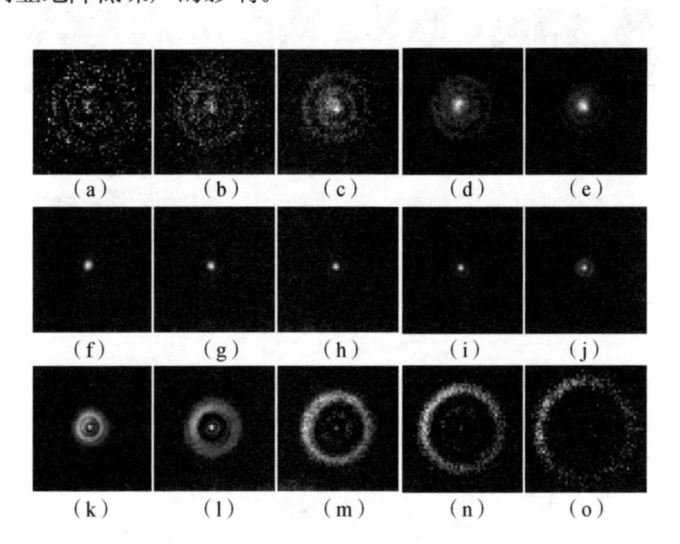

图 24－4　四图像平均法的不同散焦量 2D-PSF

(a) －12 μm；(b) －10 μm；(c) －8 μm；(d) －6 μm；
(e) －4 μm；(f) －2 μm；(g) －1 μm；(h) 0 μm；(i) 1 μm；
(j) 2 μm；(k) 4 μm；(l) 6 μm；(m)；8 m；(n) 10 μm；(o) 12 μm

24.2.3　实验 3D-PSF 的构建

将四图像平均法运算得到的间隔为 0.2 μm 不同散焦量的序列 2D-PSF 沿光轴依次排列，即构建成所需的实验 3D-PSF。

24.3 理论 3D-PSF 的构建

按式（2-3）显微镜光学系统光学传输函数，可以计算获得一组任意散焦量间隔的序列理论 2D-PSF，图 24-5 所示为从−12～12.0 μm 的部分 2D-PSF（图中灰度值是经过归一化处理，以便显示和观察，并非反映实际强度值）。图 24-6 为由序列理论2D-PSF 构建的理论 3D-PSF 能量分布图，其中图 24-6（a）为理论 3D-PSF 能量沿 z 轴方向分布，图 24-6（b）为理论 3D-PSF 能量沿径向的分布。由图 24-6 与图 24-3 曲线比较可看出，实验 3D-PSF 与理论 3D-PSF 能量在轴向或者径向分布基本一致，而在局部区域有所不同。

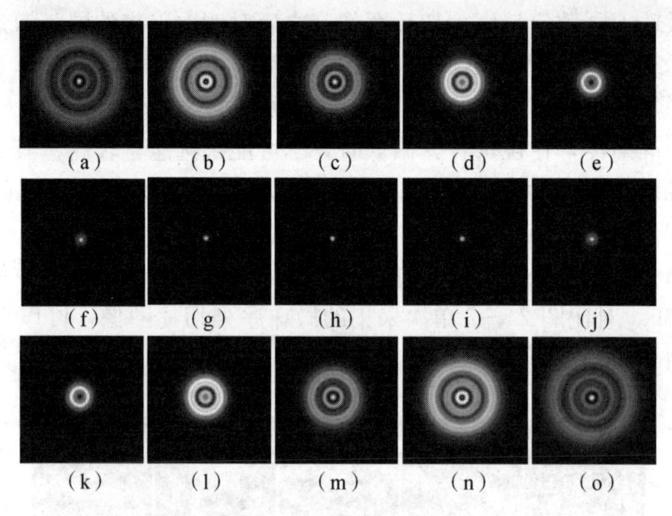

图 24-5　理论 3D-PSF

（a）−12 μm；（b）−10 μm；（c）−8 μm；（d）−6 μm；（e）−4 μm；（f）−2 μm；（g）−1 μm；（h）0 μm；（i）1 μm；（j）2 μm；（k）4 μm；（l）6 μm；（m）8 μm；（n）10 μm；（o）12 μm

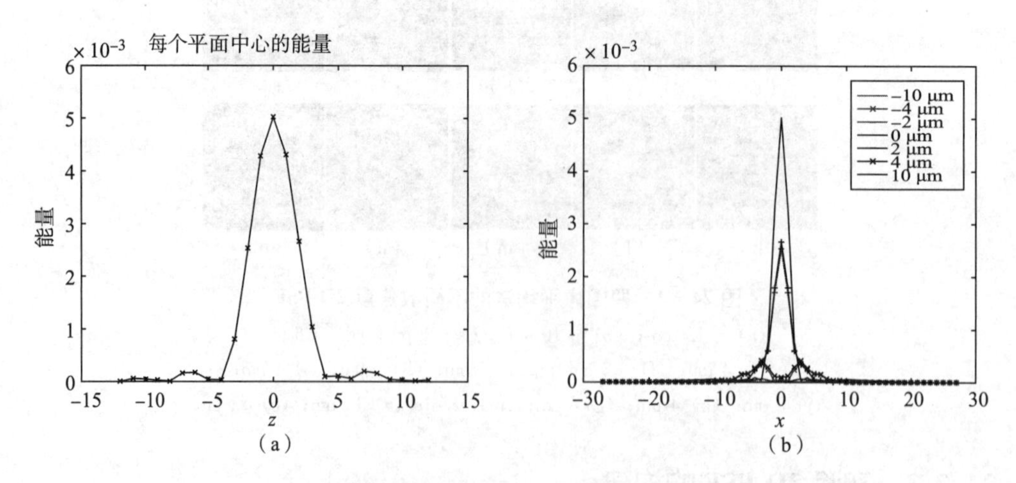

图 24-6　理论 3D-PSF 的能量分布

（a）理论 3D-PSF 沿 z 轴方向能量分布；（b）理论 3D-PSF 沿径向方向能量分布

24.4　图像复原

实验中荧光微珠和生物荧光组织三维切片间距均为 0.2 μm；采用的 3D-PSF 大小均为 101×101×101，3D-PSF 在 z 轴间距亦为 0.2 μm；图像复原方法采用 IBD 盲去卷积算法，初始 3D-PSF 分别为理论 3D-PSF 和实验 3D-PSF，迭代次数 50 次。

24.4.1　对荧光微珠三维切片图像的复原

在相同的条件下，分别利用实验 3D-PSF 和理论 3D-PSF 对荧光微珠三维切片图像进行去卷积图像复原处理。图 24-7 为对荧光小球三维显微图像复原的效果。其中图 24-7（a）为采集的荧光微珠成像的原始三维重构光轴剖面（yz 面）图，图 24-7（b）和（c）分别为利用理论 3D-PSF 和实验 3D-PSF 复原的微珠图像三维重构光轴剖面图。

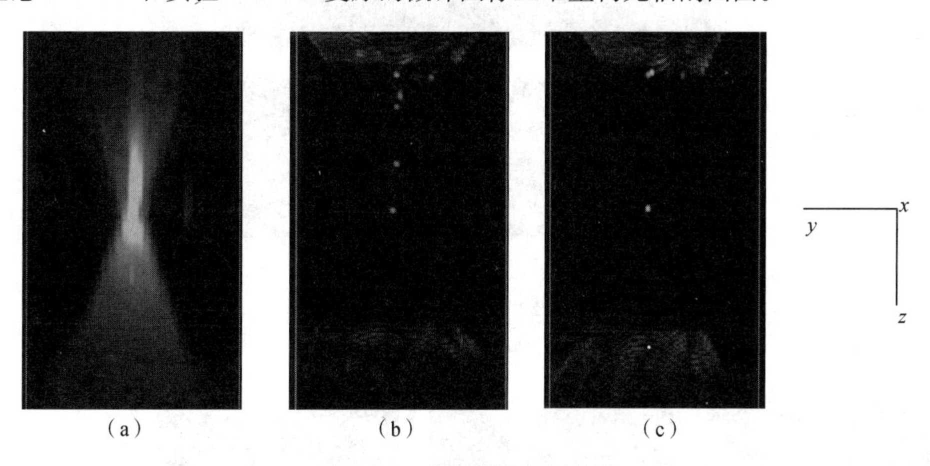

图 24-7　微珠图像复原效果

（a）微珠成像；（b）理论 3D-PSF 复原效果；（c）实验 3D-PSF 复原效果

由图 24-7 看出，荧光微珠通过显微镜成像后在三维空间上呈现双椎体结构，能量集中在椎顶附近。采用两种 3D-PSF 对荧光微珠三维图像的复原均获得良好的效果，在三维空间复原为一个微珠（亮点）。同时复原图像的上下两端均存在一些杂散信息，主要是由于在去卷积过程中，边界部分无法确定造成的。并且两者的复原效果不完全相同，仔细观察，实验 3D-PSF 的复原效果更好。

24.4.2　对生物荧光组织三维切片显微镜图像的复原

在相同的条件下，利采用实验 3D-PSF 和理论 3D-PSF 对对荧光生物组织三维切片图像进行去卷积图像复原处理。图 24-8 为荧光组织的图像复原结果。

图 24-8 显示了四组不同切片图像的复原效果，图 24-8（a）为采集的荧光组织原始切片图像，图 24-8（b）为对应利用理论 3D-PSF 复原结果，图 24-8（c）为利用实验 3D-PSF 复原结果。图 24-9 荧光组织的图像复原三维重构效果对比图，其中图 24-9（a）为荧光组织原始三维重构显示图，图 24-9（b）和（c）分别为利用理论 3D-PSF 复原和实验 3D-PSF 复原的三维重构显示图。

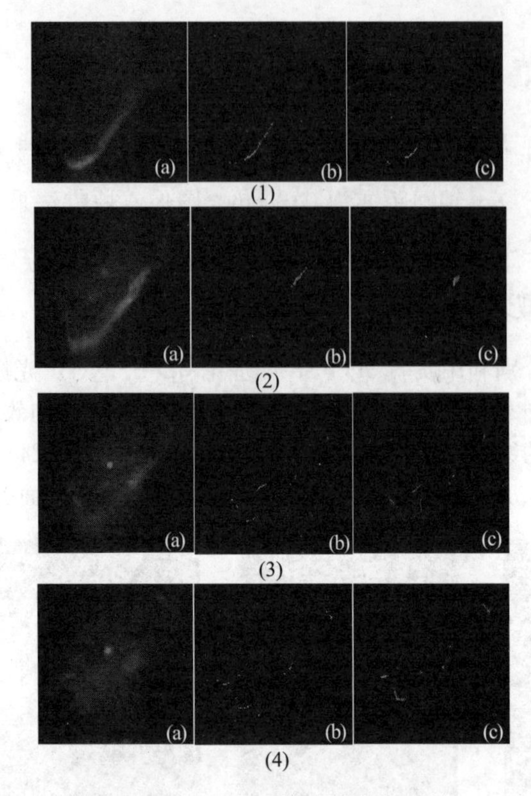

图 24-8　荧光组织的图像复原结果

（a）显微镜采集的荧光组织切片图；（b）利用理论 3D-PSF 复原图；（c）利用实验 3D-PSF 复原图

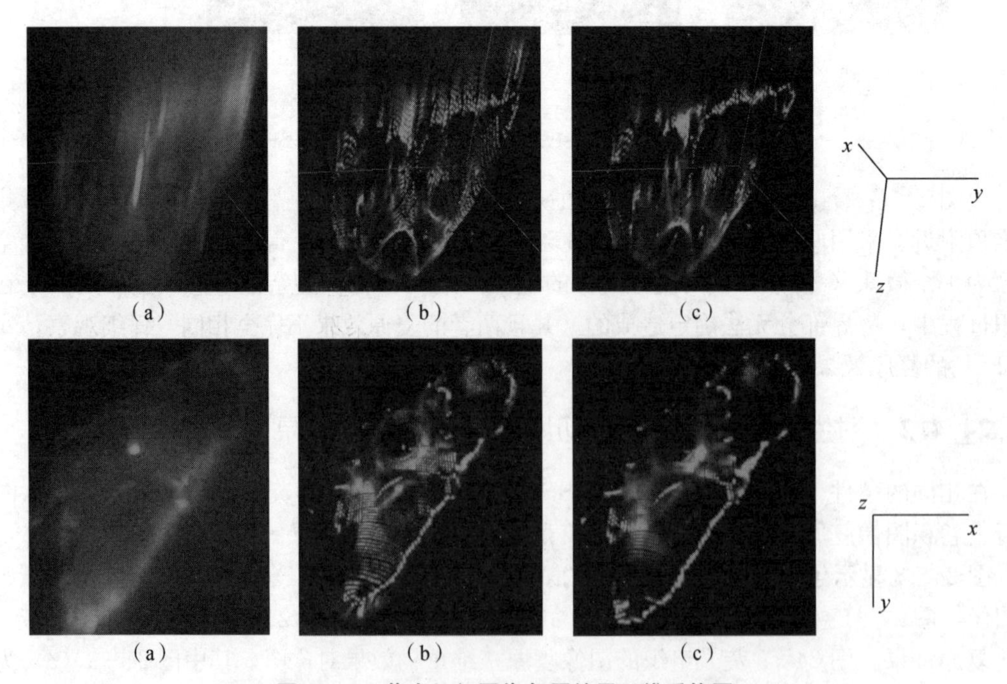

图 24-9　荧光组织图像复原结果三维重构图

（a）原始的荧光组织；（b）理论 3D-PSF 复原结果；（c）实验 3D-PSF 复原结果

由图 24－8 和图 24－9 可知，在原始样本中，由于相邻层散焦层对焦平面层之间的相互干扰，采集的切片图像即包含该焦平面图像信息，又含有相邻散焦面的信息，使采集的切片图像模糊不清，三维重构图像中无法看清内部结构。采用实验 3D-PSF 和理论 3D-PSF 对三维切片图像进行复原，均获得良好的效果，并很好地实现了生物组织的三维重构。并且实验 3D-PSF 和理论 3D-PSF 两者的复原效果不完全相同，仔细观察，实验 3D-PSF 的复原效果更好。

24.5　本章小结

本章以荧光微珠模拟点光源，通过数字共焦显微镜对荧光微珠的不同散焦量的切片图像进行采集，通过四次采集得到相同的序列荧光微珠图像，采用多图像叠加平均法进行处理，降低噪声的影响，构建显微镜光学系统的实验 3D-PSF。以该实验 3D-PSF 与理论 3D-PSF 对荧光微珠不同散焦量切片图像以及荧光生物组织切片图像进行去卷积复原处理。实验结果表明，实验 3D-PSF 与理论 3D-PSF 均获得良好的复原效果。由于实验 3D-PSF 是针对特定的物镜光学系统实验获取，复原效果应该更为准确。